"十三五"普通高等教育本科系列教材

U0158843

（第二版）

工程测量实用教程

主编　郭宗河　郑进凤
编写　丁　咚　方　燕　张　巍　纪海英
主审　于广明

中国电力出版社
CHINA ELECTRIC POWER PRESS

内 容 提 要

本书为"十三五"普通高等教育本科系列教材,同时也是作者主持建设的山东省高等学校工程测量精品课程和青岛理工大学重点立项建设的教材。本书以"求新"和"务实"为主要编写特点,分为三大部分:第一部分为基础篇(第1~5章),主要介绍测量学的基础知识与传统测量技术和方法,包括概论、高程测量、角度测量、距离测量和点位测量,为必学内容,各专业通用;第二部分为提高篇(第6~12章),旨在介绍测量学的一些新仪器、新技术、新方法以及地形图的有关内容,包括全站仪测量、卫星定位测量、地形图的基本知识、地形图的实地测绘、地形图的识读与应用、摄影测量与遥感、地理信息系统,可根据不同专业的特点和教学要求选用;第三部分为工程篇(第13~19章),重点介绍各类工程在施工建造以及运营管理阶段的测量工作,包括测设的基本内容与方法、建筑工程测量、道路工程测量、桥梁工程测量、隧道工程测量、其他工程测量(包括管道工程、水利工程、海洋工程、园林工程、农业工程、机场工程、电力工程、地矿勘探工程),以及变形观测等,亦可根据不同专业的特点和教学要求选用。另外,为进一步扩大学生的知识面,本书最后还选编了11个实用的附录。

本书可作为普通高等院校土木工程、城市地下空间工程、道路桥梁与渡河工程、交通工程、给排水科学与工程、建筑环境与能源应用工程、环境工程、建筑学、城乡规划、风景园林、工程造价、房地产开发与管理、物业管理、土地资源管理以及农林、地矿、水利水电、港口航道与海岸工程等专业学习测量学(工程测量)的通用教材,也可作为有关工程技术人员的实用参考书。

图书在版编目(CIP)数据

工程测量实用教程/郭宗河,郑进凤主编. —2 版. —北京:中国电力出版社,2020.5(2022.1 重印)

"十三五"普通高等教育本科规划教材

ISBN 978 - 7 - 5198 - 4302 - 1

Ⅰ. ①工… Ⅱ. ①郭…②郑… Ⅲ. ①工程测量—高等学校—教材 Ⅳ. ①TB22

中国版本图书馆 CIP 数据核字(2020)第 025818 号

出版发行:中国电力出版社

地　　址:北京市东城区北京站西街 19 号(邮政编码 100005)

网　　址:http://www.cepp.sgcc.com.cn

责任编辑:孙　静(010 - 63412542)

责任校对:黄　蓓　朱丽芳

装帧设计:张俊霞　赵丽媛

责任印制:吴　迪

印　　刷:北京天宇星印刷厂

版　　次:2013 年 8 月第一版　2020 年 5 月第二版

印　　次:2022 年 1 月北京第十五次印刷

开　　本:787 毫米×1092 毫米　16 开本

印　　张:23.75

字　　数:578 千字

定　　价:69.00 元

前　言

本书第一版自 2013 年 8 月出版以来，承蒙广大读者的厚爱，已先后重印了十余次。为成就精品和经典，在中国电力出版社的大力支持下，我们对原教材进行了必要的修订再版，以更好地服务于教学。

第二版与第一版相比，在总体框架、体系、风格上未作大的变动，修订主要体现在如下几个方面：

（1）首创性地将第一章测图工作应遵循的原则和程序放到了后面地形图测绘一章中，从而使测图体系更加和谐、统一、完整。

（2）首创性地将第二章水准路线测量外、内业放到了后面地形图测绘一章中，从而使其与导线测量一一对应、相得益彰，另一方面也可使第二章剩余部分与基础篇更加吻合，更加符合学生的认知特点与规律。

（3）将附录中误差最基本的知识提前至第一章测量工作概述中，以突显测量工作的特殊性和误差的重要性。

（4）根据最新版的《国家基本比例尺地图图式》和《中华人民共和国测绘法》等，对相应内容进行了修正，以保持教材的先进性和实用性。

（5）秉承工匠精神对部分文字、数据、表格、插图等做了进一步调整、增删、修改，精雕细琢，精益求精，使概念更准确、措辞更严谨、文笔更流畅、叙述更清晰、表格更合理、插图更完善。

（6）增添了少量思考题与习题，以便学生更好地掌握所学内容。

参加本次修订工作的人员为郭宗河、郑进凤、丁咚、方燕、张巍、纪海英。

于广明教授审阅了全书，提出许多宝贵意见，在此表示感谢。

限于编者水平，书中不足之处在所难免，敬请读者批评指正。

编者

2020 年 3 月

第一版前言

　　非常荣幸能通过本书与您交流、沟通，并感谢您翻阅本书；同时，也恭喜您，因为您将看到的是作者最新推出的一部通用性和实用性都很强的测量学力著，是作者多年来从事测量学教学、课程建设，尤其是教材建设经验的总结和科研工作的结晶，也是作者主持建设的山东省高等学校工程测量精品课程和青岛理工大学重点立项建设的教材。本书的编写宗旨是：针对 21 世纪我国高等教育人才培养目标——"基础扎实、知识面广、能力强、素质高、具有创新精神和自学能力的复合型人才"的要求，在总结近年来教学改革成果的基础上，取百家之长精心编著，做到"特色鲜明、优势突出"，在遵循"完整性、系统性、先进性、科学性"编写原则的基础上，突出"基础性、实用性、通用性"，并树立"少而精、宽而新"的编写思想，力争使其符合时代要求、符合教育教学规律，从而成为当代非测绘各专业学习测量学（工程测量）的精品教材和有关工程技术人员的实用参考书。概括起来，本书具有以下六大显著特点。

　　（1）采用"模块化"的编写体系，各校、各专业可根据自身的特点和教学要求选用，同时也有利于学生自学和扩大知识面。

　　1998 年 7 月，教育部对我国高等学校本科专业目录进行了第四次全面修订。这次修订的最大特点是"专业的大规模合并"，主要目的是为了满足培养 21 世纪"宽口径、复合型"人才的要求。随后，我国高等学校的教学改革进入了一个新的大变革时期，其规模、力度都是空前的。这场变革的两大突出特点是：一方面要求增加教学内容，另一方面要求压缩专业（基础）课课时。这就使得测量学的教学受到极大的冲击，集中体现在课时少与教学内容多的矛盾日益突出。为此，首先应当处理好精讲与自学的关系，采用"模块化"的编写方式巧妙地解决了这一问题。将测量学的内容有机地融合到各模块中，使教学可以按不同的要求和阶段进行，便于因材施教和因才施教，从而满足教学适用性、符合认知特点与规律，并有利于学生自学能力的培养和知识面的扩大。

　　（2）对传统的、经典的基础内容进行压缩精选，并重新进行优化整合，从而使其体系更加合理完善。

　　首先，对经典教学内容进行了精选，大胆摒弃一些落伍、不符合时代要求的内容，如垂球对中、竖盘逆时针注记、钢尺精密量距等。但仍保留了"钢尺量距"和"视距测量"等内容。因为，前者在很多场合仍在使用，后者则是为了满足教学的需要（由于经费紧张，多数高校购买的先进仪器数量有限，因此大多测量实习仍采用经纬仪测绘法进行测图练习）。

　　其次，针对课程定位，进一步压缩了地形图测绘的内容，相应地增加了地形图应用的内容。

　　再者，对传统的、经典的基础内容进行了优化整合。譬如，在三项基本测量工作之后，首创性地增加了"点位测量"一章，用于介绍直线定向、坐标正反算、测定点平面位置的几种常用方法和三角高程测量；这样，既可以起到对前面几章内容的总结和补扩作用，又可以回归到最初的学习目标——地面点位的确定，从而给学生一个完整的概念。

（3）为培养学生的发展观点和创新能力，了解测绘科技的最新发展和动态，适时地介绍了测量学的一些新仪器、新技术、新方法及其应用，并做到新、旧内容有机融合。

测绘科学与技术的发展日新月异，应该把最新的测量知识传授给学生，以适应现代社会和未来发展的需要。为此，书中除介绍了电子水准仪、电子经纬仪、电子测距仪、电子全站仪、电子求积仪、"3S"技术以及数字化测图技术外，还首次引入了诸如三维激光扫描仪、地面移动测绘系统、数字地球及其应用等。同时，也顾及了非测绘专业开设测量课程的目的，上述的新内容只是有所选择地适度引入，以保证测量学作为专业基础课的教学要求，避免本末倒置，并将前沿性的新知识有机地融合到教材中去，避免机械地拼凑，做到"将新、旧内容真正有机地结合和融合"，比如在工程篇中凡是过去使用经纬仪的地方一律改为经纬（全站）仪，即凡是经纬仪能完成的工作使用全站仪同样可以胜任；否则，面虽然宽了，但基础未必厚，能力也未必增强，素质也不一定得到提高。

（4）对现有教材未介绍或介绍不够而又十分必要的知识进行了扩充，以扩大学生的知识面，培养学生灵活应用的能力和创新精神。

譬如，在现有教材中一般只介绍绝对高程和相对高程的概念，但随着卫星定位测量技术的普及使用，显然是不够的，为此，本书首次引入了"正高"、"正常高"和"大地高"的概念。同样，本书还首次较全面、系统、简要地介绍了我国目前常用的测量坐标系及其转换方面的知识。

为提高测量精度和数据处理的能力，本书除介绍了测量误差的基础知识外，还较全面、系统、简要地介绍了测量平差的基础知识。

再如，在现有教材中一般仅介绍全站仪的一些基本功能，显然限定了全站仪先进功能的充分发挥。因为目前的全站仪已发展成为智能化、电脑型的全站仪，除具备自动测角、测距等基本功能外，还具有"对边测量""悬高测量""面积测量"等众多的特殊测量功能，而且利用这些特殊测量功能可以方便、快捷地完成一些过去用常规仪器和方法很难完成或根本无法完成的测量任务。为此，本书都予以详细的介绍，并阐述了其测量原理，还给出了具体的计算公式。这样，一方面可加深理解，另一方面可以从中学习灵活应用的方法，同时还可以避免误用。因为全站仪提供的上述特殊功能，多是半个测回的结果，所以当精度要求较高时，应先按要求进行角度和距离的测量，然后再将其平均值代入相应公式进行计算。

在现有教材中一般仅介绍建筑工程测量、道路工程测量、桥梁工程测量、隧道工程测量等内容，为了进一步扩大学生的知识面，在本书中还首次简要介绍了海洋工程测量、园林工程测量、农业工程测量、机场工程测量、电力工程测量等方面的知识。

另外，为了加强大家的法律意识，规范测绘活动，杜绝违法事件的发生，提高民众地理信息和国家安全意识，在本书附录 A 中编入了修订后的《中华人民共和国测绘法》全文。

（5）本书融入了作者多年来的经验和深层次思考，并采用最新的测量规范和标准，做到实用性和可读性的统一。

在广泛收集、阅读、借鉴已有的参考资料的同时，基本上做到了逐字逐句认真、仔细地推敲，文字精炼、措辞严谨、语言流畅、通俗易懂、图表清晰、图文并茂，并力求名词术语准确、技术要求符合最新颁布的规范与标准，基础篇求同去异以求少而精，工程篇则求异去同以避免重复，因此本书具有良好的实用性和可读性。

（6）每章之后所留思考题与习题皆具有较好的代表性和启迪性，有利于培养学生的科学素养和创新精神，提高学生综合运用所学知识处理实际问题的能力。

本书由青岛理工大学郭宗河教授等编著而成，参加编写的人员及具体分工如下：第11、12章，由青岛理工大学郑进凤编写；第18章的第4节和第5节，由青岛农业大学方燕编写；第18章的第8节，由青岛理工大学琴岛学院纪海英编写；附录A，由中国海洋大学丁咚编写；附录K，由青岛理工大学琴岛学院张巍编写；其余内容，皆由青岛理工大学郭宗河编写，并负责该书的策划、立项、起草编写大纲和最后的统稿、定稿、校稿等工作。

青岛理工大学于广明教授审阅了全书，提出许多宝贵意见，在此表示感谢。

限于作者的水平，书中不妥之处在所难免，恳请广大读者能及时给予批评和指正。

编著者

2013 年 3 月

目　录

提　高　篇

工　程　篇

附　录　篇

基 础 篇

第1章 概　　论

1.1　课　程　简　介

1.1.1　本课程的性质地位

工程测量（或测量学）是土木工程、城市地下空间工程、道路桥梁与渡河工程、交通工程、给排水科学与工程、建筑环境与能源应用工程、环境工程、建筑学、城乡规划、风景园林、工程造价、房地产开发与管理、物业管理、土地资源管理，以及农林、地矿、水利水电、港口航道与海岸工程等众多非测绘专业一门必修的专业基础课，与前期的公共基础课及后面的专业课衔接紧密，起着承上启下的作用，是学习后续课程和将来从事专业工作的基础，在各相关专业的系列课程体系中都占有十分重要的地位。

1.1.2　本课程的目的要求

非测绘专业开设工程测量的目的，不是要培养从事测绘工作的专业人才，而是为其后续专业学习和工作服务的。因此，通过本课程的学习，要求达到：掌握测绘学的一些基本概念、基本知识、基本理论、基本技术、基本方法和基本技能（测、算、绘、用），能正确使用常用的测量仪器和工具进行简单的测绘工作，并对先进测绘技术和方法有一定的了解，从而达到能灵活地运用所学的测绘知识为其专业工作服务的目的。

1.1.3　本课程的主要内容

测绘学是一门非常古老的学科。早在几千年前，中国、埃及等世界文明古国的人民，就创造出简单的测量工具，并把测量技术应用于土地丈量与划分、河道治理及地域图测绘等。因此，测绘学是从人类生产实践中逐渐发展起来的一门历史悠久的学科。作为时代的结晶，测绘科学与技术在人们认识自然、改造自然与发展生产力的过程中发挥了十分重要的作用。

测绘学又是一门内容体系十分庞大的学科。若按其研究对象、内容、技术手段等的不同，传统上一般可分为普通测量学、大地测量学、摄影测量学、工程测量学、地图制图学及海洋测绘学等多个分支学科。

1. 普通测量学

普通测量学是以地球表面上一个较小的区域为研究对象，研究测定地球表面的细部、绘制大比例尺地形图（地籍图和房产图）等的学科。研究测定平面位置时，可不顾及地球曲率的影响，把该小区域的投影球面直接当作平面看待，故此又称为平面测量学。

2. 大地测量学

大地测量学是以地球表面上一个较大的区域甚至整个地球为研究对象，研究测定地球的形状、大小以及建立国家大地控制网等的学科。研究时，必须顾及地球曲率的影响。

3. 摄影测量学

摄影测量学是研究利用摄影的手段，获得被测对象的影像信息，并进行分析、处理，以确定其形状、大小、空间位置及属性等的学科。

因获得像片方法的不同，摄影测量学又可分为地面摄影测量学、航空摄影测量学、水下摄影测量学等。

4. 工程测量学

工程测量学是研究在各类工程的勘察、规划、设计、施工、竣工以及运营管理等阶段所进行的各种测量工作的理论、技术和方法的学科。

按建设工程的不同，工程测量学又可分为建筑工程测量学、公路工程测量学、铁路工程测量学、桥梁工程测量学、地下（隧道、矿山等）工程测量学、市政（城市道路、地铁、管道等）工程测量学、水利水电工程测量学、农业工程测量学、地质工程测量学等。

根据精度的不同，工程测量学又可分为（普通）工程测量学、精密工程测量学和特种精密工程测量学。

5. 地图制图学

地图制图学是利用测量所得的资料，研究地图制作和应用等的学科，又称地图学。

6. 海洋测绘学

海洋测绘学是研究海洋测量与海图编制的理论、技术和方法的学科。由于海洋测量的环境与陆地测量差异很大，因此在内容、仪器设备、技术手段方法上都有别于陆地测量，逐步形成了具有显著特色的海洋测绘工作以及特有的学科体系（陆地水域——江河湖泊的测绘，通常也被列入海洋测绘中）。

测绘学还是一门应用面十分广泛的学科。测绘作为一种先行性、基础性的工作，其成果已广泛应用于国防建设、经济建设、资源开发、生态保护、科学研究、行政管理以及人们的日常生活中，被誉为"建设的尖兵""指战员的眼睛"。例如在国民经济和社会发展规划中，测绘信息是最宝贵、最重要的基础信息之一，各种规划和房地产管理，首先要有地形图和房地产图。在各项工农业基本建设中，从勘察设计阶段到施工、竣工阶段甚至在运营期间，都需要进行大量的测绘工作。各项工程设计之前，要收集或测绘相应比例尺的地形图；有了精确的地形图和其他测绘成果，才能保证得到经济合理的设计方案。开始施工之前，要将规划设计好的建筑物、构筑物的位置在地面上标定出来，作为施工的依据；在施工过程中，更要进行一系列的测量工作，以指导和衔接各个施工阶段和不同部位间的施工。施工完成后，要及时进行竣工测量，编绘竣工图，为今后改、扩、修建提供依据。对于一些大型重要的建筑物、构筑物，在施工过程中和使用期间还要进行变形观测，以确保其安全。在国防建设中，军事测量和军用地图是现代化大规模诸兵种协同作战不可缺少的重要保障；至于远程导弹、空间武器、人造卫星或航天器的发射，要保证它们精确入轨，随时校正轨道和命中目标，除了应测算出发射点和目标点的精确坐标、方位、距离外，还必须掌握地球形状、大小的精确数据和有关地域的重力场资料。在科学研究方面，诸如空间科学技术的研究，地壳形变、地震预报以及地极周期性运动的研究等，都要进行相应的测绘工作，用到相关的测绘资料。即使在国家的各级管理工作及人们日常生活中，测量和地图资料也是不可缺少的重要手段和工具。可见，测绘学的应用范围十分广泛，遍布于各行各业，与人们的生活、学习、工作密切相关。因此，作为社会骄子的大学生，必须学习和掌握一定的测绘知识和技能。

测绘学也是一门与时俱进、蓬勃发展的学科。随着人类社会的进步、经济的发展和科学技术水平的提高，测绘学科的内涵不断丰富，外延不断扩展。尤其是在当代，随着电子技术、计算机技术、空间技术、通信技术等的发展，测量仪器开始向电子化方向发展，出现了3S技术（GNSS——全球卫星导航系统，RS——遥感，GIS——地理信息系统），逐步实现了"四个现代化"（数据采集实时化智能化、数据处理自动化可视化、测绘生产数据化一体化、成果服务社会化网络化），致使测绘学的理论基础、工程技术体系、研究领域、应用领域和科学目标正在为适应新形势的需要而发生深刻的变化。例如，在大地测量中引进 GNSS 技术，形成了卫星大地测量学，导致大地测量从分维式发展到整体式、从静态发展为动态、从局部参考系中的地区性测量发展到统一地心坐标系中的全球性测量；在摄影测量中引进 RS 技术，形成了航天摄影测量，由于卫星遥感能在较短的时间内完成对广大地区乃至整个地球的探测，从而拓展了人们的视觉空间，为宏观地掌握地面事物的现状、研究自然现象和规律创造了极为有利的条件；在地图制图中引进 GIS 技术，从而使地图学发展成为研究地理环境信息和建立相应的地理信息系统的学科；工程测量学也已远离了为工程建设服务的狭隘概念，其研究范围已扩展到三维工业测量、灾害监测与预报、自然资源开发以及土地管理（地籍测量）和房产管理（房产测量）等领域，正向着所谓"广义工程测量学"（即"一切不属于地球测量，不属于国家地图集的陆地测量和不属于公务测量的应用测量，都属于工程测量"）发展。测绘行业也已成为信息行业中的一个重要组成部分，它的服务对象和范围已远远超出了传统测绘学比较狭窄的应用领域，扩大到与地理信息有关的各个领域，从而为社会的可持续发展提供基础信息和测绘保障。

综上所述，测绘学是一门古老的、内容体系比较庞大、有着深奥理论和众多高新技术、应用面十分广泛而又不断蓬勃发展的学科（其现代定义为：测绘学是研究地理信息的获取、处理、描述和应用等的学科。其主要内容包括研究测定、描述地球的形状、大小、重力场、地表形态以及它们的各种变化，确定自然和人造物体、人工设施的空间位置及属性，制成各种地图和建立有关信息系统）。

然而，顾及非测绘专业开设工程测量（或测量学）课程的目的和要求，本课程（教程）将主要介绍普通测量学和工程测量学的部分内容，具体可概括为测定和测设两个方面：测定是指使用测量仪器和工具，对地面上已有的自然地理要素（如水系、地貌、植被等）和社会经济要素（如人工建筑物、构筑物、行政区划及交通线路等）进行测量，得到一系列测量数据或绘制成图（地形图、断面图、房产图、地籍图等），供经济建设、国防建设、科学研究、行政管理以及人们的日常生活使用；测设则是指把（图纸上）规划设计好的建筑物、构筑物等的位置、形状、大小等通过测量在实地（地面或某施工面）上标定出来，作为施工的依据，故又称为施工放样，它是工程设计与施工之间的桥梁。

1.2　地面点位的确定

1.2.1　测量的根本任务

通过上一节的介绍可以了解到：现代测绘学已发展成为一门内容体系比较庞大的一级学科（测绘科学与技术），其研究内容和应用领域都十分广泛，自然其任务也就颇多；然而就本课程而言，其主要内容或者主要任务可概括为测定和测设两个方面。

简单地讲，测定就是把地面上已有的东西测绘到图纸上，而测设则是把图纸上设计好的内容标定在地面上。因此，测定和测设恰好是一个相反的过程。

测定和测设的过程虽然是相反的，但其实质却是一样的，即关键问题都是要确定地面点的位置。

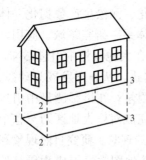

图 1-1 房屋测定示意图

如图 1-1 所示,只要测定出房屋外部轮廓上的特征点(转折点,即房角点)1,2,3…的位置,即可确定该房屋的位置、形状与大小;若再将其展绘到图纸上,并用直线相应地连接这些点,就可以获得该栋房屋在图上的平面位置,同时也可显示出其形状与大小。相反,要把规划设计好的建(构)筑物测设到地面上,关键问题仍是要将其归结为一些特征点并这些特征点的位置在地面上确定出来。

因此,不管地形(地形为地物和地貌的合称。地物是指地面上固定性的物体,如河流、湖泊、道路和房屋等;而地貌则是指地面高低起伏的形态和面貌,如高山、丘陵、凹地和陡崖等)或者设计多么复杂,测量工作总是把欲测定或测设的地物、地貌,先概括抽象为一定的几何图形,然后再将其进一步归结为一些特征点进行测定或测设。

综上所述,可以得出:测量的根本任务就是确定地面点的位置,测量学也可简单地理解为就是研究如何确定地面点位的科学。

1.2.2 测量的常用基准

由于地面点位是相对的,因此为了确定地面点的位置,首先须要确立与它相对应的基准。测量的基准,主要包括基准线和基准面两个方面。

1. 测量的基准线

由于测量工作主要是在地球表面上进行的,而地表任何一点都会受到重力的作用。因此,测量上把重力的方向线作为(外业)测量工作的基准线,并称之为铅垂线。

2. 测量的基准面

测量的基准面,根据研究对象和范围的不同,可选用水准面、水平面、大地水准面和地球椭球体面等。

自由静止的水面,测量上称之为水准面。从几何特性上讲,水准面是一个处处与铅垂线相垂直的曲面(与水准面相切的平面,称为水平面),因此在实际工作中把水准面作为(外业)测量工作的基准面。从物理特性上讲,水准面是一个重力等位面,即同一水准面上的任何一点都具有相同的重力势能;且因其高度不同而有无数多个。其中,假想自由静止的平均海水面向大陆、岛屿延伸而形成的封闭曲面,称为大地水准面(图 1-2)。显然,大地水准面是众多水准面中的一个且具有唯一性。

由于地球表面大部分(约占 71%)被海洋所覆盖,而地面的高低起伏与地球半径相比又是很微小的。所以,人们通常把大地水准面所包围的形体(测量上称为大地体)当作地球的形体(对地球的第一步、物理的抽象概括)。在大地测量中,所要研究的地球形状就是指大地水准面的形状。

用大地体表示地球的体形是恰当的,但由于地球内部质量分布不均匀,从而引起铅垂线的方向产生不规则的变化,致使大地水准面成为一个仍有微小起伏的不规则的复杂曲面,在这样的曲面上无法进行计算工作。为此人们进一步设想,用一个与大地水准面非常接近并可用数学公式表示的规则曲面——地球椭球体面(图 1-3)作为测量计算工作的基

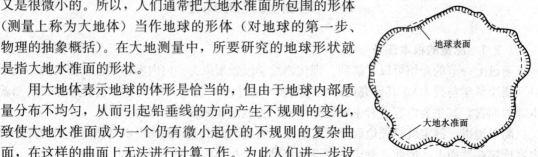

图 1-2 大地水准面与地球
自然表面关系示意图

准面。地球椭球体面所包围的形体，称为地球椭球（对地球的第二步、几何的抽象概括）。

地球椭球是由一个椭圆绕其短轴旋转而成的形体，故地球椭球又称旋转椭球（图 1-4），其形状和大小由长半轴 a 和短半轴 b 所决定。在大地测量中，所要测定的地球大小就是指地球椭球的大小。

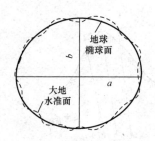

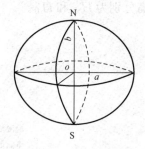

图 1-3　大地水准面和地球椭球体面关系示意图　　图 1-4　地球椭球形成示意图

我国在新中国成立前曾采用美国 1909 年推算的海福特椭球，其长半轴和短半轴分别为 6 378 388m 和 6 356 912m；新中国成立后一段时间则采用苏联 1940 年推算的克拉索夫斯基椭球，其长半轴和短半轴分别为 6 378 245m 和 6 356 863m；20 世纪 80 年代初，我国开始采用国际大地测量与地球物理联合会推荐的 IUGG-75 国际椭球，其长半轴和短半轴分别为 6 378 140m 和 6 356 755.288 2m；2008 年 7 月 1 日起，开始采用国际大地测量与地球物理联合会推荐的 GRS1980 椭球，其长半轴和短半轴分别为 6 378 137m 和 6 356 752.314 14m。

在一般的测量工作中，由于地球的扁率很小，可近似地把大地体和地球椭球当作圆球体，其半径为 6371km。

另外，由于在地球椭球体面上进行计算工作是件比较麻烦的事情，因此在一般的测量工作中即当测量区域（测区）较小时，通常直接把水平面作为计算工作的基准面。

1.2.3　地面点位的表示方法

一、地面点位的传统表示方法

传统上，地面点的空间位置通常用该点的高程（一维）和坐标（二维）来表示。高程，用来表示地面点到基准面的距离，确定地面点的“高低”位置；坐标，用来表示地面点在基准面上投影点的位置，确定地面点的“平面”位置。

1. 地面点的高程

地面点到基准面的距离，称为该点的高程。规定：当地面点高出基准面时，其高程为正值；当地面点低于基准面时，其高程为负值；而基准面上的各点，其高程则恒为零。

由于基准面选取和应用场合的不同，高程一般又分为大地高、正高、正常高和假定高程。

（1）大地高。以地球椭球体面为基准面的高程，即地面点沿法线到地球椭球体面的距离，称为该点的大地高，通常用 $H_大$ 表示。

（2）正高。以大地水准面为基准面的高程，即地面点到大地水准面的铅垂距离，称为该点的正高，通常用 $H_正$ 表示。

正高与大地高的换算公式为

$$H_大 = H_正 + N \tag{1-1}$$

式中　N——大地水准面差距，即大地水准面与地球椭球体面的间距，也称大地水准面高。当大地水准面超出地球椭球体面时，N 为正值；反之为负。

（3）正常高。以似大地水准面为基准面的高程，即地面点到似大地水准面的铅垂距离，称为该点的正常高，也称海拔，通常用 H 加点名作下标表示。如图 1-5 所示，地面点 A、B 的正常高分别为 H_A 和 H_B。

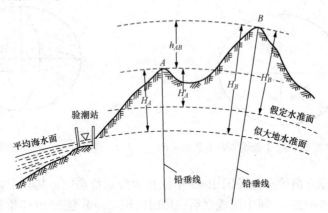

图 1-5　正常高与高差示意图

正常高与大地高的换算公式为

$$H_大 = H + \zeta \tag{1-2}$$

式中　ζ——高程异常，即似大地水准面与地球椭球体面的间距。当似大地水准面超出地球椭球体面时，ζ 为正值；反之为负。

由于海水受潮汐、风浪等的影响，其表面是一个动态的曲面，它的高低时刻在变化，而且不同地区平均海水面的高低又不一致，要确定一个全球唯一的大地水准面十分困难。为此，我国在青岛大港设立了验潮站，长期观测和记录黄海海水面的高低变化，取其平均值作为我国大地水准面的位置（用这种方法求得的平均海水面仅为大地水准面的一个近似值，故称之为似大地水准面），并在青岛观象山上建立了水准原点（我国高程测量的起算点）。

目前，我国的似大地水准面就是根据青岛验潮站 1952～1979 年间的观测资料计算出的黄海平均海水面确定的，称为"1985 国家高程基准"，水准原点的高程为 72.260m（全国各地的高程都是以它为基础进行测算的），由此建立起来的正常高高程系统为我国法定的统一高程系统。但在 1988 年以前，我国使用的却是"1956 年黄海高程系"，当时水准原点的高程为 72.289m。因此，在利用旧的高程测量成果时，要注意高程基准的统一和换算，其换算公式为

$$H_{85} = H_{56} - 0.029\text{m} \tag{1-3}$$

式中　H_{85}——85 高程系中的正常高；

$\quad\quad H_{56}$——56 高程系中的正常高。

（4）假定高程。以任意假定的水准面为基准面的高程，即地面点到某一假定水准面的铅垂距离，称为该点的假定高程，也称为相对高程（大地高、正高、正常高，又都被称为绝对高程），通常用 H' 加点名作下标表示。如图 1-5 中的 H'_A、H'_B 所示，分别为地面点 A、B 的假定高程。

假定高程与正常高的换算公式为

$$H = H' + H_假 \tag{1-4}$$

式中 $H_假$——假定水准面的正常高。

综上所述，由于正常高高程系统为我国法定的统一高程系统，且在我国境内各点的高低可通过其正常高唯一确定，因此在不特别指明的情况下一般所讲的高程即指正常高。

（5）高差。测量上，描述地面点高低关系时，还会用到一个重要的概念——高差。所谓高差，就是指地面两点的高程之差，一般用 h 加两点点名作下标表示。如图 1-5 所示，A、B 两点的高差为

$$h_{AB} = H_B - H_A = H'_B - H'_A \tag{1-5}$$

当 h_{AB} 为正值时，说明 B 点高于 A 点；当 h_{AB} 为负值时，说明 B 点低于 A 点。

值得注意的是：高差具有方向性，即 B、A 两点的高差则为

$$h_{BA} = H_A - H_B = H'_A - H'_B \tag{1-6}$$

可见，由 A 点到 B 点的高差和由 B 点到 A 点的高差绝对值相等、符号却相反，即

$$h_{AB} = -h_{BA} \tag{1-7}$$

2. 地面点的坐标

由于测量基准选取和应用场合的不同，地面点的坐标又可分为地理坐标、假定平面直角坐标、高斯平面直角坐标等。

（1）地理坐标。用经纬度表示地面点在基准面上投影点位置的坐标，称为地理坐标，它是一种二维球面坐标。因采用的基准面和基准线及测量计算坐标的方法不同，地理坐标又可分为天文地理坐标和大地地理坐标。

1）天文地理坐标。简称天文坐标，常用天文经度 λ 和天文纬度 φ 表示，其基准为铅垂线和大地水准面。

如图 1-6 所示，F 为地面任一点 P 在大地水准面上的铅垂投影点，即过 P 点的铅垂线与大地水准面的交点。过 F 点和地球南北极 N、S（N 表示北极，S 表示南极，南北两极的连线 NS 称为地轴）的平面，称为该点的天文子午面。通过英国格林尼治天文台 G 点的天文子午面，称为首天文子午面。天文子午面与大地水准面的交线，称为天文子午线或天文经线。F 点的天文经度，就是过 F 点的天文子午面与首天文子午面所夹的二面角，用 λ 表示。规定：首天文子午线的天文经度为 0°；自首天文子午线向东 0°～180°，称为东经；向西 0°～180°，称为西经。

垂直于地轴的平面与大地水准面的交线，称为天文纬线。垂直于地轴并通过地心的平面，称为赤道面；赤道面与大地水准面的交线，称为赤道。F 点的天文纬度，就是过 F 点的铅垂线与赤道面的夹角，用 φ 表示。规定：赤道的天文纬度为 0°；从赤道向北 0°～90°，称北纬；向南 0°～90°，称为南纬。

2）大地地理坐标。简称大地坐标，常用大地经度 L 和大地纬度 B 表示。大地坐标的定义与天文坐标的定义类似，但其基准为地球椭球体面和法线。即地面上任意点 P 的大地经度 L，是过该点的大地子午面与首大地子午面所夹的二面角；P 点的大地纬度

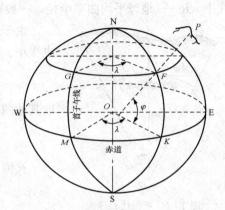

图 1-6 天文地理坐标示意图

B，是过该点的法线（与地球椭球体面相垂直的线）与赤道面的夹角。

各点的天文坐标，可通过天文测量的方法直接测定（用这种方法确定天文经纬度的点，称为天文点）。各点的大地坐标，在经典（传统）大地测量中，是以大地原点（大地测量的起算点）的起算数据为基准，将地面观测值（方向、长度等）严格投影归算到地球椭球面上，通过大地主题解算公式（大地坐标解算公式）逐点推算，最后经过整体平差（测量平差的基础知识，见本书附录C）得出（用这种方法确定大地经纬度的点，称为大地点；既测定了天文坐标，又测定了其大地坐标的点，称为天文大地点）；在卫星大地测量中，则可根据其观测值直接求得（用这种方法确定大地经纬度的点，称为卫星定位点）。

各点的天文坐标和大地坐标略有差异（其换算公式，见本书附录D），但在精度要求不高的情况下，其差异可忽略不计。

(2) 假定平面直角坐标。地理坐标为球面坐标，计算复杂，对一般的测量工作而言使用起来极不方便，而且其精度也不能满足一些工作的要求（例如在赤道附近，$1''$的经度差或纬度差，对应的地面距离约为 30m）。因此，测量上的计算和绘图，要求最好在平面上进行。但地球椭球体面是一个不能简单地展成平面的曲面，因此要把球面上的内容展绘到平面上（此项工作，称为地图投影）必然会产生（角度、距离等）变形。

1) 角度变形。由球面三角学可知，球面上三角形内角之和比平面上相应三角形内角之和大一个球面角超 ε，对地球而言其值可按式（1-8）计算

$$\varepsilon = \frac{A}{R^2}\rho'' \tag{1-8}$$

式中　A——球面三角形的面积；

　　　R——地球平均曲率半径，一般取 6371km；

　　　ρ''——1 弧度对应的秒数，一般取 206 265$''$。

当 A 取 10、100、200km^2 时，由式（1-8）算得的 ε 值分别为 0.05$''$、0.51$''$和 1.02$''$。

2) 距离变形。如图 1-7 所示，A'、B'为地面上两点，它们在地球椭球体面的投影点分别为 A、B，用过 A 点的切平面代替地球椭球体面后，地面点 A'、B' 在水平面上的投影点分别为 A、C。设 A'、B'点在地球椭球体面上的距离即弧长为 S（对应的圆心角为 θ），在水平面上的距离即水平距离为 D，则两者之差即距离变形值 ΔD 为

$$\Delta D = D - S = R(\tan\theta - \theta) \tag{1-9}$$

式中　R——地球平均曲率半径，一般取 6371km。

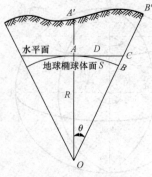

图 1-7　平面代替球面
对距离的影响示意图

由于地面两点的距离相对于地球半径而言一般较小，故 θ 也很小。因此，有

$$\tan\theta = \theta + \frac{1}{3}\theta^3 + \frac{2}{15}\theta^5 + \cdots$$

取其前两项，代入式（1-9）得

$$\Delta D = \frac{1}{3}\theta^3 R$$

又因 $\theta \approx D/R$，故有

$$\Delta D = \frac{D^3}{3R^2} \tag{1-10}$$

当 D 取 5、10km 时，由式（1-10）算得的 ΔD 值分别为

1mm 和 8mm。

　　由此可见，把球面上的内容展绘到平面上，其变形的大小与测区的大小有关；当测区较小时，投影变形也较小。因此，对一般的测量工作而言，在半径小于 10km 的圆面积内，可把该地区的球面当作平面看待，可以不顾及地球曲率对角度和距离的影响。此时，将该测区内的地面点沿铅垂线直接投影在水平面上，并在该水平面上建立直角坐标系，即可用其平面直角坐标 (x, y) 来表示地面点的平面位置，如图 1-8 和图 1-9 所示。

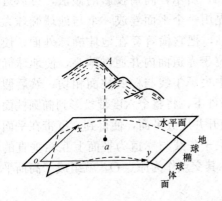

图 1-8　用测区中心点的水平面代替球面示意图　　　图 1-9　测量平面直角坐标系示意图

　　如图 1-9 所示，测量上一般规定：以南、北方向为纵轴，记为 x 轴，向上、向北为正；以东、西方向为横轴，记为 y 轴，向右、向东为正；象限的编号，从 x 轴正方向起按顺时针方向进行；原点 O 一般选在测区西南角的外侧，以便使整个测区内各点的坐标均为正值。另外，极角 α_{OA} 的量算，也须从 x 轴正方向起按顺时针方向进行。显然，这些规定与数学上是不同的，要注意区分。但数学中的公式可直接应用到测量计算中，不需作任何变更。例如，在图 1-9 中 A 的坐标 (x_A, y_A) 可按式 (1-11) 计算

$$\left.\begin{array}{l} x_A = D_{OA}\cos\alpha_{OA} \\ y_A = D_{OA}\sin\alpha_{OA} \end{array}\right\} \tag{1-11}$$

式中　D_{OA}——A 点的极径，即 O、A 两点间的水平距离（平距）。

　　(3) 高斯平面直角坐标。由前面的介绍可知，地球椭球体面都是一个不可展的曲面，要把球面上的内容展绘到平面上必然会产生变形；当测区范围较大时，投影变形也较大。因此，上述的假定平面直角坐标系，只适应于确定局部区域地面点的平面位置，而不能用于大范围地面点位的确定。为此，必须采用适当的投影方法来解决大范围地面点位的确定问题。

　　目前，地图投影的方法有多种，我国通常采用高斯投影。由此建立起的平面直角坐标系，称为高斯平面直角坐标系。

　　为了将投影变形控制在允许的范围内，高斯投影采用分带投影的方法，即先按一定的经度差将地球划分成若干带，然后再将每带投影到平面上。

　　如图 1-10 所示，投影带从首子午线起，每隔经差 6° 划为一带（称为六度带），自西向东将整个地球划分成经差相等的 60 个带，并分别用阿拉伯数字 1，2，3…表示其带号。位于各带中央的子午线，称为该带的中央子午线（轴子午线）。在东半球，任一六度带中央子午线的经度 L_0 与其投影带号 N 的关系为

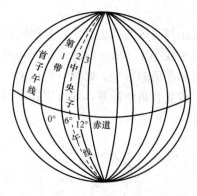

图 1-10   高斯投影分带示意图

$$L_O = 6°N - 3° \tag{1-12}$$

例如，青岛某点的经度为东经 $120°22'$，则其所在高斯投影六度带的带号 N 及该带中央子午线的经度 L_O 分别为

$$N = \text{INT}(120°22'/6°) + 1 = 21$$

东经 $L_O = 6° \times 21 - 3° = 123°$

如图 1-11（a）所示，高斯投影的做法，可以近似形象地设想为：先用一个平面卷成一个与地球椭球大小一致的空心椭圆柱，把它横着套在地球椭球外面，使椭圆柱的中心轴线位于赤道面内并通过球心，使地球椭球面上某六度带的中央子午线与椭圆柱面相切；然后假想在椭球中心放置一个光源，在保持图形角度不变的条件下，将整个六度带投影到椭圆柱面上（等角投影）；再将椭圆柱沿着通过南、北极的母线切开并展成平面，便得到六度带在平面上的影像 [图 1-11（b）]。这样，经高斯投影后，中央子午线与赤道为平面上互相垂直的两条直线；把中央子午线记作 x 轴，把赤道记为 y 轴，其交点作为原点 O，就组成了高斯平面直角坐标系 [图 1-12（a）]。

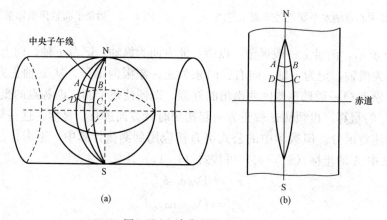

(a)   (b)

图 1-11   高斯投影示意图

由于我国位于北半球，故 x 坐标值均为正号，而 y 坐标值则有正有负。为避免横坐标出现负值，我国规定人为地将横坐标值加上 500km（这就相当于将每个六度带的纵坐标轴向西平移了 500km）。如图 1-12（a）所示，设 $y_A = +123.456\text{km}$，$y_B = -234.240\text{km}$；加上 500km 后 [图 1-12（b）]，A、B 两点的横坐标则为 $y_A = 500 + 123.456 = 623.456\text{km}$，$y_B = 500 - 234.240 = 265.760\text{km}$。

此外，为了能区分某点是位于哪一个六度带内，还要在加上 500km 后的横坐标值前冠以带号。例如，若 A 点位于第 21 带内，则其横坐标 y_A 应最终写为 21 623.456km。经上述变换后的高斯平面直角坐标，称为通用坐标（变换前的坐标称为自然坐标）。

高斯投影属于等角投影，即投影前、后角度保持不变；但距离会发生变形，其规律是：离中央子午线近的部分变形小，离中央子午线越远变形越大，两侧对称。因此，当要求投影变形更小时，可采用三度分带投影法。它是从东经 $1°30'$ 起，每隔经差 $3°$ 划分为一带，自西

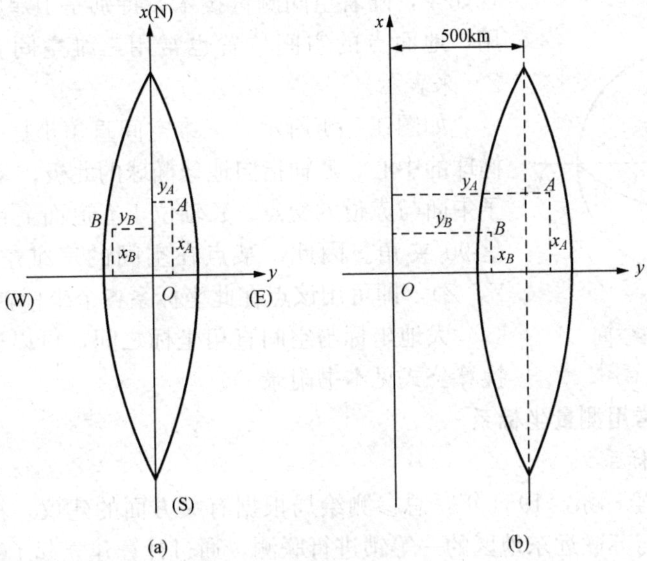

图1-12 高斯平面直角坐标系示意图

向东将整个地球划分为120个带，并依次用阿拉伯数字1，2，3…表示其带号。在东半球，任一三度带中央子午线的经度L'_O与其投影带号n的关系为

$$L'_O = 3°n \tag{1-13}$$

根据我国所处的地理位置，可以算得六度带的带号在13～23之间，三度带的带号在25～45之间（图1-13）。因此，在我国境内，没有重叠带号，根据横坐标的通用值即可判断出投影带是六度带还是三度带。

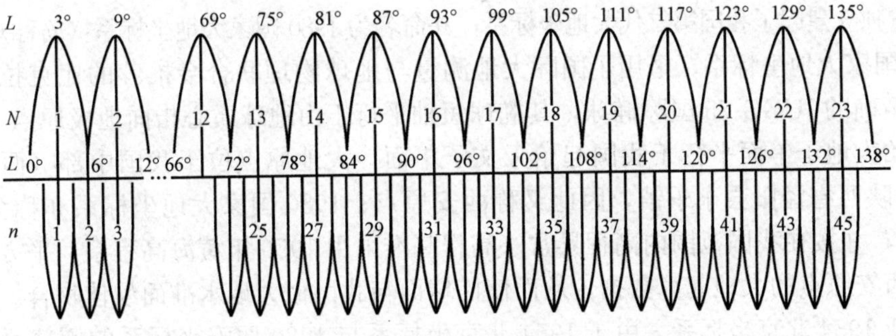

图1-13 三度带和六度带的关系示意图

最后指出，图1-11所示只是一种近似的直观的描述方法。实际上，高斯投影是在满足一定条件下的数学变换，具有严密的计算公式（见本书附录D），从而建立起大地坐标与高斯平面直角坐标之间一一对应的函数关系。

二、地面点位的现代表示方法

过去，地面点的空间位置，在大地测量中常用大地经度L、大地纬度B和大地高$H_{大}$表示，在城市、工矿等测量中多用平面直角坐标（x，y）和正常高H表示，在天文大地测量中则常用天文经度λ、天文纬度φ和正高$H_{正}$（因正高无法精确测定，故实际上改用正常高）来表示，并分解为平（球）面和高程两个方面，分别采用不同的布测方法进行测定。而

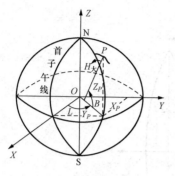

图 1-14 三维空间
直角坐标系示意图

现如今，随着空间测量技术，特别是卫星定位技术的普及使用，地面点的空间位置也常用三维空间直角坐标（X，Y，Z）来表示。

如图 1-14 所示，三维空间直角坐标系的原点位于地球椭球的中心，Z 轴指向地球椭球的北极，X 轴指向首（起始）子午面与赤道的交点，Y 轴位于赤道面上且按右手系与 X 轴呈 90° 夹角。因此，某点在空间的三维空间直角坐标（X，Y，Z），即可用该点在此坐标系各个坐标轴上的投影来表示。

大地坐标与空间直角坐标之间，可以进行相互转换，其换算公式见本书附录 D。

三、我国目前常用测量坐标系

1. 国家大地坐标系

（1）1954 北京坐标系。1954 年，总参测绘局根据有关方面的建议，把我国东北边境一等锁的三个基线网与苏联远东地区的一等锁进行联测，通过计算建立起了我国第一代大地坐标系，并定名为 1954 北京坐标系（简称 BJZ54）。因此，1954 北京坐标系实质上是苏联 1942 年普尔科沃坐标系在中国的延伸，其大地原点位于俄罗斯境内的普尔科沃，采用克拉索夫斯基椭球。

但限于当时的条件，1954 北京坐标系存在着许多缺点和问题（精度低、定向不明确、在东部地区高程异常偏大等）。然而由于过去我国按 1954 北京坐标系完成了大量的测绘工作，其成果和资料已经渗透到国民经济建设和国防建设等的诸多领域。因此，在今后一个时期内，在一些部门还可能会用到。

（2）1980 国家大地坐标系。为了弥补 1954 北京坐标系的不足，20 世纪 80 年代初，依据我国自己的力量独立建起了我国第二代大地坐标系，并命名为 1980 国家大地坐标系（简称 GDZ80）。

1980 国家大地坐标系，采用了国际大地测量与地球物理联合会推荐的比克拉索夫斯基椭球更为精确的 IUGG-75 国际椭球，其椭球短轴平行于由地球质心指向地极原点 1968.0 的方向，起始大地子午面平行于我国起始天文子午面，大地原点位于我国中部（西安市以北 60km 处的陕西省泾阳县永乐镇，因此又称西安原点；1980 国家大地坐标系亦称为 1980 西安坐标系），并按在我国范围内高程异常（高程基准采用 1956 年黄海高程系）平方和最小为条件求得西安原点的大地起算数据，从而使椭球面与我国似大地水准面最佳吻合。

（3）新 1954 北京坐标系。由于 1954 北京坐标系与 1980 西安坐标系的椭球元素、椭球定位（确定地球椭球的中心位置）、定向（确定地球椭球短轴的方向）以及大地原点等均不相同，因此大地点在两坐标系中的坐标存在较大差异，这给实际的使用带来一定的问题。

但 1954 北京坐标系已使用多年，完全废弃其测绘成果显然不现实。为便于过渡，有关部门想出了一个两全其美的解决方法，即在 1980 西安坐标系的基础上，把 IUGG-75 国际椭球还原为克拉索夫斯基椭球，并将椭球中心进行平移，但其定位定向的依据依然与 1980 西安坐标系相同。由此建立起来的坐标系，称为新 1954 北京坐标系。

（4）2000 国家大地坐标系。虽然 1954 北京坐标系、1980 西安坐标系（包括新 1954 北京坐标系）为我国国民经济建设、国防建设和科学研究等诸多领域做出了重要贡献，但它们都是采用常规大地测量技术即利用地面控制网测量成果建立起来的二维参心坐标系（其椭球中心与地心不重合，故又称为非地心坐标系）。随着科学技术的进步，特别是空间技术和军事远程武器的发展，迫切需要建立三维地心坐标系（例如，人造卫星和远程运载武器入轨后都是围绕地球质心飞行的，因而只有在地心坐标系中才能方便地进行计算）。于是，2008 年 3 月，由国土资源部报请国务院并获得批准，决定从 2008 年 7 月 1 日起启用我国新的国家大地坐标系——2000 中国大地坐标系（简称 CGCS2000）。

2000 国家大地坐标系是一个高精度、动态的三维地心坐标系，采用国际大地测量与地球物理联合会推荐的更为精确的 GRS1980 椭球，坐标系原点 O（椭球中心）位于包括海洋和大气的整个地球的质量中心（地心），Z 轴（椭球短轴）由原点指向历元 2000.0 的地球参考极的方向（该历元的指向由国际时间局给定的历元为 1984.0 的初始指向推算，定向的时间演化保证相对于地壳不产生残余的全球旋转），X 轴由原点指向格林尼治参考子午线与地球赤道面（历元 2000.0）的交点，Y 轴与 Z 轴、X 轴构成右手正交坐标系（参见图 1-14）。

2. WGS-84 大地坐标系

WGS-84 大地坐标系并非我国的法定坐标系，而是美国全球卫星定位系统（简称 GPS）所采用的三维地心坐标系。但由于 GPS 技术于 20 世纪 80 年代就已引入我国，并发展成为我国目前较为常用的一种测量技术和手段，因此 WGS-84 大地坐标系也成为我国测量工作中常常遇到的坐标系。

WGS-84 大地坐标系的定义为：原点选在地球质心 O，Z 轴指向国际时间局（BIH）1984.0 定义的协议地极（CTP）方向，X 轴指向 BIH1984.0 定义的零子午面和 CTP 相对应的赤道的交点，Y 轴垂直于 ZXO 平面且与 Z、X 轴构成右手坐标系。

WGS-84 大地坐标系采用的地球椭球为 WGS-84 椭球，实际上也就是 GRS1980 椭球，只不过由于计算取位不同导致某些椭球参数发生了微小的差异，如 WGS-84 椭球的扁率 f 为 1：298.257 223 563，而 GRS1980 椭球的扁率 f 为 1：298.257 222 101。

可见，WGS-84 大地坐标系与 2000 国家大地坐标系非常接近（地球上同一点在该两坐标系中，经度值相同、纬度的最大差值约为 $3.6 \times 10^{-6}''$）。因此，在精度要求不是特别高的测量工作中，可以认为 GPS 定位的成果也就是 2000 国家大地坐标系成果。

3. 地方独立坐标系

前面已述及，大地坐标为球面坐标，对一般的测量工作而言使用起来极不方便，为此可以通过高斯投影将国家大地坐标转换为国家（高斯）平面直角坐标；对于1：2.5 万以及更小比例尺的国家基本地形图，采用高斯六度分带投影进行转换；对于1：1 万比例尺国家基本地形图，则要采用高斯三度分带投影进行转换。这样，不但便于国家大地测量坐标成果的统一，而且有利于使用和互算。

然而，在许多城市、大型厂矿以及各类工程测量中，若直接采用国家平面直角坐标系，可能会因远离中央子午线或测区平均高程较大，从而导致长度（距离）投影变形较大难以满足其精度要求。因此，在 CJJ/T 8—2011《城市测量规范》和各相关工程类测量规范中均明确规定：当测区内长度变形值不大于 2.5cm/km 时，应采用统一的国家（高斯）三度带平面直角坐标系；当测区内长度变形值大于 2.5cm/km 时，必须建立适合本地区的平面直角坐标系即地方独立坐标系（包括城市、厂矿以及工程坐标系）。

长度投影变形 ΔS，包括地面长度 S 投影到椭球体面上而产生的高程归化值 ΔS_1 和已归算至椭球体面长度 S_1 再投影到高斯平面上而产生的高斯投影改正值 ΔS_2，其计算公式分

别为

$$\Delta S_1 = -\frac{H_m}{R+H_m}S \approx -\frac{H_m}{R}S \qquad (1-14)$$

$$\Delta S_2 = \frac{y_m^2}{2R^2}S_1 = \frac{y_m^2}{2R^2}(S+\Delta S_1) \approx \frac{y_m^2}{2R^2}S \qquad (1-15)$$

$$\Delta S = \Delta S_1 + \Delta S_2 \approx \left(\frac{y_m^2}{2R^2} - \frac{H_m}{R}\right)S \qquad (1-16)$$

式中 H_m——地面长度的平均大地高；

   y_m——归算长度两端点横坐标平均值；

   R——地球平均曲率半径，一般取 6371km。

由式（1-14）和式（1-15）可知，当测区平均大地高 H_m 在 100m 以下，横坐标平均值 y_m 在 45km 以内，ΔS_1 和 ΔS_2 均分别小于 2.5cm；同时，又因 ΔS_1 和 ΔS_2 两项改正符号相反，故对以上要求还可适当放宽。然而，在一些测区往往难以使 ΔS 满足实际工作的需要，此时就要根据测区的特点以及该区域原有国家等级控制网点的具体情况，在保证测区内长度变形值不大于 2.5cm/km 前提下建立相对独立的地方平面直角坐标系，具体方法有：

（1）通过改变 H_m 值，即选择某一计算基准面代替国家椭球体面，以抵偿高斯投影改正值，建立所谓的抵偿平面直角坐标系（只改变归化高程面，不改变高斯投影统一三度带中央子午线的位置）。

（2）通过改变 y_m 值，即对中央子午线作适当移动，以抵偿高程归化值，建立所谓的任意带平面直角坐标系（只移动中央子午线，不改变原系统归化高程面）。

（3）通过改变 H_m 和 y_m 值，建立所谓具有抵偿面的任意带平面直角坐标系，以更好地控制长度变形。

各点的地方独立平面直角坐标，一般是先将地面观测值归化至椭球面，然后再投影到高斯平面上，最后根据国家大地点的平面直角坐标（起算数据）在高斯平面上进行推算求得。

4. 假定平面直角坐标系

由上面的分析可知，当测区较小时，投影变形也将很小。因此，现行测量规范规定：面积小于 25km²，又无必要与国家或地方坐标系及控制网联测时，则可考虑采用简易方法定向建立该测区的假定平面直角坐标系，地面观测值可不经投影改化在平面上直接进行计算。

1.2.4 地面点位的确定

综上所述，由于历史和技术等多方面的原因，在我国当前的测绘工作中，存在着多种坐标系并存使用的局面，虽然它们的定义及建立方法各不相同，却存在着内在的必然联系，可以通过一定的数学模型相互转换和计算（见本书附录 D）。

同时，顾及非测绘专业开设工程测量（或测量学）课程的目的和本课程的特点，在后面的介绍和学习中如无特殊说明，地面点的位置一律用该点的坐标和高程来表示，坐标为平面直角坐标 (x, y)，高程为正常高 (H)，在推算平面直角坐标时地面观测值不需投影改化直接在平面上进行计算。

因此，要确定地面某点的位置，也就是要测定或设计出该点的坐标 (x, y) 和高程 (H)；一旦知道了某地面点的坐标和高程，那么该点的空间位置也就确定了。

1.3 测量工作概述

1.3.1 测量的三项基本工作

由上一节的介绍可知，测量的根本任务是确定地面点的空间位置，也就是要确定出该点的坐标 (x, y) 和高程 (H)。然而，在实际工作中地面点的坐标和高程并不是直接测定的，而通常是间接测定或者说是传递过来的。

1. 高程的测定

测定地面点高程的工作，称为高程测量。其作业过程一般为：先测定出未知点与其相邻已知点的高差，然后再根据已知点的高程来推算出未知点的高程。

如图 1-15 所示，设 A 为已知点（高程为 H_A），B 为未知点；这时，只要测出 A、B 两点的高差 h_{AB}，即可推算出 B 点的高程 H_B 为

$$H_B = H_A + h_{AB} \qquad\qquad (1-17)$$

由此可见，测定地面点高程的工作主要是高差测量。相对而言，由高差推算高程较为容易，所以高差测量又直接称为高程测量。

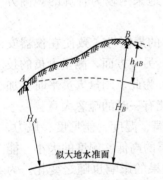

图 1-15 高程推算示意图

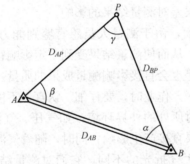

图 1-16 坐标测定示意图

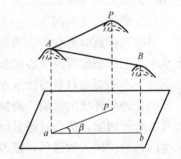

图 1-17 水平角与水平距离示意图

2. 平面直角坐标的测定

如图 1-16 所示，设 A、B 为已知点，P 为待定点。由平面解析几何可知，在 $\triangle ABP$ 中，除 AB 边外，只要测出一边一角、两个角度或两条边长，就可以推算出 P 的坐标。因此，测定地面点坐标的主要工作是角度测量和距离测量（应注意的是：为了测算地面点的坐标，要量测的是地面点铅垂投影到水平面上投影点之间所构成的角度和边长，即水平角和水平距离，如图 1-17 中的 $\angle pab$ 和边 ap，而不是地面点之间所组成的角度 $\angle PAB$ 和边长 AP）。

由此可见，在地面测量工作中，测定地面点位的任务是通过对角度、距离和高程（确定地面点位的三个基本要素）的测量来完成的，角度测量、距离测量和高程测量即为测量的三项基本工作。

1.3.2 测量误差与测量规范

1. 测量误差的基本概念

实践证明，无论是进行何种测量工作，测量值（测量所得的数值，又称观测值）L 与其客观存在的真实值（简称真值）X 之间往往存在着一定的差异。这种差异即测量值与其真

值之差，称为测量误差。

显然，测量误差越小，测量值越接近于其真值。但应注意：不能简单地认为测量误差越小越好、甚至趋近于零。因为真正做到这一点，就要使用极其精密的仪器、采用十分严格的观测方法，这样一来就会使每次的测量工作都可能变得十分繁琐复杂、消耗大量的时间、不经济；同时，根据不同的测量目的和要求，在测量结果中实际上是允许含有一定程度测量误差的。因此，不能盲目地认为使测量误差越小越好，而应是设法将测量误差的大小控制在容许范围以内即可。

2. 测量误差产生的原因

产生测量误差的原因是多种多样的，归纳起来主要有以下三个方面。

(1) 仪器工具的误差。一方面，测量仪器或工具，由于设计不够完善或制造不够精密等原因而只能具有一定的精密度，从而使测量结果受到一定的影响；为此，在实际测量中应根据工作需要选用相应等级的测量仪器或工具。另一方面，测量仪器或工具，在构造上应该满足一定的几何关系，但在使用或运输过程中这些关系往往会发生变化，从而使测量结果受到一定的影响；为此，在实际测量中，应根据规范要求定期地对测量仪器或工具进行检验校正。再者，测量仪器或工具虽经过检验校正，但仍然会存在一定的残余误差，也会使测量结果受到一定的影响；为此，在实际测量中还应根据具体情况相应地采用较为合理的观测方法，以消除或减小仪器工具残余误差对测量结果的影响。

(2) 测量人员的问题。一方面，由于测量人员感官鉴别能力的局限性，致使在仪器安置、瞄准和读数时都会产生偏差，从而使测量结果受到一定影响；另一方面，测量人员的技术水平、工作态度以及身心状态等也会直接影响测量成果的质量。为此，测量人员平时要加强训练，不断提高自身的技术水平。作业时，要仔细、认真，不能有一时的疏忽大意。

(3) 外界环境的影响。测量时所处的外界环境，如气压、气温、湿度、能见度、风力、大气折光等因素，都会对测量结果直接产生影响；同时，随着气温的高低、湿度的大小、能见度的远近、风力的强弱，以及大气折光的不同，它们对测量结果的影响也随之变化。为此，测量人员要了解外界环境及其变化对测量结果的影响情况，选择有利的观测时间或采取相应的措施，以消除或减小外界环境对测量结果的影响。

可见，仪器工具、测量人员（观测者）、外界环境三个方面的因素是引起测量误差的主要来源。因此，我们把这三个方面的因素综合起来称为观测条件。由于任何测量工作都离不开上述三个方面，即任何测量工作都是在一定的观测条件下进行的，所以测量误差是不可避免的。

不难想象，观测条件的好坏将直接影响测量成果的质量；观测条件好一些，自然测量误差就会小一些，测量成果的质量就会高一些。因此，在客观条件允许的情况下，要尽可能选择在比较有利的观测条件下进行测量，以提高测量成果的质量。

在相同观测条件下进行的一系列测量工作，称为等精度观测；反之，称为不等精度观测。

3. 测量误差的分类与性质

测量误差，按其性质不同，一般分为系统误差和偶然误差两大类。

(1) 系统误差。在相同的观测条件下进行一系列的观测，若误差出现的符号和数值大小均相同或按一定的规律变化，这类误差称为系统误差。

系统误差具有累积性，对测量结果的影响很大。因此，在测量工作中，应设法找出产生系统误差的原因和规律，采取必要的措施加以消除或减弱其影响。常用的处理方法主要有两种：①选用适当的观测方法（程序），使系统误差自行抵消或减弱；②利用公式对观测值进行必要的计算改正。

（2）偶然误差。在相同的观测条件下进行一系列的观测，若误差出现的符号和数值大小均不一致，且从表面上看没有任何规律性，这类误差称为偶然误差。

偶然误差具有一定的随机性，因此它不能采用消除或减弱系统误差的方法加以处理。然而，偶然误差虽从表面上看没有任何规律性，但若对它进行统计分析，就不难发现它具有以下特性。

1）有界性。在一定的观测条件下，偶然误差的绝对值不会超过一定的限值（这个限值，称为极限误差）。

2）聚中性。绝对值小的误差比绝对值大的误差出现的机会多。

3）对称性。绝对值相等的正误差与负误差出现的机会相等。

4）抵偿性。在相同的观测条件下，对某一量进行一系列的观测，其偶然误差的算术平均值将随着观测次数的增加而趋于零。

根据偶然误差的上述特性，在实际工作中，我们通常采取对某一量进行多次观测取其平均值的方法，来减小偶然误差及其对测量结果的影响。

4．测量规范与容许误差

由上面的介绍可知，在测量工作中会不可避免地产生一些测量误差。因此，要测得一个量的真值，往往是不可能的。为此，除要求测量人员精心操作，并采取一定的措施，以求尽可能减小测量误差外，国家有关部门为各种测量工作都制定了相应的规范，如《工程测量规范》、《城市测量规范》、《地籍测量规范》、《房产测量规范》等。在这些规范里，对各种测量成果都规定了其误差的容许值（容许误差，又称允许误差或限差）。若施测结果的误差小于限差（在容许范围内），则认为该测量成果符合精度要求，即合格通过；否则，若施测结果的误差大于限差（超限），则认为该测量成果不符合精度要求，即为不合格。对合格的测量成果，只需采取一定的方法，将误差进行分配并求得未知量的最佳估值（测量平差，见附录C）即可；对不合格者则必须返工重测，以达到规定的精度要求。

规范规定，一般取观测值中误差的两倍（要求较严）或三倍（要求较宽）作为容许误差（中误差的有关知识，见附录B）。

5．测量错误与步步检核

在测量工作中，除了不可避免地产生一些测量误差外，有时还会出现测量错误。测量错误不属于测量误差，它通常是由测量人员一时粗心大意或操作不当造成的，如瞄错、读错、听错、记错、抄错、算错等。测量错误在测量结果中是不允许存在的。为此，测量工作必须遵守"步步检核"的原则（做完一步、检核一步，前一步未作检核、不得进行下一步测量工作），以便于及时发现和纠正测量错误、保证测量成果的正确性（实际工作中，到底采用何种措施加以检核，要视具体的情况而定。比如，为了避免听错，则要求记录人员听到观测人员的读数后应复述一遍，并经观测人员核对无误后再记入手簿）。

1.3.3 测量工作的基本要求

测量是一项技术性很强的精密、细致而且十分艰苦的工作，所使用的测量仪器和工具多是精密、贵重的设备。因此，从一开始学习起，就要努力培养严格、精细、认真负责的科学态度和艰苦奋斗的良好作风；养成良好的操作习惯和职业道德；对测得的每一个数据都必须实事求是，精益求精，绝对不容许弄虚作假，涂改数据；作业时严格遵守有关的测量规范与法律法规（如《中华人民共和国测绘法》，见本书附录 A），精心爱护测量仪器和工具，不能有一时的疏忽大意。否则，将不可能得到合格的测量成果；同时，还会造成一定的损失，严重者还会受到法律的制裁。

💭 思考题与习题

1. 试简述测绘学的学科体系。
2. 结合自己所学专业，试简述测绘学的作用。
3. 试简述测绘学的发展历程。
4. 试简述现代测绘学的定义和内涵。
5. 何谓测定、测设？它们有何区别与联系？
6. 测量的根本任务是什么？何谓地物、地貌、地形？
7. 测量（外业）工作的基准线和基准面是什么？
8. 何谓铅垂线、水准面、水平面、大地水准面？
9. 何谓大地高、正高、正常高、假定高程？它们之间如何换算？
10. 何谓高差？在计算高差时应注意些什么？
11. 已知 $H_A = 36.735\text{m}$，$H_B = 48.386\text{m}$，求 h_{AB} 和 h_{BA}。
12. 已知 $H_A = 43.637\text{m}$，$h_{BA} = +3.786\text{m}$，求 H_B。
13. 测量上地面点位的常用表示方法有哪些？
14. 测量上所用的假定平面直角坐标系与数学上的有何不同？
15. 已知某点的通用坐标为（236 107.860，20 343 896.555）m，试问该点位于高斯投影的第几带？是六度带还是三度带？其自然坐标是多少？
16. 我国目前常用的高程系和坐标系有哪些？
17. 测量的三项基本工作是什么？何谓高程测量？
18. 简述测量误差的定义、分类、性质及常用的消除或减弱措施。
19. 为什么测量工作必须遵守"步步检核"的原则？
20. 测量工作的基本要求有哪些？

第2章 高程测量

高程测量是确定地面点位的三项基本测量工作之一，根据所使用仪器和施测方法等的不同，可分为（几何）水准测量、液体静力水准测量、三角高程测量、GNSS 高程测量和气压高程测量等。其中，水准测量是确定地面点高程最主要、最常用的方法，因此本章将着重介绍水准测量的有关内容。

2.1 水准测量的基本原理

水准测量是指利用水准仪提供的水平视线，并借助水准尺直接测定出相邻点间的高差，从而由已知点高程来推算未知点高程的一种方法。

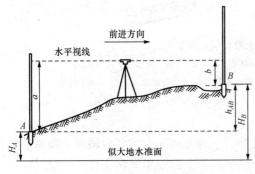

图 2-1 水准测量原理示意图

如图 2-1 所示，设已知 A 点的高程为 H_A，欲测定 B 点的高程 H_B；可先在 A、B 两点上各铅垂地竖立一根有刻划的尺子（水准尺），在其间安置一台能提供水平视线的仪器（水准仪）；然后根据水准仪提供的水平视线，分别读取 A、B 两水准尺上的读数 a 和 b，则按式（2-1）即可算得 A、B 两点的高差 h_{AB} 为

$$h_{AB} = a - b \qquad (2-1)$$

测得 A、B 两点的高差后，即可由 A 点的高程推算出 B 点的高程为

$$H_B = H_A + h_{AB} \qquad (2-2)$$

这就是水准测量的基本原理。

由上述原理可知，水准测量的基本要求有二：①水准仪提供的视线必须水平；②水准尺必须竖直。

如果水准测量是由 A 向 B 进行的（如图 2-1 中的箭头所示），则通常把 A 点称为后视点，其上竖立的水准尺称为后视尺，尺上读数 a 称为后视读数，水准仪至后视尺的距离称为后视距；相应地，把 B 点称为前视点，其上竖立的水准尺称为前视尺，尺上读数 b 称为前视读数，水准仪至前视尺的距离称为前视距。因此，式（2-1）又可以写成

$$高差 = 后视读数 - 前视读数 \qquad (2-3)$$

安置仪器的地方，称为测站。

2.2 水准测量的仪器与工具

水准测量所使用的仪器为水准仪，常用工具则有三脚架、水准尺和尺垫等。

目前，水准仪的类型有多种。若按其结构不同，可分为微倾式水准仪，自动安平水准仪和电子水准仪等。若按其精度的高低，又可分为 S_{05}、S_1、S_3 等型号；其中，S 为"水准仪"汉语拼音的第一个字母，05、1、3 等下标数字表示该仪器所能达到的精度指标。例如，S_3 即代表每公里往、返测高差中数的偶然中误差不超过±3mm 的水准仪。S_{05} 和 S_1 属精密水准仪，主要用于国家一、二等水准测量和精密工程测量；S_3 为普通水准仪，主要用于国家三、四等水准测量和一般的测量工程。因此，本节仅介绍 S_3 级微倾式水准仪的构造和使用。

2.2.1　微倾式水准仪的构造

不同等级的微倾式水准仪，其部件和构造都会有所不同；即使是同一等级的微倾式水准仪，也会因生产厂家的不同或生产日期的不同而有所差异。但它们的基本构造却是相同的，主要由望远镜、水准器和基座三部分组成，如图 2-2 所示。

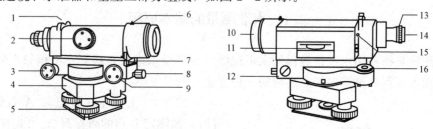

图 2-2　S_3 级微倾式水准仪构造示意图

1—照门（缺口）；2—物镜调焦螺旋；3—微倾螺旋；4—基座；5—脚螺旋；6—准星；
7—连接簧片；8—制动螺旋；9—微动螺旋；10—望远镜物镜；11—管水准器；12—水平托板；
13—目镜调焦螺旋；14—望远镜目镜；15—符合气泡观察窗；16—圆水准器

1. 基座

基座用于支撑仪器上部并通过连接螺旋使仪器与三脚架相连，主要由轴座、脚螺旋、顶板、压板和底板等构成。转动三个脚螺旋，可使整个仪器上部发生倾斜变化。

2. 望远镜

望远镜的作用在于提供一条视线以照准水准尺并进行读数，一般由物镜、目镜、调焦（对光）螺旋和十字丝分划板等组成，如图 2-3（a）所示。S_3 级微倾式水准仪望远镜的放大倍数一般为 28 倍。调节物镜调焦螺旋，可看清目标。

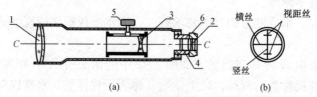

(a)　　　　　　　　　　　　　　　(b)

图 2-3　望远镜结构示意图

1—物镜；2—目镜；3—调焦透镜；4—十字丝分划板；5—物镜调焦螺旋；6—目镜调焦螺旋

可见，测量上的望远镜与一般望远镜的最大区别是：在目镜的焦平面处安装有十字丝分划板。因此，在瞄准目标和读数前，须调节目镜调焦螺旋，使十字丝分划清晰。

如图 2-3（b）所示，十字丝分划板由平板玻璃圆片制成，其上刻有两条相互垂直的长线，竖直的一条称为竖丝，水平的一条称为横丝，其交点与物镜光心的连线延长出去就是望远镜瞄准目标时的视线。在安装十字丝分划板时，要求竖丝应竖直、横丝应水平，因此它们可分别用于准确瞄准目标和读数。

在测量仪器构造上，十字丝交点与物镜光心的连线，称为视准轴［图 2-3（a）中的 CC］。

另外，在上述长横丝的上下，还对称刻有两条与其平行的短横丝，分别称为上丝和下丝（故上述长横丝，又被称为中丝）；利用它们可间接地测定出水准仪至水准尺的距离即视距（详见本书第 4 章第 2 节），因此上丝、下丝又合称为视距丝。

3. 水准器

微倾式水准仪，通常装有圆水准器和管水准器两种。圆水准器用来指示仪器竖轴是否大致竖直，用于粗平；管水准器则用于精平，用来指示视准轴是否精确水平。

（1）圆水准器。如图 2-4 所示，圆水准器里装有酒精和乙醚的混合液，加热、融封、冷却后留有一个小气泡。由于气泡较轻，因此它将始终处于最高点位置。

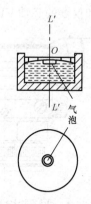

圆水准器顶面的内壁是个球面，其正中有个圆分划圈。圆圈的中心 O，称为圆水准器的零点。过零点的球面法线 $L'L'$，称为圆水准器轴。在仪器安装时，要求圆水准器轴平行于仪器的竖轴即望远镜的旋转轴 VV。

图 2-4　圆水准器示意图

气泡的中心与零点重合时，称为气泡居中。圆水准器的气泡一旦居中，其轴线和仪器的竖轴即处于竖直位置，此时仪器的上部也就处于水平状态。

水准器顶面 2mm 圆弧所对应的圆心角（即气泡偏移 2mm，轴线所倾斜的角值），称为水准器的分划值。S_3 级微倾式水准仪圆水准器的分划值一般为 $8'$，故其灵敏度较低，只能用于指示仪器竖轴是否大致竖直，即用于仪器的粗略整平（粗平）。

仪器的粗平，可通过调整三个脚螺旋，使圆水准器气泡居中来实现。

（2）管水准器。管水准器，又称长水准器或水准管。如图 2-5 所示，它是一个两端封闭的玻璃管，其纵剖面的上内壁被研磨成一定曲率半径的圆弧，管内装有酒精和乙醚的混合液，加热、融封、冷却后留有一个气泡。

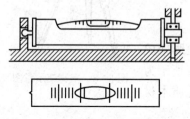

图 2-5　水准管示意图

水准管的上表面，对称刻有间隔为 2mm 的分划线。分划线的对称中心，称为水准管的零点。过零点所作水准管圆弧的纵向切线 LL，称为水准管轴。在仪器安装时，水准管与望远镜固连在一起，并使水准管轴平行于望远镜的视准轴；这样，当仪器粗平后、调整微倾螺旋使水准管气泡居中时，水准管轴即处于水平位置，此时视准轴（视线）也就处于水平状态。

S_3 级微倾式水准仪水准管的分划值一般为 $20''$，故其灵敏度比圆水准器的高，因此水准管用于仪器的精确整平（精平）。

如图 2-6 所示，为了提高判定水准管气泡居中的精度，目前生产的微倾式水准仪都在水准管的上方安装一组符合棱

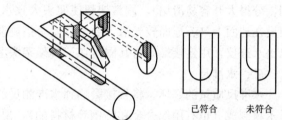

已符合　　　未符合

图 2-6　符合水准器示意图

镜，通过棱镜的反、折射作用，把气泡两端的半边成像到目镜旁边的气泡观察窗内。若两端半边气泡的影像吻合（符合），则表示气泡已居中；若两端半边气泡的影像成错开状态（未符合），则表示气泡尚未居中，这时可转动微倾螺旋使其吻合即居中。这种设置有符合棱镜组的水准管，称为符合水准器。

综上所述，微倾式水准仪主要有四条轴线，即视准轴 CC、水准管轴 LL、圆水准器轴 $L'L'$ 和仪器的竖轴 VV，它们之间应满足如下的几何关系（图 2-7）。

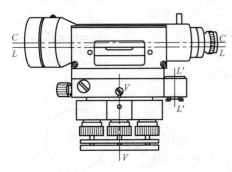

图 2-7 微倾式水准仪主要轴线示意图

（1）圆水准器轴平行于仪器的竖轴。因此，当圆水准器气泡居中时，仪器竖轴即大致处于铅垂位置。

（2）视准轴平行于水准管轴。因此，当水准管气泡符合时，视准轴即精确处于水平位置。

仪器出厂前，一般都是经过检验合格的。但仪器出厂后，在运输和使用过程中，由于振动、碰撞等原因，上述的几何条件往往会发生变动。因此，应按规范的要求定期（周期通常为一年）或不定期到有关测量仪器检定部门进行检验校正，以确保仪器各轴线之间满足正确的几何关系。

另外，整个仪器上部在水平方向的转动，由制动螺旋和微动螺旋控制。应当记注：只有在拧紧制动螺旋的情况下，微动螺旋才起作用；转动望远镜之前，必须先松开制动螺旋；一旦拧紧制动螺旋，就不允许再用手去转动望远镜，否则将会使制动失灵。

2.2.2 水准测量的常用工具

一、三脚架

测量仪器通常是安置在三脚架上架设于地面的，因此三脚架质量的好坏将会影响到仪器的安全和安置的稳定状态。图 2-8 所示为目前使用较为普遍的一种伸缩式三脚架，多由不易变形的优质木材制成（也有用金属材料的），三条腿上各有一个碟式伸缩制动螺旋。

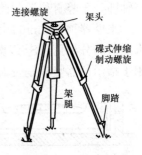

图 2-8 三脚架示意图

安置仪器时，先让架头朝上将脚架竖立，弯腰依次逆时针旋转三个碟式螺旋将制动松开，上提架头即可靠重力作用将架腿伸长；待根据观测者自身高度、调节好架腿的长度后，再次弯腰依次顺时针旋紧三个碟式制动螺旋（不可用力过猛拧得太紧甚至滑丝，也要防止未拧紧而导致架腿自行收缩摔坏仪器）；然后张开三脚架（张开角度要适中，并得太拢容易歪倒，分得太开容易滑塌），调整架腿使架头大致水平，依次用力踩压三个脚踏，将其牢固地架设在地面上（若地面较光滑，要采取安全措施防止脚架因滑动而摔坏仪器）。最后从箱中取出水准仪，用连接螺旋将其固连在三脚架架头上。

二、水准尺

水准尺质量的好坏，将直接影响到水准测量的精度。因此，水准尺多是用不易变形的优质木材制成（也有用铝合金和塑钢等材料的），要求尺长稳定、分划准确。常用的水准尺有塔尺和双面尺两种，如图 2-9 所示。

1. 塔尺

塔尺多用于普通（等外）水准测量，其长度有 3m 和 5m 两种，分三节或五节套接而成，可以伸缩，携带方便；但使用日久，接头处易损坏，影响尺子的精度。同时，在使用塔尺时应注意接头是否正确、牢靠，以免出现差错。

塔尺两面均有黑白相间的刻划，尺底皆以零起算，最小分划值多为 1cm；分米处注有数字，大于 1m 的数字上加注红点或黑点，点的个数表示米数。两面的区别主要在于数字注记形式的不同，一面为正字，一面为倒字，以适应望远镜的不同成像（过去多为倒像，现已皆为正像）：当望远镜成正像时，将正字一面对向仪器；当望远镜成倒像时，将倒字一面对向仪器。

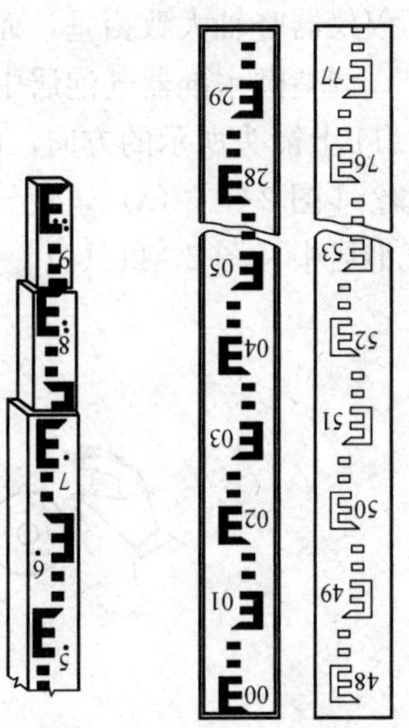

2. 双面尺

图 2-9 水准尺示意图

双面尺多用于三、四等水准测量，其长度有 2m 和 3m 两种，且两根尺为一副。双面尺的两面均有刻划，基本分划多为 1cm，并在每米和分米处注有数字。一面为黑白相间的，简称黑面；且两根尺的黑面尺底，皆以零起算。另一面为红白相间的，简称红面；而红面尺底，不再是零而是一常数 K：一根尺为 4.687m，另一根尺为 4.787m。因此，在视线高度不变的情况下，同一水准尺黑、红两面的读数差，理论上应等于其尺常数（4.687m 或 4.787m），用此即可检核读数是否正确。

此外，为了便于扶尺和保证其竖直，在双面尺的侧面通常还装有扶手和圆水准器。

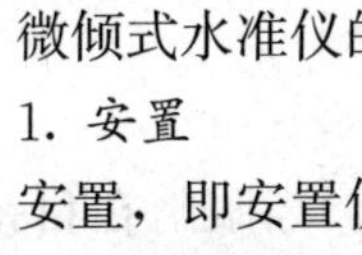

三、尺垫

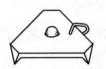

图 2-10 尺垫示意图

如图 2-10 所示，尺垫多由生铁铸成，一般为三角形或圆形，其下方有三个支脚，上方中央有一突起半球。使用时，用脚将尺垫踏实，将水准尺立在突起半球的顶部，以防尺子在施测过程中下沉和标志转点之用。

2.2.3 微倾式水准仪的使用

微倾式水准仪的使用，一般包括安置、粗平、瞄准、精平和读数五大基本步骤。

1. 安置

安置，即安置仪器。其具体操作方法为：①调节架腿，使三脚架高度适中；②张开三脚架，将其架设在地面上（在平地上安置仪器时，要使三条架腿等长，其着地点基本上构成一个等边三角形；在斜坡上安置仪器时，要使两条架腿稍长、一条稍短，两条长腿放在下坡方向、一条短腿放在上坡方向，以保安全稳定）；③移动脚腿使架头大致水平，并踩实架腿；④从箱中取出水准仪，用连接螺旋将其固连在三脚架架头上。

在安置仪器的过程中，应注意：①开箱取仪器时，要记清仪器在箱内的摆放位置及方向，以便装箱时按原样放回。②从箱内取出水准仪时，要用手抓握住仪器基座（不准提拿望远镜），并及时将箱子关闭。③将仪器放置于三脚架的架顶面上，要及时旋紧连接螺旋，将仪器固连在三脚架头上；在连接螺旋没拧紧之前，手要一直扶着仪器，以防仪器从三脚架头上滑落。

2. 粗平

粗平，即粗略整平仪器。它是通过调节脚螺旋，使圆水准器气泡居中来实现的。此时，不仅仪器竖轴大致铅垂，而且仪器的上部也已处于粗略水平状态。

调整圆水准器气泡居中的方法，如图 2-11 所示。当气泡未居中而位于 a 处时，先按图 2-11 上箭头所示的方向，两手相对（即要往里都往里，要往外都往外）、同速转动脚螺旋①和②［图 2-11（a）］，使气泡移到 b 的位置［图 2-11（b）］；然后再转动脚螺旋③，从而使气泡居中［图 2-11（c）］。

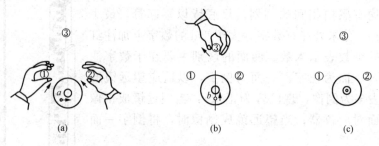

图 2-11　粗平示意图

应当记住：①在整平过程中，气泡移动的方向恒与左手大拇指运动的方向一致，而与右手大拇指运动的方向相反。②此项操作需反复进行直至气泡居中为止，即"同时调节脚螺旋①和②"和"调节脚螺旋③"交替进行直至气泡居中为止，不要一会同时调节脚螺旋①和②、一会又同时调节脚螺旋①和③或②和③，除非出现某一脚螺旋调节到了最大限度（最高或最低）即转不动了气泡仍无法居中时才需更换调整。由于脚螺旋调节范围是有限的，如果朝一个方向旋转，遇到转不动了，就不能再继续用力旋转，否则就把仪器弄坏了；此时，应先反方向旋转该脚螺旋退回一些，再更换脚螺旋按上述正确方法进行整平。

3. 瞄准

瞄准，即瞄准水准尺。其具体操作又可分解为目镜对光、粗瞄、物镜对光、精瞄、检查并消除视差五小步。

（1）目镜对光。松开制动螺旋，将望远镜对向明亮处；调节目镜调焦螺旋，看清十字丝。

（2）粗瞄。一边转动望远镜，一边通过望远镜上的准星和缺口大致瞄准水准尺，拧紧制动螺旋。

（3）物镜对光。从望远镜中观察，调节物镜调焦螺旋，看清水准尺。

（4）精瞄。转动微动螺旋，使水准尺影像位于视场中央。

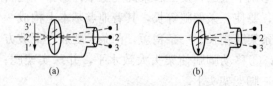

图 2-12　视差的产生与消除示意图

（5）检查并消除视差。当眼睛在目镜端上、下微微移动时，若发现十字丝与目标影像有相对运动，这种现象称为视差。视差产生的原因是由于对光不好，目标影像与十字丝分划板未重合造成的［图 2-12（a）］。显然，如果存在视差，就会影响到读数的正确性。因此，必须注意检查并消除视差。消除视差的方法是继续认真对光（一般地，只需稍微调节一下物镜调焦螺旋即可；否则，要先稍微调节一下目镜调焦螺旋，使十字丝更加清晰后，再稍微调节一下物镜调焦螺旋），直到眼睛上下移动读数不变为止［图 2-12（b）］。

4. 精平

精平，即精确整平仪器。它是通过转动微倾螺旋，使符合水准器气泡的两端半边影像吻合来实现的。此时，视线就精确水平了。

调整气泡符合的方法，如图 2-13 所示。先从目镜左侧的符合气泡观察窗中，察看气泡的两个半像是否吻合；如不吻合，再用右手缓慢旋转微倾螺旋，直至气泡两端的影像完全吻合为止。

应当记住：①气泡左半边影像的运动方向恒与右手大拇指转动的方向一致（图 2-13）。②转动微倾螺旋的速度要缓慢而均匀，在气泡两半边影像即将要符合时更应注意。

5. 读数

气泡符合后，立即根据十字丝中丝在水准尺上的位置进行读数。

读数时应注意：①读数前，应先判明所用水准尺的分划和注记特征、零点常数，以免读错。②要将水准尺的零端在下，竖立在地面点上。③当望远镜成倒像时，应从上向下读取读数，如图 2-14（a）所示读数应为 0.597m；当望远镜成正像时，应从下向上读取读数，如图 2-14（b）所示读数应为 1.597m。总之，应按由小数字到大数字的方向读取读数。④读数时，应先估读毫米数，然后再报出全部读数。⑤精平和读数虽是两项不同的操作步骤，但在水准测量的实施过程中，却要把两项操作视为一个整体，即精平后要马上读数。读完数后，还要检查气泡是否仍然符合（外部环境等因素的影响可能会破坏视线的水平状态）；如气泡的两个半像错开较大，应转动微倾螺旋使气泡符合后重新读数（以确保在视线精确水平的状态下进行读数）。⑥由于圆水准器只能使视线粗略水平，所以当仪器转向另一方向观测时，符合气泡可能不再符合，这时必须重新转动微倾螺旋使其符合后才能读取尺读数；但不能重新调节脚螺旋，否则视线高度就会发生变化。

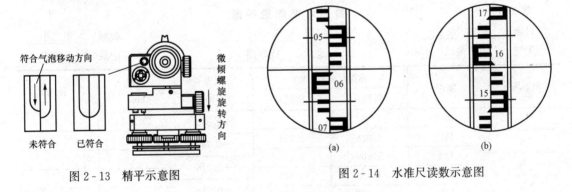

图 2-13　精平示意图　　　　　　　　图 2-14　水准尺读数示意图

2.3　连续普通水准测量

由图 2-1 可知，当欲测高程点与已知点相距较近、坡度又不大时，在它们之间安置一次仪器（称为一测站）即可测得其高差（称为简单水准测量）。但如果欲测高程点与已知点相距较远（水准测量时，视线长度一般不得超过 100m）或坡度较大时，仅在它们之间安置一次仪器就不可能再测得其高差，此时应在 A、B 两点之间的适当位置选取若干个作为传递高程的临时立尺点（称为转点，点号前冠以 TP 表示），依次测出相邻点间的高差（图 2-15），其代数和即为 A、B 两点间的高差（称为复合或连续水准测量）。连续水准测量的具体操作步骤和计算方法如下。

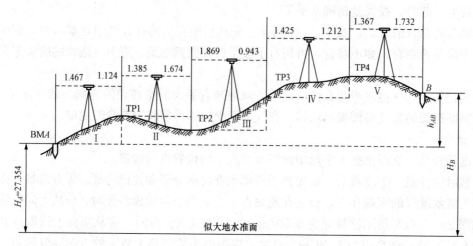

图 2-15　连续水准测量示意图

（1）立尺人员，在已知水准点 A 上，竖立水准尺（后视尺）。

（2）仪器操作人员，在拟订的水准路线前进方向上、距离 A 点不超过 100m 的适当位置 Ⅰ 点处安置水准仪（Ⅰ点，称为测站点），粗平、瞄准后视尺、精平，读取后视读数 a_1（设为 1.467m）。

（3）记录人员听到观测人员的读数后复述一遍，经观测人员核对无误后，将读数 a_1 记入普通水准测量手簿（表 2-1）的后视读数栏内。

表 2-1 普通 水 准 测 量 手 簿

日期　2010.10.12　　　　仪器　S_3 002　　　　观测　张二小

天气　阴、微风　　　　地点　抚顺路　　　　记录　王三丰

测站编号	测点	水准尺读数（m）		高差（m）	高程（m）	备注
		后视 a	前视 b			
Ⅰ	BMA	1.467		+0.343	27.354	已知点
Ⅱ	TP1	1.385	1.124	−0.289		
Ⅲ	TP2	1.869	1.674	+0.926		
Ⅳ	TP3	1.425	0.943	+0.213		
Ⅴ	TP4	1.367	1.212	−0.365		
	B		1.732		28.182	待测点
计算检核	Σ	7.513	6.685	+0.828		
	$\Sigma a - \Sigma b = 7.513 - 6.685 = +0.828$m　$H_B - H_A = 28.182 - 27.354 = +0.828$m					

（4）另一立尺人员，携带另一水准尺，在拟订的水准路线前进方向上，且前、后视距大致相等处的适当位置，放上尺垫（用脚踏实），选定转点 TP1（对于普通水准测量，也可不用尺垫，直接选定坚实地面上某一突起点作为转点），并将所携带的水准尺竖立其上（前视尺）。

（5）仪器操作人员，转动望远镜瞄准前视尺，精平后读取前视读数 b_1（设为 1.124m）。

（6）记录人员听到观测人员的读数后复述一遍，经观测人员核对无误后，将读数 b_1 记入水准测量手簿的前视读数栏内，并计算出点 A 与 TP1 之间的高差为

$$h_1 = a_1 - b_1 = 1.467 - 1.124 = +0.343\text{m}$$

随即记入水准测量手簿中的高差栏。

至此，第一站的观测、记录及计算工作即告结束。

当第一站的观测、记录及计算工作完毕后，沿水准路线方向，前移开始第二站的观测工作。第一站的前视尺（TP1 点的水准尺）原处不动，转过尺面作为第二站的后视尺；而将第一站的后视尺（A 点的水准尺）越过仪器前移到转点 TP2 上；仪器操作人员将水准仪前移至测站点 Ⅱ 处，安置仪器粗平后，分别瞄准后、前视尺进行观测；记录人员同样要随时将后、前视读数 a_2、b_2 记入水准测量手簿，并计算出点 TP1 与 TP2 之间的高差

$$h_2 = a_2 - b_2 = 1.385 - 1.674 = -0.289\text{m}$$

并记入水准测量手簿中的高差栏。此为第二站的观测、记录及计算工作（可见，转点的特点是既有前视读数又有后视读数）。

同法，依次逐站施测，直至 B 点。

显然，安置一次仪器，便测得一站的高差，即

$$h_1 = a_1 - b_1$$
$$h_2 = a_2 - b_2$$
$$\cdots$$
$$h_n = a_n - b_n$$

将上面各式相加，即得 A、B 间的高差观测值为

$$h_{AB} = \sum h = \sum a - \sum b \qquad (2-4)$$

则 B 点的高程为

$$H_B = H_A + h_{AB} = H_A + \sum h \qquad (2-5)$$

这里，需进一步指出的是：

（1）如使用的双面尺，对普通水准测量而言，只观测黑面即可。

（2）转点处，无需做固定标志，也无需算出其高程，因为转点在水准测量中仅起传递高程的作用。

（3）加强计算检核。所谓计算检核，就是检查计算是否有误。例如，在表 2-1 中，每测得一站的后、前视读数后，都应立即现场计算出该站之高差；待整个测段 AB 观测结束后，将各测站高差求其代数和即为该测段高差 h_{AB}；最后根据 A 点的高程 H_A 和测得的高差 h_{AB}，计算出 B 点的高程 H_B。显然，不论是计算某一站高差，还是各测站高差和或推算 B 点的高程，任何一个环节若计算有误，则 B 点的高程 H_B 都会不正确。为此，须进行计算检核。

高差计算的正确与否，可利用式（2-4）来检核，即所有后视读数之和减去所有前视读数之和应该等于所有高差之和。例如，在表 2-1 中，先将所有后视读数求和，得 $\sum a$ = 7.513m 并填入表中"计算检核"栏中后视读数求和单元格，再将所有前视读数求和，得 $\sum b$ = 6.685m，填入表中"计算检核"栏中前视读数求和单元格，最后拿所有后视读数之和减去所有前视读数之和，可得 $\sum a - \sum b$ = 7.513 - 6.685 = +0.828m，可见此结果与表中之前算的所有高差之和 $\sum h$ = +0.828m 相等，从而说明高差计算是正确的。

推算 B 点高程的正确与否，可利用下式来检核

$$H_B - H_A = \sum h \qquad (2-6)$$

即终点 B 的高程 H_B 减去起点 A 的高程 H_A，应与所有高差之和 $\sum h$ 相等。

（4）精度评定与成果检核。经过上述的计算检核，只能保证相应的计算准确无误，但仍不能判定水准测量的成果是否符合精度要求。为此，通常先由点 A 向点 B 测量一遍（往测），然后再由点 B 向点 A 测量一遍（返测），即进行往、返观测。由高差的定义和特性可知，往测高差 h_{AB} 与返测高差 h_{AB}，理论上应该绝对值相等、符号相反，即其代数和为零；但实际上，由于测量误差的存在，往、返测高差的代数和一般不为零，其值称为高差闭合差，常用 f_h 表示，即

$$f_h = h_{AB} + h_{BA} \tag{2-7}$$

对于普通水准测量，规范规定其高差闭合差的容许值 $f_{h容}$ 可按下式计算

$$f_{h容} = \pm 12\sqrt{n}\,\mathrm{mm} \tag{2-8}$$

式中　n——往、返测站数之和。

当 $|f_h| > |f_{h容}|$ 时，说明施测结果的误差大于限差（超限），则认为该测量成果不符合精度要求，即为不合格。对不合格者，必须检查原因甚至返工重测，以达到规定的精度要求。

当 $|f_h| \leqslant |f_{h容}|$ 时，说明施测结果的误差小于限差，则认为该测量成果符合精度要求，即为合格。对合格者，可取往、返测高差的平均值作为最终的高差，即

$$\overline{h}_{AB} = \frac{h_{AB} - h_{BA}}{2} \tag{2-9}$$

再利用最终求得的高差和已知点高程推算出待测点高程

$$H_B = H_A + \overline{h}_{AB} \tag{2-10}$$

上述的精度评定、成果检核及最终高差和高程的计算，可在表 2-2 中完成。

表 2-2　　　　　　　　　　　　　往返测水准测量内业计算表

测段	测点	测站数	往测高差（m）	返测高差（m）	平均高差（m）	高程（m）	备注
AB	A	3	+1.235	-1.241	+1.238	40.000	已知点
	B	3				41.238	待测点
辅助计算	Σ	6	$f_h = +1.235 - 1.241 = -0.006\mathrm{m}$　　　$f_{h容} = \pm 12\sqrt{6}\,\mathrm{mm} = \pm 29\mathrm{mm}$				

2.4　水准测量的误差分析及注意事项

水准测量的误差，包括仪器工具误差、观测误差和外界环境的影响三个方面。现分述如下，并提出相应的注意事项。

1. 仪器工具误差

（1）仪器校正后的残余误差。仪器校正后的残余误差，主要是指水准管轴与视准轴不平行（在竖直面上投影所形成的夹角——i 角）而引起的误差（i 角误差）。

如图 2-16 所示，由于水准管轴与视准轴不平行，当水准管气泡居中时，水准管轴水平，而视准轴却是倾斜的，致使前、后视读数中分别包含有误差 Δ_1、Δ_2。显然，Δ 的大小与视距成正比；若使前、后视距相等，则有 $\Delta_1 = \Delta_2$，这时在计算高差时 Δ_1、Δ_2 将被抵消掉。因此，在安置仪器、选择转点时，要注意应尽量使前、后视距相等，以减弱此项误差的影响。

（2）水准尺误差。由于水准尺刻划不准确，尺长变化、弯曲等原因，都会给读数带来误

差。因此，当水准测量的精度要求较高时，水准尺也必须经过检验才能使用。另外，在使用塔尺时，立尺人员要注意经常检查尺子接头是否正确、牢靠，以免出现差错。

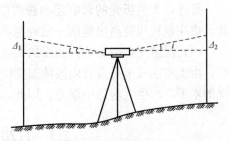

图 2 - 16　水准管轴与视准轴不平行
对水准测量影响示意图

2. 观测误差

（1）水准管气泡居中误差。微倾式水准仪是通过调节微倾螺旋使水准管气泡符合来实现视线精确水平的。因此，应注意在每次读数之前都要精平，否则就会影响水准测量的精度。

（2）读数误差。读数误差，主要是指在水准尺上估读毫米数的误差。此项误差与望远镜的放大倍率和视距长度有关。放大倍率越小、视距越长，则读数误差就越大。因此，不同等级的水准测量，对仪器望远镜的放大倍率及最大视距都有相应的规定。作业时，应注意严格控制视线长度。

（3）视差的影响。视差的存在，会给观测带来较大的误差。因此，在瞄准目标后，一定要注意检查并消除视差。

（4）水准尺倾斜误差。水准尺倾斜，将使读数变大。此项误差与尺的倾斜度和在尺上读数的大小有关：读数或倾斜角越大，误差也越大。例如，若水准尺倾斜 $3°30'$，在水准尺 1m 处读数时，将会产生 2mm 的误差。所以，在观测人员读数时一定要注意将水准尺扶直。

3. 外界环境的影响

（1）仪器下沉。当仪器安置在土质松软的地面时，会产生缓慢的下沉现象，致使在后、前视读数时视线高度不同而引起误差。故在安置仪器时，应注意要选在土质坚实的地方并将脚架踩实。

（2）尺子下沉。如果转点选在土质松软的地面，尺子也会缓慢下沉，将使下一站后视读数增大，从而引起误差。因此，应注意转点也要选在土质坚实的地方，若使用尺垫需将其踩实。同时，在前、后站的观测过程中，还要注意转点上的水准尺尺底位置和高度应保持不变。

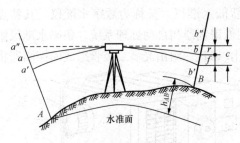

图 2 - 17　地球曲率和大气折光
对水准测量影响示意图

（3）地球曲率和大气折光的影响。如图 2 - 17 所示，A、B 为地面上两点，水准面是一个曲面，如果水准仪的视线 $a'b'$ 平行于水准面，则 A、B 两点间的正确高差为

$$h_{AB} = a' - b'$$

但是，水平视线在尺上的读数分别为 a'' 和 b''，a'' 与 a' 之差及 b'' 与 b' 之差，就是地球曲率对读数的影响，用 c 表示。

同时，由于水平视线受大气折光的影响实际上是一条弧线，在尺上的读数分别为 a、b，即观测中读取的后、前视读数。a'' 与 a 之差及 b'' 与 b 之差，就是大气折光对读数的影响，用 r 表示。

通常，把地球曲率和大气折光的综合影响，用 f 来表示。由图 2 - 17 不难看出，如果前、后视距相等，则地球曲率和大气折光的影响将在计算高差时互相抵消。所以，在水准测量时，一定要注意使前、后视距尽量相等。

　　另外，大气折光的影响还与视线的高度有关：视线离地面越近，大气折光越厉害。因此，应注意视线要高出地面一定的距离，在坡度较大的地段应注意适当缩短视距。

　　（4）温度变化的影响。温度的变化不仅引起大气折光的变化，而且当烈日照射到水准管时，由于水准管本身及管内液体温度的升高，气泡将向着温度升高的方向移动，从而影响视线的水平，产生气泡居中误差。因此，当阳光照射较为强烈时，要注意撑伞遮阳。

2.5　自动安平与电子水准仪简介

1. 自动安平水准仪

　　如图2-18所示，为一自动安平水准仪。它是在微倾式水准仪的基础上改进而成的，其特点是：利用自动安平补偿器代替了水准管和微倾螺旋，观测时只需调整圆水准器气泡居中使仪器粗平，就可获得视线水平时的读数。因此，自动安平水准仪的使用与微倾式水准仪基本相同，只是不需要再进行人工精平，在安置、粗平、瞄准后即可直接读数。

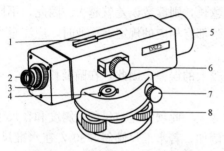

图 2-18　自动安平水准仪示意图

1—瞄准器；2—目镜；3—补偿器检查按钮；
4—圆水准器；5—物镜；6—物镜调焦螺旋；
7—微动螺旋；8—脚螺旋

　　可见，使用自动安平水准仪可简化操作、缩短观测时间，从而提高了测量速度；同时，观测中由于地面微小震动、仪器的不规则下沉、风力和温度变化等外部因素影响所引起的视线微小倾斜，也可迅速得到调整而获得正确的读数，从而也提高了水准测量的精度。

　　值得注意的是：在使用自动安平水准仪时，要不时地检查补偿器工作是否正常。

2. 电子水准仪

　　如图2-19所示，为一电子水准仪。它是在自动安平水准仪的基础上研制而成的一种集光学、电子、图像处理、计算机技术于一体的自动化智能水准仪，又称为数字水准仪。其特点是：采用条码水准尺［图2-20（a）］、仪器内装有图像识别器和自动处理系统，条码水准尺影像通过望远镜成像在十字丝分划板上［图2-20（b）］，通过一组由光敏二极管组成的探测器将图像译释成视频信号，再与仪器内存的标准代码（参考信息）进行相关比较，即可得到中丝读数、视距等数据。按存储键还可把数据存入存储器，并能自动进行检核和高差计算。

　　可见，电子水准仪的使用与自动安平水准仪基本相同，只是不需要人工在水准尺影像上进行读数，即在安置、粗平、瞄准后按动测量键，就可自动显示出有关测量数据。因此，具有测量速度快、精度高、操作简便、作业劳动强度小等优点，

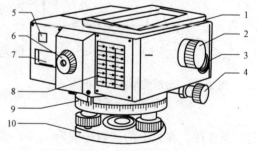

图 2-19　电子水准仪示意图

1—提环；2—物镜调焦螺旋；3—测量按钮；
4—微动螺旋；5—圆水准器观察窗；6—目镜；
7—显示屏；8—操作面板；9—度盘；10—基座

为水准测量作业的自动化和数字化奠定了基础。

　　值得注意的是：在使用电子水准仪之前，务必认真、仔细地阅读其说明书，并严格按要求进行操作。

　　另外，若使用常规水准尺，电子水准仪也可当作自动安平水准仪使用。但因电子水准仪无测微器，所以此时测量精度会有所下降。

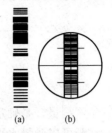

图 2-20　条码水准尺
与望远镜视场示意图

🧠思考题与习题

1. 绘图说明水准测量的基本原理，并指出其基本要求。
2. 微倾式水准仪主要由哪几部分组成？圆水准器和长水准器，其作用有何不同？
3. 何谓圆水准器轴、水准管轴、视准轴、水准器的分划值？
4. 微倾式水准仪有哪几条主要轴线？它们应满足怎样的几何关系？
5. 简述水准仪使用的方法和步骤。
6. 何谓视差？产生的原因是什么？如何消除？
7. 转点在水准测量中起什么作用？其上水准尺读数有何特点？
8. 水准测量每一站要求前、后视距相等，可消除哪些误差？
9. 将图 2-21 中的数据（单位为 m）填入表 2-3 中，并计算出各测站之高差及 B 点高程。

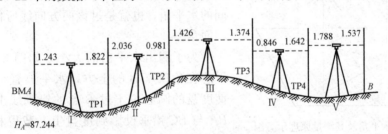

图 2-21　支水准路线测量示意图

表 2-3　　　　　　　　　　　　　　普 通 水 准 测 量 手 簿

测站编号	测点	水准尺读数（m）		高差 (m)	高程 (m)	备注
		后视 a	前视 b			
计算检核	Σ					

10. 简述自动安平水准仪、电子水准仪的特点。

第3章 角 度 测 量

角度测量，是确定地面点位的三项基本测量工作之一。传统上常用的测角仪器为经纬仪，它既可以测量水平角，又可以测量竖直角。

3.1 水平角测量原理

一点到两目标点的方向线在水平面上的铅垂投影所构成的角，称为该两方向线间的水平角。常用 β 表示，其角值范围为 $0°\sim360°$。

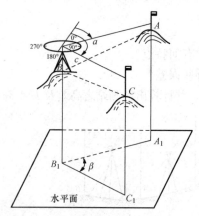

如图 3-1 所示，A、B、C 为地面上任意三点，将它们沿铅垂线方向投影到水平面上，得到相应的投影点 A_1、B_1、C_1，则水平投影线 B_1A_1 与 B_1C_1 所构成的夹角 β，即为 B 点至目标点 A、C 两方向线间的水平角。由此可见，一点到两目标点方向线间的水平角，也就是过该两方向线所作竖直面间的二面角。

为了测出水平角的大小，如图 3-1 所示，可设想在角顶点 B 的上方，水平放置一个度盘，并使度盘的圆心位于过 B 点的铅垂线上，再把直线 BA 与 BC 铅垂投影到度盘上，截得相应的读数 a 和 c，即可按式（3-1）求得 BA 与 BC 两方向线间

图 3-1 水平角及其测量原理示意图

的水平角 β 为

$$\beta = c - a \qquad (3-1)$$

这就是水平角测量的基本原理。

由上述原理可知，测角仪器必须有一个能水平放置的度盘（水平度盘），并通过一定的操作能精确地将水平度盘的圆心置于角顶点的铅垂线上；同时，仪器上还必须有一个不仅能在水平方向旋转，也能在竖直方向旋转用以瞄准远方目标的望远镜。经纬仪就是根据这些要求制作而成的一种测角仪器。

3.2 光学经纬仪的构造与使用

目前，经纬仪的类型有多种。若按其结构不同，可分为光学经纬仪、激光经纬仪和电子经纬仪等。若按其精度等级，又可划分为 J_{07}、J_1、J_2、J_6 等型号；其中，J 为"经纬仪"汉语拼音的第一个字母，07、1、2、6 等下标数字表示该仪器所能达到的精度指标；如 J_6 表示野外一测回水平方向中误差不超过 $\pm6''$ 的经纬仪。J_2 及其以上属精密经纬仪，J_6 则为普通经纬仪。因此，本节仅介绍 J_6 级光学经纬仪的构造和使用。

3.2.1 光学经纬仪的基本构造

不同等级的光学经纬仪，其部件和构造会有所不同；即便是同一等级的光学经纬仪，也会因生产厂家或生产日期的不同而有所差异。但它们的基本构造却是相同的，主要由基座、照准部和度盘三大部分组成，如图 3-2 所示。

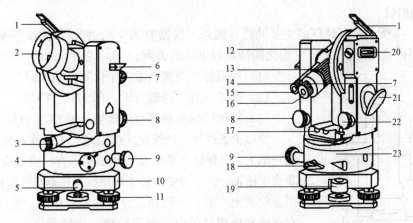

图 3-2 J₆ 级光学经纬仪构造示意图

1—竖盘指标水准管观察反光镜；2—望远镜物镜；3—光学对中（点）器；4—复测器旋钮；5—轴套固定螺旋；
6—望远镜制动扳手；7—望远镜目镜调焦螺旋；8—望远镜微动螺旋；9—水平微动螺旋；10—基座；11—脚螺旋；
12—粗瞄器；13—望远镜物镜调焦螺旋；14—读数显微镜目镜调焦螺旋；15—读数显微镜目镜；16—望远镜目镜；
17—照准部水准管；18—水平制动扳手；19—圆水准器；20—竖盘指标水准管；21—度盘照明反光镜；
22—竖盘指标水准管微动螺旋；23—照准部

1. 基座

基座用来支撑仪器上部，并借助其底板的中心螺母和三脚架上的中心连接螺旋使仪器与三脚架相连。其上，有三个脚螺旋和一个圆水准器，用来粗略整平仪器。轴套固定螺旋拧紧后，可将仪器上部固定在基座上；使用仪器时，切勿松动该螺旋，以免照准部与基座分离而坠地。

2. 照准部

照准部是指仪器上部可水平转动的部分（其旋转轴，即为仪器的竖轴 VV），主要由 U 形支架、望远镜、照准部水准管、读数设备等构成。

望远镜装在 U 形支架的上部横轴（又称水平轴，用 HH 表示）上，并可绕横轴上、下转动，其转动由望远镜制动扳手（螺旋）和望远镜微动螺旋来控制。而照准部在水平方向的转动，则由水平制动扳手（螺旋）和水平微动螺旋来控制。应当记住，不论是水平微动螺旋还是望远镜微动螺旋，都必须在各自制动螺旋拧紧的情况下才起作用。

另外，目前使用的经纬仪，其上都装有光学对中（点）器（图 3-2 中的 3）。如图 3-3 所示，它实际上是一个小型的外调焦望远镜，水平视线到达仪器的中心转 90° 后向下与仪器的竖轴重合，用于将水平度盘的圆心精确地置于角顶点的铅垂线上即精确对中。

3. 度盘

度盘包括水平度盘和竖直度盘，它们都是用光学玻璃制成的圆环，周边刻有间隔相等的度数分划。

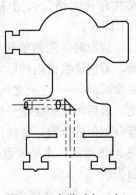

图 3-3 光学对中（点）器构造示意图

水平度盘封装在照准部 U 形支架的下部，从上面俯视时其刻划由 0°～360°按顺时针方向进行注记。测角时，水平度盘不动；若需要其转动时，可通过复测器（复测钮或复测扳手）或度盘变换手轮实现。

竖直度盘固定封装在横轴的一端，并随望远镜一起在竖直面内转动；其刻划注记形式，目前多为顺时针。

如图 3-4 所示，经纬仪的主要轴线有四条：仪器竖轴 VV、照准部水准管轴 LL、横轴 HH 以及望远镜视准轴 CC，它们之间满足以下几何关系。

（1）照准部水准管轴垂直于仪器竖轴，即 $LL \perp VV$；

（2）横轴垂直于仪器竖轴，即 $HH \perp VV$；

（3）望远镜视准轴垂直于横轴，即 $CC \perp HH$。

除以上条件外，经纬仪还应满足：水平度盘的圆心位于仪器竖轴上，并保证水平度盘与竖轴相垂直；望远镜十字丝竖丝垂直于横轴，光学对中器的光学垂线与仪器竖轴重合等。

仪器出厂前，一般都是经过检验合格的。但仪器出厂后，在运输和使用过程中，由于振动、碰撞等原因，上述的几何条件往往会发生变动。因此，应按规范的要求定期（J_6 级光学经纬仪，一般为两年）或不定期到有关测量仪器检定部门进行检验校正，以确保仪器满足正确的几何关系。

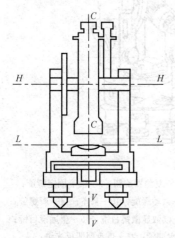

图 3-4　经纬仪主要轴线示意图

3.2.2　光学经纬仪的读数系统与方法

光学经纬仪的读数设备包括水平度盘、竖直度盘、光学系统及测微器等。当光线通过一组棱镜和透镜作用后，将光学玻璃度盘上的分划放大成像于望远镜旁的读数显微镜内，因此观测者可通过显微镜读取度盘读数（图 3-5）。各种光学经纬仪的读数设备不完全相同，其读数方法也不太一样。下面，介绍 J_6 级光学经纬仪常用的两种读数系统与读数方法。

1. 测微尺测微器读数系统及读数方法

图 3-6 所示为某测微尺测微器读数窗的影像：注有"H"（或"水平"）的，是水平度盘影像；注有"V"（或"竖直"）的，为竖直度盘影像。度盘的分划值为 1°，测微尺共有 6 大格、60 小格，每一小格为 $1'$，因此可估读到 $0.1'$ 即 $6''$。

读数时，先调节照明反光镜和读数显微镜目镜调焦螺旋，看清读数窗内的影像；然后看度盘的哪一条分划线落在测微尺的 0～6 注记之间，那么度数就由该分划线的注记读出；最后再以该度盘分划线为指标，在测微尺上读取不足度盘分划值的分数，并估读秒数，三者相加即为度盘读数。如图 3-6 所示，水平度盘的读数为 $134°53'18''$，竖直度盘的读数为 $87°58'30''$。

2. 单平板玻璃测微器读数系统及读数方法

图 3-7 所示为某单平板玻璃测微器读数窗的影像，下

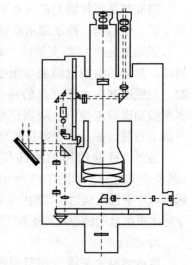

图 3-5　经纬仪光路示意图

面的窗格为水平度盘影像，中间的窗格为竖直度盘影像，上面较小的窗格为两个度盘合用的测微尺影像。读数窗中，单指标线为测微器指标线，双指标线为度盘指标线。度盘的分划值为 30′；测微尺共有 30 大格，一大格为 1′；一大格又分为 3 小格，每小格为 20″，因此可估读到 2″。

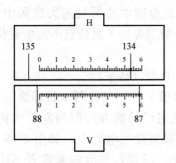
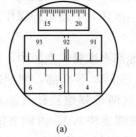
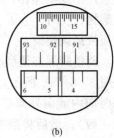

图 3 - 6 测微尺测微器读数窗示意图　　　图 3 - 7 单平板玻璃测微器读数窗示意图

读数时，要先转动测微轮，使度盘的某一分划线精确地移动到双指标线的中间，然后读出度数和 30′的整分数，再读出测微尺窗中单指标线所指出的分数和秒数，两者相加即为度盘的读数。图 3 - 7（a）中的竖直度盘读数为 92°18′00″，图 3 - 7（b）中的水平度盘读数为 4°42′20″。

3.2.3 光学经纬仪的使用

角度测量时，应首先安置好经纬仪，然后再进行观测。安置包括对中、整平，观测包括瞄准、读数。因此，经纬仪的使用可概括为安置（包括对中和整平）、瞄准、读数三个基本步骤。

1. 安置

所谓安置好经纬仪，就是要既对中又整平。通过对中，可使水平度盘中心（仪器中心）位于角顶点的铅垂线上；通过整平，可使竖轴铅垂、水平度盘水平。其具体操作步骤和方法如下。

（1）调节架腿，使三脚架高度适中；然后张开三脚架，将其架设在角顶点（测站点）上。

此项操作应注意，要同时满足：①在平地上安置仪器时，要使三条架腿等长，其着地点基本上构成一个等边三角形；在斜坡上安置仪器时，要使两条架腿稍长、一条稍短，两条长腿放在下坡方向、一条短腿放在上坡方向，以保安全稳定。②架头大致水平（初步整平）。③架头中心大致对准测站点的标志中心（初步对中）。

（2）从箱中取出经纬仪放在三脚架架头上，旋紧连接螺旋。

此项操作应注意：①开箱取仪器时，要记清仪器在箱内的摆放位置及方向，以便装箱时按原样放回。②从箱内取出经纬仪时，要用手抓住照准部 U 形支架，并及时将箱子关闭。③将仪器放置于三脚架的架顶面上，要及时旋紧连接螺旋，将仪器固连在三脚架头上；在连接螺旋没拧紧之前，手要一直扶着仪器，以防止仪器从三脚架头上滑落。

（3）转动光学对中器目镜调焦螺旋，使分划圈清晰；再拉出或推进对中器的镜管，使测站点标志成像清晰。

（4）先踏实一条架腿，然后眼睛看着光学对中器的同时双手分别握住另外两条架腿稍离地面，做前后、左右摆动，直至光学对中器的分划圈中心对准地面标志中心为止（粗略对中），放下架腿并踏实。

（5）伸缩三脚架架腿，使圆水准器气泡居中（粗平）。由于气泡总是位于高处，为使气泡居中，应将气泡所在一侧的架腿适当缩短或将相对一侧架腿适当伸长。

注意：①此项操作，可能需要换腿交替反复进行，直至圆水准器气泡大致居中为止。②调节架腿长度时，为了不破坏对中须用脚踩住该架腿的脚踏保持平面位置不发生变化，为了安全须扶稳该架腿。

（6）调整脚螺旋使照准部水准管气泡居中，精确整平仪器（精平）。

如图3-8（a）所示，先转动照准部，使照准部水准管平行于任意两个脚螺旋的连线，接着同时向内或向外调节这两个脚螺旋使气泡居中（气泡移动的方向恒与左手大拇指运动方向一致）；然后将照准部旋转90°，再调节第三个脚螺旋使气泡居中，如图3-8（b）；反复调节，直至照准部旋转到任何位置气泡都居中为止（通常，气泡偏离零点不应大于一格）。

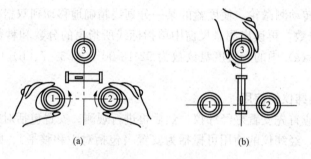

(a)　　　　　　　　　　　　(b)

图3-8　精平示意图

（7）通过对中器，检查是否仍然对中。若未对中，可稍微旋松连接螺旋，在架头上平移仪器使其精确对中（注意，手不要触碰脚螺旋）；最后再次精确整平仪器即可（最好，再次检查是否已精确对中；否则仍需"精确对中——精确整平"反复交替操作，直至既精确对中又严格地整平）。

2. 瞄准

角度测量时，照准标志一般为竖立于地面点上的花（标）杆、测钎、吊垂球（铅垂线）等（图3-9），并要用十字丝精确地瞄准，具体操作步骤如下。

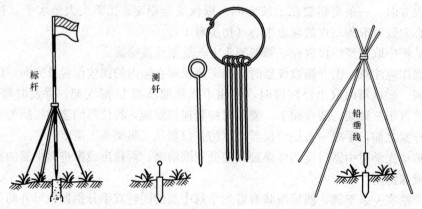

标杆　　　　测钎　　　　铅垂线

图3-9　照准标志示意图

（1）目镜对光。松开望远镜和照准部的制动螺旋，将望远镜对向明亮处；调节望远镜目镜调焦螺旋，使十字丝清晰。

（2）粗瞄。一边转动照准部和望远镜，一边利用望远镜上的粗瞄器（或准星）大致照准目标，拧紧制动螺旋。

（3）物镜对光。调节望远镜物镜调焦螺旋，使目标清晰。

（4）精瞄。调节望远镜和照准部的微动螺旋，使目标影像位于视场中央。

（5）检查并消除视差。

（6）再次精瞄。调节望远镜和照准部的微动螺旋，利用十字丝精确地瞄准目标。

测水平角时，应该用十字丝的竖丝精确瞄准目标（当目标影像较细时，用双丝去夹准；当目标影像较粗时，用单丝去平分）；测竖直角时，则应该用十字丝的横丝精确切准目标。

3. 读数

瞄准目标后，打开度盘照明反光镜，调节镜面朝向光源，使读数窗亮度适中；再调节读数显微镜目镜调焦螺旋，使读数窗内影像清晰，并检查消除视差；最后按前述方法进行读数即可。

3.3 水 平 角 观 测

水平角的观测，可根据观测目标的多少，采用测回法或方向观测法，现分述如下。

3.3.1 测回法

测回法，适用于观测两个方向之间的单角。如图 3 - 10 所示，欲测量 BC 和 BA 两方向间的水平角 β，测回法的方法步骤如下。

图 3 - 10 测回法观测示意图

（1）在角的顶点 B 上安置经纬仪，在目标点 C、A 上分别设置观测目标（竖立花杆或测钎等）。

（2）转动望远镜成盘左位置（站在目镜端，竖盘在望远镜的左边，也称为正镜），瞄准左边的目标点 C（起始方向），读取水平度盘读数 c_1（$0°20'48''$），记入测回法观测手簿（表 3 - 1）的第 4 列。

表 3 - 1   **测回法观测手簿**

日期   2011.10.10   仪器 $J_6$001   观测   张小二

天气   多云   地点   山东路   记录   王无吉

测站	竖盘位置	目标	水平度盘读数 ° ′ ″	半测回角值 ° ′ ″	一测回角值 ° ′ ″	各测回平均值 ° ′ ″	备注
第一测回 B	左	C	0 20 48	125 14 12	125 14 18	125 14 20	
		A	125 35 00				
	右	C	180 21 18	125 14 24			
		A	305 35 42				
第二测回 B	左	C	90 20 36	125 14 18	125 14 21		
		A	215 34 54				
	右	C	270 21 24	125 14 24			
		A	35 35 48				

注 由于水平度盘是按顺时针刻划注记的,所以半测回角值必须是右侧目标读数减去左侧目标读数;若遇到不够减时,右侧目标读数须加上 360° 后再去减左侧目标读数,决不能倒过来减。

(3) 松开制动螺旋,顺时针转动照准部,瞄准右边的目标点 A,读取水平度盘读数 a_1(125°35″00′),记入观测手簿的第 4 列。

上述 (2)、(3) 两步操作,称为上(前)半测回。其角值为

$$\beta_L = a_1 - c_1 = 125°35′00″ - 0°20′48″ = 125°14′12″ \tag{3 - 2}$$

记入观测手簿第 5 列。

(4) 松开制动螺旋,先纵转望远镜 180°,再转动照准部 180° 成盘右位置(站在目镜端,竖盘在望远镜的右边,也称为倒镜);然后瞄准右边的目标点 A,读取水平度盘读数 a_2(305°35′42″),记入观测手簿第 4 列。

(5) 松开制动螺旋,逆时针转动照准部,瞄准左边的目标点 C,读取水平度盘读数 c_2(180°21′18″),记入观测手簿第 4 列。

上述 (4)、(5) 两步操作,称为下(后)半测回。其角值为

$$\beta_R = a_2 - c_2 = 305°35′42″ - 180°21′18″ = 125°14′24″ \tag{3 - 3}$$

记入观测手簿第 5 列。

(6) 上、下两个半测回,合起来称为一测回。当上、下两个半测回角值之差小于限差(对 J_6 级经纬仪,一般为 ±60″,要求较高为 ±40″ 时),取其平均数作为一测回的水平角值,即

$$\beta = \frac{1}{2}(\beta_L + \beta_R) \tag{3 - 4}$$

记入观测手簿的第 6 列。否则,应重新观测。至此,一测回观测完毕。

测回法采用盘左、盘右观测并取其平均值,不仅可以检核观测过程中有无错误、判定观测值是否合格,而且还可以消除仪器某些系统误差(如水平度盘偏心——水平度盘圆心与仪器竖轴不重合、视准轴与横轴不垂直、横轴与竖轴不垂直等引起的误差)对水平角的影响,

提高测角精度。

　　当测角精度要求较高时，可以多观测几个测回。此时，若各测回角值之差小于限差（对于 J_6 级经纬仪，一般为 $\pm 40''$，要求较严时为 $\pm 30''$），取平均值列入表 3-1 第 7 列中，作为最终观测结果；否则，应重新观测。同时，为了减小度盘分划误差的影响，各测回间应根据测回数 n，按 $180°/n$ 的间隔变换水平度盘位置即配置度盘。例如：欲观测两个测回，若第一个测回起始方向读数配置在稍大于 $0°$ 处，那么第二测回起始方向读数则应配置在略大于 $180°/2 = 90°$ 处。

　　配置度盘的方法步骤，因经纬仪的结构不同而异。对装有复测扳手的光学经纬仪，在瞄准起始方向目标之前，要先松开水平制动螺旋，一边转动照准部，一边观察读数显微镜，找到所需配置的度盘读数，扳下复测器扳手（此时，水平度盘与照准部连在一起，并将随照准部同步转动，而读数不变）；然后转动照准部，瞄准起始方向目标后，扳上复测器扳手即可。对装有复测器旋钮的光学经纬仪，则要先瞄准起始方向目标，将复测器旋钮根部的半圆转开（或按一下锁止杆）；然后按下复测器旋钮不松手并转动，待找到所需配置的度盘读数后松手即配置完毕。而对装有水平度盘变换手轮的光学经纬仪，待瞄准起始方向目标后，先打开水平度盘变换手轮护盖，然后直接转动水平度盘变换手轮使水平度盘的读数为要配置的度数即可。值得注意的是：①只观测一个测回时，不必配置度盘。②在一个测回之内，不容许再变动度盘的位置。因此，待度盘配置完毕，应及时将复测器旋钮根部的半圆复位或关闭水平度盘变换手轮护盖，以防观测过程中水平度盘发生变动。③配置完度盘后，要重新精确瞄准目标、读数，并将读数记入观测手簿；而不能把配置的度盘读数作为观测数据记入手簿。

3.3.2　方向观测法

　　方向观测法又简称方向法，它适用于观测两个以上方向间的水平角（当方向数多于三个并再次瞄准起始方向者，称为全圆方向观测法）。如图 3-11 所示，其具体观测步骤如下：

　　（1）在测站点 O 上安置经纬仪，并选定方向 A 为起始方向。

　　（2）盘左，瞄准起始方向 A，读取水平度盘读数，并记入方向法观测手簿（表 3-2）的第 4 列中。

　　（3）顺时针转动照准部，依次照准目标 B、C、D，读取相应的水平度盘读数并记录。

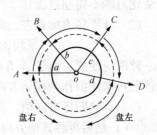

图 3-11　方向观测法示意图

　　（4）继续顺时针转动照准部，再次瞄准起始方向 A，读数并记录（称为归零，两次瞄准 A 的读数之差，称为半测回归零差，对于 J_6 级经纬仪，要求半测回归零差不得大于 $\pm 18''$），完成上半测回的观测。

　　（5）盘右，瞄准起始方向 A，读取水平度盘读数，并记入方向法观测手簿（表 3-2）的第 4 列中；然后逆时针方向依次瞄准目标 D、C、B，读取相应的水平度盘读数并记录。同样，最后要继续逆时针转动照准部再次瞄准起始方向 A 进行归零，计算下半测回归零差，并检查其是否超限。符合要求后，才算完成下半测回的观测。

　　以上为一个测回的观测。如果欲观测多个测回，各测回间仍应按 $180°/n$ 的间隔配置度盘，以减小度盘分划误差的影响。

表 3-2　　　　　　　　　　　**方 向 法 观 测 手 簿**

日期　2011.10.12　　　　　　仪器　J₂001　　　　　　观测　王二芽
天气　晴　　　　　　　　　　地点　山东路　　　　　　记录　张三丰

测站	测回数	目标	读数		2c=左-（右±180°）	平均读数＝[左+（右±180°）]/2	归零方向值	各测回归零方向值的平均值	备注
			盘左	盘右					
			° ′ ″	° ′ ″	″	″ ′ ° （错）	° ′ ″	° ′ ″	
O	1	A	0 02 12	180 02 00	+12	（0 02 10） 0 02 06	0 00 00	00 00 00	
		B	37 44 15	217 44 05	+10	37 44 10	37 42 00	37 42 04	
		C	110 29 04	290 28 52	+12	110 28 58	110 26 48	110 26 52	
		D	150 14 51	330 14 43	+8	150 14 47	150 12 37	150 12 33	
		A	0 02 18	180 02 08	+10	0 02 13			
	2	A	90 03 30	270 03 22	+8	（90 03 24） 90 03 26	0 00 00		
		B	127 45 34	307 45 28	+6	127 45 31	37 42 07		
		C	200 30 24	20 30 18	+6	200 30 21	110 26 57		
		D	240 15 57	60 15 49	+8	240 15 53	150 12 29		
		A	90 03 25	270 03 18	+7	90 03 22			

现以表 3-2 为例，说明方向观测法的计算方法和步骤。

（1）计算两倍照准误差 $2c$。c 称为照准误差，指望远镜的视准轴与横轴不垂直而相差的一个小角，致使盘左、盘右瞄准同一目标时读数相差不是180°。$2c$ 的计算公式为

$$2c = 盘左读数 - （盘右读数 \pm 180°） \tag{3-5}$$

对于 J₆ 级经纬仪，对 $2c$ 值的变化范围不作规定；但对于 J₂ 级经纬仪，则要求其 $2c$ 值的变化范围不得超过 $\pm 18''$。

（2）计算各方向盘左、盘右读数的平均值，即

$$平均读数 = [盘左读数 + （盘右读数 \pm 180°）]/2 \tag{3-6}$$

此时应注意：由于 A 方向一测回瞄准了 4 次，有两个平均读数，因此应将 A 方向的平均读数再取均值作为起始方向一测回的方向值，写在第一行，并用括号括起。

（3）计算归零方向值。首先将起始方向值（括号内的）进行归零，即将起始方向值化为 $0°00'00''$；然后再将其他方向的方向值减去括号内的起始方向值。

（4）计算各测回归零方向值的平均值。如果观测了多个测回，应检查同一方向各测回归零方向值互差是否超限（对于 J₆ 级经纬仪，要求不得大于 $\pm 24''$）。如果满足限差的要求，取同一方向归零方向值的平均值作为该方向的最后结果。

（5）计算水平角。将两个方向归零方向值的平均值相减，即得该两方向间的水平角。

3.3.3　误差分析及注意事项

水平角测量的误差，包括仪器误差、观测误差和外界环境的影响三个方面。现分述如下，并提出相应的注意事项。

1. **仪器误差**

仪器误差的来源，主要有两个方面：一是仪器制造和加工不完善所产生的误差，如度盘

偏心误差、度盘刻划不均匀的误差等；前者可通过盘左、盘右观测取平均值的方法消除，后者可以通过改变各测回度盘起始位置的办法加以消弱。二是仪器检校不完善所引起的误差，如视准轴不垂直于横轴、横轴不垂直于竖轴引起的误差；它们可通过盘左、盘右观测取平均值的方法加以消除。因此，在实际工作中，应采用上述合理的观测方法进行水平角的观测。

2. 观测误差

（1）仪器对中误差。仪器对中误差是指仪器中心未严格安置在角顶点的铅垂线上而引起的水平角误差。如图 3-12 所示，B 为角顶点，B' 为仪器中心；由于 B' 与 B 不重合而产生偏心距 e，它给水平角带来的误差为

$$\Delta\beta = \beta' - \beta = \varepsilon_1 + \varepsilon_2 \approx \frac{e}{D_1}\rho'' + \frac{e}{D_2}\rho'' \qquad (3-7)$$

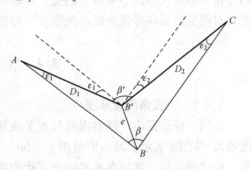

由图可以看出，$\Delta\beta$ 与偏心距 e 成正比，与距离 D 成反比；e 越大，距离越短，$\Delta\beta$ 就越大。因此，为了减少仪器对中误差对水平角的影响，安置仪器时应精确对中，特别是在短边的情况下更应倍加重视。

（2）仪器整平误差。仪器整平误差是指仪器未严格整平，从而引起竖轴倾斜和水平度盘不水平给所测水平角带来的误差。该项误差与仪器对中误差一样，不能用观测方法加以消除。因此，

图 3-12　仪器对中误差示意图

在安置仪器时，应严格地整平；在观测过程中，若发现照准部水准管气泡有明显的偏离（超过一格），应在下一测回开始之前重新整平仪器、重新观测。

整平误差对水平角的影响还与观测目标的竖直角有关：当观测目标的竖直角较小时，整平误差对测角的影响也较小；当观测目标的竖直角较大时，整平误差对测角的影响将显著增大。因此，当观测目标高低相差较大时，更应注意仪器的整平。

（3）目标偏心误差。目标偏心误差是指照准标志倾斜或没有立在目标点的标志中心，而使照准点偏离目标点所带来的测角误差。如图 3-13 所示，O 为测站点，B 为目标点，由于设置观测标志存在问题，致使照准点 B' 偏离目标点 B 而产生目标偏心距 e_1，它对水平角的影响为

$$\delta \approx \frac{e_1}{D}\rho'' \qquad (3-8)$$

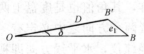

图 3-13　目标偏心误差示意图

由上式可知，目标偏心引起的测角误差 δ 与距离 D 成反比，而与偏心距 e_1 成正比。因此，在观测水平角时，应认真仔细地设置观测目标且使其竖直，并要求尽可能地瞄准观测目标的底部，边越短越要注意。

（4）瞄准误差。正常人眼分辨两点的最小视角约为 $60''$，通常依此作为眼睛的鉴别角。当使用放大倍率为 V 的望远镜瞄准目标时，鉴别能力则可提高 V 倍，这时该仪器的瞄准误差为

$$m_V = \pm\frac{60''}{V} \qquad (3-9)$$

可见，瞄准误差与望远镜的放大倍数有关。由于 J_6 级经纬仪望远镜的 V 一般为 $25\sim30$ 倍，故其瞄准误差通常为 $2.0''\sim2.4''$。

另外，瞄准误差还与照准标志的形状、大小、颜色、亮度等有关。因此，在水平角观测

时，除要适当选择相应等级的仪器外，还应尽量选择适宜的照准标志，并仔细瞄准以减小其影响。再者，在精确瞄准目标之前，一定要注意检查并消除视差。

（5）读数误差。读数误差与读数设备、照明情况和观测者的经验等有关。其中，主要取决于估读最小分划值所引起的误差，其大小一般为测微尺最小分划值的十分之一。但如果照明情况不佳，读数显微镜目镜调焦不好或观测者技术不熟练，估读误差就会偏大。因此，平时应加强训练；观测时，应调整好照明反光镜和读数显微镜，并认真读数。

3．外界环境的影响

外界环境的影响是多方面的，也是比较复杂的，如大风、松软的土质会影响仪器和照准标志的稳定，大气受地面热辐射的影响、物像会跳动，大气的透明度会影响照准精度，温度的变化会影响仪器的整平等。因此，应尽可能选择有利的观测时间和条件，避开不利因素，使其对测量的影响降低到最小的限度，以提高观测成果的质量。

3.4 竖 直 角 观 测

3.4.1 竖直角测量原理

在同一竖直面内，倾斜视线与水平线间的夹角，称为该视线的竖直角（又称垂直角或高度角），常用 α 表示，其角值范围为 $-90°\sim+90°$。如图 3-14 所示，视线在水平线之上称仰角，取"+"号；视线在水平线之下称俯角，取"-"号。

竖直角的测量原理，也如图 3-14 所示，只要在经纬仪横轴的一端安装一竖直度盘（竖盘），利用照准目标的视线和水平线分别在竖盘上读取读数，两读数相减即可测得该视线的竖直角。

(a)　　　　　　　　　　　　(b)

图 3-14　竖直角及其测量原理示意图

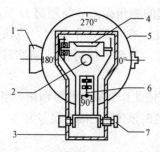

图 3-15　竖直度盘构造示意图
1—望远镜物镜；2—横轴；3—框架；
4—指标水准管；5—竖直度盘；
6—读数指标；7—指标水准管微动螺旋

可见，竖直角与水平角一样，其角值也是度盘上两个方向读数之差，所不同的是前者两个方向之中必定有一个是水平线方向。对任何类型的经纬仪，水平线方向即视线水平时的竖盘读数都是一固定值。因此，测量竖直角时，只要瞄准目标读取竖盘读数，就可计算出竖直角，而不必观测水平方向。

3.4.2 竖盘的构造特点

光学经纬仪的竖盘装置，如图 3-15 所示，主要包括竖直度盘、竖盘指标水准管和竖盘指标水准管微动螺旋等，其构造特点可概括为以下几点：

（1）竖直度盘封装在横轴的一端（与横轴相垂直，且二者中心重合），并能随望远镜绕横轴一起同步旋转。

（2）竖直度盘为玻璃圆环，其刻划注记有顺时针和逆时针两种；读数指标为可动式。

（3）读数指标、指标水准管、指标水准管微动螺旋及框架连成一体，指标的方向与指标水准管轴垂直。当转动指标水准管微动螺旋时，通过框架可使指标水准管和指标绕横轴一起做微小转动；指标水准管气泡居中时，指标水准管轴水平，指标处于正确位置。

（4）当指标水准管气泡居中、视准轴水平时，竖盘读数为 90° 或 90° 的整倍数。

3.4.3 竖直角的计算公式

竖直度盘的注记方式不同，竖直角的计算公式也不一样。因此，在测量竖直角之前，应根据所用仪器的注记形式，先判定出其竖直角的计算公式。下面，就以图 3 - 16 所示的目前最常采用的天顶顺时针注记为例，介绍一下竖直角计算公式的判定方法。

经纬仪安置好以后，盘左大致放平望远镜，根据读数情况判别视线水平时的读数（称为始读数，应是 90° 或 90° 的整倍数）是多少；如图 3 - 16（a）所示，视线水平时的读数为 90°。然后将望远镜物镜上仰，观察其读数 L 是增加还是减少；如图 3 - 16（b）所示，望远镜物镜上仰，读数 L 变小。由于望远镜物镜上仰，视线的竖直角为正值。因此，图 3 - 16 所示经纬仪盘左时的竖直角计算公式为

$$\alpha_L = 90° - L \qquad (3 - 10)$$

同法，可判定出该经纬仪盘右时 ［图 3 - 16（c）、（d）］ 的竖直角计算公式为

$$\alpha_R = R - 270° \qquad (3 - 11)$$

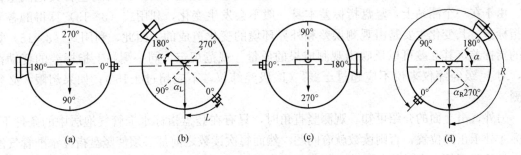

图 3 - 16　竖直角计算公式判定示意图

3.4.4 竖盘指标差及自动补偿

上述的竖直角计算公式，是建立在认为竖盘指标处于正确位置之上的，即当指标水准管气泡居中、视线水平时，竖盘读数应是 90° 或 90° 的整倍数。但实际上，因制造安装误差及运输、振动、长时间使用等原因，竖盘指标的位置与正确位置之间常常会相差一个小角度 x，该角 x 称为竖盘指标差（一般规定：当竖盘指标的偏移方向与竖盘注记增加的方向一致时，指标差为正，反之为负）。

如图 3 - 17 所示，为一天顶顺时针注记的竖直度盘，其读数指标的偏移方向与竖盘注记的增加方向一致，指标差为正；当指标水准管气泡居中，盘左瞄准某一目标时，竖盘读数 L 比正确值大一个 x，因此正确的竖直角应为

$$\alpha = 90° - (L - x) = (90° - L) + x = \alpha_L + x \qquad (3 - 12)$$

同样，当指标水准管气泡居中，盘右瞄准某一目标时，竖盘读数 R 比正确值也大一个

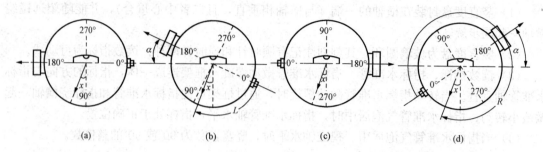

图 3-17　竖盘指标差及其对竖直角影响示意图

x，因此正确的竖直角应为

$$\alpha = (R - x) - 270° = (R - 270°) - x = \alpha_R - x \qquad (3-13)$$

将式（3-12）和式（3-13）相加，则有

$$\alpha = \frac{1}{2}(\alpha_L + \alpha_R) \qquad (3-14)$$

在此公式中，指标差被抵消了。由此可见，在测量竖直角时，采用盘左、盘右观测取平均值作为最终结果，可消除竖盘指标差的影响。

若将式（3-12）和式（3-13）相减，则可得指标差 x 的计算公式为

$$x = \frac{1}{2}(R + L - 360°) = \frac{1}{2}(\alpha_R - \alpha_L) \qquad (3-15)$$

但应注意，利用上式算得的指标差不仅包含竖盘指标差本身，而且还包含其他测量误差。由于在一个测站上，竖盘指标差本身一般不会发生变化，利用式（3-15）算得的各测回指标差，其变化主要是由观测误差和外界环境的变化造成的。因此，利用式（3-15）算得的指标差，其互差可以反映出观测成果的质量。规范规定：同一测站上指标差的变动范围，对 J_6 级经纬仪来说不应超过 $\pm 25''$（J_2 级经纬仪，不应超过 $\pm 15''$）；如果超限，必须重测。

另外，由上面的介绍可知，观测竖直角时，只有在竖盘指标水准管气泡居中的条件下，指标才处于正确位置，否则读数就有问题。然而每次读数之前都必须使竖盘指标水准管气泡居中是很费事的，有时甚至因遗忘这步操作而发生错误。为了克服这些缺点，某些型号的经纬仪采用了竖盘指标自动归零装置。利用这种装置后，指标水准管及其微动螺旋即被取消，只要在经纬仪整平的条件下，就能读得相当于指标水准管气泡居中时的读数，大大简化了操作程序。

3.4.5　竖直角观测的方法步骤

为了检核观测中有无错误和减小测量误差，竖直角一般也要采用测回法进行观测，其具体操作如下：

（1）如图 3-14（a）所示，在测站点 O 上安置仪器，并判定其竖直角计算公式（设竖盘注记为图 3-16 所示的天顶顺时针形式）。

（2）盘左，用望远镜十字丝的中丝精确地切于目标某一位置，瞄准目标 M。

（3）转动竖盘指标水准管微动螺旋，使竖盘指标水准管气泡居中（带自动补偿装置的，打开补偿开关）。

（4）读取竖盘读数 L（72°23′30″），记入竖直角观测手簿（表 3-3）；代入式（3-10）计

算上半测回竖直角值为

$$\alpha_{L} = 90° - 72°23'30'' = +17°36'30''$$

并记入手簿，完成上半测回的观测。

表 3 - 3　　　　　　　　　**竖 直 角 观 测 手 簿**

日期　2011.10.12　　　　仪器　J_6 001　　　　观测　张小芽
天气　阴　　　　　　　　地点　山东路　　　　　记录　王二小

测站	目标	竖盘位置	竖盘读数 ° ′ ″			半测回角值 ° ′ ″			指标差 ″	一测回角值 ° ′ ″			各测回平均值 ° ′ ″	备注
O	M	左	72	23	30	+17	36	30	−15	+17	36	15		竖盘为天顶顺时针注记
		右	287	36	00	+17	36	00						
	N	左	95	21	48	−5	21	48	−16	−5	22	04		
		右	264	37	40	−5	22	20						

（5）盘右，同法照准和读取竖盘读数 R（287°36′00″），记入手簿；代入式（3-11），计算下半测回竖直角值为

$$\alpha_{R} = 287°36'00'' - 270° = +17°36'00''$$

并记入手簿，完成下半测回的观测。

（6）利用式（3-15）计算指标差，并记入手簿。

（7）利用式（3-14）计算一测回的竖直角值，并记入观测手簿。

至此，一测回观测完毕。

当测角精度要求较高时，可多观测几个测回。此时，若各测回角值之差小于限差（对 J_6 级经纬仪，一般为 ±40″，要求较严时为 ±25″；对 J_2 级经纬仪，则分别为 ±20″和 ±15″），取平均值列入表 3-3 第 8 例中，作为最终观测结果；否则，应重新观测。

如果在一个测站上，还需观测其他目标，如图 3-14（b）所示的目标 N，依照上述方法步骤和要求重复进行即可。

最后，还应对观测成果的质量进行检核，指标差的变动必须在规范规定的容许范围之内。

3.4.6　误差分析及注意事项

竖直角的测量，同样会受到仪器误差、观测误差及外界环境的影响。现分述如下，并提出相应的注意事项。

1. 仪器误差

仪器误差主要是指竖盘的指标差。当用盘左、盘右观测取平均值时，则指标差的影响可以自动消除。因此，在实际工作中，应采用上述合理的观测方法进行竖直角的观测。

2. 观测误差

观测误差主要包括指标水准管的整平误差、瞄准误差及读数误差等。

在每次读数时，都应使指标水准管气泡严格居中；因为气泡偏移的角值，就是对竖直角的相应影响值。对装有竖盘指标自动补偿器的经纬仪，在安置后、测量前，首先要打开其补偿器开关，轻轻来回摆动照准部，细听补偿器有无摆动的声音，据此判断补偿器有无停摆和卡死现象。使用完毕，应及时关闭补偿器开关，以保护补偿器吊丝及精度（不包括无开关或锁紧手轮的液体补偿器）。

至于瞄准和读数误差，与测水平角的影响相同；因此，关于瞄准和读数的注意事项，可参见前面水平角测量的要求。

3. 外界环境的影响

除了有与水平角测量的一些共同因素外，还包括大气竖直折光的影响。当视线通过不同高度的大气层时，由于大气密度的变化会引起视线的弯曲，产生竖直折光差，从而对竖直角产生影响。因此，应选择有利的观测时间和条件，以减小竖直折光差的影响。

3.5　激光与电子经纬仪简介

1. 激光经纬仪

图 3-18 所示为一激光经纬仪，通常在光学经纬仪的望远镜上配置一激光发生器改装而成，打开电源即可沿视准轴方向射出一束可见的红色激光。

由于激光经纬仪能发出红色可见的光束，因此在夜间或地下工程测量中使用它更为适宜。

2. 电子经纬仪

世界上第一台电子经纬仪早在 1968 年就已研制成功，但直到 20 世纪 80 年代初才生产出商品化的电子经纬仪。如图 3-19 所示，电子经纬仪与光学经纬仪的主要区别在于读数系统的不同，它是利用光电转换原理将通过度盘的光信号转变为电信号，再将电信号转变为角度值，并自动显示在屏幕上或者存储在仪器中。

电子经纬仪的使用与光学经纬仪基本相同，只是不需要人工在读数显微镜中进行读数；再就是，其照准标志一般为安置在三脚架上的觇牌（图 3-20）。

 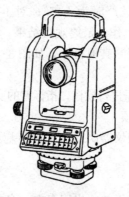 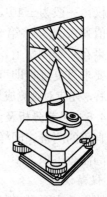

图 3-18　激光经纬仪示意图　　　图 3-19　电子经纬仪示意图　　　图 3-20　觇牌示意图

由于电子经纬仪能自动读取并显示，且使用方便，既降低了测量人员的劳动强度，又提高了测量精度和工作效率；同时，目前较先进的电子经纬仪，还具有电子整平、激光对中、自动进行轴系误差的测定和补偿、自动进行度盘归零、可方便地进行度盘配置等功能。因此，电子经纬仪的出现，标志着经纬仪的发展到了一个新的阶段，它为角度测量的自动化和数字化创造了有利条件。

思考题与习题

1. 何谓水平角？指出水平角测量的基本要求。

2. 经纬仪主要由哪几部分组成？

3. 经纬仪有哪几条主要轴线？它们之间应满足什么关系？

4. 经纬仪的使用，包括哪几大步？对中和整平的目的是什么？

5. 简述测回法观测水平角一测回的方法步骤。

6. 观测水平角时，各测回间为什么要配置度盘？各测回间变换的间隔是多少？应注意哪些事项？

7. 观测水平角时，为什么要采用盘左、盘右观测取平均值的方法？

8. 何谓竖直角？竖直角与水平角的观测，其最大不同是什么？

9. 何谓竖盘指标差？如何消除竖盘指标差？

10. 观测某目标的竖直角，盘左读数为 $101°23'36''$，盘右读数为 $258°36'00''$，则指标差为多少？

11. 整理表 3-4 测回法水平角观测手簿。

表 3-4　　　　　测回法水平角观测手簿

测站	竖盘位置	目标	水平度盘读数 ° ′ ″			半测回角值 ° ′ ″	一测回角值 ° ′ ″	各测回平均值 ° ′ ″	备注
第一测回 2	左	1	10	20	48				
		3	135	35	00				
	右	1	190	21	18				
		3	315	35	42				
第二测回 2	左	1	100	20	42				
		3	225	34	48				
	右	1	280	21	24				
		3	45	35	48				

12. 整理表 3-5 竖直角观测手簿。

表 3-5　　　　　竖直角观测手簿

测站	目标	竖盘位置	竖盘读数 ° ′ ″			半测回角值 ° ′ ″	指标差 ″	一测回角值 ° ′ ″	各测回平均值 ° ′	备注
A	B	左	81	18	42					竖盘为天顶顺时针注记
		右	278	41	30					
	C	左	124	03	30					
		右	235	56	54					

13. 简述激光经纬仪、电子经纬仪的特点。

第4章 距 离 测 量

距离测量，亦是确定地面点位的三项基本测量工作之一。所谓距离一般是指两点间的水平距离，简称平距；如果测得的是倾斜距离（斜距），通常还需将其改化为平距。根据所用仪器和工具的不同，测量距离的方法主要有卷尺丈量、视距测量和光电测距等。

4.1 卷 尺 丈 量

4.1.1 丈量工具

丈量距离的主要工具为卷尺。根据制作材料的不同，卷尺可分为皮尺和钢尺。皮尺一般为麻线与金属丝织成的带状尺（目前也有用塑料做成的），容易被拉长，主要用于精度要求较低的测量工作中。而钢尺则为薄钢制成的带状尺，可用于精度要求较高的测量工作中。

若按尺长（尺上的标注长度，又称名义长度）大小，卷尺又可分为20、30、50m等数种。由于尺子比较长，一般卷放在十字架上或金属（皮）盒内（图4-1），故统称为卷尺。

如图4-2所示，根据零点位置的不同，卷尺又有端点尺和刻线尺之分。端点尺是以尺的最外端点作为尺长的零点 [图4-2（a）]，刻线尺则是以卷尺前端的一刻线作为尺长的零点 [图4-2（b）]。因此，使用时要注意区分，以防用错。

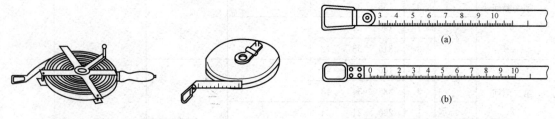

图4-1 卷尺示意图　　　　　　　图4-2 卷尺零点位置示意图

丈量距离的工具，除尺子外有时还会用到花杆、测钎和垂球等辅助工具。花杆、测钎用作直线定线，标定尺段端点位置；垂球则用于在地面起伏较大时投点。

4.1.2 丈量的一般方法

1. 不超过一个尺长的距离丈量

（1）平坦地区的丈量方法。如图4-3（a）所示，当地面比较平坦、待测距离不超过一个尺长时，两人可将卷尺抽出展开，沿地面将卷尺拉直、拉平直接丈量，对准线段起点 A 和终点 B 分别读取尺上读数 a、b，则 A、B 两点的水平距离 D 为

$$D = b - a \tag{4-1}$$

显然，当将卷尺零点对准起点 A 时，则终点 B 的读数即为其平距。

（2）地面高低不平的丈量方法。如图4-3（b）所示，当地面倾斜（A点高、B点低）、待测距离不超过一个尺长时，两人可将卷尺抽出展开，A点操作人员（后尺手）将卷尺某一

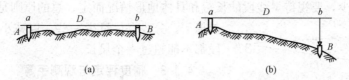

图 4-3 不超过一个尺长距离丈量示意图

分划线对准 A 点，B 点操作人员（前尺手）将卷尺抬起、拉直、拉平并吊一垂球，当垂球尖对准 B 点时读取尺上读数，通过 A、B 两点尺上读数即可求得其平距。

显然，当地面高低不平时，为了能量得水平距离，前、后尺手要同时抬高并拉紧尺子，使尺悬空水平，同时需各吊一垂球进行投点读数。

2. 超过一个尺长或地形起伏较大时的距离丈量

如图 4-4 所示，当待量距离超过一个尺长或地形起伏较大时，可先进行直线定线（测设）将其分成若干段，然后分段进行丈量，最后各尺段相加即可测得其平距。

图 4-4 超过一个尺长或地形起伏较大时的距离丈量示意图

所谓直线定线，就是在地面两点连线上标定出若干点的位置，以便分段丈量。按精度要求的不同，可采用目视定线或经纬仪定线。

（1）目视定线。如图 4-5（a）所示，A、B 为线段的两端点。现要在线段 AB 上标定出分段点 1，可先在端点 A、B 上各竖立一花杆；然后甲站在 A 点后，由 A 瞄向 B，使视线与花杆边缘相切，并指挥持杆的乙左、右移动，直到 A、1、B 三花杆在一条直线上，此时乙将花杆竖直地插下即完成 1 点的标定（可将花杆插于地面当作标记，也可直接在地面上画一"十"字作为标记）。同法，可定出其他各分段点。

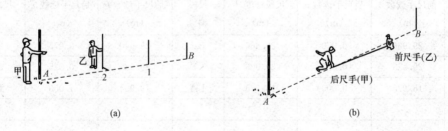

图 4-5 目视定线示意图

目视定线，精度不高。因此，也可边定线、边丈量，如图 4-5（b）所示。

（2）经纬仪定线。如果定线精度要求较高，可用经纬仪定线。如图 4-6 所示，欲在线段 AB 上定出 C 点的位置，可由甲安置经纬仪于 A 点，用望远镜照准 B 点，固定水平制动螺旋，此时甲通过望远镜利用竖直的视准面，指挥乙移动测钎，当测钎移动至与十字丝竖丝重合时竖直地插下即完成 C 点的标定（可将测钎插于地面当作标记，也可直接在地面上画一"十"字作为标记）。同法，可定出其他各分段点。

分段点的多少，要视待量线段的长短和具体地形情况而定。总的原则是：在便于量距的前提下，分段点尽量少一些，以减小测量误差；但每段都不能超过一个尺长。

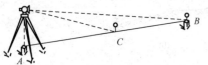

图 4-6 经纬仪定线示意图

4.1.3 精度评定与观测手簿

1. 量距的精度及其评定

量距的精度，通常采用往、返丈量求得的"相对误差"来衡量。如图 4-6 所示，欲测量 A、B 两点间的平距，则先由 A 向 B 丈量一次称为往测，然后再由 B 向 A 丈量一次称为返测（合称为往、返丈量）；往、返丈量距离之差的绝对值与往返丈量距离平均值的比值，称为量距的相对误差，一般用 K 表示（通常要化成分子为一的分数形式）。

例如距离 AB，往测时为 66.416m，返测时为 66.408m，其相对误差则为

$$K = \frac{|\Delta D|}{D_{平}} = \frac{|66.416 - 66.408|}{(66.416 + 66.408)/2} = \frac{0.008}{66.412} \approx \frac{1}{8300} \qquad (4-2)$$

一般规定：在平坦地区，钢尺量距的相对误差应不大于 1/3000；在量距困难地区，其相对误差也应不大于 1/1000。符合要求后，取往、返测距离的平均值作为最终结果；否则，应进行重测，直至满足精度要求为止。

值得注意的是：为了更好地防止出现错误和提高距离丈量的精度，返测时要重新定线（当地面倾斜时，为了便于丈量，两次丈量皆可从高处向低处进行，但要分别定线）。

2. 量距的观测手簿

丈量距离常用的观测手簿，见表 4-1。可见，在表中除了记录实测数据外，尚需对丈量结果进行精度评定并进行必要的计算检核。

表 4-1

距 离 丈 量 手 簿

| 测段 | | | AB | 卷尺编号 | 钢 005 | | 日期 | 2011.7.9 |
| 天气 | | | 阴 | 观 测 | 张三 李四 | | 记录 | 王五 |

	往测				返测		
尺段编号	前尺手读数 b (m)	后尺手读数 a (m)	尺段长度 d (m)	尺段编号	前尺手读数 b (m)	后尺手读数 a (m)	尺段长度 d (m)
A1	29.936	0.070	29.866	B2′	29.940	0.075	29.865
12	29.923	0.017	29.906	2′1′	29.930	0.025	29.905
2B	18.975	0.000	18.975	1′A	19.954	1.000	18.954
计算与检核	$\begin{array}{r}\sum b = 78.834 \\ -\quad 0.087 \\ \hline 78.747\end{array}$	$\sum a = 0.087$	$\begin{array}{l}D_{往} = \sum d \\ = 78.747\end{array}$		$\begin{array}{r}\sum b = 79.824 \\ -\quad 1.100 \\ \hline 78.724\end{array}$	$\sum a = 1.100$	$\begin{array}{l}D_{返} = \sum d \\ = 78.724\end{array}$

$|\Delta D| = |D_{往} - D_{返}| = 78.747 - 78.724 = 0.023\text{m}$ 　　 $D_{平} = (D_{往} + D_{返})/2 = (78.747 + 78.724)/2 = 78.736\text{m}$

$K = |\Delta D|/D_{平} = 0.023/78.736 \approx 1/3400$ 　　 $K_{容} = 1/3000$

4.1.4 误差分析及注意事项

卷尺丈量的误差，包括工具误差、观测误差和外界环境的影响三个方面。现分述如下，

并提出相应的注意事项。

1. 工具误差

由于制造误差、经常使用中的变形等，卷尺的实际长度往往与其名义长度不一样，从而产生尺长误差。尺长误差属系统误差，它与所量距离成正比，具有累积性。为此，当精度要求较高即进行钢尺精密量距时，在丈量距离之前必须对钢尺进行检定，求出其在标准拉力和标准温度下的实际长度，给出尺长方程式为

$$l_t = l_\circ + \Delta l + \alpha l_\circ (t - t_\circ) \tag{4-3}$$

式中　l_t ——钢尺在温度 t 时的实际长度；

$l_\circ$ ——钢尺的名义长度；

Δl ——尺长改正数，其值等于钢尺在标准拉力和标准温度下的检定长度与名义长度之差；

α ——钢尺的线膨胀系数；

$t_\circ$ ——钢尺检定时的温度；

t ——钢尺量距时的温度。

距离丈量之后，应对每一尺段长进行尺长改正。任一尺段长 l 的尺长改正数 Δl_d 为

$$\Delta l_d = \frac{\Delta l}{l_\circ} l \tag{4-4}$$

一般规定：只有当尺长改正数大于尺长的 1/10 000 时，才需进行尺长改正。因此，一般的距离丈量可不作尺长改正。

2. 观测误差

（1）定线误差。如图 4-7 所示，AB 为直线正确位置，$A'B'$ 为卷尺实际丈量时的位置，即存在定线误差，它使得量距结果偏大。设定线误差为 ε，由此引起的一个尺段长 l 的量距误差 $\Delta\varepsilon$ 为

$$\Delta\varepsilon = \sqrt{l^2 - (2\varepsilon)^2} - l = -\frac{2\varepsilon^2}{l} \tag{4-5}$$

由上式可知，定线误差引起的量距误差 $\Delta\varepsilon$ 与尺段长 l 成反比，而与定线误差 ε 的平方成正比。因此，定线要力求准确，一般量距可采用目视定线，而钢尺精密量距时须用经纬仪定线。同时，在便于量距的前提下，每一尺段应尽量长一些，以减小定线误差的影响（但每段都不能超过一个尺长）。

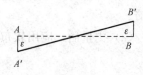

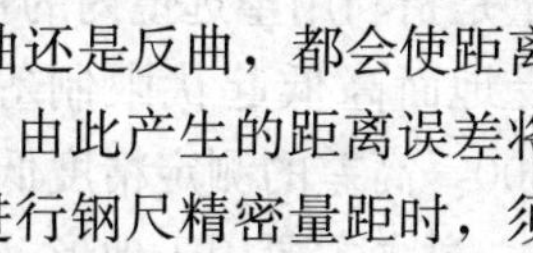

图 4-7　定线误差示意图

（2）卷尺垂曲和反曲的误差。在凹凸不平的地面量距时，为了将卷尺拉直、拉平，须将卷尺抬起悬空丈量；如果拉力不够，中间就会下垂，称为垂曲；如果将尺子直接放在地面上，地面凸起部分将使卷尺产生上凸现象，称为反曲。不论是垂曲还是反曲，都会使距离丈量结果偏大（例如，对于 30m 的尺段，若中部下垂或上凸 0.3m，由此产生的距离误差将达到 6mm）。因此，在一般的距离丈量时，应尽量将尺子拉直；在进行钢尺精密量距时，须使用弹簧秤控制其拉力。

（3）尺子不水平的误差。如图 4-8 所示，AB 为某尺段的平距，AB' 为该尺段的斜距 l；显然，如果丈量时没将尺子拉成水平，量距结果就会偏大。设尺段两端点的高差为 h，由此引起的一个尺段长 l 的量距误差 Δl_h 为

$$\Delta l_h = \sqrt{l^2 - h^2} - l = -\frac{h^2}{2l} \qquad (4-6)$$

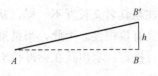

图 4-8　尺子不水平误差示意图

由上式可算得，对于 30m 的尺段，当目估尺子水平的误差 h（尺段两端点的高差）为 0.44m（合倾角约 $50'$），由此而产生的量距误差将达 3mm。因此，在一般的距离丈量时，应尽量将尺子拉平；在进行钢尺精密量距时，须用水准仪测定出各尺段两端点的高差，进行倾斜改正。

（4）丈量本身的误差。丈量本身的误差，主要包括刻划对点误差、插测钎的误差及读数误差等。这些误差多属偶然误差，无法通过计算进行改正。因此，只能要求观测人员丈量时认真、仔细：花杆、测钎要竖直地插下，并插在卷尺的同一侧；投点、对点要准；读数要细心，不要读错。

3. 外界环境的影响

外界环境的影响主要是指温度变化的影响。温度的高低，会因热胀冷缩而使尺长发生变化；对于 30m 的钢尺，温度变化 8℃ 时，将会产生 1/10 000 尺长的误差。因此，对于钢尺精密量距而言，当实际温度与鉴定时的标准温度相差较大时，须按鉴定时给出的尺长方程式进行温度改正，每尺段长 l 的温度改正数 Δl_t 为

$$\Delta l_t = \alpha(t - t_0)l \qquad (4-7)$$

另外，遇到大风天气时，风力会使尺子不易拉直、拉平，发生弯曲，从而产生较大的误差。因此，应选择有利的时间段进行观测，尽量避免在不利的气象条件下进行作业。

综上所述，在用钢尺进行精密量距时，除用经纬仪定线、弹簧秤控制拉力外，对测量结果还需进行尺长、温度和倾斜改正（一般量距，可不考虑），即每尺段长 l 最终的结果 d 为

$$d = l + \Delta l_d + \Delta l_h + \Delta l_t \qquad (4-8)$$

此外，在距离丈量时还应注意以下几点：

（1）丈量前，要认清卷尺的零点和末端位置及分划注记，不要用错。

（2）丈量时，不准在地面上拖拉卷尺，要防止尺子打折、扭曲，不许车辆碾压和行人践踏。

（3）丈量后，应用软布擦去卷尺上的泥沙和水。若为钢尺，还要涂上机油，以防生锈。

4.2　视　距　测　量

卷尺丈量所用工具较为简单，但易受地形限制，仅适合于平坦地区的近距离测量。视距测量是指利用望远镜内的视距丝同时测定距离和高差的一种方法，具有操作方便、速度快、不受地面高低起伏限制等优点，缺点是精度较低（距离测量的相对误差一般为 1/200～1/300，高差的测定精度低于水准测量和三角高程测量，但能满足测定地形点位置的精度要求），过去主要用于地形（图）测量。

4.2.1　视线水平时的计算公式

如图 4-9 所示，欲测定 A、B 两点间的水平距离 D 及高差 h_{AB}，可先在 A 点安置水准仪或经纬仪，B 点铅垂地竖立一水准尺；然后将望远镜视线置平（使经纬仪的视线水平，可以根据竖盘指标水准管气泡居中时竖盘读数为 90° 的整倍数来确定），瞄准 B 点水准尺读取

上丝和下丝读数 a、b。

上、下丝读数之差的绝对值 l，称为尺间隔，即

$$l = |a - b| \tag{4-9}$$

由于上、下丝间距是固定的，因此从它们引出的视线在竖直面内的夹角 φ 为一固定角度（调焦引起的变化很小，可忽略不计），故尺间隔 l 与立尺点至测站点的水平距离即视距 D 成正比，即

$$\frac{D}{l} = k$$

式中　k——比例系数，又称为视距乘常数。

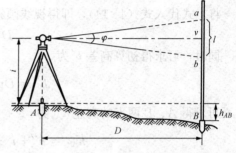

图 4-9　视线水平时视距测量示意图

视距乘常数，由上、下丝的间距来决定；制造仪器时，通常使 $k = 100$。因而，视线水平时的视距计算公式为

$$D = kl = 100l \tag{4-10}$$

同时，由图 4-9 可以看出，A、B 两点的高差 h_{AB} 为

$$h_{AB} = i - v \tag{4-11}$$

式中　i——仪器高，即桩顶到水准仪视线或经纬仪横轴的铅垂距离，可用水准尺或卷尺竖直量取；

　　　　v——目标高，即中丝读数。

式（4-10）和式（4-11），即为视线水平时视距测量的计算公式。

4.2.2　视线倾斜时的计算公式

由于地面高低起伏，在实际测量时往往要使视线倾斜一个竖直角 α，才能在水准尺上进行视距读数，如图 4-10 所示。此时，视线不再垂直于水准尺，而相交成 $90° \pm \alpha$ 的角度。虽然上、下丝的夹角 φ 和视距乘常数 k 都没有改变，但由于视线不再垂直于水准尺，故不能直接应用式（4-10）和式（4-11）进行计算。下面，就简要推证一下视线倾斜时的计算公式。

如图 4-10 所示，可设想将水准尺绕其与望远镜视线之交点旋转 α 角度，使水准尺仍与视线相垂直，读取上、下丝读数 a'、b'，求得尺间隔 l' 为

$$l' = |a' - b'| \tag{4-12}$$

由此即可利用式（4-10）求得斜距 S，即

$$S = kl' \tag{4-13}$$

进而可求得水平距离

$$D = S\cos\alpha = kl'\cos\alpha \tag{4-14}$$

然而，实际测量时总是在水准尺竖直时读得 a 和 b、求得尺间隔 l（图 4-10），不可能将水准尺转到与视线相垂直的位置。因此，为了能利用式（4-14），必须找出 l 与 l' 的关系。

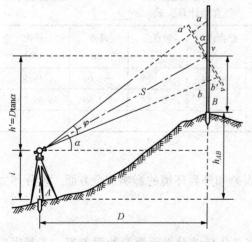

图 4-10　视线倾斜时视距测量示意图

由于 φ 角很小（约为 $34'$），故可把 $\angle aa'v$ 和 $\angle bb'v$ 近似地视为直角。此时，在直角三

角形 $aa'v$ 和 $bb'v$ 中，可得

$$\frac{l'}{2} = \frac{l}{2}\cos\alpha$$

即

$$l' = l\cos\alpha \qquad\qquad (4 - 15)$$

将上式代入式（4-14），即得视线倾斜时的视距计算公式为

$$D = kl\cos^2\alpha \qquad\qquad (4 - 16)$$

同时，可求得初算高差 h' 为

$$h' = D\tan\alpha = \frac{1}{2}kl\sin2\alpha \qquad\qquad (4 - 17)$$

进而可求得 A、B 两点的高差 h_{AB} 为

$$h_{AB} = h' + i - v = \frac{1}{2}kl\sin2\alpha + i - v \qquad\qquad (4 - 18)$$

式（4-16）和式（4-18），即为视线倾斜时视距测量的计算公式。

显然，若将 $\alpha=0°$ 代入式（4-16）和式（4-18），即可得式（4-10）和式（4-11）。因此，可将视线水平时的视距测量看成是倾斜时的一个特例。另外，在实际工作中，可使目标高 v 等于仪器高 i，以简化高差的计算。

4.2.3 视距测量的施测步骤

如图 4-10 所示，施测时，首先将仪器安置于 A 点，量取仪器高 i（量至厘米）并记入视距测量手簿（表 4-2）；然后，转动照准部瞄准 B 点水准尺，分别读取上、下、中三丝读数 a、b、v（上、下丝读数读至毫米，中丝读数读至厘米），记入测量手簿；再使竖盘指标水准管气泡居中（或打开补偿器开关），读取竖盘读数（半个测回，读至分），记入测量手簿，并计算竖直角 α；最后，由 a、b、α、i、v，按式（4-9）、式（4-16）和式（4-18）便可算出水平距离和高差（距离保留至分米，高差保留至厘米）。

表 4-2 视 距 测 量 手 簿

日期 <u>2010.10.12</u> 天气 <u>阴</u> 观测 <u>张二小</u> 记录 <u>王三丰</u>

仪器 <u>J₆ 002</u> 仪器高 $i=1.42$m 竖直角计算公式 $\alpha=90°-L$

测站	测点	上丝读数 (m)	下丝读数 (m)	尺间隔 (m)	中丝读数 (m)	竖盘读数 °　′	竖直角 °　′	高差 (m)	平距 (m)
A	B	1.673	1.167	0.506	1.42	79　34	+10　26	+9.01	48.9
A	C	1.950	1.250	0.700	1.60	93　42	−3　42	−4.69	69.7

4.2.4 误差分析及注意事项

视距测量的误差，包括仪器工具误差、观测误差和外界环境的影响三个方面。现分述如下，并提出相应的注意事项。

1. 仪器工具误差

仪器误差主要包括水准仪 i 角误差、经纬仪竖盘指标差及视距乘常数误差等，工具误差主要是指水准尺刻划不准确、尺长变化、弯曲等给读数带来的误差。因此，作业前应对仪器、工具进行检验校正，将各项技术指标严格控制在容许范围内，否则应对结果加以改正。

2. 观测误差

观测误差主要包括水准尺读数误差和水准尺倾斜所引起的误差。

用视距丝在水准尺上读数的误差,与水准尺最小分划的宽度、视距的远近及望远镜的放大倍数等有关,距离越远、误差越大。因此,作业时应对视线长度加以限制,一般要求不超过 100m。同时,读取水准尺读数前,应注意检查并消除视差。

水准尺倾斜所引起的误差与竖直角有关:当视线倾斜较大时,水准尺倾斜对视距测量结果的影响也较大。因此,作业时应将水准尺竖直,特别是在山区更应注意。

3. 外界环境的影响

外界环境的影响主要是指大气垂直折光的影响,此外风力使仪器和尺子抖动也会引起一定的误差。大气垂直折光的影响与视线的高度有关:视线离地面越近,大气折光越厉害。因此,应注意视线要高出地面一定的距离(一般要求在 1m 以上),同时要尽量在成像稳定的情况下进行观测,以减小外界环境的影响。

4.3 光 电 测 距

由前面两节的介绍,可以看出:长距离的卷尺丈量将是一项十分繁重的工作,劳动强度大,工作效率低,而且受地形的影响比较大;视距测量虽受地形的影响较小,但其精度较差。于是,在 20 世纪 40 年代末人们研制出了电磁波测距仪(简称测距仪)。利用电磁波测距仪测量距离即称为电磁波测距(简称 EDM),它具有精度高、速度快、测程大及受地形影响小等优点,现已逐渐取代常规量距方法,广泛应用于各种测量工作中。

目前,电磁波测距仪的类型有多种。若按其测程大小,可分为短程(3km 以内)、中程(3~15km)和远程(大于 15km)三种;若按其所采用的载波不同,可分为以光波为载波的光电测距仪和以微波为载波的微波测距仪;光电测距仪,按光源的不同又可分为普通光测距仪、激光测距仪和红外测距仪三种。普通光测距仪曾一度被淘汰,因此人们常说的光电测距仪一般是指红外测距仪和激光测距仪。微波测距仪主要用于大地测量,光电测距仪则被广泛应用于小地区控制测量、地形测量、房地产测量以及各类工程测量中,故本节仅介绍光电测距仪的基本原理和测距方法。

4.3.1 光电测距基本原理

光电测距仪是通过测量已知光波在待测距离上往、返一次所经过的时间 t,间接地确定两点间距离 S 的。如图 4-11 所示,在 A 点安置光电测距仪,在 B 点安置反射棱镜,仪器发出的光束由 A 到达 B,经反射棱镜反射后又返回到 A 被仪器接收。由于光速 c 为已知,如果再测得光束在待测距离 S 上往、返传播的时间 t,则仪器中心点至反射棱镜中心点的斜距 S 就可由下式求得

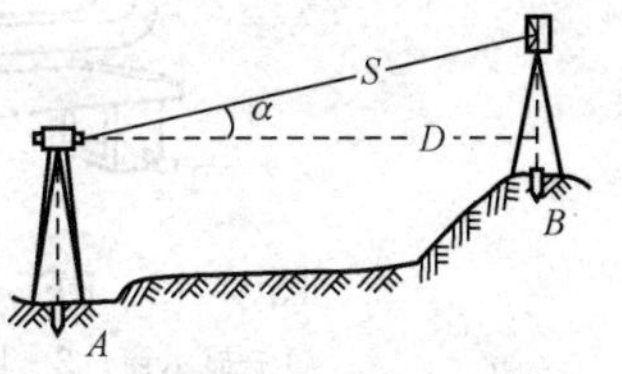

图 4-11 光电测距原理示意图

$$S = \frac{1}{2}ct \qquad (4-19)$$

这就是光电测距的基本原理。

根据测定时间方式的不同,光电测距仪又可分为脉冲式测距仪和相位式测距仪。脉冲式测距仪是利用先进的电子脉冲计数器直接测定光波传播的时间,而相位式测距仪则是利用测

量相位的方法间接测定光波传播的时间。

4.3.2 光电测距仪的标称精度

光电测距中，有一部分误差对测距的影响与待测距离的长短无关，称为固定误差，常用 a 表示（以毫米为单位）；而另一部分误差对测距的影响与待测距离 S（以公里为单位）成正比，称为比例误差，其比例系数常用 b 表示。因此，光电测距仪的标称精度一般表示为

$$m_S = \pm(a + b\text{ppm}S) \qquad (4-20)$$

例如，某光电测距仪的标称精度为 $\pm(2 + 2\text{ppm}S)$，现用它观测一段 1000m 的距离，则其测距中误差为

$$m_S = \pm(2\text{mm} + 2 \times 10^{-6} \times 1.0\text{km}) = \pm 4\text{mm}$$

目前，按 1km 测距中误差的大小，中、短程光电测距仪分为四个等级：小于 2mm 的为 Ⅰ 级，在 2～5mm 之间的为 Ⅱ 级，在 5～10mm 之间的为 Ⅲ 级，大于 10mm 的为 Ⅳ 级（等外级）。

4.3.3 光电测距仪的构造与使用

各种型号的光电测距仪，由于生产厂家或生产日期等的不同，其结构会有所不同，操作方法也各有差异，因此使用时应严格按照说明书（用户手册）进行操作。下面，仅以 REDmini 短程红外测距仪为例，概略介绍一下光电测距仪的构造及其使用方法。

1. 仪器构造

如图 4-12 所示，REDmini 测距仪支架上有竖直制动螺旋和微动螺旋，可控制测距仪在竖直面内俯仰转动；测距仪的目镜内有十字丝分划板，据此可瞄准反射棱镜；测距仪的支架座下有插孔及固定螺旋，若在经纬仪 U 形支架上端安装插栓后，通过它们可将测距仪安装在经纬仪上。

图 4-13 所示为与 REDmini 测距仪配套使用的反射棱镜，图中为单块棱镜。当测程较远时，可换装上三块棱镜。

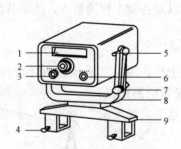

图 4-12　REDmini 测距仪示意图
1—显示窗；2—目镜；3—电源开关；
4—支架座固定螺旋；5—竖直制动螺旋；
6—测量键；7—竖直微动螺旋；8—支架；9—支架座

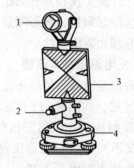

图 4-13　反射棱镜示意图
1—反射棱镜；2—光学对点器；
3—照准觇牌；4—基座

2. 仪器安置

（1）如图 4-11 所示，在测站点 A 上安置经纬仪（安置高度，应比单纯测角时低约 25cm）。

（2）从仪器箱中取出测距仪，将其安装在经纬仪支架上，并拧紧固定螺旋。

（3）在测点 B 上安置反射棱镜，并调整觇牌面和棱镜面对准测距仪所在方向。

（4）打开电源开关，仪器开始自检，显示窗内显示"8888888"；约 5s 后，当显示"3000"时，表示仪器一切正常。

3．距离测量

（1）如图 4-14 所示，调整经纬仪瞄准觇牌中心，读取竖盘读数，计算竖直角。

（2）如图 4-15 所示，调整测距仪瞄准反射棱镜中心。左、右方向，可调整测距仪支架上的水平方向调节螺旋；上、下方向，可调整测距仪竖直制、微动螺旋。

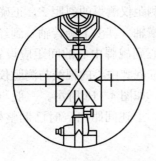 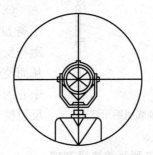

图 4-14　觇牌瞄准示意图　　　　　图 4-15　棱镜瞄准示意图

（3）按测量键，仪器发出断续的鸣声，并显示"＊"开始测距；鸣声结束后，显示窗显示测得的斜距，记下距离读数（在测距过程中，若显示窗中"＊"消失，且出现一行虚线，并发出急促鸣声，表示红外线被遮挡，应查明原因并予以消除）。

一般规定：测距仪瞄准目标一次，测量和读数 2 次为一测回；当各次读数最大、最小相差不超过限差时，取其平均值作为一测回的观测值。

如需进行多个测回的观测，重复上述步骤即可。当各测回观测值（单程读数）较差符合精度要求后，取其平均值作为最终的观测结果。光电测距的各项限差，见表 4-3。

表 4-3　　　　　　　　　　　　　光电测距的各项限差　　　　　　　　　　　　　　mm

测距仪精度等级	一测回读数间较差限值	测回间较差限值	往返测或时间段内较差限值
Ⅰ级	±2	±3	
Ⅱ级	±5	±7	$\pm\sqrt{2}(a+b\text{ppm}S)$
Ⅲ级	±10	±15	
Ⅳ级	±20	±30	

注　往返测较差应将斜距化算到同一水平面上，方可进行比较；±$(a+b\text{ppm}S)$ 为测距仪标称精度。

当测距精度要求较高时，在测距的同时还应测定气温、气压，以便进行气象改正；此时，竖直角的观测，也应按规定的精度要求进行观测。

另外，有的测距仪还有跟踪测量功能；但跟踪测距精度较低，一般只显示到厘米。

4．注意事项

（1）使用前，应认真、仔细阅读《用户手册》；使用时，严格按照说明书进行操作。

（2）切不可将测距仪的镜头对准太阳，以免损坏光电器件。

（3）视场内只能有一个反射棱镜，应避免测线两侧及镜站后方有其他光源和反射物体，并应尽量避免逆、顺光观测。

（4）在按动测量键进行测距过程中，不准利用对讲机或手机等进行通话。

（5）应在大气比较稳定和通视良好的条件下进行观测。测量完毕需注意关机，不准带电迁站。

（6）仪器不要被暴晒和雨淋，在强烈阳光下要撑伞遮阳；同时应经常保持仪器清洁、干燥，在运输过程中要注意防震。

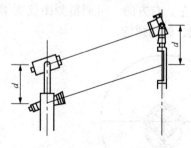

图 4-16　轴线间距示意图

（7）要尽量使用与测距仪配套的反射棱镜，以便进行棱镜常数的正确改正。

（8）为了将测距仪测得的斜距 S，正确地转化为水平距离 D，测距仪横轴（其上下旋转轴）到经纬仪横轴的间距与反射棱镜中心到觇牌中心的间距应设置为同一数值，从而使经纬仪瞄准觇牌中心的视线与测距仪瞄准反射棱镜中心的视线平行，如图 4-16 所示。一般与测距仪配套的反射棱镜和觇牌，上述间距出厂时已调整好；但使用时，仍应经常做检查。

4.3.4　光电测距的成果整理

测距仪按式（4-19）测得的距离为原始观测值，通常还需要对其进行一定的改正处理才能得到地面两点间我们所需要的水平距离。

1. 仪器常数改正

（1）乘常数及其改正。距离的乘常数改正值 ΔS_R 与所测距离的长度 S 成正比，计算公式为

$$\Delta S_R = RS \tag{4-21}$$

式中　R——仪器乘常数。

例如，某测距仪的乘常数 $R=+6.3\text{mm/km}$，若测得的距离观测值 $S=816.350\text{m}$，那么该距离的乘常数改正值则为 $\Delta S_R=+6.3\times0.816=+5\text{mm}$。

（2）加常数及其改正。距离的加常数改正值 ΔS_C 与所测距离的长短无关，因此有

$$\Delta S_C = C \tag{4-22}$$

式中　C——仪器加常数。

例如，某测距仪的加常数 $C=-8\text{mm}$，那么利用该仪器不论测多长的距离，其加常数改正值 ΔS_C 都是 -8mm。

一般仪器出厂时，仪器常数已设置好；测距时，仪器会自动进行改正，即仪器显示的结果已是经过仪器常数改正后的距离。

2. 气象改正

光在大气中传播，其速度会受到气温、气压等气象条件的影响。因此，当测距精度要求较高，在测距时还应测定气温、气压，以便进行气象改正。

距离的气象改正值 ΔS_A 与所测距离的长度 S 成正比，计算公式为

$$\Delta S_A = AS \tag{4-23}$$

式中　A——气象改正参数。

在仪器的说明书中，一般都会给出气象改正参数 A 的计算公式。例如，REDmini 测距

仪以温度 $t_g = 15℃$，气压 $p = 101.3\text{kPa}$ 为标准状态，此时 $A = 0$；在一般大气条件下有：

$$A = \left(278.96 - \frac{2.904p}{1 + 0.003\,661t_g}\right)\text{mm/km} \tag{4-24}$$

观测时，若测得 $t_g = 30℃$，$p = 98.67\text{kPa}$，则利用式（4-24）可算得 $A = +20.8\text{mm/km}$；对于测得的距离观测值 $S = 816.350\text{m}$，利用式（4-23）就可算得该距离的气象改正值 $\Delta S_A = +20.8 \times 0.816 = +17\text{mm}$。

目前，大多数的测距仪都具有人工输入气温和气压值后自动进行改正的功能。因此，在安置好仪器开始测距之前，可先测定气温、气压并输入其测定值，然后再进行距离测量，此时仪器显示的结果即为进行过气象改正后的距离。

3. 倾斜改正

若在进行光电测距的同时，并用经纬仪测得视线的竖直角 α，那么由图 4-11 可知，经过仪器常数和气象改正后的斜距 S 可按式（4-25）将其改化为水平距离 D

$$D = S\cos\alpha \tag{4-25}$$

目前，大多数的测距仪都具有自动计算并显示平距的功能，它通常就是根据仪器测得的斜距和竖直角按式（4-25）算出的；但值得注意的是，按式（4-25）进行距离改化，没有顾及地球曲率和大气折光的影响，因此其精度一般较低，仅适用于短距离或精度要求不高的情况。当距离较长或精度要求较高时，须顾及地球曲率和大气折光的影响，此时经过仪器常数和气象改正后的斜距 S 应按式（4-26）将其改化为水平距离 D

$$\left. \begin{aligned} D &= S\cos(\alpha + f_\alpha) \\ f_\alpha &= (1 - k)\frac{S\cos\alpha}{2R_m}\rho'' \end{aligned} \right\} \tag{4-26}$$

式中　D——仪器和棱镜平均高程面上的水平距离；

　　　α——竖直角；

　　　f_α——地球曲率与大气折光对竖直角的改正值，不论仰角或俯角，恒为正值；

　　　k——当地的大气折光系数；

　　　R_m——地球平均曲率半径。

综上所述，如果测距前只按仪器出厂时那样仅进行了仪器常数的设置，那么测距仪测得的距离也只是仪器中心点至反射棱镜中心点间倾斜距离的初值；为了求得相应地面两点间的水平距离，还需在测距的同时测定气温、气压和竖直角，进行气象改正和倾斜改正。

4.3.5　手持激光测距仪

图 4-17 所示为一手持激光测距仪。它采用可见的脉冲激光测距，目标点无需置镜，在黑暗的环境条件下，仍然可以清晰可见地进行观测。由于其具有体积小、重量轻、测量速度快、精度高、操作方便、所瞄即所测等优点，已在各类测量（如建筑施工、室内装潢、构件安装，特别是房屋建筑面积测量）中被广泛应用。

不同厂家生产的手持激光测距仪，其外观及功能也会有所不同；但只要认真阅读使用说明书，就可充分发挥手持激光测距仪在测量中的作用，故在此不再赘述。

图 4-17　手持测距仪示意图

但应注意：由于手持激光测距仪采用脉冲激光进行测距，而脉冲激光束是能量非常集中的单色光源，所以在使用时不要用眼直视发射口，以免受到伤害；野外测量时，也不可将发射口直接对准太阳，以免烧坏光敏元件。

思考题与习题

1. 何谓直线定线？有哪两种方法？

2. 何谓量距的相对误差？用钢尺往、返丈量了一段距离，其平均值为 75.379m，若要求量距的相对误差不大于 1/3000，问往、返丈量距离之差不能超过多少？

3. 卷尺量距应注意哪些事项？钢尺精密量距时，须对丈量结果进行哪三项改正？

4. 简述视距测量的方法步骤，并列出其主要计算公式。

5. 在 A 点安置经纬仪，B 点竖立水准尺，仪器高为 1.46m，上、下、中三丝读数分别为 2.317m、2.643m 和 2.48m，竖盘读数为 87°42′，试计算 A、B 两点间的平距和高差。

6. 光电测距的原始观测值，需要进行哪几项改正？

7. 简述卷尺丈量、视距测量、光电测距的优缺点。

第5章 点位测量

由第1章的学习，可以知道：不管如何发展，测量的根本任务是不变的，那就是确定地面点的空间位置；而传统上地面点位 (x, y, H) 的测定，却是通过对角度、距离和高程这三个基本要素的测量来完成的。于是，我们又分章介绍了测量的三项基本工作——角度测量、距离测量和高程测量。本章将是对前面几章内容的补充和完善，重点介绍传统上测定点平面位置的有关知识和常用方法。

5.1 直 线 定 向

顾名思义，直线定向就是确定直线的方向。它也是一项比较基础的工作，不仅在实际工作、生活中有时需要确定方向、方位，而且在计算点的坐标等工作中同样会用到。

测量上，通常用方位角来表示直线的方向。因此，直线定向实际上就是确定该直线的方位角。

由标准方向的北端起，顺时针量至某一直线的水平夹角，称为该直线的方位角，其取值范围为 $0° \sim 360°$。

根据标准方向的不同，方位角又可分为真方位角 A、磁方位角 A_m 和坐标方位角 α；它们分别以真北、磁北和坐标北作为起算的标准方向，如图 5-1 所示。

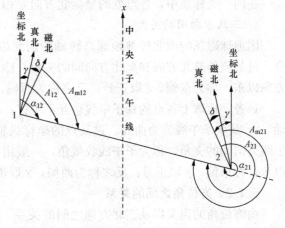

图 5-1　三北方向与方位角及其关系示意图

5.1.1 三北方向及其关系

1. 真北方向

过地球南北两极的子午线，称为真子午线。过真子午线上任一点所作的切线方向，称为该点的真子午线方向；其北端所示方向即为真北（方向）。在北半球，不同点处的真北方向皆收敛于地球的北极。

真北方向可采用天文测量的方法测定，如观测北极星等，也可用陀螺经纬仪（见本书第17章）测定。

2. 磁北方向

过地球南北两个磁极的子午线，称为磁子午线。过磁子午线上任一点所作的切线方向，称为该点的磁子午线方向；其北端所示方向即为磁北（方向）。在北半球，不同点处的磁北方向亦收敛于地球的磁北极。

磁北方向，可用罗盘（仪）测定。如图 5-2 所示，罗盘（仪）主要由磁针、刻度盘和瞄准设备等组成。磁针支在刻度盘中心的顶针上，可自由转动；磁针自由静止时，其北端所指方向即为磁北方向。刻度盘，目前多采用方位式（从 0° 起，逆时针方向注记，直至

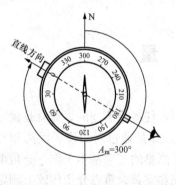

图 5 - 2　罗盘（仪）及其使用示意图

$360°$），一般刻有 $1°$ 或 $30'$ 的分划。施测时，度盘随照准设备一起转动，而磁针则静止不动。

用罗盘（仪）测定磁北方向的同时，还可测定直线的磁方位角。其操作方法为：将罗盘中心放置在直线一端点的铅垂线上，置平后放松磁针，用瞄准设备照准直线另一端点的标志，待磁针静止后磁针指北一端在刻度盘上的读数，即为该直线的磁方位角。如图 5 - 2 所示，所测直线的磁方位角为 $300°$。

罗盘使用前，应先检查磁针的灵敏度；测量时，要避开高压线及金属器物等；使用后，要将磁针固定以免磨损失去磁性。

利用罗盘（仪）测定磁方位角的精度不高，一般只用于精度要求较低的情况。

3. 坐标北方向

与 x 轴平行的方向，称为坐标纵轴方向；其北端所示方向即 x 轴正向所示方向，称为坐标北（方向）。

在同一坐系中，各点处的坐标北方向互相平行。

4. 三北方向间的关系

因地球磁场的南北极与地球自转轴的南北极不一致，故磁北方向和真北方向往往不重合。过某点的磁北方向和真北方向间的夹角，称为磁偏角，通常用 δ 表示。磁北方向在真北方向以东，称为东偏，δ 取正号；反之称为西偏，δ 取负号（图 5 - 1）。

再者，地球上各点的真子午线也互不平行；中央子午线经高斯投影后为一直线（坐标纵轴 x），其余子午线皆为曲线。过某点的坐标纵轴方向（中央子午线方向）与过该点的真子午线方向间的夹角，称为子午线收敛角，一般用 γ 表示。当坐标纵轴方向偏于真子午线方向以东，称东偏，γ 取正号；反之称为西偏，γ 取负号（图 5 - 1）。

5.1.2　方位角之间的关系

由方位角的定义以及三北方向之间的关系，结合图 5 - 1 不难看出，三种方位角之间的关系为

$$A = A_\mathrm{m} + \delta \qquad\qquad (5 - 1)$$
$$A = \alpha + \gamma \qquad\qquad (5 - 2)$$
$$\alpha = A_\mathrm{m} + \delta - \gamma \qquad\qquad (5 - 3)$$

另外，由图 5 - 1 还可以看出：

（1）由于在同一坐标系中各点的坐标北方向互相平行，所以直线 12 的坐标方位角 α_{12} 和直线 21 的坐标方位角 α_{21} 正好相差 $180°$；同时，由于直线 21 是直线 12 的反方向，所以 α_{21} 又称为直线 12 的反坐标方位角，而 α_{12} 则称为直线 12 的正坐标方位角；由此可知，同一直线的正、反坐标方位角始终相差 $180°$，即

$$\alpha_{正} = \alpha_{反} \pm 180° \qquad\qquad (5 - 4)$$

（2）由于地面各点的真（或磁）北方向互不平行、是收敛的，致使同一直线的正、反真（或磁）方位角间的关系比较复杂，相差并非 $180°$，测量计算很不方便。

鉴于上述情况，在一般的测量工作中，通常采用坐标方位角来表示直线的方向；欲确定

某直线的方向，也就是要确定该直线的坐标方位角。同时约定：在不特别指明的情况下，一般所讲的方位角即指坐标方位角。

5.1.3　坐标方位角的推算

在一般的测量工作中，几乎所有直线的坐标方位角都不是直接测定的，而是通过与已知边的连测推算求得的。如图 5 - 3 所示，β_2 为 12 边与 23 边间的水平夹角，当 β_2 位于推算路线 1→2→3 前进方向的左侧时，称为左角，记为 $\beta_{2左}$；当 β_2 位于推算路线 1→2→3 前进方向的右侧时，称为右角，记为 $\beta_{2右}$。从图 5 - 3 中不难看出，若已知 12 边的坐标方位角 α_{12}，根据 12 边与 23 边间的水平夹角 β_2 即可推算出 23 边的坐标方位角 α_{23} 为

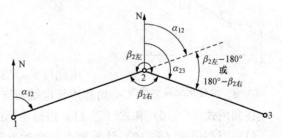

图 5 - 3　坐标方位角推算示意图

$$\alpha_{23} = \alpha_{12} + \beta_{2左} - 180° \tag{5 - 5}$$

或

$$\alpha_{23} = \alpha_{12} - \beta_{2右} + 180° \tag{5 - 6}$$

由此可写出推算坐标方位角的通用公式为

$$\alpha_{i,i+1} = \alpha_{i-1,i} \pm \beta_i \mp 180° \tag{5 - 7}$$

式中　$i-1$、i、$i+1$——三个连续相邻点的编号。

在应用式（5 - 7）推算坐标方位角时，应依次遵循以下规则：①若 β_i 为左角时，取"$+\beta_i$"；若 β_i 为右角时，则取"$-\beta_i$"。②若 $(\alpha_{i-1,i} \pm \beta_i)$ 小于 180°，则式中右端的末项取"$+180°$"；反之，取"$-180°$"。③若经①、②两步判别后算出的坐标方位角大于 360°，还应人为地减去 360°；若为负值，则还应加上 360°。

5.2　坐标的正反算

5.2.1　坐标的正算及其计算公式

如图 5 - 4 所示，设已知点 1 的坐标为 $(x_1，y_1)$，若再知道 1、2 两点间的平距 D_{12} 和 1、2 两点连线的坐标方位角 α_{12}，按下式即可算得未知点 2 的坐标 $(x_2，y_2)$ 为

$$\left.\begin{aligned} \Delta x_{12} &= D_{12} \cos\alpha_{12} \\ \Delta y_{12} &= D_{12} \sin\alpha_{12} \end{aligned}\right\} \tag{5 - 8}$$

$$\left.\begin{aligned} x_2 &= x_1 + \Delta x_{12} \\ y_2 &= y_1 + \Delta y_{12} \end{aligned}\right\} \tag{5 - 9}$$

式中　Δx_{12}——1、2 两点的 x 坐标差，又称纵坐标增量；

　　　Δy_{12}——1、2 两点的 y 坐标差，又称横坐标增量。

上述根据两点间的距离和方位角，由已知点的坐标推算未知点的坐标，称为坐标的正算。式（5 - 8）和式（5 - 9），即为坐标的正算公式。

5.2.2　坐标的反算及其计算公式

由图 5-4 不难看出，若已知 1、2 两点的坐标 $(x_1，y_1)$ 和 $(x_2，y_2)$，反过来也可以求算出 1、2 两点间的平距 D_{12} 和 1、2 两点连线的坐标方位角 α_{12}。

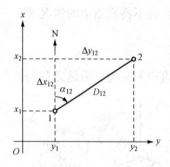

图 5-4　坐标正反算示意图

由两点的坐标求算两点间的平距和两点连线的坐标方位角，称为坐标的反算。坐标的反算公式为

$$\left.\begin{array}{l} \Delta x_{12} = x_2 - x_1 \\ \Delta y_{12} = y_2 - y_1 \end{array}\right\} \tag{5-10}$$

$$\left.\begin{array}{l} D_{12} = \sqrt{\Delta x_{12}^2 + \Delta y_{12}^2} \\ \alpha_{12} = \arctan \dfrac{\Delta y_{12}}{\Delta x_{12}} \end{array}\right\} \tag{5-11}$$

由此可见，当已知两点的坐标时，该两点连线的坐标方位角和边长也就知道了，故称该边为已知边。

在利用式（5-10）和式（5-11）进行坐标的反算时，应注意以下几点：

（1）当利用式（5-10）计算两点的坐标差时，须用终点的坐标减去起点的坐标；因为同高差一样，坐标差也具有方向性。

（2）当出现下列情况时，可直接判定坐标方位角，而不必利用式（5-11）。

1）当 Δx 大于零、Δy 等于零，即两点连线指向正北时，该边的坐标方位角为 0°。

2）当 Δx 等于零、Δy 大于零，即两点连线指向正东时，该边的坐标方位角为 90°。

3）当 Δx 小于零、Δy 等于零，即两点连线指向正南时，该边的坐标方位角为 180°。

4）当 Δx 等于零、Δy 小于零，即两点连线指向正西时，该边的坐标方位角为 270°。

（3）由于利用计算器或计算机求得的反正切角值范围在 $-90°\sim+90°$ 之间，与坐标方位角的角值范围 0°～360° 不对应，因此在利用式（5-11）反算两点连线的坐标方位角时，对计算器或计算机求得的反正切角值还需进行必要的换算。

1）当 Δx、Δy 均大于零，即两点连线指向第一象限时，计算器或计算机求得的反正切角值就是该边的坐标方位角。

2）当 Δx 小于零、Δy 大于或小于零，即两点连线指向第二或第三象限时，计算器或计算机求得的反正切角值，须加上 180° 才是该边的坐标方位角。

3）当 Δx 大于零、Δy 小于零，即两点连线指向第四象限时，计算器或计算机求得的反正切角值，须加上 360° 才是该边的坐标方位角。

5.3　测定点平面位置的常用方法

如图 5-5 所示，传统上要测定地面一点的坐标即平面位置，可根据仪器、工具及现场地形情况等，选择观测不同的基本要素即不同的方法：在已知点 A 安置仪器，观测水平角 β 和水平距离 D_{AP}，称为极坐标法；在 A、B 两已知点，分别安置仪器，观测水平角 β 和 α，称为（前方）角度交会法；若观测平距 D_{AP} 和 D_{BP}，则称为距离交会法。

5.3.1　极坐标法

如图 5-6 所示，极坐标法的观测方法、计算步骤为：

（1）在已知点 A 安置仪器，观测水平角 β。

（2）测量 A、P 两点的平距 D_{AP}。

（3）根据已知点 A、B 的坐标，利用坐标反算公式，计算其坐

图 5-5　坐标测定示意图

标方位角 α_{AB}。

（4）根据已知边 AB 的坐标方位角 α_{AB} 和水平角 β，推算未知边 AP 的坐标方位角 α_{AP}

$$\alpha_{AP} = \alpha_{AB} - \beta \qquad (5-12)$$

当未知边位于已知边的右侧时，上式取 "$+\beta$"。

（5）利用坐标正算公式，推算求得未知点 P 的坐标 $(x_P,\ y_P)$。

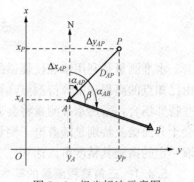

图 5-6　极坐标法示意图

5.3.2　角度交会法

如图 5-5 所示，角度交会法的观测方法、计算步骤为：

（1）在已知点 A 安置仪器，观测水平角 β。

（2）在已知点 B 安置仪器，观测水平角 α。

（3）根据已知点 A、B 的坐标，利用坐标反算公式，计算其平距 D_{AB} 和坐标方位角 α_{AB}。

（4）根据已知边 AB 的坐标方位角 α_{AB} 和水平角 β，参照式（5-12）推算未知边 AP 的坐标方位角 α_{AP}。

（5）在 $\triangle ABP$ 中，利用正弦定理，求算未知边 AP 之平距 D_{AP} 为

$$D_{AP} = \frac{\sin\alpha}{\sin(\beta+\alpha)} D_{AB} \qquad (5-13)$$

（6）利用坐标正算公式，推算求得未知点 P 的坐标 $(x_P,\ y_P)$。

此外，根据上述的计算思路，可直接导出如下角度交会法的最终计算公式（正切公式）

$$\left.\begin{array}{l} x_P = \dfrac{x_A\tan\beta + x_B\tan\alpha + (y_B - y_A)\tan\beta\tan\alpha}{\tan\alpha + \tan\beta} \\[3mm] y_P = \dfrac{y_A\tan\beta + y_B\tan\alpha + (x_A - x_B)\tan\beta\tan\alpha}{\tan\beta + \tan\alpha} \end{array}\right\} \qquad (5-14)$$

在利用上述正切公式时，应注意 A、B、P 三点须按逆时针方向进行编号。

5.3.3　距离交会法

如图 5-5 所示，距离交会法的观测方法、计算步骤为：

（1）测量 A、P 两点的平距 D_{AP}。

（2）测量 B、P 两点的平距 D_{BP}。

（3）根据已知点 A、B 的坐标，利用坐标反算公式，计算其平距 D_{AB} 和坐标方位角 α_{AB}。

（4）在 $\triangle ABP$ 中，利用余弦定理求算水平角 β

$$\beta = \cos^{-1}\left(\frac{D_{AP}^2 + D_{AB}^2 - D_{BP}^2}{2D_{AP}D_{AB}}\right) \qquad (5-15)$$

（5）根据已知边 AB 的坐标方位角 α_{AB} 和水平角 β，参照式（5-12）推算未知边 AP 的坐标方位角 α_{AP}。

（6）利用坐标正算公式，推算求得未知点 P 的坐标 $(x_P,\ y_P)$。

5.4 三 角 高 程 测 量

水准测量是利用水准仪提供的水平视线,并借助水准尺直接测定地面点间的高差,然后由已知点的高程来推算待测点高程,它是精确测定地面点高程最主要的方法。但在山区或一些特殊场合,采用水准测量将会遇到一定的困难且速度比较慢,此时若采用三角高程测量将会十分便捷。特别是随着电子测量仪器的普及使用,三角高程测量的应用越来越广泛,若采取一定的措施其精度可以达到三、四等水准测量的要求。

5.4.1 三角高程测量的基本原理

三角高程测量是指根据由测站点向目标点所测竖直角和两点间的距离,应用三角公式计算出两点间的高差,再由已知点高程来推算未知点高程的一种方法。如图 5-7 所示,已知 A 点高程 H_A,欲求 B 点高程 H_B,可先在 A 点安置仪器,量取仪器高 i;然后照准 B 点目标的顶端或某一标记,测得竖直角 α,量取目标高 v(目标的顶端或某一标记到测点的铅垂距离);最后根据 A、B 两点平距 D(用钢尺等直接丈量或根据两点坐标反算求得),即可算得 A、B 两点的高差 h_{AB}

$$h_{AB} = D\tan\alpha + i - v \qquad (5-16)$$

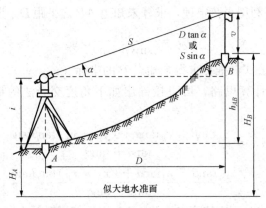

图 5-7 三角高程测量原理示意图

如果用测距仪测得 A、B 两点间的斜距 S,则 A、B 两点间的高差 h_{AB} 也可按下式计算

$$h_{AB} = S\sin\alpha + i - v \qquad (5-17)$$

测得 A、B 两点的高差后,由 A 点的高程就可推算出 B 点的高程

$$H_B = H_A + h_{AB} \qquad (5-18)$$

用钢尺等直接丈量或根据两点坐标反算求得的水平距离,按式(5-16)和式(5-18)来测定待定点的高程,称为经纬仪三角高程测量;如果用测距仪测得 A、B 两点间的斜距,按式(5-17)和式(5-18)来测定待定点的高程,则称为电磁波测距(EDM)三角高程测量。

5.4.2 地球曲率和大气折光对三角高程测量的影响

以上三角高程测量的计算公式,是在假设似大地水准面和过 A、B 点的水准面皆为相互平行的平面、视线为直线的条件下导出的。但事实上(似大地)水准面是曲面,由于大气折光的影响视线也会发生弯曲。下面,就来探讨一下地球曲率和大气折光对三角高程测量的影响。

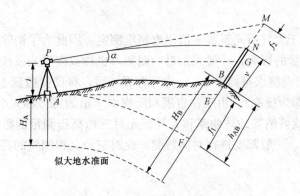

图 5 - 8　地球曲率和大气折光对
三角高程测量影响示意图

如图 5 - 8 所示，AE 和 AF 分别为过点 A 的水平面和水准面，显然 EF 就是由于地球曲率而产生的高差误差（球差），常用符号 f_1 表示。由于大气折光的影响，来自目标 N 的光沿弧线 NP 进入仪器的望远镜，而望远镜的视准轴却位于弧线 PN 的切线 PM 上，故 MN 即为大气垂直折光带来的高差误差（气差），常用符号 f_2 表示。于是，顾及球差和气差后，A、B 两点的高差应为

$$h_{AB} = D\tan\alpha + i - v + f_1 - f_2 \qquad (5 - 19)$$

或

$$h_{AB} = S\sin\alpha + i - v + f_1 - f_2 \qquad (5 - 20)$$

令 $f = f_1 - f_2$，则上式变为

$$h_{AB} = D\tan\alpha + i - v + f \qquad (5 - 21)$$

或

$$h_{AB} = S\sin\alpha + i - v + f \qquad (5 - 22)$$

式中　f——地球曲率和大气垂直折光对高差的综合影响，简称两差改正数。

两差改正数 f，其值可按下式计算

$$f = (1 - k)\frac{D^2}{2R} = (1 - k)\frac{S^2\cos^2\alpha}{2R} \qquad (5 - 23)$$

式中　k——大气折光系数；

　　　R——地球平均曲率半径。

现取大气折光系数 $k = 0.14$，地球平均曲率半径 $R = 6371\text{km}$，按式（5 - 23）算得的不同距离的两差改正数值，见表 5 - 1。

表 5 - 1　　两 差 改 正 数

D（km）	0.1	0.2	0.3	0.4	0.5	0.6	0.7	0.8	0.9	1.0
f（mm）	0.7	2.7	6.1	10.8	16.9	24.3	33.1	43.2	54.7	67.5

由式（5 - 23）和表 5 - 1 可以看出：地球曲率和大气折光对三角高程测量的影响，将随着两点间距离的增大而迅速增大；在精度要求不高的近距离测量中，可以忽略地球曲率和大气折光对三角高程测量的影响，可直接采用式（5 - 16）式或式（5 - 17）；当精度要求较高或距离较远时，必须顾及地球曲率和大气折光对三角高程测量的影响，应采用式（5 - 21）式或式

(5 - 22)。

　　实际工作中，由于大气折光系数 k 值很难精度测定，因此为了消除或减弱地球曲率和大气折光对三角高程测量的影响，一般采用对向观测（也称双向观测或往返观测）的方法：即先由 A 点向 B 点进行观测求得高差 h_{AB}（称为直觇）后，将仪器搬到 B 点再由 B 点向 A 点进行观测求得 h_{BA}（称为反觇）。由于在直觇和反觇中 f 值的符号和大小相同，因此将 h_{BA} 反号后与 h_{AB} 取平均值就可消除地球曲率和大气折光对三角高程测量的影响。所以，当精度要求较高或距离较远时，一般都要进行对向观测，此时三角高程测量的高差计算可直接采用式（5 - 16）或式（5 - 17）。

思考题与习题

　　1. 何谓直线定向？在一般的测量工作中，通常采用什么来表示直线的方向？
　　2. 何谓坐标方位角？同一条直线，其正、反坐标方位角之间有何关系？
　　3. 在图 5 - 9 中，已知 $\alpha_{12}=60°00'$，β_2 和 β_3 的角值如图 5 - 9 所示，试求 23 边和 34 边的坐标方位角。

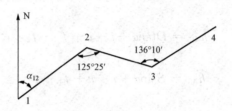

图 5 - 9　坐标方位角推算示意图

　　4. 何谓坐标的正算？试写出其计算公式。
　　5. 已知 AB 边的边长、方位角为 135.620m 和 80°36'54″，若 A 点的坐标为（435.561，658.822）m，试求 B 点的坐标。
　　6. 何谓坐标的反算？试写出其计算公式，并简述应注意的事项。
　　7. 已知 A、B 两点的坐标分别为（342.990，814.291）m 和（304.500，525.721）m，试求 AB 边的边长及方位角。
　　8. 传统上测定地面点平面位置的常用方法有哪些？并简述其方法步骤。
　　9. 何谓三角高程测量？分为哪两类？并写出其计算公式。
　　10. 已知 A 点高程为 42.232m、A、B 两点的平距为 186.751m，在 A 点观测 B 点的竖直角为 +8°16'48″，仪器高、目标高分别为 1.452m 和 1.673m，试求 A、B 两点的高差和 B 点的高程。

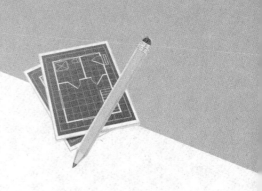

提 高 篇

第6章 全站仪测量

6.1 概　述

全站仪（全站型电子速测仪）是一种集自动测距、自动测角、自动记录计算等于一体的现代化测量仪器，具有操作简便、测量速度快、作业劳动强度小、可便捷地与计算机进行数据传输等优点，为测量工作的自动化、数字化、内外业一体化奠定了基础。因此，全站仪的出现，给测量工作带来了极大的便利，并已逐步取代光学经纬仪、光电测距仪甚至水准仪，发展成为目前实际工作的主导仪器，广泛应用于各类测量工程中。

按结构的不同，全站仪可分为分体式和整体式两类。图6-1所示为分体式全站仪，由独立的光电测距仪和电子经纬仪组合而成，既可在一起使用，也可以分开使用，因此又称为组合式或积木式。图6-2所示为整体式全站仪，照准部和望远镜的转动，采用了同轴双速制、微动机构，使照准更加快捷、准确；其测角、测距系统共用一个望远镜，并实现了视准轴、测距光波的发射轴和接收轴三轴同轴化，从而使得望远镜一次瞄准即可同时完成水平角、竖直角、斜距三个基本要素的测量，使用更为便捷。因此，人们目前所讲的全站仪，通常就是指整体式的全站仪（分体式的已极少使用）。

图6-1　分体式全站仪　　　　图6-2　整体式全站仪

按数据存储方式的不同，全站仪又可分为内存型和电脑型两种。内存型全站仪的所有程序，都固化在仪器的存储器中，不能添加或改写；也就是说，用户只能使用全站仪本身提供的功能，无法自行扩充。而电脑型全站仪，则内置有操作系统；因此，用户不仅可使用其本身提供的功能，还可根据实际需要通过添加程序来扩展其功能，使操作者进一步成为全站仪功能开发的设计者，从而更好地为测量工作服务。

按功能的多少，全站仪还可分为常规全站仪、免棱镜全站仪、图像全站仪、全自动全站仪等。目前的常规全站仪，除了可以自动测距（斜距）、自动测角（水平角、竖直角）、自动记录计算（通过测量斜距、竖直角，自动记录、计算并显示出平距、高差）外，通常都还带有诸如坐标测量、对边测量、悬高测量、面积测量、后方交会、偏心测量、导线测量、（角度、距离、三维坐标）放样等一些特殊的测量功能（程序功能）；较为先进的全站仪，还具

图 6-3　点测量与影像

有激光对中、竖轴倾斜自动补偿、自动进行气象以及地球曲率和大气折光改正等功能。免棱镜全站仪，采用激光免棱镜测距技术，可实现所瞄即所测。图像全站仪，将数码相机与全站仪相结合，在对目标点测量的同时将视场的（数字）图像拍录下来，将外业时空永久保存（图 6-3），从而减轻甚至减免外业绘制草图的工作，提高外业效率、方便内业检查；若再利用其相应的后处理软件，即可对所拍影像进行三维量测与建模。全自动全站仪是一种带马达的在自身软件控制下可代替人进行自动搜索、跟踪、识别、精确照准目标并自动获取角度、距离、三维坐标等信息的智能型全站仪，又被喻为测量机器人。另外，有的厂家还将 GPS 接收机、陀螺仪与全站仪进行集成，生产出了 GPS 全站仪、超站仪等。

若按测角、测距精度的高低，全站仪一般分为Ⅰ、Ⅱ、Ⅲ、Ⅳ四个等级，详见表 6-1。

表 6-1　全站仪的等级及其测角测距精度

全站仪等级	Ⅰ	Ⅱ	Ⅲ	Ⅳ
测角标准偏差（″）	$\|m_\beta\|\leqslant1$	$1<\|m_\beta\|\leqslant2$	$2<\|m_\beta\|\leqslant6$	$6<\|m_\beta\|\leqslant10$
测距标准偏差（mm）	$\|m_D\|\leqslant2$	$2<\|m_D\|\leqslant5$	$5<\|m_D\|\leqslant10$	$5<\|m_D\|\leqslant10$

注　m_β 为测角标准偏差（中误差）；m_D 为每千米的测距标准偏差（中误差）。

6.2　全站仪的基本构造与使用

6.2.1　全站仪的基本构造

不同厂家生产的全站仪，同一厂家生产的不同等级的全站仪，即使是同一厂家生产的同一等级而不同时期生产的全站仪，其外观、结构等都会有所区别，特别是它们的操作面板。

图 6-4 所示为某一全站仪的操作面板，各按键的名称及功能分别为：

POWER——电源开关键：按此键开机，再按则关机。

★——星键：按此键，进入星键模式，用于屏幕对比度、十字丝照明、背景光、倾斜改正、音响模式的设置或显示。

ESC——退出键：返回测量模式或上一层模式。

F1～F4——软功能键：对应显示软功能信息。

MENU——菜单键：用于在菜单模式和正常模式间切换，同时又是右方向键。

↗——坐标测量键：按此键进入坐标测量模式，同时又是左方向键。

◢——距离测量键：按此键进入距离测量模式，同时又是下方向键。

ANG——角度测量键：按此键进入角度测

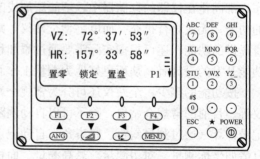

图 6-4　操作面板示意图

量模式，同时又是上方向键。

剩下的键（图 6‐4 右侧上中部所示），为数字、字母、小数点和负号键。

然而，尽管不同款的全站仪在外观、结构、功能、操作方法和步骤等都会有所区别，但它们的基本构造却是相同的，即皆由照准部、度盘和基座三大部分组成，如图 6‐2 和图 6‐5 所示。

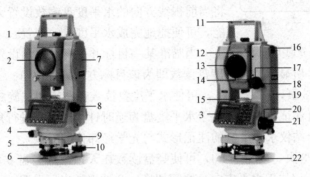

图 6‐5　全站仪构造示意图

1—粗瞄器；2—望远镜物镜；3—显示屏；4—数据输出/外部电源输入接口；
5—圆水准器；6—基座底板；7—水平轴指示标记；8—光学对中器；9—三角基座；
10—脚螺旋；11—提柄；12—望远镜物镜调焦环；13—望远镜目镜；14—目镜调焦环；
15—照准部水准管；16—电池安装钮；17—垂直微动螺旋；18—垂直制动螺旋；
19—电池；20—水平制动螺旋；21—水平微动螺旋；22—基座固定扳手

6.2.2　全站仪的基本操作与使用

不同款式的全站仪，不仅其外观、结构、功能设置等不一样，其操作方法、步骤也会有所区别。因此，在操作使用某一款全站仪之前，必须认真仔细地阅读其使用说明书；使用时，须严格按照其要求进行操作。

下面，仅就全站仪操作使用的一般方法、步骤进行简要介绍。

1. 准备工作

（1）安装电池。测前，应检查内部电池的充电情况。如电力不足要及时充电，充电方法及时间应按使用说明书进行，不要超过规定的时间。测量前装上电池，测量结束应卸下。

（2）安置仪器。全站仪的安置，其操作方法、步骤与经纬仪类似，要既对中又整平（若全站仪具备激光对中和电子整平功能，在把仪器安装到三脚架上之后，应先开机，然后选定对中整平模式后再进行相应的操作）。

（3）开机自检。开机后，仪器会自动进行自检。自检通过后，屏幕显示测量的主菜单。

2. 角度测量

多数全站仪的出厂设置，皆为开机就自动进入角度测量模式（当仪器处于其他模式状态时，按 ANG 键即可进入角度测量模式）。因此，仪器对中、整平后，一般情况下开机自检通过后即可直接瞄准目标进行角度测量，屏幕会即时显示竖直度盘与水平度盘读数（图 6‐4）。

由于仪器显示屏尺寸有限，因此常采用分屏显示。一般情况下，共有 P1、P2、P3 三页（图 6‐6），其主要选项的含义和功能如下。

（1）置零。在 P1 页，按一下 F1，即可将当前视线方向的水平度盘读数设置为 $0°00'00''$。

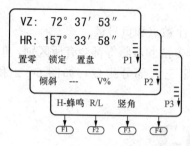

图 6-6　角度测量界面示意图

当瞄准某一目标并进行水平度盘置零后，转动照准部瞄准另一目标时，屏幕所显示的水平度盘读数即为它们的水平夹角。

（2）置盘。在 P1 页，按一下 F3，屏幕显示"水平角设置"菜单，输入需要设置的水平方向值，回车确认即可将当前视线方向的水平度盘读数设置为输入值。利用此功能，可便捷地完成水平度盘的配置。

当瞄准某一目标并进行方位角设置后，转动照准部瞄准另一目标时，屏幕所显示的水平度盘读数即为该目标方向的方位角。

（3）R/L。在 P3 页，按一下 F2，可使水平度盘读数在右旋和左旋之间切换。右旋等价于水平度盘为顺时针注记，左旋等价于水平度盘为逆时针注记（在进行角度测量时，一般设置为右旋，从而使全站仪水平度盘的注记形式与光学经纬仪的一致）。

（4）竖角。在 P3 页，按一下 F3，可使竖盘读数在天顶距（竖盘 0°注记位于天顶方向）和竖直角（竖盘 0°注记位于水平方向）之间切换。全站仪的出厂设置，多为天顶距。

如图 6-7 所示，在同一竖直面内，倾斜视线与天顶线之间的夹角，称为该视线的天顶距，常用 Z 表示，其角值范围为 0°～180°。天顶距 Z 与竖直角 α 的关系为

$$\alpha = 90° - Z \tag{6-1}$$

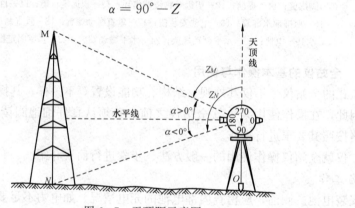

图 6-7　天顶距示意图

3. 距离测量

精确瞄准反射棱镜，按 ◢ 键进入距离测量模式后，按"测量"键即可进行距离测量。距离测量结果的显示，一般有"斜距"和"高差/平距"两种方式，如图 6-8 所示。

VZ: 72°37′53″	HR: 157°33′58″
HR: 157°33′58″	HD: 115.034m
SD: 120.530m	VD: 35.980m
测量|模式|S/A|P1	测量|模式|S/A|P2
(a)	(b)

图 6-8　距离测量界面示意图

(a) 斜距显示方式；(b) 高差/平距显示方式

由于全站仪的基本观测量为斜距 SD、天顶距 VZ 或竖直角 α，因此其显示的平距 HD 和高差 VD 是按下式求得的

$$HD = SD\sin VZ = SD\cos\alpha \Big\}$$
$$VD = SD\cos VZ = SD\sin\alpha \Big\}$$
$$(6-2)$$

6.3 全站仪的特殊测量功能与应用

如前所述，目前的全站仪除了可以自动测距（斜距）、自动测角（水平角、竖直角/天顶距）、自动记录计算（通过测量斜距、竖直角/天顶距，自动记录、计算并显示出平距、高差）外，通常都还带有诸如坐标测量、面积测量、悬高测量、对边测量、后方交会等一些特殊的测量功能（程序功能）。下面，就对这些特殊功能的操作方法、测量原理以及在使用时应注意的事项等进行简要介绍。

6.3.1 坐标测量

利用全站仪坐标测量功能，可以实时快速地测定出地面点的三维坐标。如图6-9所示，将全站仪安置于测站点 A 上，量取仪器高和目标高，进入三维坐标测量模式后，首先输入仪器高（仪高 i）、目标高（镜高 v）、测站点 A 的三维坐标（x_A，y_A，H_A）以及后视定向点 B 的平面坐标或后视方位角；然后照准后视定向点 B 进行定向，即将该方向的水平度盘读数设置为后视方位角 α_{AB}；接着再照准目标点 P 上的反射棱镜，按测量键仪器就会按下式利用自身内存的程序自动计算并瞬时显示出目标点 P 的三维坐标（x_P，y_P，H_P）

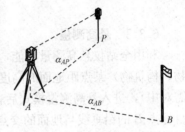

图6-9 三维坐标测量示意图

$$x_P = x_A + S\sin Z\cos\alpha_{AP} \Big\}$$
$$y_P = y_A + S\sin Z\sin\alpha_{AP} \Big\}$$
$$H_P = H_A + S\cos Z + i - v \Big\}$$
$$(6-3)$$

式中 　S——仪器至反射棱镜的斜距；

　　　Z——仪器至反射棱镜的天顶距；

　　α_{AP}——仪器至反射棱镜的方位角。

6.3.2 面积测量

利用全站仪面积测量功能，可以实时快速地测定出目标点所包围的多边形面积（目标点数，一般没有限制）。如图6-10所示，在适当位置安置全站仪（可只整平而不需对中），进入面积测量模式后，首先选定一目标点作为起始点，并在其上竖立反射棱镜进行瞄准观测；然后，按顺时针方向依次将反射棱镜竖立在多边形的其他各顶点上进行瞄准观测，仪器就会瞬时显示出该多边形的面积值。

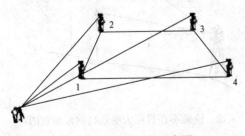

图6-10 面积测量示意图

全站仪面积测量的基本原理为：通过观测仪器至多边形各顶点的水平度盘读数 β_i、竖直角 α_i 以及斜距 S_i，先根据下式自动计算出各顶点在测站坐标系 xoy（以仪器即水平度盘的圆心为原点 o，x 轴由水平度盘的圆心指向水平度盘的零度分划线而形成的左手平面直角坐标系）中的坐标

$$
\left.\begin{aligned}
x_i &= S_i\cos\alpha_i\cos\beta_i \\
y_i &= S_i\cos\alpha_i\sin\beta_i
\end{aligned}\right\}
\tag{6-4}
$$

然后，再利用下式自动计算并显示出被测 n 边形的面积

$$
P = \frac{1}{2}\sum_{i=1}^{n} x_i(y_{i+1} - y_{i-1})
\tag{6-5}
$$

或

$$
P = \frac{1}{2}\sum_{i=1}^{n} y_i(x_{i-1} - x_{i+1})
\tag{6-6}
$$

值得注意的是：①多边形各顶点的编号（$i=1,2,\cdots,n$）以及反射棱镜的竖立、瞄准、观测，应按顺时针方向依次连续进行。②在利用式（6-5）或式（6-6）计算多边形的面积时，会用到 x_0、y_0 和 x_{n+1}、y_{n+1}，其值需按下式计算

$$
\left.\begin{aligned}
x_0 &= x_n, \quad x_{n+1} = x_1 \\
y_0 &= y_n, \quad y_{n+1} = y_1
\end{aligned}\right\}
\tag{6-7}
$$

6.3.3　悬高测量

利用全站仪悬高测量功能，可以实时快速地测定出空中（如悬空线路、桥梁及高大建筑物、构筑物）某点距地面的高度。如图 6-11 所示，在适当位置安置全站仪（可只整平而不需对中），进入悬高测量模式后，把反射棱镜竖立在欲测高度的目标点 B 的天底 B' 点（即过目标点 B 的铅垂线与地面的交点），输入反射棱镜高 v；然后照准反射棱镜进行测量，再转动望远镜照准目标点 B，仪器就会自动按下式利用自身内存的程序计算并瞬时显示出目标点 B 至地面的高度 H

$$
H = S\cos\alpha_1\tan\alpha_2 - S\sin\alpha_1 + v
\tag{6-8}
$$

式中　S——全站仪至反射棱镜的斜距；

α_1、α_2——全站仪至反射棱镜和目标点的竖直角。

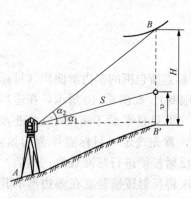

图 6-11　悬高测量示意图

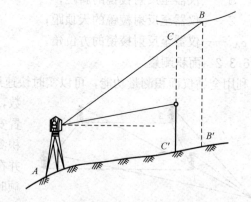

图 6-12　棱镜不在目标天底悬高测量示意图

值得注意的是：要想利用悬高测量功能测出目标点的正确高度，必须将反射棱镜恰好竖立在被测目标点的天底，否则测出的结果将会不正确。如图 6-12 所示，悬高测量的结果是 C 点至地面的高度，而不是目标点 B 到地面的高度。然而，在实际工作中，要将反射棱镜恰好竖立在被测目标点的天底，仅靠目估是不容易实现的，尤其当目标点离地面较高时；为

此，需先投点再进行悬高测量。

6.3.4　对边测量

利用全站仪对边测量功能，可以实时快速地测定出两目标点之间的平距和高差。如图 6-13 所示，在两目标点 P_1、P_2 上分别竖立反射棱镜，在与 P_1、P_2 通视的任意点 P 安置全站仪（可只整平而不需对中）后，先进入对边测量模式，然后分别照准 P_1、P_2 上的反射棱镜进行测量，仪器就会自动按下式利用自身内存的程序计算并瞬时显示出 P_1、P_2 两目标点间的平距 D_{12} 和高差 h_{12}，即

$$\left.\begin{aligned}D_{12} &= \sqrt{S_1^2\cos^2\alpha_1 + S_2^2\cos^2\alpha_2 - 2S_1 S_2 \cos\alpha_1 \cos\alpha_2 \cos\beta}\\ h_{12} &= S_2\sin\alpha_2 - S_1\sin\alpha_1\end{aligned}\right\} \tag{6-9}$$

式中　S_1、S_2——仪器至两反射棱镜的斜距；

　　　α_1、α_2——仪器至两反射棱镜的竖直角；

　　　β——PP_1 与 PP_2 两方向间的水平夹角。

值得注意的是：应用上述公式计算地面点 P_1 和 P_2 间高差的前提条件是 P_1 和 P_2 两点的目标高 v_1、v_2 应相等。否则，应按下式计算

$$h_{12} = S_2\sin\alpha_2 - S_1\sin\alpha_1 + (v_1 - v_2) \tag{6-10}$$

因此，在实际工作中，应尽量使两目标高相等；否则应在全站仪显示的高差中加入改正数 $(v_1 - v_2)$。

6.3.5　后方交会

利用全站仪后方交会（自由设站）功能，可以实时快速地测定出测站点的坐标。如图 6-13 所示，将全站仪安置在未知点 P 上，进入后方交会模式后，输入已知点 P_1、P_2 的坐标 (x_1, y_1)、(x_2, y_2)；然后依次分别照准竖立在已知点 P_1、P_2 的反射棱镜进行测量，仪器就会按下式求解并显示出未知点（测站点）P 的坐标 (x, y)

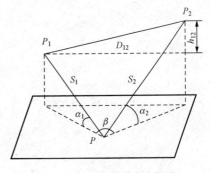

图 6-13　对边测量示意图

$$\left.\begin{aligned}S_1\cos\alpha_1 &= \sqrt{(x-x_1)^2 + (y-y_1)^2}\\ S_2\cos\alpha_2 &= \sqrt{(x-x_2)^2 + (y-y_2)^2}\end{aligned}\right\} \tag{6-11}$$

当已知点多于两个时，则可根据上述的函数式列立误差方程按最小二乘间接平差求解（测量平差的基础知识，见本书附录 C）。

综上所述，全站仪的普及使用，的确给测量工作带来了极大的方便。但在实际工作中，对全站仪提供的一些测量功能也不能盲目地使用，否则将不会得到正确的结果。同时应注意，以上介绍的全站仪的特殊测量功能，其观测皆为半个测回，因此其结果的精度是有限的；若要得到较为精确的结果，须按相应的要求先进行角度、距离的观测，然后再将角度、距离的平均值代入上述公式自行计算。另外，还要结合自己的具体工作，不断地对全站仪进行改进、开发和应用，以更好地发挥其先进功能。

🧠 思考题与习题

1. 简述全站仪的种类和优点。
2. 简述全站仪的基本测量功能。
3. 全站仪一般都有哪些特殊（程序）测量功能？
4. 简述全站仪三维坐标测量的基本操作步骤和原理。
5. 简述全站仪面积测量的基本操作步骤、原理及注意事项。
6. 简述全站仪悬高测量的基本操作步骤、原理及注意事项。
7. 简述全站仪对边测量的基本操作步骤、原理及注意事项。
8. 简述全站仪后方交会的基本操作步骤与原理。

第7章 卫星定位测量

7.1 概　　述

　　所谓卫星定位测量，就是指利用人们建立的卫星导航系统来进行点位的测定。因此，卫星定位测量是一种空间测量技术。

　　与地面测量技术相比，卫星定位测量具有操作简便、自动化程度高、地面点间不需要通视、观测时间短、人力消耗少、可全天候作业、不受时间和气象条件的限制、可进行连续实时的三维定位以及大跨度陆、岛联测等优点。因此，卫星定位测量技术已被广泛应用于测绘领域的诸多方面，如地形测量、施工测量、变形监测、航空摄影测量相机位置和姿态的测定，地理信息系统中地理数据的采集等，并显示出了极大的优势；尤其在（平面）测量控制网的建立方面，卫星定位测量已基本上取代了常规测量手段成为最主要的技术方法。

　　卫星定位测量技术除用于测绘领域外，还被广泛应用于陆地、海洋、航空、航天、军事国防、交通运输、资源勘探、环境监测、灾情预报、应急救援、工程建设、市政规划以及地球科学、天文学、气象学等诸多领域，并已逐步渗入到人们的日常生活中。尤其在导航方面，不仅可以为各种军用飞行器、运载器以及军队等提供实时导航，而且在民用飞机导航、海上船只导航、陆地车辆导航等领域也得到了广泛应用；不仅广泛用于海上、空中、陆地运动目标的导航，而且在运动目标的监控与管理以及报警和救援方面也获得了成功的应用。利用卫星定位技术，可实时获得被监控车辆的动态地理位置及状态等信息，并通过无线通信网将这些信息传送到监控中心，监控中心的显示屏上即可实时显示出被监测目标的准确位置、速度、运动方向等感兴趣的参数，从而达到对其进行实时监控之目的；一旦发生意外（如遭劫、车坏、迷路等），还可以向监控中心发出求救信息；处理中心由于知道移动目标的精确位置，从而可以得到迅速救助；因此，特别适合于公安、消防、医院、石油化工、银行、公交、出租车公司、保安、部队、机场等单位，对所属车辆的监控和调度管理；也可应用于对船舶、火车、飞机等的监控与管理。同时，在智能交通系统（ITS）中，卫星定位测量与网络通信、交通分析软件等结合在一起，还可以进行实时交通流量的分析评价、优化车辆调度、防止交通拥挤和堵塞、提高运输能力。另外，越来越多的私家车都已安装有卫星导航设备，驾车者可根据当时的交通状况选择最佳行车路线，在发生交通事故或出现故障时可自动向应急服务机构发送车辆位置信息从而获得紧急救援；嵌入微型化卫星导航设备的"导航手机""导航手表"也已面世，只要拥有一部"导航手机"或"导航手表"，就可及时给出机主的所处位置，从而为那些喜爱野外旅行、爱征服恶劣环境或必须在人迹罕至的区域工作生活的人、外出的中小学生提供了一种崭新的安全设备，人们"一机/表在手，走遍天下都不怕"的梦想正在成为现实。不久，卫星导航将成为汽车、手机的标准配件。

　　总之，卫星定位测量技术的应用前景十分广阔，其应用仅受人类想象力的制约，上至航空、航天，下至捕鱼、导游、农业生产、林业管理，无所不在。因此，我国对卫星导航定位产业的发展高度重视，并已作为一项新兴产业纳入国家"十二五"规划。可以预言，卫星定位测量技术必将与移动通信技术、互联网技术一起成为影响 21 世纪人类生产、生活的三大技术。

如上所述，卫星定位测量是依靠人们建立的卫星导航系统来进行点位测定的。而卫星导航系统，又分为全球性的和区域性的两大类。目前，已建成的全球卫星导航系统（GNSS）有美国的 GPS（全球定位系统的简称；1978 年发射第一颗试验卫星，1994 年建成）和苏联（现由俄罗斯接管）的 GLONASS（1982 年发射第一颗试验卫星，1995 年建成），正在建设中的则有欧盟的 GALILEO（1994 年提出，2005 年发射第一颗试验卫星）和中国的 COMPASS（北斗卫星导航系统的简称；1983 年提出，2000 年发射第一颗自主研制的试验卫星，2012 年底覆盖亚太地区，2020 年左右覆盖全球）；正在建设中的区域卫星导航系统（RNSS）主要有印度的 IRNSS（2008 年发射第一颗试验卫星，争取 2014 年底建成）以及日本的 QZSS（准天顶卫星导航系统的简称；1996 年提出，2010 年发射第一颗试验卫星，预计 2020 年建成）。其中，应用最为广泛、最为人们熟知的卫星导航系统当属美国的 GPS，它不仅具有全球、全天候、高精度、自动化、高效益的连续实时导航（三维定位、测速、授时）能力，而且具有良好的抗干扰性和保密性，是目前世界上最先进、最完善的卫星导航与定位系统；它克服了地基定位技术的局限，能为世界上任何可对空观测的地方（包括空中、陆地、海面甚至外层空间）全天候、连续地提供精确的三维位置、速度及时间信息，实现了从局部到全球、从静态到实时动态、从限于地表的二维到近地空间的三维、从受天气影响的间歇测量到全天候的连续高精度测量定位。因此，本章将以 GPS 为例，简要介绍全球卫星导航定位系统（GNPSS）的组成、测量原理及方法。

7.2 GPS 系统的组成

GPS 系统由空间卫星星座、地面监控系统和用户接收机三大部分组成（其空间星座和地面监控系统，由美国国防部控制和负责维护），现分述如下。

7.2.1 空间卫星星座

1. GPS 卫星的空间分布

GPS 空间星座的标准设计，由 24 颗卫星组成（其中，21 颗为工作卫星，3 颗为备用卫星）。如图 7-1 所示，这 24 颗卫星均匀分布在 6 个近似圆形（偏心率为 0.01）的轨道面内，每个轨道上有 4 颗卫星，平均高度为 20 200km，运行周期约为 11h58min（半个恒星日）；各轨道平面相对于赤道面的倾角为 55°，相邻两轨道面的升交点赤经相差 60°；同一轨道上相邻两颗卫星之间的升交角相差 90°，相邻轨道上相邻两颗卫星的升交角相差 30°。这样的时空布局，就是为了保证在地球上或近地空间任何地点、任何时刻都能同时观测到至少 4 颗高度角（卫星与接收机天线的连线相对水平面的夹角）15°以上的卫星（一般

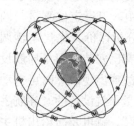

图 7-1 GPS 卫星
星座示意图

6~8 颗，最多可达 11 颗），以满足精密导航和定位的需要。因此，GPS 是一种全球、全天候的连续实时定位导航系统。

2. GPS 卫星及其功能

迄今为止，GPS 卫星已发展了三代：第一代为试验卫星，现已停止工作；第二代为工

作卫星，共研制发射了 28 颗，并于 1994 年发射完毕；第三代卫星于 20 世纪末期开始陆续发射，用于取代第二代卫星以改善全球定位系统。

GPS 卫星的主要功能是：接收、储存和处理地面监控系统发射来的控制指令及导航电文等有关信息，并可根据地面监控站的指令适时调整卫星姿态、改正运行偏差、修复故障或启动备用时钟、备用卫星；在自己原子钟的控制下自动生成测距码和载波，并采用二进制相位调制法将导航电文和测距码调制在载波上，向广大用户连续不断地发送导航定位所需的信息——GPS 卫星信号。

3. GPS 卫星信号

GPS 卫星信号实质上是一种调制波，其内容主要包括载波、测距码和导航电文三部分。

（1）载波。GPS 选择位于 L 波段的两种频率的微波作为载波：一是频率为 1575.42MHz、波长为 19.03cm 的 L_1 载波，二是频率为 1227.60MHz、波长为 24.42cm 的 L_2 载波；它们分别由卫星上的原子钟产生的基本频率（10.23MHz）经倍频（154 倍和 120 倍）后生成。

（2）测距码。测距码是用于测定星站距离（GPS 卫星与接收机天线相位中心即观测站之间的距离）的伪随机码（PRN），有 C/A 码和 P 码之分。

1）C/A 码。C/A 码是频率为 1.023MHz、波长 293.1m 的伪随机噪声码，由卫星上的原子钟产生的基本频率（10.23MHz）经分频（1/10）后生成，并被调制在 L_1 载波上。

若测距精度为波长的百分之一，则 C/A 码的测距精度约为 3m，因此又称为粗码，用于低精度测距，供全世界所有的用户免费使用。

同时，由于 C/A 码的码长很短（1023bit）、易于捕获，所以 C/A 码除作为粗测距码外，还用于快速捕获卫星，故又称为捕获码。

由于每颗卫星的 C/A 码都不一样，因此还常用它们的 PRN 编号来区分各颗卫星及其信号。

2）P 码。P 码是频率为 10.23MHz、波长 29.31m 的伪随机噪声码，直接由卫星上的原子钟产生的基本频率（10.23MHz）生成，并同时被调制在 L_1 和 L_2 载波上。

若测距精度为波长的百分之一，则 P 码的测距精度约为 0.3m，因此又称为精码，用于精密测距。但 P 码为专用军码，只面向美国及其盟国的军事部门以及民用的特许用户，一般用户无法利用 P 码来进行导航定位。

因此，对应两类测距码，GPS 可提供标准定位服务（SPS）和精密定位服务（PPS）两种方式。

（3）导航电文。导航电文是用户用来导航定位的数据基础，包含有广播星历、卫星的时钟改正、电离层延迟改正等重要信息，并以二进制码的形式按规定格式编制，故又称数据码（D 码）。

在 L_1 和 L_2 载波上，皆调制有导航电文。

7.2.2 地面监控系统

地面监控系统由分布在全球的 5 个地面站组成（其中，1 个主控站，设在美国的科罗拉多的联合空间执行中心；3 个注入站，分别设在南大西洋的阿松森群岛、印度洋的迭哥伽西亚和南太平洋的卡瓦加兰三个美国军事基地上；5 个监测站，除上述 4 个地面站具有监测站功能外，还在夏威夷设有一个监测站），是保障 GPS 系统正常运转的基础，主要任务包括：

跟踪、监视、控制卫星的运行，推算编制导航电文，并把导航电文和其他控制指令注入相应卫星的存储器。

整个 GPS 地面监控系统，除主控站外均无人值守，各站间用现代化的通信网络联系起来，在原子钟和计算机的精确控制下，各项工作实现了高度的自动化和标准化。

7.2.3 用户接收机

用户接收机的主要功能是捕获、跟踪、接收卫星信号以获得必要的导航定位信息及观测量，并进行简单的数据处理而实现实时导航与定位（要想获得非常精密的定位结果，还需利用专用的处理软件事后对其观测资料进行精加工）。

图 7-2 GPS接收机示意图

目前，市场上的 GPS 接收机已有多种类型（图 7-2），可按不同的指标进行划分。比如，根据其用途，一般可分为导航型、测地型、授时型和姿态测量型；根据能接收的卫星信号频率，可分为单频、双频；按能接收的卫星导航系统，可分为单星、双星、三星和四星等；根据接收机的通道数，可分为多通道、序贯通道、多路复用通道；若按接收机的工作原理，又可分为码相关型、平方型、混合型、干涉型等。

导航型接收机可以实时给出载体的位置和速度，用于运动载体的导航（根据载体的不同，又可分为手持型、车载型、船载型、机载型、弹载型、星载型等）。一般采用 C/A 码伪距测量，单点实时定位精度较低；但价格便宜，应用广泛。

测地型接收机采用载波相位观测值进行相对定位，精度较高，可用于各类测量工作；但其结构复杂，价格较贵。

单频接收机只能接受 L_1 载波信号进行定位，不能有效消除诸如电离层延迟等影响，只适用于短基线（小于 15km）的精密定位。而双频接收机则可以同时接收 L_1、L_2 载波信号，可以消除诸如电离层延迟等影响，可用于长达几千公里的精密定位。

7.3 GPS 定位的基本原理

7.3.1 GPS 坐标和时间系统

1. GPS 坐标系统

GPS 采用 WGS-84 大地坐标系（其几何定义及使用的地球椭球，详见本书第 1 章），它是一种三维地心空间直角坐标系。因此，在实际测量定位工作中，须注意 GPS 测量结果与国家大地坐标系或当地独立坐标系间的转换（见本书附录 D）以及与国家高程系的转换（见本书第 9 章）。

2. GPS 时间系统

GPS 时间系统采用国际原子时（ATI）的秒长作为时间基准，其原点定义在 1980 年 1 月 6 日协调世界时 0 时，启动后不跳秒以保持时间的连续性，之后 GPS 时与 UTC 时的整秒差以及秒以下的差异则通过时间服务部门定期公布。因此，卫星播发的卫星钟差就是相对这一时间系统的，在利用 GPS 直接进行时间校对时应注意这一问题。

由于 GPS 是采用"协调世界时（UTC）"作为计时方法，因此 GPS 外业测量宜统一采用 UTC 记录；若采用北京标准时（BST）记录，两者可用下式换算

$$BST = UTC + 8h \qquad (7-1)$$

此时，应注意日期的变化。

7.3.2　GPS 定位的基本原理

如图 7-3 所示，设某一时刻（历元）卫星的瞬时坐标为 (X_s, Y_s, Z_s)，接收机天线相位中心（观测站）的坐标为 (X, Y, Z)，星站距离为 ρ，则根据解析几何可知，它们之间有如下关系

$$\rho = \sqrt{(X_s - X)^2 + (Y_s - Y)^2 + (Z_s - Z)^2} \qquad (7-2)$$

其中，卫星瞬时坐标 (X_s, Y_s, Z_s)，可根据导航电文获得；而星站距离 ρ，则可通过 GPS 接收机接收其卫星信号测定；可见，式（7-2）中只有 X、Y、Z 三个未知量，只要同时接收 3 颗 GPS 卫星，就能解出观测站的三维坐标 (X, Y, Z)。因此，GPS 定位的实质就是一种空间的距离后方交会，是一种空基的无线电定位技术。

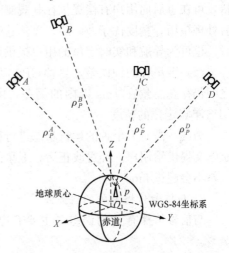

图 7-3　GPS 定位基本原理示意图

星站距离的测定，起初是利用测距码从卫星发射到达接收机天线所经历的时间 t 乘以其在真空中的传播速度 c 求得。然而，由于 GPS 采用的是单程测距原理，不同于光电测距仪的双程测距，这就要求卫星时钟与接收机时钟要严格同步；但实际上，卫星时钟与接收机时钟却难于严格同步，而存在一个不同步误差。此外，测距码在大气中传播还受到大气电离层和对流层的影响，产生延迟误差。因此，实际上由测距码所求得的距离值 ct 并非真正的站星几何距离，习惯上将其称为"伪距"，一般用 ρ' 表示。

由于卫星上采用高精度的原子钟且其钟差以及电离层和对流层的影响可以通过导航电文中所给出的有关参数加以修正，而接收机却一般使用精度较低的石英钟且其钟差一般难以确定，所以通常将接收机钟差当作一个未知数，与站点坐标一起在数据处理中进行解算。这样，在 1 个观测站上要解出 4 个未知参数（3 个点位坐标分量和 1 个钟差参数），就至少得同时观测到 4 颗卫星，这也正是要求 GPS 卫星在空间的分布必须保证在地球上任何地点、任何时刻、在高度角 15° 以上的空间范围内至少能同时观测到 4 颗卫星的原因。

综上所述，用户只要拥有一台 GPS 接收机，就可实时地测定其空间位置。利用一台接收机进行测量定位，称为单点定位或绝对定位。

7.3.3　GPS 定位的误差分析

和其他测量工作一样，利用 GPS 进行定位时也会不可避免地受到测量误差的影响。现分述如下，并提出相应的注意事项。

由 GPS 定位的基本原理可知，它是通过地面的接收机接收卫星传送的导航信息来确定地面点三维坐标的。因此，从来源上可把 GPS 定位中出现的各种误差分为与卫星有关的误差、与信号传播有关的误差及与接收机有关的误差三大类。

1. 与卫星有关的误差

与卫星有关的误差，主要有卫星星历误差和卫星钟的钟误差。

（1）卫星星历误差。所谓卫星星历，就是描述卫星运动轨道的有关信息。可见，有了卫星星历，就可以算得卫星的空间位置。然而，由于卫星在运行中要受到多种摄动力的复杂影响，且通过地面监测站又难以充分可靠地测定这些作用力并掌握它们的作用规律，因此在星历预报时会产生较大的误差，即从导航电文中解译出来的星历——广播星历（又称预报星历）存在较大的误差（由 C/A 码所传送的预报星历，其误差一般可达数十米；即使是由 P 码所传送的预报星历，其误差也达数米），它将严重影响 GPS 单点定位的精度。

为此，一些国家纷纷建立了自己的 GPS 卫星跟踪网，利用跟踪站所获得的精密观测资料，可在事后向用户有偿提供在其观测时刻卫星轨道的精密信息即精密星历（实测星历或称后处理星历，精度优于 30cm），显然这对提高 GPS 单点定位的精度无疑具有显著作用。同时，也可为导航和实时定位的用户提供经精密星历外推得到的较为准确的预报星历。

（2）卫星钟的钟误差。尽管 GPS 卫星上均设有高精度的原子钟，但与理想的 GPS 时间之间仍存在总量在 1ms 以内的偏差，由此引起的等效距离误差约达 300km，严重影响了 GPS 单点定位的精度。

为此，需对卫星钟的运行状态进行精确连续监测，推算出钟差改正数，并通过卫星的导航电文提供给用户。经过改正后，卫星的钟误差可保持在 20ns 以内，由此引起的等效距离误差不会超过 6m。

2. 与信号传播有关的误差

与信号传播有关的误差，主要有电离层延迟误差、对流层延迟误差以及多路径效应误差。

（1）电离层延迟误差。由于电离层（距离地面高度在 50～1000km 之间的大气层）中的气体分子，在受到太阳等天体各种射线的辐射后，会产生强烈的电离，形成大量的自由电子和正离子。因此，当 GPS 信号通过电离层时，带电粒子会使信号传播的路径发生弯曲，穿过电离层的时间也会被延长，从而使测定的星站距离产生偏差，这种偏差即为电离层延迟误差。

对 GPS 信号，电离层延迟误差对距离的影响，在天顶方向最大可达 50m，在接近地平方向（高度角为 20°）时可达 150m。因此，对电离层延迟误差必须认真加以改正，否则会严重影响 GPS 单点定位的精度。

对于双频接收机，可采用双频改正技术有效地减弱电离层延迟误差的影响，其残余误差一般不会超过几个厘米，所以双频接收机在精密定位中得到广泛的应用。而对于单频接收机而言，一般是采用导航电文提供的电离层改正模型加以改正，大体上可以消除电离层延迟误差的 75% 左右。同时，在实际工作中，应注意对卫星高度角的限制。

（2）对流层延迟误差。对流层是指距离地面高度 50km 以下的大气层，也就是离地面最近的那部分大气层；不仅其对流作用很强，而且大气状态也变化复杂无常。因此当 GPS 信号通过对流层时，也会使信号传播的路径发生弯曲，穿过时间被延长，从而使测定的星站距离产生偏差，这种偏差即为对流层延迟误差。

对流层延迟的影响与 GPS 信号的高度角有关，在天顶方向最大可达 2～3m，在地面方向（高度角为 10°）时可达 20m。因此，在选用卫星进行定位导航时，一般都需要设置截止高度角。此外，利用现有的数学模型加上在测站直接测定的气象参数进行改正，可以消除对流层延迟误差的 92%～95%。

（3）多路径效应误差。在 GPS 测量中，如果测站周围的反射物所反射的卫星信号进入接收机天线，就会和直接来自卫星的信号产生干涉，从而使观测值偏离真值产生所谓的多路径效应误差。它不仅严重损害 GPS 测量的精度，严重时甚至还会引起信号失锁。因此，在实际工作中，需采取必要的措施（如在天线下设置抑径板、延长观测时间、选择合适的站址等），以避免或削弱多路径效应误差。

3. 与接收机有关的误差

与接收机有关的误差，主要是指接收机的位置误差，即接收机天线相位中心相对于测站标石中心的偏差，包括天线的整平、对中及量取天线高的误差。若天线高为 1.6m，整平误差为 0.1°时，就会产生 2.8mm 的对中误差。因此，精密定位时，必须仔细操作，以尽量减小位置误差的影响。

鉴于上述原因，目前利用测距码进行单点定位的精度还较低。一般来说，利用 C/A 码进行实时绝对定位，各坐标分量精度在 5～10m，三维综合精度在 15～30m；利用军用 P 码进行实时绝对定位，各坐标分量精度在 1～3m，三维综合精度在 3～6m。

7.4 GPS 相对定位的方法和原理

绝对定位的优点是只需一台接收机、数据处理比较简单、定位速度快、无多值性问题，从而在运动载体的导航定位上得到了广泛的应用；但其缺点是精度较低。因此，在测量工作中，为了满足高精度的需要，目前广泛采用的则是相对定位，而且多是基于载波相位的。由于它们所使用的观测值是精度较高的载波相位观测值，所以其定位结果的精度也较高。

GPS 相对定位的基本原理，如图 7-4 所示。把两台接收机分别安置在基线的两端点上，同步观测相同的 GPS 卫星，并对观测量进行求差组合即进行差分处理，以确定基线端点的相对位置（三维坐标差，又称基线向量）；如果已知其中一点的坐标，就可以推算出另一点的坐标（在实际作业中，也可用多台接收机置于多条基线端点，通过同步观测一并确定多条基线向量）。

由于采用同步观测相同的卫星，而这些卫星的星历误差、钟差以及电离层、对流层延迟误差等对观测量的影响具有一定的相关性，因此利用这些观测量的不同组合即进行差分处理，可有效地消除或减弱上述误差的影响，从而提高了相对定位的精度。

目前，相对定位的作业方法已有多种，比如静态相对定位、快速静态（相对）定位、准动态（相对）定位、实时动态（相对）定位等；实时动态定位，又可分为单基站实时动态定位、多基站实时动态定位和全球实时动态定位。

7.4.1 静态相对定位

所谓静态相对定位，就是指利用两台或两台以上的测地型接收机在两个或两个以上的观测站上同步观测相同的卫星信号若干时间（一般至少 40min 以上），事后再用相

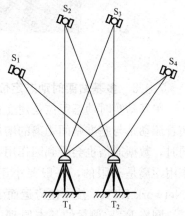

图 7-4 GPS 相对定位示意图

应的解算软件处理这些数据的一种 GPS 定位方法，而且是目前 GPS 测量中精度最高的（相对定位精度可达到 $10^{-6} \sim 10^{-9}$），已广泛应用于诸如建立各种等级的大地网、精密工程控制网、变形监测网等高精度测量工作中。

7.4.2　单基站实时动态定位

20 世纪 90 年代后，GPS 测量的静态相对定位技术已趋于成熟，而且可以达到很高的精度。但其观测时间较长，需要进行事后处理，才能得到测点的坐标；外业精度能否达到规定的要求，只能在数据处理完成后才能确定。因此，静态相对定位虽然精度高，但不具备实时性。而之后研究成功的实时动态定位技术，即所谓的 GPS RTK 测量技术，不仅保留了 GPS 测量的高精度，还具有实时性。

如图 7-5 所示，GPS RTK 测量的原理，可简单描述为：在 GPS 接收机之间增加一套无线通信系统（也称数据链），将两台（或两台以上）相对独立的 GPS 接收机联成有机的整体；安置在基准站（已知点，又称参考站）上的 GPS 接收机，接收到卫星信号后，通过其电台将观测信息、测站数据等实时地传输给流动站（运动中的 GPS 接收机）；流动站将基准站传来的载波观测信号与流动站本身测得的载波信号进行差分处理，实时解算出基准站与流动站之间的基线向量，从而实现流动站厘米级的实时动态定位。

由上面的原理可知，一个完整的 GPS RTK 系统需由一个基准站、一个或多个流动站和数据实时传输系统三部分组成，因此又称为单基站实时动态定位或常规 RTK 测量。

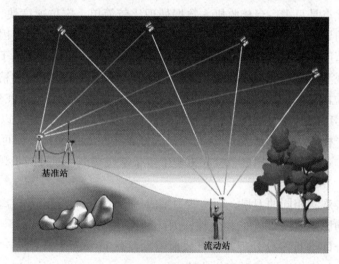

图 7-5　常规 RTK 测量原理示意图

7.4.3　多基站实时动态定位

单基站实时动态定位是建立在"流动站与基准站误差强烈类似"这一假设基础之上的。随着流动站与基准站间距离的增加，其误差的类似性会越来越差，定位精度也就越来越低；同时，数据通信也会受到因作用距离拉长而干扰因素增多的影响。因此，常规 RTK 技术的作用距离是有限的，一般要小于 10km。为了拓展 RTK 技术的应用，网络实时动态定位（Network RTK）技术便应运而生。

网络 RTK 测量的基本原理（图 7-6），可概括为：在一定区域内，建立多个固定的 GPS 基准站，对该地区构成网络覆盖（故又称多基站 RTK）；各基准站按规定的数据采样率进行连续观测，并通过数据通信链实时地将观测资料传送给控制中心；同时，控制中心根据流动站送来的近似坐标（可根据伪距法单点定位求得），判断该流动站位于哪三个基准站所组成的三角形内；然后，再根据这三个基准站的观测资料求出流动站相位观测值的各种误差，并播发给流动用户进行修正（这就相当于在流动站旁边生成了一个虚拟的参考基准站），从而实现流动站厘米级的实时动态定位（基准站与控制中心间的通信，可采用数字数据网 DDN 或无线通信等方法进行；流动站与控制中心间的双向通信，则可通过移动电话 GSM 等方式进行）。

图 7 - 6　网络 RTK 测量原理示意图

与单基站 RTK 相比，网络 RTK 具有覆盖面广、可靠性高，用户不需架设参考站，真正实现单机作业等优点。不少城市（如青岛等）、省区（如山东省等）已建成的连续运行参考站卫星定位综合服务系统（简称 CORS 系统），就是利用上述网络 RTK 技术建立的。全国性的 CORS 系统（全国卫星导航定位基准服务系统）也已于 2017 年 5 月 27 日起建成启用，向公众提供免费开放的实时亚米级导航定位服务，并向专业用户提供厘米级、毫米级定位服务。

CORS 系统不仅是一个动态的、连续的测绘基准框架，同时也是快速、高精度获取空间数据和地理特征的重要的基础设施。它不仅能全自动、全天候、实时提供高精度空间和时间信息，成为区域规划、管理和决策以及智能交通导航等的基础；而且还能提供高精度、高时空分辨率、全天候、近实时、连续的可降水汽量变化序列，并由此逐步形成灾害性天气监测预报系统。此外，CORS 系统也可用于通信、电力等系统中高精度的时间同步控制，并能为地面沉降、地质灾害、地震等提供监测预报服务，用于研究探讨灾害时空演化过程。因此，CORS 系统的应用前景十分广泛。

7.4.4　全球实时动态定位

全球实时动态定位（Global RTK）的基本原理，可概括为：在世界范围内，建立多个固定的 GPS 基准站，利用双频 GPS 接收机对导航卫星信号进行长年连续观测，并实时发回数据处理中心；经数据处理中心处理后，可得到差分改正数，并将其传送到地球静止通信卫星上，再由通信卫星向全球播发；这样，用户即可采用具有全球 RTK 技术的 GPS 接收机在数千万平方公里乃至全球范围内实现精密单机实时动态定位。

思考题与习题

1. 何谓卫星定位测量？简述目前卫星导航定位系统的建设情况。
2. GPS 系统主要由几部分组成？各部分的功能和作用是什么？
3. GPS 卫星信号，包含哪些主要内容？各是怎样生成的？
4. GPS 采用何种坐标系统和时间系统？在实际测量中应注意些什么？
5. 简述 GPS 定位的基本原理及主要误差源。
6. 简述 GPS 绝对定位与相对定位的优缺点。
7. 简述 GPS 静态相对定位、常规 RTK 及网络 RTK 的优缺点。
8. 简述 CORS 系统的构成、特点及应用前景。

第8章 地形图的基本知识

8.1 概　述

地球表面的地形极为复杂、形态各异，有高山、平原，有河流、湖泊，还有各种人工建筑物等。前面，将它们抽象为一定的几何图形，并归结为一些特征点进行观测，可获得一系列的测量数据。进一步，还可以利用这些测量数据绘制成图，为各行各业提供更加直观的测量成果。

将地球表面的自然和社会现象，采用专门的投影方法，运用一定的符号和注记，经概括缩小绘制而成的图，统称为地图。可见，地图是个总的概念，其种类繁多。例如：若按一幅图所覆盖的行政区划大小，可分有世界地图、亚洲地图、中华人民共和国地图、山东省地图以及青岛市地图等；若以其表现形式来分，有用符号和线划描绘在图纸上的线划图，有利用摄影像片经处理而制成的像片平面图，有将摄影像片与线划符号相结合的影像图，有利用卫星像片制成的遥感影像图，以及将地图信息经计算机处理以数字形式表示并存储的数字地图和电子地图等；若按其所反映内容的不同，又可分普通地图和专题地图两大类：专题地图是指根据专业需要着重表示某一或几种要素的地图（如行政区划图、交通图、水文图、地质图、地势图、土壤分布图、土地利用现状图、地籍图、房产图以及各种地下管线图等），普通地图则是指以相对均衡的详细程度综合反映地面上各种现象的一般特征而不侧重表示某一要素的地图，等等。

地形图是普通地图的一种（比例尺大于1∶100万的普通地图，称为地形图；小于1∶100万的普通地图，称为一览图或地理图），是按一定的比例尺和规定的符号表示地物、地貌平面位置和高程的正射投影图。在地形图上，不仅表示了地物的平面位置，而且还用特定的符号表示了地貌（若着重表示地物的平面位置，仅用少量的有代表性的高程注记点表示地貌的，则称为地物平面图，简称平面图）。

如图8-1所示，地形图的内容十分丰富，其上有图名、图廓、格网、比例尺及各种地物、地貌符号等，是对客观地物、地貌真实而全面地反映，而且具有一定的精度，同时还具有可量测性、直观性、清晰易读性和一览性等特点，从而使其成为人们认知地理空间最直观而有效的工具，也是进行各种调查、规划、设计及编制一览图、专题图、地图集等不可缺少的基础性资料。因此，本章将主要介绍有关地形图的基本知识。

8.2 地形图比例尺

8.2.1 比例尺的定义与分类

地形图上任一线段的长度与其相对应的实地水平距离之比，称为地形图的比例尺。若按其表现形式，通常可分为数字比例尺和图示比例尺两种。

1. 数字比例尺

以分子为 1 的分数形式表示的比例尺，称为数字比例尺。一般写成 1∶M 的形式（其中，M 称为比例尺分母），通常标注在图幅的下方正中处。如图 8-1 所示，该地形图的比例尺为 1∶2000。

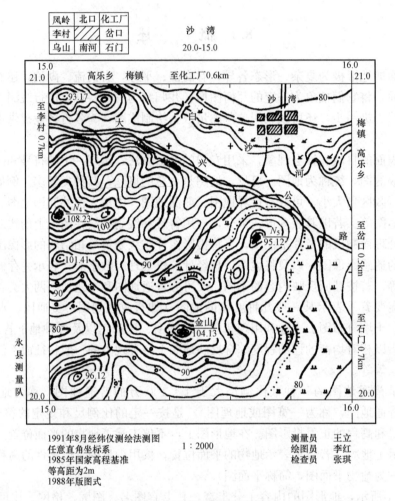

图 8-1　地形图样图示意图

地形图比例尺的大小，是以其分数值的大小来衡量的：比例尺分母越小，分数值越大，比例尺也就越大；反之，分母越大，分数值越小，比例尺也就越小。在工程建设领域，通常称 1∶500、1∶1000、1∶2000、1∶5000 为大比例尺，1∶1 万、1∶2.5 万、1∶5 万、1∶10 万为中比例尺，1∶25 万、1∶50 万、1∶100 万为小比例尺。其中，1∶5000、1∶1 万、1∶2.5 万、1∶5 万、1∶10 万、1∶25 万、1∶50 万、1∶100 万地形图为我国国家基本比例尺系列地形图。

为了满足经济建设、国防建设以及科学研究等的需要，我国国家基本比例尺系列地形图由国家测绘部门统一负责测绘、编制和定期更新；其中，中比例尺地形图目前主要通过航空摄影测量方法成图（航测成图）；小比例尺地形图，一般由中比例尺地形图缩小编绘而成（编绘成图）或由卫星遥感影像编制而成（遥感制图）。而 1∶500、1∶1000、1∶2000 大比例尺地形图则不再统一进行测绘，一般可根据用户的需求单独测绘，多采用经纬仪、全站仪或 GPS 等实地测绘而成（地面实测成图）。

2. 图示比例尺

为了用图方便和减小由图纸伸缩变形而引起的误差，有时还在地形图上绘制一条与测图比例尺一致的图示比例尺。如图 8-2 所示，为 1：500 的图示比例尺。

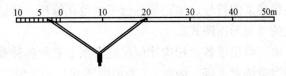

图 8-2　图示比例尺示意图

绘制时，先在图幅的下方适当位置，绘一条直线或两条平行线；然后把它分成若干相等的线段（基本单位，一般为 2cm），并将左端的第一个基本单位再分成十等分；最后，在左端第一个基本单位的右端分划线上注以"0"字，在其他基本单位的分划线上分别注以相应的实地长度即可。

应用时，将脚规（分规）的两只脚尖分别对准图上待量线段的两个端点，然后将脚规移放在图示比例尺上，使右脚尖对准图示比例尺上某一基本分划线，左脚尖落在 0 分划线左侧的基本单位内进行读数（估读至最小分划的十分之一）。这样，图上待量线段所对应的实地距离就等于两个脚尖处的读数之和，如图 8-2 中所示的一段距离为 23.0m。

8.2.2　比例尺精度的概念与作用

一般认为，人肉眼能分辨出的最短距离为 0.1mm；这也就是说，当某一线段长度小于 0.1mm 时，用肉眼将无法分辨而且在图纸上也无法表示出来。因此，通常把地形图上 0.1mm 所代表的实地水平距离，称为比例尺精度。

在表 8-1 中，列出了几种不同比例尺地形图的比例尺精度。可见，比例尺越大，其比例尺精度越高。

表 8-1　　　　　　　　　　　　地形图比例尺与比例尺精度对照表

比例尺	1：500	1：1000	1：2000	1：5000	1：1 万
比例尺精度（m）	0.05	0.10	0.20	0.50	1.00

根据比例尺精度，可参考确定测图时碎部量距应准确到什么程度。例如，在测绘 1：500 的地形图时，由于其比例尺精度仅为 0.1mm×500＝0.05m，因此碎部量距只需精确到厘米即可（小于 5cm 在图纸上将表示不出来）。

另外，当设计规定了要表示于图纸上的实地最短长度时，根据比例尺精度可参考选定测图比例尺的大小。例如，欲表示在图纸上的实地最短长度不得大于 0.10m，则选取 0.1mm/0.10m＝1：1000 的比例尺为宜。当然，此时选取 1：500 的比例尺也能满足这一要求，但所付出的工作量和投资将会成倍增加。这一点，可从表 8-1 中不难看出：比例尺越大，比例尺精度也就越高；精度越高，地形表示的就越详细；表示的越详细，测图时所花费的人力、时间、费用等也将随之增加。因此，在工作中一定要从实际需要出发，不要盲目地认为比例尺越大越好，应进行综合的考虑。

8.3 地形图图式符号

8.3.1 地形图图式

为了使地形图的测绘、编制和出版得到统一，便于交流、识读和使用地形图，国家有关部门对地形图上表示各种要素的符号、注记等进行了规范化管理，制订并颁布实施了一系列的标准——各种比例尺的《地形图图式》。

在《地形图图式》中，给出了各自相应比例尺地形图上表示各种要素的符号、注记以及图幅分幅编号方法、图廓整饰要求等。因此，《地形图图式》是测绘、编制和出版地形图的基本依据，也是识读和使用地形图的重要工具（对《地形图图式》中未规定的地物、地貌符号，可自行规定，但必须在地形图上加注图例说明）。

2000 年以前，我国各种比例尺《地形图图式》的制、修订情况，见表 8-2。

表 8-2　　　　2000 年以前我国各种比例尺《地形图图式》制、修订情况一览表

图式比例尺	制、修订年代	备　注
1:500~1:2000	1964、1977、1987、1995	
1:5000~1:1万	1958、1961、1974、1986、1992	曾于 1999 年进行修订，后暂停
1:2.5万~1:10万	1952、1958、1965、1968、1971、1990	曾于 1999 年进行修订，后暂停
1:25万	1985、1995	1995 年版本未正式出版
1:50万	1987	（包括编绘规范）
1:100万	1979、1993	（包括编绘规范）

进入 21 世纪，为了满足数字测绘生产的需要，更加方便广大用户使用，对上述《地形图图式》又进行了结构性的调整修订，分为以下四个部分，并统一冠以"中华人民共和国国家标准《国家基本比例尺地图图式》"，即：

（1）中华人民共和国国家标准 GB/T 20257.1—2007《国家基本比例尺地图图式 第1部分：1:500 1:1000 1:2000 地形图图式》。

（2）中华人民共和国国家标准 GB/T 20257.2—2006《国家基本比例尺地图图式 第2部分：1:5000 1:10 000 地形图图式》。

（3）中华人民共和国国家标准 GB/T 20257.3—2006《国家基本比例尺地图图式 第3部分：1:25 000 1:50 000 1:100 000 地形图图式》。

（4）中华人民共和国国家标准 GB/T 20257.4—2007《国家基本比例尺地图图式 第4部分：1:250 000 1:500 000 1:1 000 000 地形图图式》。

目前，最新的《国家基本比例尺地图图式》为 2017 年版的，即 2017 年又修订了一次。

因此，今后再进行地形图的测绘、编制和出版，必须遵照上述最新图式；但在识读和使用过去的地形图时，则需参照制图时所依照的图式版本。

成图的比例尺不同，相应《地形图图式》中符号的形状、大小以及表示的详细程度等也会有所区别，但一般都可以将其符号划分为地物符号和地貌符号两大类。

8.3.2 地物符号

地物是指地球表面各种固定性的物体，如人工建造的房屋、道路、桥梁以及自然存在的河流、湖泊等。在测、编绘地形图时，必须按《地形图图式》中规定的地物符号来表示其地

表轮廓线在水平面上铅垂投影的情况。根据地物和测图比例尺的大小以及描绘方法的不同，地物符号一般分为依比例尺符号、半依比例尺符号、不依比例尺符号三种。

1. 依比例尺符号

依比例尺符号（简称比例符号，又称面状符号）是指地物依比例尺缩小后其长度和宽度能依比例尺表示的地物符号，如表 8-3 中的 1～11 号。其特点是：不仅能表示地物地表轮廓的平面位置，而且能表示地物地表轮廓的形状和大小，是地面地物的相似图形。因此，用图时可以从图上量得它们的长、宽及面积等。

表 8-3　　　　　部分常见地物符号列表（摘自 GB/T 20257.1—2017

《国家基本比例尺地图图式　第 1 部分：1∶500　1∶1000　1∶2000　地形图图式》）

编号	符号名称	符号式样	编号	符号名称	符号式样
1	一般房屋 混——房屋结构 4——房屋层数	混4	13	简易轨道 a. 车挡	
2	简单房屋	简	14	架空高压输电线	
3	四边有墙的棚房		15	架空的配电线 a. 电杆	
4	一边有墙的棚房		16	地面上的管道 水——输送物名称	
5	四边无墙的棚房		17	小路、栈道	
6	台阶		18	栅栏、栏杆	
7	室外楼梯 a——上楼方向	砼8	19	导线点 I16、I23——等级、点号 84.46、94.40——高程 a. 土堆上的	⊙ $\frac{I\,16}{84.46}$　a ◇ $\frac{I\,23}{94.40}$
8	矿井斜井井口 煤——矿物品种	煤			
9	吊车——天吊				
10	沟渠 a. 往复流向 b. 单向流向	a　b	20	埋石图根点 12、16——点号 275.46、175.64——高程 a. 土堆上的	⊕ $\frac{12}{275.46}$　a ⊕ $\frac{16}{175.64}$
11	旱地 a. 地类界	a			
12	铁丝网		21	不埋石图根点 19——点号 84.47——高程	□ $\frac{19}{84.47}$

编号	符号名称	符号式样	编号	符号名称	符号式样
22	水准点 Ⅱ——等级 京石 5——点名、点号 32.805——高程	$\otimes \dfrac{Ⅱ京石5}{32.805}$	27	通信检修井孔 a. 通信人孔 b. 通信手孔	a ⊗　b ⊠
23	卫星定位等级点 B——等级 14——点号 495.263——高程	$\triangle \dfrac{B14}{495.263}$	28	电力检修井孔	⊕
24	电话亭	▯	29	管道检修井孔 a. 给水检修井孔 b. 排水（污水）检修井孔 c. 排水暗井 d. 煤气、天然气、液化气检修井孔 e. 热力检修井孔 f. 工业、石油检修井孔 g. 不明用途的井孔	a ⊖ b ⊕ c ⊗ d ⊖ e ⊕ f ⊕ g ○
25	旗杆	⊦			
26	路灯、艺术景观灯 a. 普通路灯 b. 艺术景观灯	a ⊤　b ⚓	30	污水、雨水算子	⊖　▭

当地物轮廓较大，按测图比例尺缩小后，能在图纸上表示出其形状和大小时，即采用比例符号。

2. 半依比例尺符号

半依比例尺符号（简称半比例符号，又称线状符号）是指地物依比例尺缩小后其长度能依比例尺而宽度不能依比例尺表示的地物符号，如表 8‑3 中的 12～18 号。因此，用图时，可以从图上量取它们的长度，但不能量取它们的宽度。

线状符号中，表示地物实地中线位置的线，称为定位线。线状符号的定位线，一般位于其符号的中轴线上。

线状符号适用于长宽比较大的线（带）状地物，如小路、管道、电力线等。

3. 不依比例尺符号

不依比例尺符号（又称非比例符号或点状符号）是指地物依比例尺缩小后其长度和宽度都不能依比例尺表示的地物符号，如表 8‑3 中的 19～30 号。其特点是：形状和大小是人为规定的，并不代表实际地物的形状和大小。当地物轮廓较小，按测图比例尺缩小后无法在图纸上将其形状和大小绘出，但该地物又很重要时，采用非比例符号。因此，用图时不能从图上量得它们的长、宽及面积等。

非比例符号中，表示地物实地中心位置的点，称为定位点。非比例符号不仅其形状和大小不按比例绘制，而且其定位点的位置也随地物的不同而异。因此，在测图、读图和用图时应加以注意。

（1）符号图形中有一个点的，该点即为其定位点。

（2）单个规则的几何图形符号，其定位点在该几何图形的中心。

（3）宽底符号，其定位点在该符号底线的中点。

（4）底部为直角的符号，其定位点在该符号底部直角的顶点。

（5）下方没有底线的符号，其定位点在该符号下方两端点连线的中心点。

（6）几种图形组成的符号，其定位点在该符号下方图形的中心点或交叉点。

（7）不依比例尺表示的其他符号，其定位点在该符号的中心点。

此外，在地形图上还有各种地物注记（对地物的属性加以进一步说明的文字、数字或特有符号等），用以配合符号说明地物的名称、数量和质量等特征。诸如城镇、村庄、工厂、河流、道路等的名称，道路的去向，塔的高度，江河的流向、流速及水深，桥梁的长宽及载重量，各种地面植被的种类等，都要用相应的文字、数字或配以特定的符号加以补充说明。

最后指出：在地形图上，对于某一具体地物，究竟是用比例符号还是非比例符号，主要取决于测图比例尺的大小。通常，测图比例尺越大，依比例符号表示的地物就越多；比例尺越小，则用非比例符号表示的地物就越多；同一地物，在不同比例尺的地形图上，其符号可能不同。因此，在测图、读图和用图时，应选用相应比例尺的《地形图图式》。另外，还须注意即便是同一比例尺的《地形图图式》，由于其编制、修订年代（版别）不同，同一地物的符号也会有所不同；如《1：500 1：1000 1：2000 地形图图式》，在 1995 年版和 2007年版中，导线点符号与图根点符号就进行了互换。

8.3.3 地貌符号

地貌是指地球表面各种高低起伏的形态和面貌，是地形图反映的重要内容。在地形图上，除一些特殊地貌如陡坎、冲沟等用特定的符号表示外，目前多用等高线来表示地貌。

用等高线表示地貌，不仅能真实地表示出地面的起伏形态，而且还能科学地表示出地面的坡度和地面点的高程。

1. 用等高线表示地貌的基本原理

所谓等高线，就是地面上高程相同的相邻点所连接而成的闭合曲线。

用等高线表示地貌的基本原理，如图 8 - 3 所示。设有一座位于平静湖水中的小山头，山头被湖水恰好淹没时的水面高程为 100m；然后水位下降 5m，此时山头露出水面，水面与山头就有一条交线而且是闭合的曲线，曲线上各点高程相等，这就是高程为 95m 的等高线；随后水位又下降 5m，水面与山头又截得一条交线，这就是高程为 90m 的等高线；依次类推，水位每下降 5m，就在山头上交出一条等高线，从而得到一组高差为 5m 的等高线。设想把这组实地上的等高线铅垂投影到水平面 H 上，并按测图比例尺缩小绘制后，即可得到一张表示该山头的等高线图。

高程不同的相邻两条等高线之间的高差，称为等高距（图 8 - 3 中的等高距为 5m）。在同一幅地形图上，等高距是相同的。

相邻两条等高线之间的水平距离，称为等高线平距。

在同一幅地形图上，由于等高距是相同的，所以等高线平距的大小与地面坡度成反比。如图 8 - 4 所示，地面上 DE 段的坡度大于 CD 段，其等高线平距 de 就比 cd 小；相反，地面上 DE 段的坡度小于 AB 段，则其等高线平距 de 就比 ab 大。可见，地面坡度

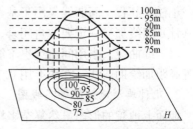

图 8 - 3 等高线表示地貌基本原理示意图

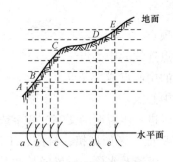

图 8 - 4 等高线平距与
地面坡度关系示意图

越大，等高线平距就越小，图上等高线就越密集；反之，则比较稀疏；当地面坡度一致时（图 8 - 4 中的 AC 段），其等高线平距也相等。因此，根据地形图上等高线的疏密，即能判断出地面坡度的大小。

同时还可以看出：等高距越小，显示地貌就越详尽；但是当等高距较小时，图上等高线将会过于密集，从而影响到图面的清晰易读性。因此，在测绘地形图时，等高距的大小应根据测图比例尺与测区地形情况进行合理的选用（见表 8 - 4）。

表 8 - 4   大比例尺地形图的基本等高距（摘自 GB 50026—2007《工程测量规范》）

地形类别	地面倾角	比 例 尺			
		1：500	1：1000	1：2000	1：5000
平坦地	＜3°	0.5m	0.5m	1m	2m
丘陵地	3°～10°	0.5m	1m	2m	5m
山地	10°～25°	1m	1m	2m	5m
高山地	≥25°	1m	2m	2m	5m

另外，为了既能较好地反映地面的起伏情况，又能保证图面的清晰易读，一般又将等高线划分为首曲线、计曲线、间曲线和助曲线四类（图 8 - 5）。

（1）首曲线。按表 8 - 4 中规定的基本等高距绘制的等高线，称为首曲线，亦称基本等高线；在图上用 0.15mm 的细实线绘制，但不注记高程。首曲线的高程，应为基本等高距的整倍数。

（2）计曲线。每隔 4 条基本等高线加粗的一条等高线，称为计曲线，亦称加粗等高线；在图上用 0.3mm 的粗实线绘制，并在适当位置处断开加注高程（字头朝向高处，但应避免倒立字向）。计曲线的高程，应为 5 倍基本等高距的整倍数。

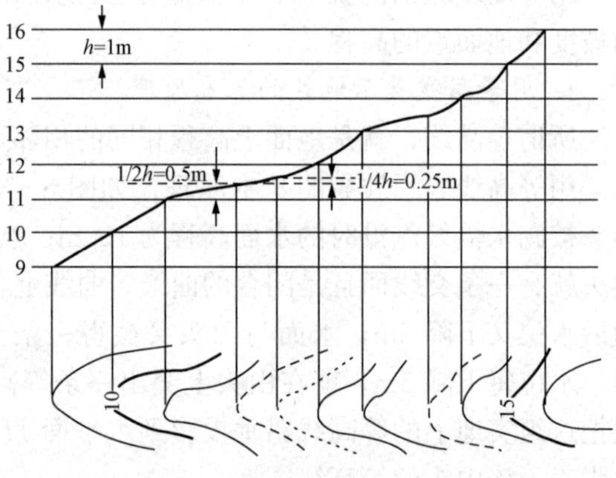

（3）间曲线。以二分之一基本等高距为等高距加绘的等高线，称为间曲线，又称半距等高线；在图上用 0.15mm 的细长虚线绘制，不注记高程。间曲线仅用于基本等高线无法揭示的局部地貌的表示，绘制时不强调其像首（计）曲线那样一定要各自闭合。

图 8 - 5   等高线分类示意图

（4）助曲线。当用间曲线也不能明显表示某些局部地貌时，还可以四分之一基本等高距为等高距加绘助曲线；在图上用 0.15mm 的细短虚线绘制，不注记高程，不强调其闭合性。

2. 几种典型地貌的等高线图

地面上地貌的形态虽然复杂多样，但它们不外乎是山头、洼地、山脊、山谷、鞍部等几种典型地貌的组合。因此，了解和熟悉这些典型地貌等高线图的特点，将有助于地形图的测绘、识读和应用。

　　（1）山头与洼地的等高线图。如图 8-6 所示，山头（丘）与洼（盆）地的等高线，都是一圈套一圈的闭合曲线。里圈等高线的高程，大于外圈者为山头，小于外圈者为洼地。如果等高线上没有高程注记，则看示坡线（垂直于等高线而指示坡度降落方向的短线）的指向：示坡线从里圈指向外圈，说明中间高、四周低，为一山丘；示坡线从外圈指向里圈，说明中间低、四周高，则为一洼地。

　　（2）山脊与山谷的等高线图。如图 8-7 所示，山脊是顺着一个方向延伸的高地，其等高线为一组凹向山头的曲线；山谷则是沿着一个方向延伸的洼地，其等高线为一组凸向山头的曲线。

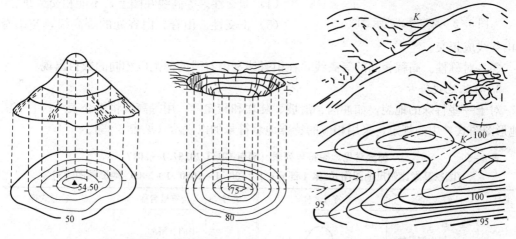

图 8-6　山头与洼地的等高线示意图　　　　图 8-7　山脊与山谷等高线示意图

　　山脊上的最高棱线称为山脊线，在地形图上一般用点虚线表示；贯穿山谷最低点的连线称为山谷线，在地形图上一般用虚线表示。山脊附近的雨水必然以山脊线为分界线，分别流向山脊的两侧，因此山脊线又称为分水线；而在山谷中，雨水必然由两侧的山坡流向山谷，向山谷线集中再向下流，因此山谷线又称为集水线。

　　山脊等高线和山谷等高线的疏密反映了山脊、山谷纵断面的起伏情况，其尖圆或宽窄则反映了山脊、山谷的横断面形状。山地地貌显示得是否真实，主要看山脊和山谷的位置是否正确；如果山脊和山谷的坡度与方向表示的真实、形象，整个山形就会很逼真。所以，山脊线与山谷线又合称为地性线，对测图、识图和用图都有十分重要的意义。

　　（3）鞍部的等高线图。如图 8-7 中 K 点处所示，鞍部是相邻两山头之间呈马鞍形的低凹部位，是山脊与山谷会合的地方，也往往是山区道路必经之地，又称为垭口。其周边等高线图的特点是：在一组大的闭合曲线内，套有两组小的闭合曲线。

　　（4）悬崖的等高线图。悬崖是上部突出、中间凹进的山坡，此时上部的等高线投影到水平面上，将与下部的等高线相交。但在地形图上，等高线是不容许相交的；否则，交点处会有不同的高程。为此，悬崖下部凹进的等高线在地形图上要用虚线表示，如图 8-8 所示。

　　根据等高线表示地貌的原理和典型地貌的等高线图，可以看出等高线具有以下六大特性：

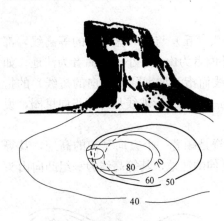

图 8-8　悬崖等高线示意图

（1）等高性。同一条等高线上的各点，其高程必相等（但高程相同的点，未必位于同一条等高线上）。

（2）闭合性。等高线为闭合曲线，如不在本幅图内闭合，则应在相邻图幅内闭合。因此，在描绘等高线时，凡不在本幅图内闭合的等高线，应画到图边线（但应注意：等高线不能穿过地物，遇到地物符号时要断开）。

（3）密陡稀缓性。在同一幅图上，等高线密集处地面坡度大，稀疏处坡度小。

（4）非交性。等高线在图上，不能相交或重合。

（5）正交性。山脊、山谷处的等高线，与山脊线和山谷线成正交。

（6）对称性。高程相同的等高线，在山脊线和山谷线的两侧以相同的数目出现。

3. 特殊地貌符号

对于一些特殊的地貌，如冲沟、滑坡、陡坎和陡崖等，用等高线将无法表示；它们需按《地形图图式》中的规定，采用相应的特殊地貌符号加以表示（见表 8-5）。

表 8-5　　　　　部分常见地貌符号列表（摘自 GB/T 20257. 1—2017 《国家基本比例尺地图图式 第 1 部分：1∶500　1∶1000　1∶2000　地形图图式》）

编号	符号名称	符号式样	编号	符号名称	符号式样
1	独立石 a. 依比例尺的 b. 不依比例尺的 2.4——比高	a ◯ 2.4 b 2.4	5	山洞、溶洞 a. 依比例尺的 b. 不依比例尺的	a ⊓ b ⋒
2	土堆、贝壳堆、矿渣堆 a. 依比例尺的 b. 不依比例尺的 3.5——比高	a 3.5 b	6	斜坡 a. 未加固的 b. 已加固的	a b
3	石堆 a. 依比例尺的 b. 不依比例尺的	a b	7	人工陡坎 a. 未加固的 b. 已加固的	a b
4	坑穴 a. 依比例尺的 b. 不依比例尺的 2.6、2.3——深度	a 2.6 b 2.3	8	冲沟 4.5——比高	4.5

续表

编号	符号名称	符号式样	编号	符号名称	符号式样
9	露岩地、陡石山 a. 露岩地 b. 陡石山 1986.4—— 高程	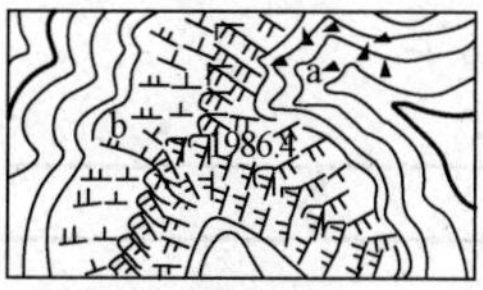	13	滑坡	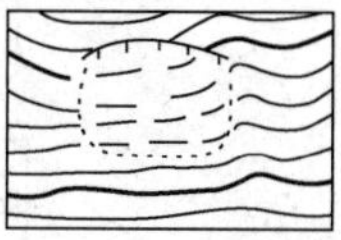
10	陡崖、陡坎 a. 土质的 b. 石质的 18.6、22.5—— 比高	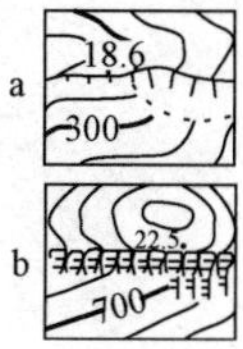	14	石垄 a. 依比例尺的 b. 不依比例尺 的	
11	地裂缝 a. 依比例尺的 2.1——裂缝宽 5.3——裂缝深 b. 不依比例尺 的	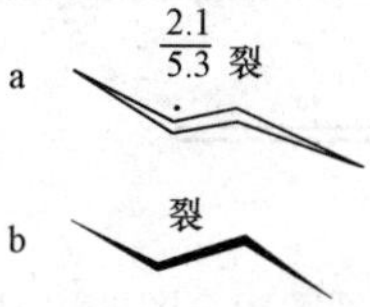	15	高程点及其注记 1520.3、—15.3 ——高程	
12	梯田坎 2.5——比高	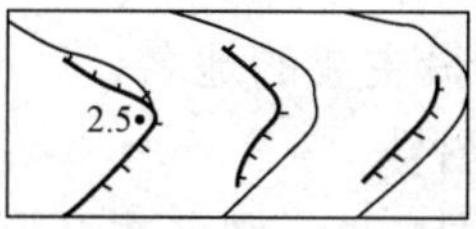	16	等高线及其注记 a. 首曲线 b. 计曲线 c. 间曲线 d. 助曲线 25——高程	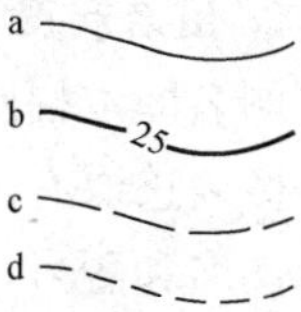

8.4 地形图图廓注记

图廓注记是指在图廓以外所标注的一些辅助要素（也称图外注记），主要有图名、图号、比例尺、邻接图表、坡度尺、三北方向图、地磁标志点等。不仅不同比例尺的地形图，其图廓及图外注记会不一样；而且即便是同一比例尺的地形图，也会因《地形图图式》版本的不同有所差异。

8.4.1 1：500～1：2000 地形图的图廓与图外注记

一幅完整的 1：500、1：1000 或 1：2000 地形图，其图廓与图外注记如图 8 - 1、图 8 - 9 所示，主要包括以下内容。

1. 图廓与格网

图廓，有内、外图廓之分。内、外图廓一般相距 11mm，在其四角注有以公里为单位的坐标值。内图廓为图幅的边界线，用 0.15mm 的细线绘制；外图廓则用 1.0mm 的粗线画出，起装饰作用。

为了测图和用图的需要，一般在绘图之前需将图幅分割成 10cm×10cm 见方的格网（见本书第 9 章）；由于格网点的坐标，可以根据图廓四角的坐标确定，即格网点的坐标是已知的，因此称为坐标格网（实际上，内图廓就是最外边的坐标格网线）；绘好后为了图面整洁，一般只在格网交叉点处留有 1cm 长的十字丝，在内图廓的内侧留有 5mm 长的短线。

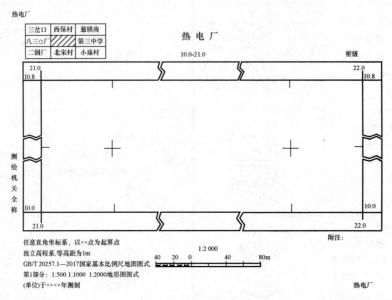

图 8-9 1：500～1：2000 地形图图廓与图外注记示意图

2. 图名和图号

图名即本幅图的名称，通常以所在图幅内最主要的地名、厂矿企业或村庄的名称来命名。图名选取有困难时，也可不注图名，仅注图号。

图名和图号，应标注在北外图廓外上方正中央处，图名在上、图号在下。

3. 邻接图表

为了便于索取相邻图幅，通常在外图廓外左上角绘制出说明本幅图与相邻图幅关系的邻接图表（也称接合图表）：中间画有斜线的为本幅图，周围分别注明相邻图幅的图名或图号。

4. 其他注记

在外图廓外的左侧偏下位置，应注明测绘机关全称；在外图廓外左下角，应注明所采用的坐标系统、高程系统、等高距、地形图图式版别以及测图日期；在外图廓外下方中央处，应注明测图比例尺；在外图廓外右下角，还应注明测量员、绘图员、检查员的姓名或一些概括性的附注说明等。

8.4.2 1：5000～1：100 万地形图的图廓与图外注记

1：5000～1：100 万地形图的图廓与图外注记，与上述 1：500～1：2000 地形图的类似，不同之处主要表现在以下几个方面。

（1）内图廓是经线和纬线围成的梯形，也是图幅的边界线（图 8-10）。

（2）在内、外图廓之间，还有分图廓。分图廓绘制成若干黑白相间等长的线段，每段其长度为经差或纬差 1′（图 8-10）；连接上下或左右同名分段点，可构成由子午线和平行纬线组成的梯形经纬线格网。依据经纬线格网，可确定图上各点的地理坐标。

（3）在分图廓和内图廓之间，四角处注有经纬度。如图 8-10 所示，其西图廓经线为东经 116°15′00″，南图廓纬线为北纬 39°55′00″。

（4）图幅内绘有间隔 1km 的坐标格网，也称公里格网，并在分图廓和内图廓之间、图幅四周公里格网对应处注有通用坐标。图 8-10 中，4287 表示该图幅最南面公里格网线的纵坐标 x 为 4287km（从赤道起算）；其余的 88、89、90 表示相应公里格网线的纵坐标分别为 4288km、4289km、4290km，而其坐标公里数的千、百位 42 从略；20 340 表示图幅最西面公里格网线的横坐标 y，其中 20 为该图幅所在高斯投影带的带号，340 表示该公里格网线的横坐标公里数（由此可知该线位于中央子午线以西 160km 处）。由公里格网，可确定图上各点的高斯平面直角坐标。

（5）在南、北内图廓线上，绘有地磁标志点 P 和 P′，两点的连线即为该图幅的磁子午线方向；有了它，利用罗盘即可将地形图进行实地定向（图 8-11）。

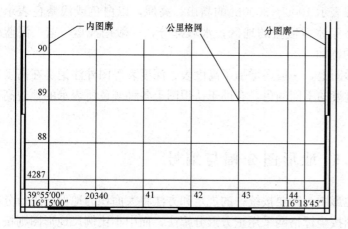

图 8-10　中、小比例尺地形图的图廓与格网示意图　　　图 8-11　地磁标志点示意图

（6）在南外图廓外下方，绘有图示坡度尺。图示坡度尺是一种在地形图上量取地面坡度和倾角的图解工具（图 8-12），纵轴为等高线平距 d，横轴为地面倾角 α 和对应的地面坡度 i，其关系式为

$$i = \tan\alpha = \frac{h}{dM} \tag{8-1}$$

式中　h——等高距；

　　　M——比例尺分母。

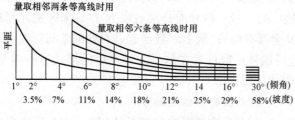

图 8-12　坡度尺示意图

当用分规卡出图上相邻等高线的平距后，在图示坡度尺上使分规的两针尖下面对准底线、上面对准曲线，即可在坡度尺上直接读出地面倾角 α（度数）和地面坡度 i（通常为百分比值）。

除了按基本等高距绘制的坡度尺外，有的还同时加绘有按 n 倍等高距算得的坡度线，可以直接在图上量取间隔 n 条等高线间的平均坡度和倾角。

（7）在南外图廓外下方，绘有真北 N、磁北 N′ 和坐标北之间的角度关系图（称为三北方向图）；如图 8-13 所示，根据其三北方向图可知：在该图幅中，磁偏角为 $\delta=-2°45'$（西偏），子午线收敛角为 $\gamma=-0°15'$（西偏），而磁子午线则偏于坐标纵轴以西 $2°30'$，由此可进行不同方位角间的相互换算。

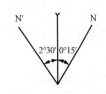

图 8-13 三北方向图

（8）为了清晰易读，在中、小比例尺地形图上通常用分层设色的方法来表示地貌的高程变化：以绿—浅绿表示 200m 以下的平原，以浅黄—黄—深黄表示 400～1000m 的丘陵、低山，以浅棕褐—棕褐—深棕褐表示 1000～3000m 的高山、高原，以白色或浅紫色表示雪线以上终年冰雪覆盖的地区；水域部分，一般用浅蓝—蓝—深蓝表示深度的增加。

因此，在中、小比例尺地形图上，一般还增加了高度表、深度表等图外注记。在高度表和深度表上，填绘有高程逐渐过渡的不同颜色，有助于认识图上各种颜色所表示的地貌高程变化。

8.5 地形图分幅与编号

为便于测绘、使用和管理地形图，需要按统一的规定和方法将大面积的地形图进行分幅和编号。通常，大比例尺地形图按坐标格网采用正方形分幅法，而中小比例尺地形图则按经纬线采用梯形分幅法，现分述如下。

8.5.1 梯形分幅与编号

1. 1：100 万地形图的分幅与编号

我国 1：100 万地形图的分幅，是按照国际 1：100 万地图分幅的标准进行的，即经差 6°、纬差 4° 为一幅（投影采用兰勃特投影——等角正割圆锥投影）。但由于地球是个球体，随着纬度的增高图幅面积会迅速缩小，所以规定：在纬度 60°～76° 之间，左右两幅合为一幅，即经差 12°、纬差 4° 为一幅；在纬度 76°～88° 之间，左右四幅合为一幅，即经差 24°、纬差 4° 为一幅；纬度 88° 以上，单独为一幅（我国处于北纬 60° 以下，故不存在合幅的问题）。具体做法为：从赤道起，向北或向南分别每纬差 4° 为一横行，至南北纬 88°，依次用字母 A，B，C，…，V 表示其相应的行号，行号前分别冠以 N 和 S 来区别北半球和南半球（我国地处北半球，图号前的 N 全部省略）；从 180° 经线起，自西向东每经差 6° 为一纵列，依次用数字 1，2，3，…，60 进行编号；取行号在前、列号在后的形式进行编号。如图 8-14 所示，北京所在 1：100 万地形图的图幅编号（图号）即为 J50。

2. 1：50 万～1：5000 地形图的分幅与编号

我国现行 1：50 万～1：5000 地形图的分幅，均以 1：100 万地形图的分幅为基础，采用行列编号法（1：5000 和 1：1 万，采用高斯三度分带投影；1：2.5 万～1：50 万，采用高斯六度分带投影）。具体做法为：首先将 1：100 万地形图按所含各比例尺地形图的经差和纬差划分为若干行和列，然后按顺序（横行从上到下、纵列自左向右）分别用三位数字标记（不足三位时，前面补 0），最后取行号在前、列号在后，并用不同的字符来代表不同的比例

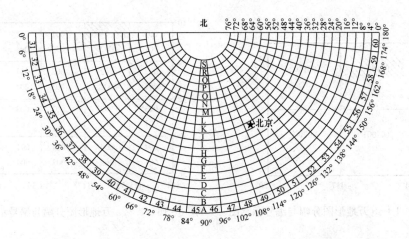

图 8-14 东、北半球 1∶100 万地形图分幅编号示意图

尺（不同比例尺的代码和图幅关系，见表 8-6），分别加在 1∶100 万图幅的图号之后组成的十位数编码（第一位数为 1∶100 万图幅的行号，第二、三位为 1∶100 万图幅列号，第四位为不同比例尺的代码，第五、六、七位为相应比例尺图幅行号，第八、九、十位为相应比例尺图幅列号），作为相应比例尺地形图的图号。

表 8-6　　　　　　　　　　不同比例尺地形图的代码与图幅关系

国家基本比例尺		1∶100 万	1∶50 万	1∶25 万	1∶10 万	1∶5 万	1∶2.5 万	1∶1 万	1∶5000
比例尺代码			B	C	D	E	F	G	H
图幅经纬差	经差	6°	3°	1°30′	30′	15′	7′30″	3′45″	1′52.5″
	纬差	4°	2°	1°	20′	10′	5′	2′30″	1′15″
行列数量关系	行数	1	2	4	12	24	48	96	192
	列数	1	2	4	12	24	48	96	192
图幅数量关系		1	4	16	144	576	2304	9216	36 864
			1	4	36	144	576	2304	9216
				1	9	36	144	576	2304
					1	4	16	64	256
						1	4	16	64
							1	4	16
								1	4

　　例如，北京某地（东经 116°28′13″，北纬 39°54′23″）的所在 1∶50 万地形图的图幅编号为 J50B001001（图 8-15），所在 1∶25 万地形图的图幅编号为 J50C001002（图 8-16）。

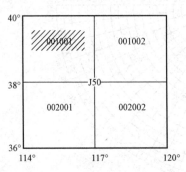
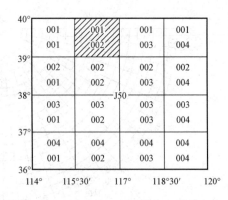

图 8-15　1∶50 万地形图分幅与编号示意图　　图 8-16　1∶25 万地形图分幅与编号示意图

综上所述，地形图采用统一的分幅和编号，既可以避免重叠，又能防止遗漏。同时，若已知某幅地形图的图号，就可以很容易地确定出它的地理位置和比例尺的大小；反过来，若已知某区域内经纬度，也可以方便地查询出所在比例尺地形图的图号。这给测绘、保存和使用地形图创造了有利的条件，特别适宜于计算机系统管理（国家基本比例尺地形图图号查询软件，可在互联网上下载使用）。

8.5.2　正方形分幅与编号

大比例尺地形图的分幅，一般采用正方形分幅法；其图幅大小、对应的实地面积以及包含关系等，见表 8-7。

表 8-7　　　　　　　　　　　　大比例尺地形图的图幅大小及关系

比例尺	图幅大小（cm×cm）	实地面积（km²）	图幅数量关系
1∶5000	40×40	4	1
1∶2000	50×50	1	4
1∶1000	50×50	0.25	16
1∶500	50×50	0.0625	64

此外，根据需要也采用其他规格的分幅。如 1∶500、1∶1000、1∶2000 地形图，还可以采用 40cm×50cm 的矩形分幅。

大比例尺地形图的编号，一般采用图幅西南角坐标公里数编号法。具体做法为：纵坐标 x 在前，横坐标 y 在后，中间用一短横线连接，即 x-y。如图 8-9 所示，由于该幅图西南角的坐标值为 $x=10.0$km，$y=21.0$km，所以其图号即为 $10.0-21.0$（编号时注意：1∶500 地形图应取至 0.01km，1∶1000 和 1∶2000 地形图要取至 0.1km，而 1∶5000 地形图取至整公里即可）。

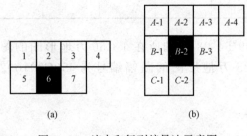

图 8-17　流水和行列编号法示意图

对于带状测区或小面积测区的大比例尺地形图的编号，也可按测区统一顺序从左到右、自上而下选用流水编号法或行列编号法等。流水编号法，一般采用测区名称或代码加阿拉伯数字编定，如图 8-17（a）所示，底色为黑色的图幅编号为：××-6（××为测区名称或代码）；而行列编号法一般则采用行在前、列在后，中间加一短线的形式编定，如图 8 - 17（b）所示，底色为黑色的图幅编号为：B-2。

8.6　数字与电子地图简介

8.6.1　数字地图及其特点

1. 数字地图的概念

在形式上，数字地图并非地图，其实质是以数字形式记录、存储于计算机储存介质（硬盘、软盘、光盘或磁带等）上的地图信息（数据），是虚地图的一种；但它可以在某种视频媒体上再现为可视化的地图：如经可视化处理后，可在计算机屏幕上显示，如图 8 - 18 所示；或经计算机处理后，利用绘图仪可转换成纸质地图等，故仍把它看成是地图家族新的一员。

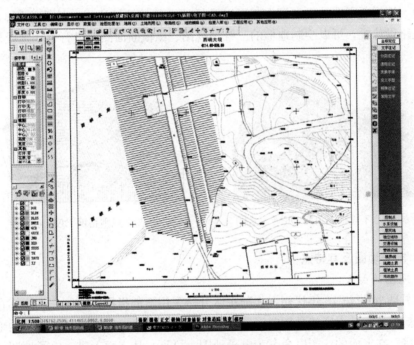

图 8 - 18　数字地图样图示意图

因此，人们一般将数字地图描述为"以数字形式记录、存储于计算机储存介质上的地图"；其本质特征，可概括为两点：①它所表现的是地图信息；②它以数字形式来表现信息。

2. 数字地图的特点

与传统的纸质地图相比，数字地图具有更新速度快、现势性强、精度高、使用灵活便捷等显著特点。

传统纸质地图一旦印就，所有内容都固化了。而地表，却是时刻变化着的。数字地图是存于介质上的数据集合（库），通过计算机可以随时对变化了的地物、地貌及其他信息进行修正、补测、更新。

数字地图以地图数据库为后盾，不受地图分幅的限制，避免了地图拼接、剪贴的烦琐；

比例尺可在一定范围内调整，不受地图几种固定比例尺的限制；根据需要可以分要素、分层和分级提供空间数据，避免了纸质地形图上用不用都一拢子表示的方法，特别有利于专题图的绘制。

数字地图既可通过绘图仪制成纸质（印刷）地图，又可通过屏幕显示；在屏幕上，还可方便地进行局部放大、漫游，更便于识读。

数字地图既可以记录在光盘等介质上，也可通过网络直接传递，更便于流通。

数字地图可重复使用，可在其上直接进行各种设计（用过之后，可根据有无保留价值而决定删除还是存盘），且量算方便（可在数字地图上便捷地查询点位坐标和高程、直线的距离和方位角、封闭对象或指定区域的面积、绘制地形断面图等）；同时不存在以往从纸质图上量取的误差，提高了设计和获取放样数据的精度。

此外，有了数字地形图，还可以便捷地建立数字高程模型（DEM），即相当于得到了地面的立体形态（图 8-19、图 8-20）。利用该模型，可以绘制各种比例尺的等高线图、地形立体透视图、地形断面图，确定汇水范围以及场地平整的填挖边界，计算库容、土方量等；在公路和铁路设计中，可以绘制地形的三维轴视图、纵横断面图，进行自动选线设计等。

 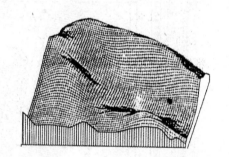

图 8-19　不规则三角网 DEM 示意图　　　　图 8-20　规则格网 DEM 示意图

8.6.2　电子地图及其特点

1. 电子地图的由来

电子地图是 20 世纪 70 年代初，伴随军队开始采用新的指挥方法——"指挥自动化"而出现的一个新概念，其表征就是用监视屏幕显示地图。因早期监视屏幕上显示的地图图形是用电子束"写"在上面的，所以命名为电子地图。可见，从表面上讲，电子地图就是指"监视器屏幕上显示的地图"。

2. 电子地图的特点

电子束为什么会在监视屏幕（荧光屏）上画出地图图形来呢？究其实质，根本原因是有计算机程序指令在控制电子束的运行。正是基于这种认识，人们往往把数字地图和电子地图混为一谈。

的确，电子地图与数字地图有着密切的联系。譬如，它们都是在计算机环境下生产、制作和应用，都是以数字的形式来组织、存储和管理；皆具有信息无损复制和可利用网络传播的特点，容易实现共享；在使用时，均带有一个方便的操作界面，以供用户调整地图的显示内容或进行相关的查询、统计、分析及打印输出；借助可视化技术，数字地图可以变成电子地图；制作电子地图的基本数据来源于数字地图等。

　　然而，两者还是有区别的。严格来讲，数字地图是指以数字形式描述地图要素的位置、属性及关系信息的数据集合，而电子地图则是数字地图经可视化后的屏幕地图（图 8-21）。所以，电子地图与数字地图的根本区别之一就是地图要素的符号化处理与否。另外，生产和制作部门也有所不同，数字地图的生产主要是专业测绘单位的任务，而制作电子地图则主要是与测绘和地图制作有关的应用部门的任务。

图 8-21　电子地图样图示意图

　　电子地图具有"快、动、层、虚"等特点。"快"就是可实现快速存取显示；"动"就是可实现动画，如闪烁、颜色瞬变、屏幕漫游、开窗放大、镜头推移、拼接裁剪等；"层"就是可按地图要素分别进行显示，如居民地层、道路层、水系层、植被层、土质层、地貌层和境界层等，也可进行组合显示或综合显示（层下还可以设级，例如可将道路层中的铁路定为一级，将公路定为二级，将大车路定为三级等，按级进行显示）；"虚"就是可应用虚拟现实技术将地图立体化、动态化，使人具有身临其境之感。

　　另外，与数字地图相比较，电子地图还具有以下特点：

　　（1）信息更丰富。与数字地图相比较，电子地图反映的信息量则更大。它除了有各种地图符号外，还能配合外挂数据库一起使用，利用数据的压缩、分层、开窗、可视化等技术实现海量信息的管理和使用。

　　（2）具有可交互性。电子地图的交互性，可体现在地图显示和信息获取两方面。在电子地图中，地图的存储是以数字化形式存在的，因此当数字化数据进行可视化显示时，用户可以对显示内容及方式进行干预，将制图过程与读图过程在交互中融为一体。用户除了可以对地图显示进行交互探究外，还可利用电子地图提供的数据查询、图面量算、浏览编辑等工具方便快速地获取地图信息。

　　（3）具备较强的空间查询与分析功能。电子地图除了具有地图量算（如点的坐标、线的长度、面积量测等）外，还提供图文互查、空间查询（查询用户想了解的任一区域的任意组合条件的信息)、网络分析、最佳路径选择等功能。

（4）超媒体集成性。多媒体技术兴起后，很快被应用到电子地图领域，形成多媒体电子地图产品。多媒体电子地图是集文本、图形、图表、图像、声音、动画和视频等于一体的新型地图，从而以视觉、听觉等感知形式，可更加直观、形象、生动地表达空间信息，是电子地图的进一步发展。

在超媒体中，结点之间采用了键链接，信息的组织采用了非线性结构，可以通过键方式便捷地对分散在不同信息块间的信息进行存储、检索、浏览，其思维更符合人们的思维习惯。

（5）应用更广泛。电子地图的问世将地图的应用范围扩展到了更广阔的领域：从政府决策到市政建设，从知识传播到企业管理，从移动互联到电子商务等，无一能脱离基于电子地图的应用和服务。而近年来逐渐兴起的导航定位、数字地球、数字地方（数字中国、数字省份、数字城市、数字小区等）建设，则开始将电子地图的应用渗透到社会生活的方方面面。

总之，电子地图的出现为许多行业带来了新的变化，并且随着计算机和电子地图技术等的发展，它将在国民经济建设和国防建设中发挥更大的作用，走进千家万户、各行各业。

思考题与习题

1. 何谓地图、地形图、平面图？
2. 何谓地形图的比例尺？其主要表现形式有哪两种？
3. 何谓比例尺精度？它有何作用？
4. 根据地物和测图比例尺的大小以及描绘方法的不同，地物符号一般分为哪几类？试举例说明。
5. 何谓等高线、等高距、等高线平距？
6. 简述等高线的分类及其特性。
7. 地形图的分幅编号，有哪两种方法？各适用于什么情况？
8. 何谓数字地图与电子地图？并简述其特点。

第9章 地形图的实地测绘

9.1 测图的程序与原则

如图 9-1 所示，欲测绘该地区的地形图，通常分两步进行：第一步为控制测量，即先在整个测区内，选择若干具有控制意义的点 A，B，C，…（称为测量控制点，由此构成的几何图形称为测量控制网），然后用较高一些的精度测定出这些控制点的位置（称为控制测量）；第二步为碎部测量，即根据控制点以较低一些的精度测定其周围的地物、地貌特征点即碎部点的位置（称为碎部测量），并依《地形图图式》规定的符号和一定的比例缩小绘制成地形图（称为地形测量）。这就是测图应遵循的"从整体到局部"、"先控制后碎部"、"高精度控制低精度"的程序和原则，它可以控制和减少测量误差的传递与积累，使图面精度比较均匀，同时也便于测图工作的开展（注意：为了及时发现和纠正测量错误，在测图工作中还要遵守"步步检核"的原则）。

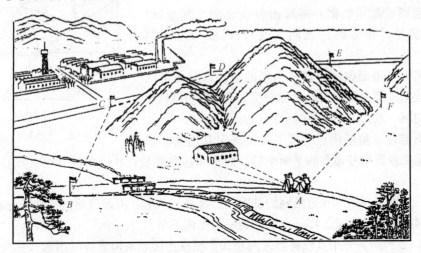

图 9-1　测图的程序与原则示意图

当测区不大时，测图工作分上述两步就可完成；但当测区较大时，为了便于分幅测图、加快测图进度、使整个测区的图正确地拼连成一体，控制测量还要划分为若干等级，并由高精度向低精度进行布测。

在全国范围内建立的测量控制网（点），称为国家控制网（点），它是全国各种比例尺测图和工程测量的基本控制，并为研究确定地球的形状和大小提供资料。国家控制网（点）是依照其施测精度按由高到低分一、二、三、四等 4 个等级逐级建立的，其低级点受高级点的控制。

在城市或厂矿等地区，一般在国家控制网（点）的基础上，根据测区的大小和精度要求，还要布测不同等级的城市或厂矿控制网（点），以满足各种测量工作的需要。

　　国家、城市或厂矿控制点的平面坐标和高程均已测得，其数值可向有关测绘机关索取（在布测不同等级的控制网、点时，其间都留有一定的精度梯度，因此高级点可认为没有误差而当作已知点来布测低级点）。

　　对测图而言，仅有以上的控制网（点）往往是不够的，一般还要在其下布设精度更低，但密度更大的直接供测图使用的测量控制网（点），称为图根控制网（点），简称图根网（点）。测定图根点位置的工作，称为图根控制测量。

　　另外，在实际工作中，通常还将测定控制点平面位置（x，y）的工作（称为平面控制测量）和测定控制点高程（H）的工作（称为高程控制测量）分开进行。

9.2　平 面 控 制 测 量

9.2.1　施测方法

　　根据实际情况，平面控制测量可选用三角测量、三边测量、边角测量、导线测量、卫星定位测量等方法。

　　如图 9-2 所示，先在地面上选设一系列控制点构成连续的三角形，再依次测定各三角形顶点的水平（内）角，最后根据已知点坐标、已知边的边长和方位角（称为已知、起算或起始数据）推算出各顶点的平面坐标，称为三角测量；相应的控制网（点），则称为三角网（点）。

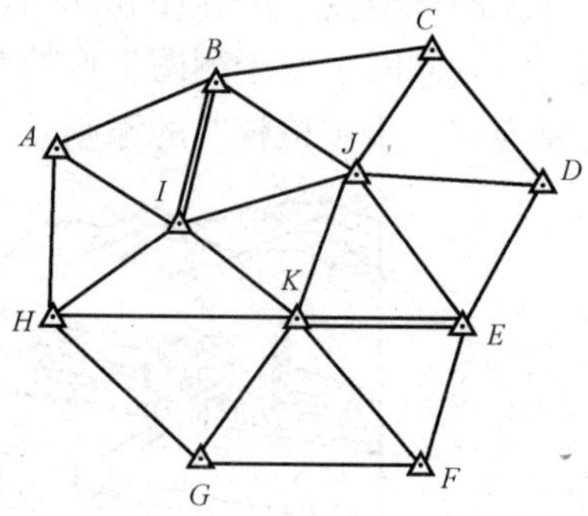

　　若不测水平角而仅测定各三角形的边长，同样可以根据起算数据推算出各顶点的平面坐标，称为三边测量；相应的控制网（点），称为三边网（点）。

图 9-2　三角形网示意图

　　若既测定各三角形顶点的水平角又测定其边长，根据起算数据来推算出各顶点的平面坐标，则称为边角测量；相应的控制网（点），称为边角网（点）。

　　由于三角网、三边网和边角网的基本图形都是三角形，因此目前已把它们合起来一并称为三角形网；相应的测量工作，也统称为三角形网测量。

　　如图 9-3 所示，先用直线将测区内相邻控制点连接起来构成折线图形（称为导线），再依次测定各折线边（导线边）的边长和相邻导线边之间的转折角（水平角），最后根据起算数据计算出各控制点的平面坐标，称为导线测量；相应的控制点，称为导线点。若测区较大，应将各导线连成网状，称为导线网（图 9-4）。

　　利用人们建立的卫星导航系统来进行点位的测定，称为卫星定位测量；由此建立的控制网（点），称为卫星定位测量控制网（卫星定位等级点）。卫星定位测量，目前仍以 GPS 测量为主，由此建立的控制网（点），则称为 GPS 控制网（点）。

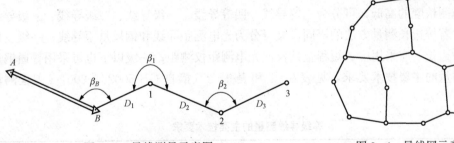

图 9-3　导线测量示意图　　　　　　　　　图 9-4　导线网示意图

过去，三角测量是大范围测定平面控制网（点）的主要方法，现已逐步被 GPS 测量所替代；三边测量和边角测量，主要用于一些特殊工程控制网（点）的建立；而在小范围，特别是在建筑物密集区或狭长地带，则主要采用导线测量的方法。因此，下面仅就导线测量和 GPS 测量的有关问题做进一步的介绍。

9.2.2　导线测量

一、常用的导线布设形式

根据测区的地形、已知点、待测点情况以及具体工作的需要，常用的单一导线的布设形式有以下三种。

（1）附合导线。如图 9-5 所示，从已知点 B（高级控制点）和已知方向 AB（高级控制边）出发，经过未知点 1、2、3、4 后，再连测到另一已知点 C 和已知方向 CE，这种导线称为附合导线。附合导线，多用于带状地区的平面控制。

（2）闭合导线。如图 9-6 所示，将相邻导线点连成直线而形成一个多边形，这种导线称为闭合导线。闭合导线，多用于成片地区的平面控制；它既可以与已知点连接，也可以独立布设。

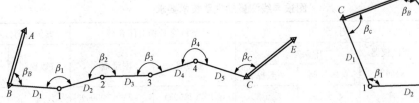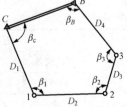

图 9-5　附合导线示意图　　　　　　　　图 9-6　闭合导线示意图

（3）支导线。如图 9-3 所示，由一已知点 B 和已知方向 AB 出发，经过未知点 1、2 测至 3 点即告完毕，这种既不附合到另一已知点又不回到原起点的导线，称为支导线。

闭合导线和附合导线，由于其本身具有一定的几何条件进行检核，因此可用于小地区（10km² 以下）的首级控制和基本控制。而支导线本身却没有检核条件，因此以往只把它用于基本控制测量的加密或精度要求较低的测量工作；然而随着测距仪、全站仪的普及使用，当受地形或已知点等条件的约束无法将导线布设成闭合或附合时，又常常布设成支导线；此时，为检核观测数据和提高成果的精度，可进行往返观测，并将这种导线称为"复测支导线"。

二、等级划分与技术要求

若按施测精度的高低，可分为三等导线、四等导线、一级导线、二级导线、三级导线和图根导线；若按边长测量方法的不同，又可分为光电测距导线和钢尺量距导线；一级及以上等级导线的边长，应采用中、短程全站仪或光电测距仪测距；一级以下也可采用普通钢尺量距。导线测量的主要技术要求，见表 9 - 1 和表 9 - 2（摘自 GB 50026—2007《工程测量规范》）。

表 9 - 1 等级导线测量的主要技术要求

等级	导线长度 (km)	平均边长 (m)	测 距				测 角			导线全长相对闭合差	方位角闭合差 (″)
			方法与测回数		中误差 (mm)	相对中误差	测回数		误差 (″)		
			Ⅰ级	Ⅱ级			2″级仪器	6″级仪器			
三等	≤14	≤3000	往返各3测回	往返各4测回	≤±20	≤1/150 000	10		≤±1.8	≤1/55 000	≤±3.6√n
四等	≤9	≤1500	往返各2测回	往返各3测回	≤±18	≤1/80 000	6		≤±2.5	≤1/35 000	≤±5√n
一级	≤4	≤500		往测2测回	≤±15	≤1/30 000	2	4	≤±5	≤1/15 000	≤±10√n
二级	≤2.4	≤250		往测1测回	≤±15	≤1/14 000	1	3	≤±8	≤1/10 000	≤±16√n
三级	≤1.2	≤100		往测1测回	≤±15	≤1/7000	1	2	≤±12	≤1/5000	≤±24√n

注 n 为计算方位角闭合差时用到的观测（转折）角个数；困难情况下，边长测距也可采取不同时间段测量代替往返观测；当测区测图的最大比例尺为 1:1000 时，一、二、三级导线长度和平均边长可以适当放宽，但最大不能超过表中规定相应长度的 2 倍。

表 9 - 2 图根导线测量的主要技术要求

导线长度 (m)	测 角			导线全长相对闭合差		方位角闭合差（″）	
	6″级仪器	中误差（″）		一般地区	困难地区	首级控制	一般控制
	测回数	首级控制	一般控制				
≤αM	1	≤±20	≤±30	≤1/（2000α）	≤1/（1000α）	≤±40√n	≤±60√n

注 n 为计算方位角闭合差时用到的观测（转折）角个数；$α$ 为比例系数，其值一般情况取 1（当测图比例尺为 1:500、1:1000 时，可在 1～2 之间选用）；M 为测图比例尺分母（对于工矿区现状图测量，不论测图比例尺大小，均取值 500）；导线的边长，宜采用中、短程全站仪或光电测距仪单向施测，也可采用钢尺单向丈量（当测区较小时，图根控制可作为首级控制；对于首级控制，边长若采用钢尺须进行往返丈量，其较差的相对误差不应大于 1/4000）。

对于难以布设附合或闭合导线的困难地区，图根钢尺量距导线也可布设成复测支导线。此时，导线转折角可采用 6″级经纬仪施测左、右角各 1 测回，其圆周角闭合差不应超过 ±40″；导线边长应进行往返丈量，其较差的相对误差不应大于 1/3000；在测绘 1:500、1:1000、1:2000 大比例尺地形图时，支导线的平均边长依次不应大于 100、150、250m，边数则相应的不能超过 3、3 和 4 条（摘自 GB 50026—2007《工程测量规范》）。

最终达到：图根点相对于邻近等级控制点的（平面）点位中误差，不应大于图上 0.1mm。

三、导线测量的外业工作

导线测量的外业工作，主要包括踏勘选点、建立标志、测角、量距、连测等，现分述如下。

（1）踏勘选点。在踏勘选点之前，应收集测区已有的地形图和高等级控制点的成果资料，并在已有地形图上拟定导线的布设方案；然后再到野外，实地核对、修改、落实点位。如果测区没有地形图资料，则需要详细踏勘现场，根据已知控制点的分布、测区地形条件及测图需要等，合理选定导线点的位置。

在确定导线点的实地位置时，一般应符合以下几个方面的要求：①相邻导线点间，应通视良好，便于测角和量距；②应选在土质坚实、便于保存和安置仪器的地方；③点位周围视野应开阔，便于施测碎部；④导线各边的长度应大致相等，平均边长应符合上述"二、等级划分与技术要求"中的有关规定；⑤应有足够的密度，且分布均匀，便于控制整个测区。

（2）建立标志。导线点选定后，应根据其等级进行统一编号，并埋设相应的标志。

高等级导线点，一般应埋设混凝土桩、石桩或钢桩以便长期保存，并在桩顶刻一"十"字，以"十"字的交点作为点位标志。

低等级导线点，可在点位上打一木桩（必要时，在桩的周围浇筑混凝土加以固定），并在桩顶钉一小钉作为点位标志；也可在水泥地面和裸露岩石上打入一钢钉或直接用红油漆画一标志（画一圆圈，圈内点一小点或画一细十字线）作为临时性的标志。

为了便于寻找，对地形复杂区的导线点还应绘制"点之记"。

（3）测角。导线转折角是指在导线点上由相邻导线边构成的水平角，一般又将其分为左角和右角。在导线前进方向左侧的转折角称为左角，右侧的称为右角。为了内业计算的方便，附合导线或支导线一般测其左角（图 9-5 和图 9-3），闭合导线一般测其内角（在闭合导线中，点号若按逆时针编号，则导线的左角就是其内角，如图 9-6 所示）。

导线转折角的测量，一般采用测回法。由上述"二、等级划分与技术要求"可知，不同等级的导线，其测角的技术要求也不一样；如对于图根钢尺量距附合或闭合导线，一般用 $6''$ 级仪器（全站仪或经纬仪）观测 1 测回，若盘左、盘右测得角值之差不超过 $\pm40''$（首级控制）或 $\pm60''$（一般控制），则取其平均值即可。

（4）量距。由上述"二、等级划分与技术要求"可知，各等级导线边长均可采用中、短程全站仪或光电测距仪测定（测量时，要同时观测竖直角以供倾斜改正之用；精度较高时，还需同时测定气温和气压以供气象改正之用）；一级以下的导线，其边长也可采用检定过的普通钢尺直接丈量。

边长测量的精度，视导线等级而定。如钢尺量距图根导线，对于首级控制，应往、返各量一次或同一方向丈量两次，其相对误差小于 1/4000 取其平均值即可。

（5）连测。如图 9-3 和图 9-5 所示，支导线与附合导线皆从已知点、已知方向出发，由此即可测定出未知点在其已知坐标系（国家坐标系或该地区的统一坐标系）中的坐标。而闭合导线，既可以与已知点连接，也可以独立布设。

当所布设的闭合导线需要与已知点或已知边连接时，还必须观测其连接角〔图 9-7（a）中的 φ、图 9-7（b）中的 φ_A 和 φ_1〕或连接边〔图 9-7（b）中的 D_{A1}〕，作为传递坐标方位角和坐标之用，从而使新布设导线点的坐标纳入国家坐标系或该地区的统一坐标系中。

如果测区及其附近没有已知点时，也可用罗盘（仪）测出导线起始边的磁方位角［图9-7（c）中的α_{12}］，并假定起始点的坐标［图9-7（c）中的1点］，作为导线的起算数据，即可建立假定平面直角坐标系。

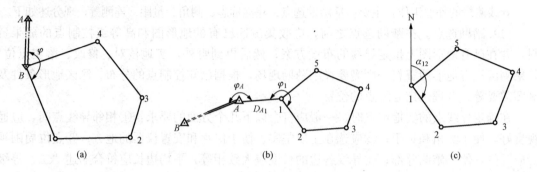

图9-7　闭合导线连测示意图

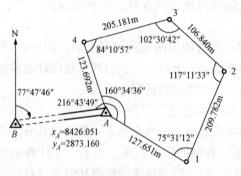

图9-8　导线略图示意图

导线测量的观测结果，须按规定的表格进行认真记录，字体要端正、清楚，不能涂改，并要妥善保存。观测完毕，还要绘制一张导线略图，在图上相应位置注明有关数据，如图9-8所示。

四、导线测量的内业计算

所谓导线测量的内业计算，就是利用起算数据和观测数据计算出各导线点的坐标。对于高等级导线（网）的计算，需借助计算机采用专业平差软件进行严密平差；而一级以下的单一导线，也可采用近似平差。不论是严密平差还是近似平差，在内业计算之前，都应仔细检查外业记录、计算以及起算数据是否齐全、正确，精度是否符合要求；检查无误后，方可进行内业计算。

下面，仅就单一导线内业近似平差的方法步骤进行介绍。

1. 支导线的内业计算

对于一般的支导线，因本身没有检核条件，因此导线的转折角和计算的坐标增量不需要进行改正，其内业计算的方法步骤如下：

（1）根据起始边坐标方位角和观测的转折角，利用推算方位角的通用公式［式（5-7）］，依次推算出各未知边的坐标方位角。

（2）根据各导线边的边长和坐标方位角，利用坐标正算公式［式（5-8）］，依次计算出相邻导线点之间的坐标增量。

（3）根据起点的已知坐标和计算出的坐标增量，利用坐标正算公式［式（5-9）］，依次推算出各未知点的坐标。

而对于复测支导线，由于进行了往返观测，因此具备一定的检核条件，其基本的计算过程为：

（1）角度检核与平差。由于支导线一般观测其前进方向的左角，因此同一导线点上的往测转折角$\beta_{往}$和返测转折角$\beta_{返}$之和应等于360°，其不符值即为该导线点处的圆周角闭合差

f_β，即

$$f_\beta = \beta_{往} + \beta_{返} - 360° \qquad (9-1)$$

若 $f_\beta \leqslant f_{\beta容}$，则取往、返测的平均值作为各转折角平差值，即

$$\beta = \frac{\beta_{往} + (360° - \beta_{返})}{2} \qquad (9-2)$$

这样，平差后即可满足圆周角条件。

（2）距离检核与平差。计算各导线边的边长平均值，即

$$D_{平} = \frac{D_{往} + D_{返}}{2} \qquad (9-3)$$

计算各导线边的边长相对误差，即

$$K = \frac{1}{D_{平} / |D_{往} - D_{返}|} \qquad (9-4)$$

若 $K \leqslant K_{容}$，则取各边长平均值作为其平差值。

（3）根据起始边坐标方位角和各转折角平差值，利用推算方位角的通用公式［式 (5-7)］，依次推算各未知边的坐标方位角。

（4）利用各边长平差值和坐标方位角，利用坐标正算公式［式 (5-8)］，依次计算相邻导线点之间的坐标增量。

（5）根据起点的已知坐标和计算出的坐标增量，利用坐标正算公式［式 (5-9)］，依次推算其他各点的坐标。

2. 附合导线的内业计算

附合导线的内业计算，可在专用的表格内完成，其方法步骤如下：

（1）准备工作。将校核过的外业观测数据及起算数据，填入"附合导线坐标计算表"（表 9-3）中。点号填入第 1 列和第 15 列，转折角观测值对应其点号填入第 2 列，边长观测值填入第 6 列，已知边的方位角和已知点的坐标填入第 5、13、14 列（起算数据，在其底部画双线标明）。

（2）角度（方位角）闭合差的计算与调整。如图 9-5 所示，根据起始边 AB 的坐标方位角 α_{AB} 和观测的转折角 β，利用推算方位角的通用公式［式 (5-7)］，便可依次推算出其他各边的坐标方位角为

$$\alpha'_{B1} = \alpha_{AB} \pm \beta_B \mp 180° = 237°59'30'' + 99°01'00'' - 180° = 157°00'30''$$

$$\alpha'_{12} = \alpha'_{B1} \pm \beta_1 \mp 180° = 157°00'30'' + 167°45'36'' - 180° = 144°46'06''$$

$$\alpha'_{23} = \alpha'_{12} \pm \beta_2 \mp 180° = 144°46'06'' + 123°11'24'' - 180° = 87°57'30''$$

$$\alpha'_{34} = \alpha'_{23} \pm \beta_3 \mp 180° = 87°57'30'' + 189°20'36'' - 180° = 97°18'06''$$

$$\alpha'_{4C} = \alpha'_{34} \pm \beta_4 \mp 180° = 97°18'06'' + 179°59'18'' - 180° = 97°17'24''$$

$$\alpha'_{CE} = \alpha'_{4C} \pm \beta_C \mp 180° = 97°17'24'' + 129°27'24'' - 180° = 46°44'48''$$

将上述等式相加，终边 CE 的推算坐标方位角 α'_{CE} 可直接写成

$$\alpha'_{CE} = \alpha_{AB} \pm \sum\beta_i \mp n \times 180° = \alpha_{AB} + \sum\beta_i - 6 \times 180° = 46°44'48'' \qquad (9-5)$$

可见，由于角度观测值中不可避免地含有测量误差，致使上述推算出的终边 CE 的坐标方位角 α'_{CE} 与其已知值 α_{CE} 不一致，其差值称为方位角闭合差或角度闭合差，一般用 f_β 表示，即

附合导线坐标计算表

表 9-3

点号	观测角（左角） ° ′ ″	改正数 ″	改正后角值 ° ′ ″	坐标方位角 ° ′ ″	距离 (m)	Δx′	改正数	Δy′	改正数 (m)	Δx	Δy	x	y	点号
	2	3	4	5	6	7	8	9	10	11	12	13	14	15
A				237 59 30										A
B	99 01 00	+6	99 01 06	157 00 36	225.851	−207.912	+0.045	+88.211	−0.043	−207.867	+88.168	507.691	215.632	B
1	167 45 36	+6	167 45 42	144 46 18	139.032	−113.570	+0.028	+80.199	−0.026	−113.542	+80.173	299.824	303.800	1
2	123 11 24	+6	123 11 30	87 57 48	172.573	+6.133	+0.034	+172.464	−0.033	+6.167	+172.431	186.282	383.973	2
3	189 20 36	+6	189 20 42	97 18 30	100.071	−12.730	+0.020	+99.258	−0.019	−12.710	+99.239	192.449	556.404	3
4	179 59 18	+6	179 59 24	97 17 54	102.484	−13.019	+0.020	+101.654	−0.020	−12.999	+101.634	179.739	655.643	4
C	129 27 24	+6	129 27 30	46 45 24								166.740	757.277	C
E														E
Σ	888 45 18	+36	888 45 54		740.011	−341.098	+0.147	+541.786	−0.141	−340.951	+541.645			

辅助计算

$f_\beta = \alpha'_{CE} - \alpha_{CE}$
$= \alpha_{AB} + \sum\beta_{左} - n\times180° - \alpha_{CE}$
$= 237°59'30'' + 888°45'18'' - 6\times180° - 46°45'24''$
$= -36''$

$f_{容} = \pm40''\sqrt{n} = \pm40''\sqrt{6} = \pm98''$

$f_x = \sum\Delta x' - (x_C - x_B)$
$= -341.098 - (-340.951)$
$= -0.147m$

$f_y = \sum\Delta y' - (y_C - y_B) = 541.786 - 541.645$
$= +0.141m$

$f_D = (\sqrt{f_x^2 + f_y^2}) = 0.204m$

$K = \dfrac{f_D}{\sum D} = \dfrac{1}{\sum D/f_D} \approx \dfrac{1}{3600}$

$K_{容} = \dfrac{1}{2000}$

$$f_\beta = \alpha'_{CE} - \alpha_{CE} = 46°44'48'' - 46°45'24'' = -36'' \tag{9-6}$$

角度（方位角）闭合差的计算，可在"辅助计算"一栏中进行，见表 9-3。

若角度闭合差 $|f_\beta|$ 大于容许角度闭合差 $|f_{\beta容}|$，则说明所测角度不合要求，应查明原因或重测角度。只有当 $|f_\beta| \leqslant |f_{\beta容}|$ 时，才说明所测角度符合精度要求，方可进行角度闭合差的调整，即将角度闭合差反符号平均分配到每个观测角中，具体做法为：先计算出各角的改正数 $v_\beta = -f_\beta/n$，并填入表 9-3 的第 3 列；然后，将表 9-3 中第 2 列与第 3 列的相应行相加即得改正后的角度，填入表 9-3 的第 4 列中（当用右角推算坐标方位角时，要将角度闭合差同符号平均分配到每个观测角中）。

本算例为一首级图根导线，因此其容许角度闭合差 $f_{\beta容}$ 为

$$f_{\beta容} = \pm 40'' \sqrt{n} = \pm 40'' \sqrt{6} = \pm 98''$$

可见，本算例所测角度符合精度要求。

角度改正数之和，应等于角度闭合差（观测角为右角时）或角度闭合差的负值（观测角为左角时），并以此作为检核条件及时进行计算校核。但值得注意的是：由于在计算角度改正数时一般保留至秒，所以有时会因凑整误差导致 $\sum v_\beta \neq -f_\beta$（观测角为左角时）或 $\sum v_\beta \neq f_\beta$（观测角为右角时）；此时，需认真检查、核对，如确定不是计算错误而是由凑整误差造成，须人为地对已算得的角度改正数加以调整，从而达到 $\sum v_\beta = -f_\beta$ 或 $\sum v_\beta = f_\beta$。调整的原则为：

1）若改正多了，应先找出最长的导线边的两端点（边越长，测角的瞄准误差越小，同时对中误差、目标偏心误差等对角度的影响也较小），然后在比较该两端点的另一条边，选择其中边较长者所夹的角度少改正 1s；若需要，再找出第二长的导线边的两端点，然后在比较该两端点的另一条边，选择其中边较长者所夹的角度也少改正 1s；依次类推。

2）若改正少了，应先找出最短的导线边的两端点（边越短，测角的瞄准误差越大，同时对中误差、目标偏心误差等对角度的影响也较大），然后在比较该两端点的另一条边，选择其中边较短者所夹的角度多改正 1s；若需要，再找出第二短的导线边的两端点，然后在比较该两端点的另一条边，选择其中边较短者所夹的角度也多改正 1s；依次类推。

将改正后的角度代入式（9-5）和式（9-6），计算出的角度闭合差应等于零，并依此为条件及时进行计算检核。

（3）利用改正后的角度推算各导线边的坐标方位角。根据起始边的坐标方位角及改正角，利用推算方位角的通用公式［式（5-7）］，依次推算各未知边的坐标方位角，并填入表 9-3 第 5 列。

为了检核，最后要推算至终边，推算的终边方位角应与已知的相等；否则应查明原因，直至符合。

（4）坐标增量的计算及其闭合差的调整。根据各导线边的边长和坐标方位角，利用坐标正算公式［式（5-8）］，依次计算相邻导线点之间的坐标增量（$\Delta x'$，$\Delta y'$），填入表 9-3 第 7 和 9 列。

从理论上讲，计算出的纵（横）坐标增量的代数和应等于起、终点已知的纵（横）坐标差；而实际上，由于量边的误差和角度闭合差调整后的残余误差，往往使它们并不相等，其

差值称为纵（横）坐标增量闭合差，分别用 f_x 和 f_y 表示，即

$$\left.\begin{array}{l} f_x = \sum \Delta x' - (x_{终} - x_{起}) \\ f_y = \sum \Delta y' - (y_{终} - y_{起}) \end{array}\right\} \qquad (9\text{-}7)$$

式中　$x_{起}$、$y_{起}$——导线起点的已知坐标值；

　　　$x_{终}$、$y_{终}$——导线终点的已知坐标值。

纵、横坐标增量闭合差的计算，在"辅助计算"一栏中进行，见表 9 - 3，本算例的 f_x $=-0.147\text{m}$，$f_y = +0.141\text{m}$。

计算出纵、横坐标增量闭合差后，须按式（9 - 8）和式（9 - 9）计算导线全长闭合差 f_D 及导线全长相对闭合差 K

$$f_D = \sqrt{f_x^2 + f_y^2} \qquad (9\text{-}8)$$

$$K = \frac{f_D}{\sum D} = \frac{1}{\sum D / f_D} \qquad (9\text{-}9)$$

式中　$\sum D$——导线全长，即各导线边长的总和。

若导线全长相对闭合差 K 大于容许导线全长相对闭合差 $K_{容}$，则说明成果不合格；应首先检查内业计算有无错误，然后检查外业观测成果，必要时进行重测。若 K 不超过 $K_{容}$，则说明符合精度要求，方可进行调整，即将 f_x、f_y 反符号与边长成正比分配到相应边的纵、横坐标增量中，具体做法为：先按式（9 - 10）计算出各边的纵、横坐标增量改正数 v_{xi}、v_{yi}，并填入表 9 - 3 的第 8 列和第 10 列；然后，将表 9 - 3 中第 7 列与第 8 列的相应行相加即得改正后的纵坐标增量 Δx，填入表 9 - 3 的第 11 列中；将表 9 - 3 中第 9 列与第 10 列的相应行相加即得改正后的横坐标增量 Δy，填入表 9 - 3 的第 12 列中。

$$\left.\begin{array}{l} v_{xi} = -f_x \dfrac{D_i}{\sum D} \\[2mm] v_{yi} = -f_y \dfrac{D_i}{\sum D} \end{array}\right\} \qquad (9\text{-}10)$$

本算例为一般地区图根导线，因此其容许导线全长相对闭合差可取 $K_{容} = 1/2000$。而本算例的导线全长相对闭合差仅为 $K \approx 1/3600$，说明符合精度要求，可以进行调整。

计算出的纵（横）坐标增量改正数之和应该等于其负的闭合差，并依此为条件及时进行计算检核。但值得注意的是：由于坐标增量改正数一般只需保留至毫米，因此有时可能会出现因凑整误差导致计算出的纵（横）坐标增量改正数之和不等于其负的闭合差；此时，需认真检查、核对，如确定不是计算错误而是由凑整误差造成，须人为地对已算得的纵（横）坐标增量改正数加以调整，从而达到纵（横）坐标增量改正数之和等于其负的闭合差。调整的原则为：

1）若改正多了，应先找出最短导线边对应的坐标增量改正数，使其少改正 1mm（边越短，量距误差越小）；若需要，再找出第二短导线边对应的坐标增量改正数，使其也少改正 1mm；依次类推。

2）若改正少了，应先找出最长导线边对应的坐标增量改正数，使其多改正 1mm（边越长，量距误差越大）；若需要，再找出第二长导线边对应的坐标增量改正数，使其也多改正 1mm；依次类推。

将改正后的坐标增量代入式（9 - 7），计算出的坐标增量闭合差应等于零，并依此为条

件及时进行计算检核。

（5）计算各导线点的坐标。根据起点的已知坐标及改正后的坐标增量，利用坐标正算公式［式（5-9）］，依次推算各未知点的坐标，并填入表 9-3 的第 13 和 14 列中。

为了检核，最后要推算至终点，推算的终点坐标应与已知的相等；否则应查明原因，直至符合。

3. 闭合导线的内业计算

整体上，闭合导线的内业计算分为两大部分，一是连测部分，二是多边形部分。

如图 9-7（a）所示的闭合导线，其连测部分的计算，仅仅是根据已知边 AB 的方位角和连接角 φ 推算出未知边 12 的方位角；而对于图 9-7（b）所示的闭合导线，其连测部分的计算，则需要按支导线计算出 1 的坐标和 12 边的方位角。

闭合导线多边形部分的计算，见表 9-4；其方法、步骤与附合导线的类似，但因布设形式的不同其计算稍有区别，主要体现在角度闭合差、坐标增量闭合差的计算和检核上。

（1）角度闭合差的计算、调整与检核。

由于多边形内角和的理论值为

$$\sum \beta_{理} = (n-2) \times 180° \tag{9-11}$$

式中　　n——导线边数。

因此，闭合导线角度闭合差的计算应按以下公式进行

$$f_\beta = \sum \beta_{测} - \sum \beta_{理} = \sum \beta_{测} - (n-2) \times 180° \tag{9-12}$$

值得注意的是：①按式（9-12）计算，不论是左角（逆时针编号）还是右角（顺时针编号），角度闭合差均须反符号平均分配到每个观测角中。②改正后的角度之和，应等于式（9-11）计算出的理论值。

（2）坐标增量闭合差的计算与检核。由于表 9-4 中闭合导线多边形部分起、终点为同一点（1 点），因此其纵（横）坐标增量闭合差的计算公式可直接写成

$$\left. \begin{array}{l} f_x = \sum \Delta x' \\ f_y = \sum \Delta y' \end{array} \right\} \tag{9-13}$$

同时，将改正后的纵（横）坐标增量求和，其值应等于零，并依此为条件及时进行计算检核。

最后指出，若闭合导线布测成如图 9-6 所示的形式，其角度闭合差的计算、检核仍按式（9-12）和式（9-11）进行，角度闭合差也均须反符号平均分配到每个观测角中；但其坐标增量闭合差的计算则需按式（9-7）进行，将改正后的坐标增量代入式（9-7）计算出的坐标增量闭合差亦应等于零，因为它起于 C 点而终于 B 点，即可把它看成是从已知点 C 和已知方向 BC 出发、连测到已知点 B 和已知方向 BC 的附合导线。

9.2.3　GPS 测量

一、GPS 静态平面控制测量

GPS（静态平面）控制网布测的过程，与常规地面控制测量类似，大体可分为技术设计、踏勘选点、建立标志、拟定观测计划、外业观测、内业数据处理、编制技术总结几个阶段。

表9-4　闭合导线坐标计算表

点号	观测角(左角) ° ′ ″	改正数 ″	改正后角值 ° ′ ″	坐标方位角 ° ′ ″	距离 (m)	坐标增量计算值及其相应改正数 (m) Δx′	改正数	Δy′	改正数	改正后坐标增量 (m) Δx	Δy	坐标值 (m) x	y	点号
1	2	3	4	5	6	7	8	9	10	11	12	13	14	15
1				114 31 35	127.653	−52.990	+0.025	+116.135	−0.019	−52.965	+116.116	426.054	473.163	1
2	75 31 12	+12	75 31 24	10 02 59	209.781	+206.562	+0.040	+36.607	−0.033	+206.602	+36.574	373.089	589.279	2
3	117 11 33	+12	117 11 45	307 14 44	106.842	+64.664	+0.020	−85.051	−0.016	+64.684	−85.067	579.691	625.853	3
4	102 30 42	+12	102 30 54	229 45 38	205.185	−132.546	+0.040	−156.628	−0.031	−132.506	−156.659	644.375	540.786	4
5	84 10 57	+12	84 11 09	133 56 47	123.690	−85.839	+0.024	+89.055	−0.019	−85.815	+89.036	511.869	384.127	5
1	160 34 36	+12	160 34 48	114 31 35								426.054	473.163	1
2														2
Σ	539 59 00	+60	540 00 00		773.151	−0.149	+0.149	+0.118	−0.118	0.000	0.000			

辅助计算

$$f_\beta = \sum\beta_测 - (n-2)\times 180°$$
$$= 539°59'00'' - (5-2)\times180°$$
$$= 539°59'00'' - 540°$$
$$= -60''$$

$$f_{\beta容} = \pm40''\sqrt{n} = \pm40''\sqrt{5} = \pm89''$$

$$f_x = \sum\Delta x' = -0.149\text{m}$$
$$f_y = \sum\Delta y' = +0.118\text{m}$$
$$f_D = \sqrt{f_x^2 + f_y^2} = 0.190\text{m}$$

$$K = \frac{f_D}{\sum D} = \frac{1}{\sum D/f_D} \approx \frac{1}{4000}$$
$$K_容 = \frac{1}{2000}$$

1. 技术设计

技术设计是一项基础性的工作，是布测 GPS 控制网的第一步，应根据测量规范、网的用途、用户的要求及实际地形条件等进行，其主要内容包括精度指标的合理确定、基准设计和网形的优化设计三个方面。

(1) 精度指标的合理确定。GPS 网精度指标的高低，会直接影响到 GPS 网的布设方案、观测计划、观测数据的处理方法及作业的时间和经费等；因此，在实际工作中，要根据实际需要和可以实现的设备条件等，恰当地确定 GPS 网的精度等级。

GPS 控制网的精度指标，通常以其平均边长（基线长度）中误差 m_D 来表示，即

$$m_D = \pm \sqrt{a^2 + (bD)^2} \tag{9-14}$$

式中　a——固定误差，mm；

　　　b——比例误差系数，mm/km；

　　　D——平均边长，km。

根据 GPS 控制网精度的高低，可将其划分为若干不同的等级。如在 GB/T 18314—2009《全球定位系统（GPS）测量规范》中，将 GPS 控制网划分为 A、B、C、D、E 五个等级，其中 A、B 两级为国家基本 GPS 控制网；而在 CJJ/T 73—2010《卫星定位城市测量技术规范》和 GB 50026—2007《工程测量规范》中，则划分为二、三、四等和一、二级，其主要技术要求见表 9-5（摘自 GB 50026—2007《工程测量规范》）。

表 9-5　　　　　　　　　　卫星定位测量控制网主要技术要求

等级	平均边长 （km）	固定误差 （mm）	比例误差系数 （mm/km）	约束点间的 边长相对中误差	约束平差后 最弱边相对中误差
二等	≤9	≤10	≤2	≤1/250 000	≤1/120 000
三等	≤4.5	≤10	≤5	≤1/150 000	≤1/70 000
四等	≤2	≤10	≤10	≤1/100 000	≤1/40 000
一级	≤1	≤10	≤20	≤1/40 000	≤1/20 000
二级	≤0.5	≤10	≤40	≤1/20 000	≤1/10 000

GPS 首级（控制）网应一次全面布设，加密网则可逐级布网、越级布网或布设同级全面网。

(2) 基准设计。由于 GPS 测量得到的是 WGS-84 坐标系下的坐标，因此还需要将其转换至我国的测量坐标系中。通常的做法是：利用网中原有控制网点（公共点）的已知坐标（我国测量坐标系中）和 GPS 测得的 WGS-84 坐标，先求出两坐标系间的坐标转换参数，然后再利用这些转换参数将其余各点的 WGS-84 坐标转换为我国测量坐标系中的坐标。

可见，在布设 GPS 控制网时，必须包含一定数量的公共点，以期获得实用的坐标成果。所谓 GPS 控制网的基准设计，就是确定公共点的个数及其分布情况，从而确定 GPS 测量最终成果所采用的坐标系统和起算数据。必要的平面起算数据是 2 个点的坐标，在实施时一般应不少于 3 个点，而且分布要均匀。

（3）网形的优化设计。所谓网形设计，就是确定具体的布网观测方案，从而高质量、低成本地完成既定的测量任务。虽然，GPS 网形的设计主要取决于网的用途，但与经费、时间和人力的消耗以及所投入接收机的类型、数量和后勤保障等条件也有很大关系，对此应充分加以考虑、优化设计。

当网点位置、接收机数量确定以后，GPS 网形的设计就主要体现在网形的构造及各点设站观测的次数等方面。

根据 GPS 测量的不同用途，一般应将同一时间段内观测的基线边（即同步观测边）构成一定的闭合图形（称同步环），例如三角形（需 3 台接收机，同步观测 3 条边，其中两条是独立边）、四边形（需 4 台接收机，同步观测 6 条边，其中 3 条是独立边）等，以增加检核条件，提高网的可靠性；然后，按点连式、边连式和边点混连式三种基本构网方法（图 9-9），将各种独立的同步环有机地连接为一个整体，从而形成由一个或若干个异步观测环（由非同步观测获得的独立基线构成的闭合环，简称异步环）构成的 GPS 网，也可采用附合线路的形式。

点连式是指相邻同步图形之间仅有一个公共点相连接，如图 9-9（a）所示。以该方式布点所构成的网形，其几何强度很弱，没有或极少有异步环闭合条件，一般不单独使用。

边连式是指相邻同步图形之间由一条公共基线连接，如图 9-9（b）所示。该布网方案，网的几何强度较高，有较多的复测边和非同步图形闭合条件；在相同的仪器台数条件下，其观测时段（在同步观测中，接收机从开始到终止连续接收卫星信号的时间间隔）数比点连式大大增加。

边点混连式是指把点连式和边连式有机结合起来组成 GPS 网，如图 9-9（c）所示。该布网方案，既能保证网的几何强度、提高网的可靠性，又能减少外业工作量、降低观测成本，是一种较为理想的布网方法。

各点观测次数的确定，通常应遵循"网中每点必须至少独立设站观测两次"的基本原则。

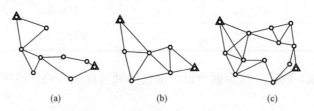

图 9-9　GPS 基本构网方式示意图
(a) 点连式；(b) 边连式；(c) 边点混连式

2. 踏勘选点

由于 GPS 测量观测站之间不必相互通视，而且网的图形选择也比较灵活，所以选点工作较常规的地面控制测量的选点工作简便，且省去了建立高标的费用，降低了成本。但 GPS 测量又有其自身的特点，因此其点位的选择通常应符合以下要求：

（1）应选在土质坚实、稳定可靠、易于安置接收设备的地方，并且视场要开阔、高度角 15°以上的范围内应无障碍物。

（2）应远离大功率的无线电发射台（200m 以外）和高压输电线（50m 以外），以避免其周围磁场对 GPS 卫星信号的干扰。

（3）附近不应有大面积的水域或对电磁波反射及吸收强烈的物体，以减弱多路径效应的影响。

（4）为了便于以后利用地面常规测量技术进行加密，每点至少应有一个通视方向。

（5）对符合要求的已有控制点，经检查点位稳定可靠的，应充分加以利用。

3. 建立标志

点位选定后，应按要求埋设标石并绘制点之记，以便保存后用；同时，还应绘制 GPS 网选点图，作为选点技术资料提交。二、三等点埋设标石后，还应办理测量标志委托保管。

4. 拟定观测计划

外业观测之前，拟定合理的工作计划对于顺利完成数据采集任务、保证测量精度、提高工作效率都极为重要，主要内容包括：

（1）选择作业模式。当精度要求较高、控制边较长时，应采用（载波相位）静态（相对）定位方式——采用两台或以上接收机，分别安置在一条或数条基线的两个端点，同步观测 4 颗以上的卫星，作业布置如图 9-9 所示。当精度要求不是太高、控制边较短时，也可采用（载波相位）快速静态（相对）定位方式——在测区中部选择一测点作为基准站，并安置一台接收机连续跟踪观测所有可见卫星，另一台接收机依次到其余各点流动设站（在迁站转移过程中，不必保持对所测卫星的连续跟踪，可关闭电源以降低能耗），每点观测数（十）分钟，作业布置如图 9-10 所示（星形网）；该模式作业速度快，但两台接收机工作时构不成闭合图形、可靠性较差。

（2）选择接收机的类型、观测时段长度、数据采样间隔等，其基本技术要求见表 9-6（摘自 GB 50026—2007《工程测量规范》）。

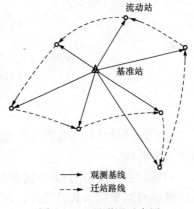

图 9-10 星形网示意图

表 9-6 GNSS（GPS）控制测量作业的基本技术要求

等级		二等	三等	四等	一级	二级
接收机类型		双频	双频或单频	双频或单频	双频或单频	双频或单频
接收机标称精度		10mm+2ppm	10mm+5ppm	10mm+5ppm	10mm+5ppm	10mm+5ppm
观测量		载波相位	载波相位	载波相位	载波相位	载波相位
卫星高度角（°）	静态	≥15	≥15	≥15	≥15	≥15
	快速静态				≥15	≥15
有效观测卫星数	静态	≥5	≥5	≥4	≥4	≥4
	快速静态				≥5	≥5

续表

观测时段长度 （min）	静态	30～90	20～60	15～45	10～30	10～30
	快速静态				10～15	10～15
数据采样间隔 （s）	静态	10～30	10～30	10～30	10～30	10～30
	快速静态				5～15	5～15
几何图形强度因子 PDOP		≤6	≤6	≤6	≤8	≤8

注　PDOP 为点位几何图形强度因子，又称空间位置（影响）因子，是反映一组卫星与测站所构成的几何图形与定
　　位精度关系的数值，它的大小与观测卫星高度角的大小以及观测卫星在空间的几何分布变化有关；如图 9-11 所
　　示，观测卫星高度角越小，分布范围越大，其 PDOP 值越小。

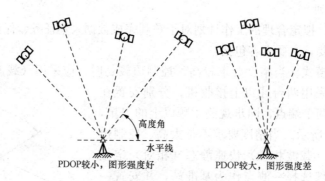

图 9-11　卫星高度角与图形强度因子示意图

（3）选择最佳观测时段。可见卫星多于 4 颗且分布均匀、PDOP 值小于 6 的时段，即为
最佳观测时段。

目前，各种类型的 GPS 接收机，其随机软件都具备 GPS 卫星可见性预报功能，只要输
入测区的概略坐标（其经纬度，可在中、小比例尺地形图上量取至分）和作业时间（日期和
时间）、卫星截止高度角等，利用不超过 20 天的星历文件，即可进行可见卫星的预报。
图 9-12～图 9-14 分别为用 Ashtech 接收机随机软件 WinPrism 做出的 GPS 卫星与地面观
测站（东经 117°、北纬 34°、高程 30m）在 2004 年 10 月 26 日（北京时）的 PDOP 值以及
12 点 45 分、15 点 30 分的卫星空间分布方位图。从图 9-12 可以看出，在一天中除 12 点至
13 点以及 17 点至 18 点外，PDOP 值均小于 6，是观测的有利时段。从图 9-13、图 9-14 可
看出，12 点 45 分时，高度角 15°以上的可见卫星只有 5 颗，而在 15 点 30 分时高度角 15°以
上的可见卫星则多达 9 颗，因此在 15 点 30 分比 12 点 45 分观测更为有利。

（4）划分观测区域。当 GPS 网的点数较多、网的规模较大而参加的接收机数量有限、
交通和通信不便时，可实行分区观测。为了增强网的整体性，提高网的精度，相邻分区应设
置公共观测点，且不得少于 3 个。

（5）编制作业调度表。应根据测区的地形、交通状况，网的大小、精度的高低，仪器数
量，卫星预报状况等编制作业调度表，以提高工作效率。作业调度表中，一般需包括观测时
段（注明开、关机时间）、测站号（名）、接收机号、作业员、车辆调度等内容。

另外，为了顺利地完成观测任务，在外业观测之前还必须对所选定的接收机进行严格检
验，其性能和可靠性合格后方可参与作业。

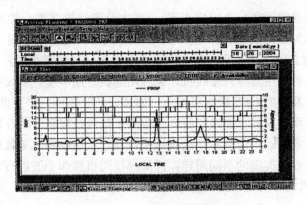

图 9-12 PDOP 值示意图

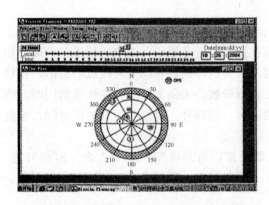

图 9-13 12点45分可视卫星方位示意图

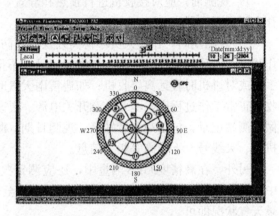

图 9-14 15点30分可视卫星方位示意图

5. 外业观测

外业观测作业的主要目的是捕获 GPS 卫星信号，并对其跟踪、处理，以获得所需要的定位信息和观测数据。外业观测应严格按照 GPS 测量作业的技术规范要求和事先所拟定的观测计划进行实施，只有这样才能协调好外业观测的进程、提高工作效率、保证测量成果的精度。

GPS 测量的外业观测，一般包括天线安置、设备连接、观测记录与外业检查等几个基本步骤。

（1）天线安置。天线（接收机）安置是实现 GPS 精密测量的重要保证。因此，天线安置应尽可能利用三脚架，天线距地面一般应在 1m 以上，并严格进行整平、对中和定向。

天线安置的对中误差，一般不应大于 2mm（只有在特殊情况下，才可进行偏心观测，若进行偏心观测时，要精密测定归心元素）。

天线的定向标志线应指向正北，并顾及当地磁偏角的影响，以减弱相位中心偏差的影响。定向的误差依定位的精度要求不同而异，一般不应超过±3°~5°。

雷雨天气安置天线时，应注意将其底盘接地，以防止雷击。

安置好天线后，应在各观测时段的前后，各量取一次天线高（所谓"天线高"，是指接收机天线平均相位中心至测站点标志中心顶端的垂直距离，一般分为上、下两段。上段是指天线平均相位中心至天线底面的距离，其数值由厂家给出，并作为常数；下段是指天线底面至测站点标志中心顶端的距离，由用户测定），两次量测结果之差一般不应超过±3mm；合格后，取其平均值作为最终成果，并记入 GPS 外业观测（电子）手簿中。每次量取仪器高时，应在互为 120°的方向处量三遍，互差也应小于±3mm（量至毫米）。

（2）设备连接。若使用分体式接收机，需利用随机专用电缆，将天线、主机和电源连接在一起。目前，多数新型的 GPS 接收机皆为一体式，此时则不再需要进行设备连接。

（3）观测记录。设备安置、连接好后，作业人员即可按规定时间开机；当输入卫星截止高度角、卫星信号采集间隔等信息后，接收机便自动进入接收和记录数据状态（具体的操作步骤和方法，将随接收机类型的不同而异，详情可按随机操作手册进行）。

虽然 GPS 接收机的自动化程度很高，但在 GPS 控制测量作业中，操作人员仍须注意以下事项：

1）观测前，应对接收机进行预热和静置，同时检查电池的电量、接收机的内存和可储存空间是否充分。

2）观测期间，作业人员不得离开仪器，防止他人或物体靠近天线；随时查看接收机工作状况，发现故障及时排除，并做好记录；不得在接收机近旁使用无线电通信工具，即使用手机或对讲机时宜远离接收机；如遇雷雨天气时，应关机停测，并卸下天线以防雷击；在接收机正常工作过程中，不要随意开关电源、更改设置参数、关闭文件等。在作业的同时，应做好测站记录，包括观测者姓名、观测日期、测站名、测站号、时段号、开关机时间、接收机号、天线号、天线高等相关信息。

另外，在高精度 GPS 测量中，还应测定气象元素：每时段应不少于 3 次（时段开始、中间和结束时），气压读至 0.01kPa，气温读至 0.1℃。而对一般城市及工程测量，则只需记录天气状况即可。

3）观测记录和测量手簿都是 GPS 精密定位的依据，必须按规定现场认真及时填写，字迹要清晰、整齐，严禁涂改、转抄、事后补记或追记。

4）观测结束时，经检查全部预定作业项目均已按规定完成、记录与资料完整无误，并将点位保护好后方可迁站。

5）每日观测结束后，应及时将接收的数据转存至计算机，拷贝一式两份，并在存储介质外面的适当位置贴制标签（注明文件名、网区名、点名、时段名、采集日期、测量手簿编号等），分别保存在专人保管的防水、防静电的资料箱内。在转录过程中，不得进行任何剔除或增改，不得调用任何对数据实施重新加工组合的操作指令。

（4）外业检查。外业检核是确保外业观测质量，实现预期定位精度的重要环节。所以，当观测任务结束后，必须在测区及时对外业观测数据进行严格的检核，并根据情况采取淘汰或必要的重测、补测措施。只有按照要求，对各项内容严格检查，确保准确无误后，方可离开测区。

6. 内业数据处理

由于 GPS（快速）静态测量采用连续同步观测的方式，其数据之多、信息量之大是常规测量无法比拟的，再加之采用的数学模型、算法等形式多样，数据处理的过程比较复杂，因此 GPS 测量的内业数据处理必须采用相应的软件通过计算机来完成。

GPS 测量的内业数据处理，一般包括基线解算、成果检核、无约束平差和约束平差几个方面。

（1）基线解算。对两台及两台以上接收机同步观测值进行独立基线向量计算，称为基线解算，也称为观测数据的预处理。

（2）成果检核。成果检核，主要包括每个时段同步环闭合差、复测边不同时段的基线差和异步环闭合差三个方面的检查。只有对各项内容进行严格检查，并符合相应的精度要求后，才能进行后面的平差计算。

（3）无约束平差。利用基线解算的结果，以网中一个点的 WGS-84 坐标为起算数据，在 WGS-84 坐标系中进行 GPS 网的整体无约束平差。平差结果为各点在 WGS-84 坐标系中的坐标，基线向量（坐标差）及基线边长和相应的精度信息等。

（4）约束平差。在无约束平差确定的有效观测量基础上，将网中原有控制点（公共点）的已知坐标等作为约束条件，在我国测量坐标系中进行约束平差（与地面网联合平差），最终求得各控制点在我国测量坐标系中的坐标等成果。

上述的基线解算和网的平差，皆可利用随机软件（高等级控制网，需用专门的高精度解算软件）自动完成，限于篇幅，在此不再赘述（如需要，请自行参阅相关专业书籍）。

7. 技术总结

GPS 测量工作结束后，应根据整个 GPS 网的布设及数据处理情况，进行全面的技术总结，汲取经验。

二、GPS 实时动态控制测量

GPS 静态相对定位虽然精度高，但不具备实时性，主要用于建立大范围高等级的平面控制网。而对于四等以下的平面控制网，可采用单基站（常规）RTK 或网络 RTK 测量快速布设（已建立 CORS 系统的地区，宜优先采用网络 RTK），可实时得到定位结果和定位精度，其主要技术要求见表 9-7（摘自 CJJ/T 73—2010《卫星定位城市测量技术规范》）。

表 9-7　　　　　　　　　GNSS（GPS）RTK 平面测量技术要求

等级	相邻点间距（m）	点位中误差（cm）	边长相对中误差	流动站到单基准站间距（km）	测回数
一级	≤500	≤±5	≤1/20 000		≥4
二级	≤300	≤±5	≤1/10 000	≤6	≥3
三级	≤200	≤±5	≤1/6 000	≤3	≥3
图根	≤100	≤±5	≤1/4 000	≤3	≥2

注 点位中误差，是指控制点相对于最近基准站的误差。一级控制点的布设，应采用网络 RTK 测量技术。网络 RTK 测量，可不受流动站到单基准站间距的限制，但应在网络有效服务范围内。困难地区，相邻间距缩短至表中的 2/3，边长较差不应大于 ±2cm。测回数是指同一流动站初始化观测的次数，又简称观测次数；每测回的自动观测个数不应少于 10 个历元（时刻）观测值，并取其平均值作为定位结果；每测回观测前，应对仪器重新进行初始化，并在得到 RTK 固定解且稳定后开始记录观测值；经纬度应记录到 0.00001″，平面坐标记录至 0.001m；测回间的平面坐标分量较差，不应超过 ±2cm。作业时，宜采用固定误差不超过 10mm、比例误差系数不超过 2mm/km 的双频 RTK 接收机。

采用常规 RTK 技术建立（平面）控制网，其野外作业的基本流程如下：

（1）架设基准站。首先，在测区一个地势较高、视野开阔、观测条件良好的已知点上安置基准站接收机，并量取天线高；然后，在基准点附近架设数传电台的天线，连接有关电缆

（图 7-5）；最后，经检查连接无误后，打开接收机和数传电台。

目前，市面上已出现了完全无线的 RTK 系统，如 TOPCON 公司生产的 HiPer 系列（图 9-15），将接收机主机、天线合为一体，内置有电台、电池（作用距离可达 5~8km），并采用先进的蓝牙通信技术和顶置电台天线技术，无需额外的设备、电缆及沉重的电瓶，从而使基准站的架设变得十分轻松。

（2）设置和启动基准站。启动工作手簿（控制器），首先建立新任务、设置作业模式，然后进行坐标系有关设置，输入基准站及其他已有平面控制点名称、平面坐标等信息，再进行电台广播格式、通信参数、天线类型、天线高等项目的设定，随后用基准站坐标启动基准站。

（3）设置和启动流动站。先在基准站附近连接好流动站设备，再在工作手簿中设置流动站有关项目，如广播格式（应与基准站一致）、通信参数、天线类型、天线高等，启动流动站接收机进行初始化。

（4）测求坐标转换参数。将流动站依次置于其他已知控制点（不能少于 3 个，并分布均匀，能控制整个测区）上进行观测，结合手簿中已输入的已知坐标信息求定坐标转换参数。

当已获得测区坐标系统转换参数时，可直接输入利用已知的参数，不必再自行测求。

（5）控制点检核。开始作业或重新设置基准站后，应至少在一个已知点上进行检核，平面位置较差不应大于±5cm。

（6）控制测量。将流动站依次到待测的控制点上进行观测，从而测得各控制点的实用坐标。为确保精度，测量时流动站接收机需用便携支架加以稳定，如图 9-16 所示。

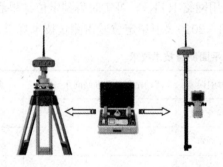
图 9-15　完全无线的 RTK 系统示意图

图 9-16　流动站安置示意图

目前，常规 RTK 的作业模式，主要有快速静态测量、准动态测量和动态测量三种。

（1）快速静态测量。若作业模式设置为快速静态测量，则要求流动站接收机在每一个待测点上进行静止观测，实时解算出整周未知数和待测点的坐标；如果解算结果的变化趋于稳定，且其精度已满足设计要求，便可适时地结束观测。

采用这种模式作业，流动站接收机在移动过程中，可以不必保持对 GPS 卫星的连续跟踪，其定位精度可达 1~2cm，主要用于区域性的控制测量、工程测量和地籍测量等。

（2）准动态测量。若作业模式设置为准动态测量，则要求流动站接收机在观测工作开始之前，首先在起始点上静止地观测数分钟，以便采用快速解算整周未知数的方法实时地进行初始化工作。初始化后，流动站接收机在每一个待测点上只需静止观测数历元，即可实时地解算待测点的坐标。目前，其定位精度也可达厘米级，主要用于地籍测量、碎部测量、路线测量和工程放样等。

采用这种模式作业，则要求流动站接收机在移动过程中，必须保持对所测 GPS 卫星的连续跟踪；一旦发生失锁，便需重新进行初始化工作。

（3）动态测量。若作业模式设置为动态测量，同样需要首先在起始点上静止地观测数分钟，以便进行初始化。初始化好后，运动中的接收机即可按预定的采样间隔自动进行观测，实时解算待测点的坐标。目前，其定位精度也可达厘米级，主要用于航空摄影测量和航空物探中采样点的实时定位、航道测量、道路中线测量及运动目标的精密导航等。

采用这种模式作业，在观测过程中也必须保持对所测 GPS 卫星的连续跟踪；一旦发生失锁，便需重新进行初始化工作。

在已建立 CORS 系统的地区，若采用网络 RTK，用户则不需要再关注基准站的设置和数据通信等，仅使用一台或多台流动站接收机即可便捷地完成相应的测量任务（但需要事先申请、登记注册，获得系统的授权后方可登录系统、得到系统提供的服务）。

9.3　高程控制测量

过去，高程控制点的高程是用水准测量方法测定的，所以高程控制网一般称为水准网，高程控制点称为水准点（通常在其编号前冠以字母 BM 表示）。现如今，根据实际情况，高程控制测量除采用水准测量外，也可以采用 EDM 三角高程测量或 GNSS 高程测量等方法。

9.3.1　水准测量

一、等级划分与技术要求

根据水准控制网精度的高低，可将其划分为若干不同的等级。如在 GB 22021—2008《国家大地测量基本技术规定》中，按逐级控制的原则将国家水准网划分为一等、二等、三等、四等，其中一等水准网是国家高程控制的骨干，二等水准网是国家高程控制的全面基础，三、四等水准网是一、二水准网的进一步加密，布测时应严格按照现行国家标准 GB/T 12897—2006《国家一、二等水准测量规范》和 GB/T 12898—2009《国家三、四等水准测量规范》中的有关规定执行；而在 GB 50026—2007《工程测量规范》中，则将其划分为二等、三等、四等、五等和图根水准，其主要技术要求见表 9 - 8。

表 9 - 8　　　　　　　　　　水准测量的主要技术要求

等级	每千米高差全中误差 (mm)	路线长度 (km)	水准仪型号	水准尺	视线长度 (m)	前后视距差 (m)	前后视距累计差 (m)	视线离地面最低高度 (m)	基辅分划或黑红面读数较差 (mm)	基辅分划或黑红面所测高差较差 (mm)	观测次数		往返较差、附合或环线闭合差	
											与已知点联测	附合或环线	平地 (mm)	山地 (mm)
二等	≤±2		S_1	因瓦	≤50	≤±1	≤±3	≥0.5	≤±0.5	≤±0.7	往返各一次	往返各一次	≤±4$\sqrt{L}$	
三等	≤±6	≤50	S_1	因瓦	≤100	≤±3	≤±6	≥0.3	≤±1.0	≤±1.5	往返各一次	往一次	≤±12$\sqrt{L}$	≤±4$\sqrt{n}$
			S_3	双面	≤75				≤±2.0	≤±3.0		往返各一次		

续表

等级	每千米高差全中误差(mm)	路线长度(km)	水准仪型号	水准尺	视线长度(m)	前后视距差(m)	前后视距累计差(m)	视线离地面最低高度(m)	基辅分划或黑红面读数较差(mm)	基辅分划或黑红面所测高差较差(mm)	观测次数		往返较差、附合或环线闭合差	
											与已知点联测	附合或环线	平地(mm)	山地(mm)
四等	≤±10	≤16	S_3	双面	≤100	≤±5	≤±10	≥0.2	≤±3.0	≤±5.0	往返各一次	往一次	≤±20$\sqrt{L}$	≤±6$\sqrt{n}$
五等	≤±15		S_3	单面	≤100	近似相等					往返各一次	往一次	≤±30$\sqrt{L}$	
图根	≤±20	≤5	S_3	单面	≤100	近似相等					往返各一次	往一次	≤±40$\sqrt{L}$	≤±12$\sqrt{n}$

注 L、n 分别为往返测段、附合或环线的水准路线长度(km)和测站数;二等水准视线长度小于 20m 时,其视线高度不应低于 0.3m;对于图根支水准路线,其长度不应大于 2.5km;三、四等水准,采用变动仪器高度观测单面水准尺时,其所测两次高差之差,应与黑、红面所测高差之差的要求相同;利用数字水准仪进行观测时,可不受基、辅分划或黑、红面读数较差指标的限制,但测站两次观测的高差较差,应满足表中相应等级基、辅分划或黑、红面所测高差较差的限制。

二、水准测量的外业工作

水准测量的外业工作,一般包括踏勘选点、建立标志、拟订水准路线、观测和记录等,现分述如下。

1. 踏勘选点

对于较大范围的水准测量,在测量之前应首先收集该地区有关的测量资料(包括各种比例尺地形图和已有水准点成果等),然后根据这些资料制订初步选点方案,最后到实地进行勘察选定水准点的位置。对于小范围的水准测量,可直接到实地进行勘察选定水准点的位置。

水准点应选在稳定、便于观测的地方。

2. 建立标志

水准点位置选定后,应按等级要求埋设相应的标志将点位固定下来,并予以编号。对于地形复杂地区,水准点埋设后还应绘制出水准点附近的草图(称为点之记),以便于日后寻找水准点位使用。

国家和城市水准点应按规范的要求,埋设永久性的标志,使之能长期保存和使用。如图 9-17(a)所示,其标石一般用石料或钢筋混凝土制成,其顶面设有不锈钢或其他不易锈蚀材料制成的半球状标志,深埋在地面冻结线以下(半球状标志顶点,表示水准点的高程位置),并在标石和井盖上刻上编号。在城镇地区,有些水准点也可用金属标志设置在稳定的建筑物墙脚上(称为墙上水准点),如图 9-17(b)所示,并在其上方墙面上做一标志牌,注出其编号(如Ⅳ066,表示第 66 号四等水准点)。

对于一些不需要长期保存的测图或工程水准点,其标志既可以仿照国家和城市水准点那样[如图 9-18(a)所示],也可采用打木桩并在桩顶钉一小钉的形式[如图 9-18(b)所示],也可在硬化地面、裸露岩石上打入一钢钉或直接用红油漆画一标志(画一圆圈,圈内点一小点或画一细十字线）。

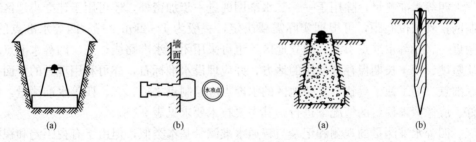

图 9 - 17　国家和城市水准点示意图　　　图 9 - 18　测图或工程水准点示意图

3. 拟订水准路线

当需要同时测定多个水准点的高程时，为了检核水准测量的成果和求得待定点的正确高程，需按一定的水准路线（水准测量所经过的路线）进行观测。对于小范围的水准测量，通常采用如下三种单一水准路线的形式。

（1）附合水准路线。如图 9 - 19（a）所示，从已知水准点 BMA 出发，沿待测高程点 1、2、3 诸点进行水准测量，最后再测至另一已知水准点 BMB，这种水准路线称为附合水准路线。

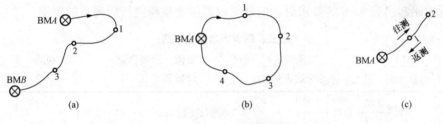

图 9 - 19　单一水准路线示意图

从理论上说，附合水准路线上各点间高差的代数和，应等于两个已知水准点间的已知高差，即

$$\sum h_{理} = H_B - H_A \tag{9 - 15}$$

（2）闭合水准路线。如图 9 - 19（b）所示，从已知水准点 BMA 出发，沿待测高程点 1、2、3、4 诸点进行水准测量，最后再测回到原出发点 BMA，这种水准路线称为闭合水准路线。

从理论上讲，闭合水准路线上各点间高差的代数和应等于零，即

$$\sum h_{理} = 0 \tag{9 - 16}$$

（3）支水准路线。如图 9 - 19（c）所示，从已知水准点 BMA 出发，经过待测高程点 1、2 之后，不自行闭合，也不附合到另一已知水准点上，这种水准路线称为支水准路线。

支水准路线通常要进行往、返观测（称为复测支水准路线），以便检核。从理论上讲，往测高差与返测高差应大小相等、符号相反，即往测高差与返测高差的代数和应等于零

$$\sum h_{往理} + \sum h_{返理} = 0 \tag{9 - 17}$$

4. 外业观测与记录计算

水准点埋设完毕待其稳定后，即可按拟订的水准路线进行观测。一等、二等水准属于精密测量，一般由国家相关专业测绘单位负责布测；五等、图根水准测量可参见前面第 2 章介绍的

普通水准测量。在此，主要介绍三、四等水准测量的有关内容。

三、四等水准测量，除用于一、二水准网的进一步加密外，还可用于建立小地区首级高程控制网；其点位间距，可根据实际需要决定，一般为 1～2km。三、四等水准点的高程，应从附近一、二等水准点引测；独立地区，也可采用闭合水准路线。三、四等水准点，应选在土质坚硬、便于长期保存和使用的地方，并应埋设水准标石，亦可利用埋石的平面控制点兼作水准点。为了便于寻找，复杂地区的水准点应绘制点之记。三、四等水准测量，应在通视良好、成像清晰稳定的情况下进行，其主要技术要求见表 9-8。

三、四等水准测量的观测和记录与普通水准测量基本类似，但由于有视距差和视距累计差的限制以及需要进行测站检核等，因此亦有所不同，现将其具体的操作方法、步骤介绍如下（记录手簿，见表 9-9）。

首先按表 9-8 的要求选择水准仪和水准尺，然后逐站进行观测。每一测站的观测顺序和方法为（以 S_3 光学水准仪和双面尺为例）：

（1）在后、前视点上各竖立一水准尺，在前后视距大致相等的地方安置水准仪并粗平（此时，要将尺子的黑面对向仪器）。

（2）瞄准后尺黑面，读取上、下丝读数，记入表 9-9 的（1）、（2）单元格中，并计算后视距填入表 9-9 的（3）单元格中。

当后视距超出表 9-8 的要求时，应调整仪器位置重新进行后视点的观测。

表 9-9　　　　　　　　三、四等水准测量手簿

往测：自　BMA　至　B　　天气　晴　微风　　成像　清晰稳定　　观测　张三

2011 年 7 月 8 日　　开始 9 时 08 分结束 10 时 21 分　　仪器苏光 S_3-1　　记录　李四

测站编号	测点	后尺 上丝／下丝 后视距 视距差 d	前尺 上丝／下丝 前视距 累计差 $\sum d$	方向及尺号	水准尺读数 (m) 黑面	水准尺读数 (m) 红面	K+黑-红 (mm)	高差中数 (m)	备注
		(1)	(5)	后	(4)	(13)	(15)	(18)	
		(2)	(6)	前	(10)	(12)	(16)		
		(3)	(7)	后一前	(11)	(14)	(17)		
		(8)	(9)						
1	BMA ∣ TP1	1.426 0.995 43.1 +0.1	0.801 0.371 43.0 +0.1	后 1 前 2 后一前	1.211 0.586 +0.625	5.998 5.273 +0.725	0 0	+0.6250	BMA 的高程为 36.345m K_1=4.787m K_2=4.687m
2	TP1 ∣ TP2	1.812 1.296 51.6 -0.2	0.570 0.052 51.8 -0.1	后 2 前 1 后一前	1.554 0.311 +1.243	6.241 5.097 +1.144	+1 -1	+1.2435	
3	TP2 ∣ TP3	0.889 0.507 38.2 +0.2	1.713 1.333 38.0 +0.1	后 1 前 2 后一前	0.698 1.523 -0.825	5.486 6.210 -0.724	-1 0 -1	-0.8245	

续表

测站编号	测点	后尺 上丝 下丝	前尺 上丝 下丝	方向及尺号	水准尺读数（m）		K+黑−红（mm）	高差中数（m）	备注
		后视距	前视距		黑面	红面			
		视距差 d	累计差 ∑d						
		(1)	(5)	后	(4)	(13)	(15)	(18)	
		(2)	(6)	前	(10)	(12)	(16)		
		(3)	(7)	后−前	(11)	(14)	(17)		
		(8)	(9)						
4	TP3 ｜ B	1.891 1.525 36.6 −0.2	0.758 0.390 36.8 −0.1	后 2 前 1 后−前	1.708 0.574 +1.134	6.395 5.361 +1.034	0 0 0	+1.1340	
辅助计算与检核		$\sum(3)=169.5$ $-)\sum(7)=169.6$ $=-0.1$ 总视距$\sum(3)+\sum(7)=339.1\text{m}$		$\sum[(4)+(13)]=29.291$ $-)\sum[(10)+(12)]=24.935$ $=+4.356$			$\sum[(11)+(14)]=+4.356$ $\sum(18)=+2.178$ $2\sum(18)=+4.356$		

当后视距符合表 9-8 的要求时，精平（若为自动安平水准仪，省略）、读取中丝读数，并填入表 9-9 的 (4) 单元格中。

(3) 瞄准前尺黑面，读取上、下丝读数，记入表 9-9 的 (5)、(6) 单元格中，并计算前视距填入表 9-9 的 (7) 单元格中。

当前视距超出表 9-8 的要求时，应调整前视点的位置重新进行前视点的观测。

当前视距符合表 9-8 的要求时，接着再计算前、后视距差 (8)＝(3)−(7) 和前、后视距累计差 (9)＝上站之(9)＋本站(8)，填入表 9-9 的 (8)、(9) 单元格中。

当前、后视距差和前、后视距累计差超过表 9-8 的要求时，应调整前视点的位置重新进行前视点的观测。

当前、后视距差和前、后视距累计差符合表 9-8 的要求时，精平（若为自动安平水准仪，省略）、读取中丝读数，并填入表 9-9 的 (10) 单元格中。

最后，计算黑面高差 (11)＝(4)−(10)，填入表 9-9 的 (11) 单元格中。

(4) 仪器不动，转动水准尺将其红面对向仪器（转动过程中，尺底位置不得变动）。

(5) 瞄准前尺红面，精平后（若为自动安平水准仪，省略）读取中丝读数，记入表 9-9 的 (12) 单元格中；计算前视尺黑、红面中丝读数之差 (16)＝$K_{前}$＋(10)−(12)，符合表 9-8 的规定后，填入表 9-9 的 (16) 单元格中。

(6) 瞄准后尺红面，精平后（若为自动安平水准仪，省略）读取中丝读数，记入表 9-9

的（13）单元格中；计算后视尺黑、红面中丝读数之差（15）＝$K_后$＋（4）－（13），符合表9-8的规定后，填入表9-9的（15）单元格中；并计算红面高差（14）＝（13）－（12），填入表9-9的（14）单元格中。

（7）计算黑、红面所测高差之差（17）＝（11）－（14）±0.100（0.100为单、双号水准尺红面尺底注记之差，以m为单位），符合表9-8的规定后，填入表9-9的（17）单元格中，否则应检查原因或重测，并利用（17）＝（15）－（16），再做一步计算检核。

（8）计算黑、红面所测高差的平均值（18）＝{（11）＋[（14）±0.100]}/2，填入表9-9的（18）单元格中。

这样的观测程序，简称为"后—前—前—后"，其优点是可以大大减弱仪器和尺子下沉误差的影响。对于四等水准测量，也可采用"后—后—前—前"的观测程序，即先观测后视黑面，再观测后视红面，接着再依次观测前视的黑面和红面。

以上是采用双面尺时，每一测站的观测顺序和方法。若使用因瓦尺，只需将其基本分划看作黑面、辅助分划看作红面即可。若使用数字水准仪（测前，必须认真仔细地阅读其使用说明书）时，每测站的观测顺序和方法一般则为（观测结果，由仪器自动存储记录）：

（1）在后、前视点上各竖立一水准尺，在前后视距大致相等的地方安置水准仪，粗平后开机。

（2）瞄准后视尺，调焦至条形码影像清晰，按测量键。

（3）显示读数后，瞄准前视尺，调焦至条形码影像清晰，按测量键。

（4）显示读数后，重新瞄准前视尺，按测量键。

（5）显示读数后，瞄准后视尺，调焦至条形码影像清晰，按测量键。

（6）测站检查合格后，迁站（不能关机）。

此外，待填满一页或测完一个测段后，还应进行以下计算和检核：

（1）高差部分。后视黑、红面读数总和减前视黑、红面读数总和应等于黑、红面高差总和，还应等于平均高差总和的两倍，即

$$\sum[(4)+(13)]-\sum[(10)+(12)]=\sum[(11)+(14)]=2\sum(18) \quad (9-18)$$

上式适用于测站数为偶数的情况。

$$\sum[(4)+(13)]-\sum[(10)+(12)]=\sum[(11)+(14)]=2\sum(18)\pm0.100 \quad (9-19)$$

上式适用于测站数为奇数的情况。

（2）视距部分。后视距离总和减前视距离总和应等于末站视距累积差，即

$$\sum(3)-\sum(7)=末站(9) \quad (9-20)$$

校核无误后，算出总视距（路线长度）

$$总视距=\sum(3)+\sum(7) \quad (9-21)$$

最后指出：①在观测间歇时，最好能在水准点上结束，否则应在最后一站选择两个坚稳可靠、光滑突出、便于放置标尺的固定点作为间歇点（如无固定点可选用，则间歇前应在最后两测站的转点处打入带有帽钉的木桩作间歇点）；间歇后，应对间歇点进行检测，符合要求（间歇前后两次高差之差，三等应不大于±3mm，四等应不大于±5mm）后继续向前观测（若超限，可变动仪器高度再检测一次；如仍超限，则应从前一水准点起测）；检测成果应在手簿中加以保留，但计算高差时不采用。②上面介绍的只是相邻水准点间即一个测段的

情况，若遇到按拟定水准路线同时测定多个待测高程点时，如图 9 - 19（a）所示，则要同法依次测定出 BMA 至 1 点、1 点至 2 点、2 点至 3 点、3 点至 BMB 四个测段的高差。

三、水准测量的内业计算

水准测量外业工作结束后，首先要对野外观测手簿进行严格、认真、仔细而全面的检查；经检核无误后，计算高差闭合差进行成果检核；符合精度要求后，再进行高差闭合差的调整，最后计算出各待定点的高程。以上工作，一般可回到室内进行，故称之为水准测量的内业。

1. 附合水准路线的内业计算

图 9 - 20 所示为一附合水准路线，BMA、BMB 为两已知水准点；A 点高程为 65.376m，为路线的起点；B 点高程为 68.623m，为路线的终点；点 1、2、3 为高程待测点，各测段高差（单位为 m）及测站数如图 9 - 20 所示。其内业计算，可在表中完成（表 9 - 10），具体方法步骤如下。

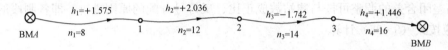

图 9 - 20 附合水准路线观测成果略图

表 9 - 10　　　　　　　　　　　　　附合水准路线内业计算表

测段编号	测点	测站数	实测高差（m）	改正数（m）	改正后高差（m）	高程（m）	备注
1	BMA	8	+1.575	-0.011	+1.564	65.376	已知点
2	1	12	+2.036	-0.016	+2.020	66.940	
3	2	14	-1.742	-0.019	-1.761	68.960	
	3					67.199	
4	BMB	16	+1.446	-0.022	+1.424	68.623	已知点
	Σ	50	+3.315	-0.068	+3.247		
辅助计算	$f_h = \sum h - (H_B - H_A) = 3.315 - (68.623 - 65.376) = 3.315 - 3.247 = +0.068m = +68mm$ $f_{h容} = \pm 12 \sqrt{50} = \pm 85mm$						

（1）准备工作。将图 9 - 20 中的测段编号、点号、测站数、实测高差以及水准点 A、B 的已知高程填入表 9 - 10 中的有关栏中。

（2）计算高差闭合差。从理论上讲，附合水准路线各测段高差的代数和应等于起点 A 与终点 B 高程之差；但实际上，由于测量误差的存在致使实测高差与其理论值并不相等，其差值称为高差闭合差，常用 f_h 表示，即

$$f_h = \sum h - (H_B - H_A) \qquad (9 - 22)$$

本算例的高差闭合差为

$$f_h = 3.315 - (68.623 - 65.376) = 3.315 - 3.247 = +0.068m = +68mm$$

（3）成果检核。不同等级的水准测量，对高差闭合差的限差规定也不同。对于图根（普通）水准测量，规范规定其高差闭合差的容许值 $f_{h容}$ 可按下式计算

$$f_{h容} = \pm 12 \sqrt{n} \ mm \qquad (9 - 23)$$

或

$$f_{h容} = \pm 40 \sqrt{L} \ mm \qquad (9 - 24)$$

式中　n——整条水准路线的测站数；

　　　L——整条水准路线的长度，km。

当 $|f_h| \leqslant |f_{h容}|$ 时，则认为观测成果符合精度要求，即可进入下一步计算；否则即为不合格，需检查原因甚至重新观测。

本算例整条水准路线的测站数为

$$n = \sum n_i = n_1 + n_2 + n_3 + n_4 = 8 + 12 + 14 + 16 = 50$$

因此，高差闭合差的容许值为

$$f_{h容} = \pm 12 \sqrt{50} = \pm 85 \text{mm}$$

可见，本算例高差闭合差小于容许闭合差，故其精度符合图根（普通）水准测量的要求。

（4）高差闭合差的调整。由于各站的观测条件相同，一般认为各站产生的误差也是相等的，故高差闭合差的调整可按与测站数成正比、反符号分配的原则进行，即各测段的高差改正数 v_i 应按式（9-25）计算

$$v_i = -\frac{f_h}{n} n_i \tag{9-25}$$

式中　n_i——各测段的测站数。

当已知路线长度时，高差闭合差也可按与距离成正比、反符号进行分配，即各测段的高差改正数 v_i 也可按式（9-26）计算

$$v_i = -\frac{f_h}{L} L_i \tag{9-26}$$

式中　L_i——各测段的路线长度，km。

本算例中，利用式（9-25）计算出的各测段高差改正数分别为

$$v_1 = -\frac{68}{50} \times 8 = -11 \text{mm}$$

$$v_2 = -\frac{68}{50} \times 12 = -16 \text{mm}$$

$$v_3 = -\frac{68}{50} \times 14 = -19 \text{mm}$$

$$v_4 = -\frac{68}{50} \times 16 = -22 \text{mm}$$

并填入表 9-10 中的改正数列内。

算得高差改正数后，须及时进行计算检核；即将高差改正数求代数和，其值应与高差闭合差大小相等、符号相反，否则说明计算有错误。但值得注意的是：由于高差改正数一般只需保留至毫米，因此有时可能会出现凑整误差导致 $\sum v \neq -f_h$；此时，需认真检查、核对，如确定不是计算错误而是由凑整误差造成，须人为地对已算得的高差改正数加以调整，从而达到 $\sum v = -f_h$；调整的原则为：如果出现改正少了，则应在测站数最多或距离最长的测段上多改正 1mm；如果出现改正多了，则应在测站数最少或距离最短的测段上少改正 1mm；依次类推，直至 $\sum v = -f_h$。

检核无误后，将各测段的实测高差加上相应的改正数，便得到改正后的高差，填入改正后高差列内。

求得改正后高差后，同样须要及时进行计算检核；即将改正后的高差求代数和，其值应与起点 A、终点 B 的高差相等，否则说明计算有错误。

（5）计算待定点的高程。根据改正后的高差，由起始点 A 开始，逐点推算出 1、2、3 点的高程。

最后，同样不要忘记进行计算检核。其方法是：推算出 3 点的高程后，继续利用改正后的高差推算出 B 点高程；推算出的 B 点高程应与已知的高程相等，否则说明高程计算有误。

2. 闭合水准路线的内业计算

闭合水准路线可看成是起、终于同一已知水准点的附合水准路线，因此其内业计算与附合水准路线类似，只是式（9-22）可直接写成

$$f_h = \sum h_{\scriptscriptstyle 测} \tag{9-27}$$

同时，两个计算检核条件也稍有变化：①改正后高差的代数和，其值应等于零；②最后继续利用改正后的高差推算出的终点高程，应与起点的高程相等。

3. 支水准路线的内业计算

对于支水准路线的内业计算，若只进行了单程观测，可直接根据实测的各测段高差，由已知点开始逐点推算出待测点即可；若是进行了往、返观测，则要像附（闭）合水准路线那样，先按式（9-28）计算高差闭合差进行成果检核

$$f_h = \sum h_{\scriptscriptstyle 往} + \sum h_{\scriptscriptstyle 返} \tag{9-28}$$

但符合精度要求后，不需计算改正数，直接取各测段往、返测高差的平均值来推算待测点的高程即可。

9.3.2　EDM 三角高程测量

根据 GB 50026—2007《工程测量规范》的规定：EDM 三角高程测量，可在平面控制点的基础上布设成高程导线（或三角高程网）代替四等、五等以及图根水准测量进行高程控制；四等应起止于不低于三等水准精度的高程控制点，五等和图根应起止于不低于四等水准精度的高程控制点；视线长度一般应不大于 700m，最长不得超过 1km；在每条边上均应作对向观测，对向观测宜在较短时间内进行；仪器高和目标高，在观测前、后各量一次（读至 1mm），两次互差不得超过 ±3mm，并取两次丈量的平均值作为最终结果；竖直角和斜距的观测，应在成像清晰、信号稳定的情况下进行，其主要技术要求见表 9-11。

表 9-11　　EDM 三角高程测量的主要技术要求

等级	每千米高差全中误差（mm）	竖直角观测				边长测量				对向观测高差较差（mm）	附合或环线闭合差（mm）
		仪器等级	测回数	指标差较差（"）	测回较差（"）	仪器等级	方法与测回数	读数较差（mm）	测回值较差（mm）		
四等	≤±10	2"	3	≤±7	≤±7	Ⅱ级	往返观测各 1 测回	≤±10	≤±15	≤±40$\sqrt{D}$	≤±20$\sqrt{\sum D}$
五等	≤±15	2"	2	≤±10	≤±10	Ⅱ级	往一次1 测回	≤±10	≤±15	≤±60$\sqrt{D}$	≤±30$\sqrt{\sum D}$
图根	≤±20	6"	2	≤±25	≤±25	Ⅱ级	往一次1 测回	≤±10	≤±15	≤±80$\sqrt{D}$	≤±40$\sqrt{\sum D}$

注　D 为测距边的边长（km）；当进行对向观测确有困难时，可单向观测，但总的测回数不变；每测站皆需测定气温和气压，以便对距离进行气象改正。

当外业观测成果符合表 9-11 的要求后，先由对向观测所求的高差平均值计算高程导线的高差闭合差，然后按边长成正比例的原则将高差闭合差反符号进行分配，最后用改正后的高差平均值由起始点的高程推算出各待求点的高程。

9.3.3 GNSS 高程测量

GNSS 高程测量，目前仍以 GPS 为主，因此通常又称为 GPS 高程测量。

GPS 高程控制测量，宜与 GPS 平面控制测量一起，同时布设和施测。

由于 GPS 测量得到的是大地高 $H_大$，而我国实际采用的却是正常高 H，其关系为

$$H_大 = H + \zeta \qquad\qquad (9-29)$$

式中　ζ——高程异常。

可见，欲利用 GPS 测量结果求得某点的正常高，则需要知道该点的高程异常。

因此，利用 GPS 进行高程控制测量的通常做法是：首先，在小区域范围内的 GPS 网中，采用水准测量的方法联测网中若干 GPS 控制点的正常高，按式（9-29）反算求得联测点的高程异常；然后，利用各联测点的平面坐标和高程异常采用数学拟合的方法，拟合出该 GPS 网区域的高程异常模型，从而内插求得其余各 GPS 控制点的高程异常值；最后，再按式（9-29）求得各 GPS 控制点的正常高（该高程异常模型，可以应用于后续的 GPS 高程测量中）。该方法，称为 GPS 水准测量，在平原、丘陵地区可代替四等及其以下水准测量进行高程控制测量。

在进行 GPS 水准测量时，为了获得较好的拟合成果，联测点应均匀地分布于网的周围和中央（若测区为带状地形，应分布于测区两端和中部）。联测点的数量，应视测区的大小、似大地水准面变化情况而定，平原地区可少一些（但不能少于选用拟合计算模型中未知点的个数），山区应多一些，位于地形突变部位的 GPS 点也应进行水准联测。对于地形平坦的小测区，可采用平面拟合模型；对于地形起伏较大的测区，宜采用曲面拟合模型；当 GPS 网布设成线状或带状时，可采用曲线拟合。

对于区域范围较大或地形地质情况复杂的地区，只依靠 GPS 测量、水准测量资料确定高程异常模型比较困难，此时需开展专项的区域似大地水准面精化工作，制订详细的技术设计，收集重力、水准、地形等资料，并结合 GPS 测量、水准测量和重力测量，利用重力场模型和先进的计算方法获得该区域高程异常模型成果。近年来，为了推广 GPS 高程测量技术，已在不少城市和省份完成了区域似大地水准面精化工作。例如，青岛市以 WDM94 为参考重力场模型，采用严密的地面重力数据归算方法和似大地水准面计算模型，得到了内符合精度为 ±1.5cm、外符合精度为 ±1.8cm 的青岛市似大地水准面；利用该似大地水准面成果，结合 GPS 测量的大地高，即可便捷地得到精度相当于三等及其以下水准测量的高程；若将来进一步精化，似大地水准面达到 1cm 精度，亦可满足二等级水准测量的要求。因此，在进行 GPS 高程测量时，应优先使用满足精度要求的已有的区域似大地水准面精化成果。

最后指出：①GPS 高程拟合的各种模型都有其优势和缺点，都有一定的使用范围，且不同的拟合模型对高程异常模型的影响差异较大；因此，应对高程拟合模型进行优化，对新建立的高程异常模型需要用一定数量的已知点进行拟合模型外符合检核及精度评定。②GPS 高程测量工作完成后，应进行一定量的外业抽查，对其成果进行精度评定。

9.4　传统地面模拟测图

控制测量工作结束后，接下来即可进行碎部测量、绘制地形图；传统地面模拟测图的作业流程和方法如下。

9.4.1　测图前的准备

测图前，除了做好仪器、工具及相关数据资料的准备工作外，还应着重做好图纸的准备、绘制坐标格网及展绘控制点等工作。

1. 图纸的准备

为了保证测图的质量，应选择质地较好的绘图纸或表面经打毛后的聚酯薄膜（厚度一般为 0.07~0.10mm），展平后用图钉或胶带等固定在测（绘）图板上（聚酯薄膜是透明的，最好在它与测图板之间衬一白纸）。

2. 绘制坐标格网

测图前，要先把控制点按坐标展绘在图纸上，作为后续绘制碎部点的依据。为了能将控制点准确地展绘在图纸上，应先在图纸上精确地绘制出 10cm×10cm 大小的坐标格网，然后再根据坐标格网展绘控制点。

测绘专用的聚酯薄膜，其上通常印有规范、精确的坐标格网；此时，无须再自行绘制，直接进入下一步工作（展绘控制点）即可。若聚酯薄膜上无坐标格网或采用普通绘图纸进行测图时，则可用直尺和 2H 铅笔按下述对角线法绘制（绘制时，线条一定要轻、细，不应超过 0.1mm）。

如图 9-21 所示，首先，在图纸上画出两条对角线，得其交点 M；然后，以交点 M 为起点，取一适当等长在对角线上截（交）得 A、B、C、D 点（相当于以该适当等长为半径画圆），再用直线连接各点得矩形 ABCD（此时，可将对角线擦去）；接着，分别从 A、D 两点起沿 AB 和 DC 方向每隔 10cm 定一点（若要绘制 50cm×50cm 的图幅，需定出 5 点）；再从 A、B 两点起沿 AD 和 BC 方向每隔 10cm 定一点（若要绘制 50cm×50cm 的图幅，需定出 5 点；若要绘制 40cm×50cm 的图幅，只需定出 4 点）；最后，用直线连接各对边的相应点即得 10cm×10cm 大小的坐标格网，并将多余的线条擦去（只留下 50cm×50cm 或 40cm×50cm 的图幅）。

值得注意的是：①为了使绘制出的坐标格网位于图纸的中央，在截得 A、B、C、D 四点后，应用直尺丈量一下其间距，若与图幅尺寸相差较大则需要调整画圆的半径重新截取，直至截得的矩形边长稍大于图幅尺寸为止。②坐标格网绘好后，要用直尺检查相应方格网的顶点是否在同一条直线，如图 9-21 中 ab 线所示，其偏离值不应超过图上±0.2mm；同时抽查各方格边长和对角线长，与其理论值的偏差分别不应超过图上±0.2mm 和±0.3mm。如果超过限差，则应加以改正或重新绘制。

3. 展绘控制点

展点前，应根据图幅所在位置，将格网坐标值注记在相应坐标格网边线的外侧，如图9-22 所示。

展点时，首先应根据控制点的坐标确定其所在的小方格，如控制点 A 的坐标 $x_A=$ 10 647.430m，$y_A=21$ 634.521m，根据 A 点的坐标值即可确定其位置在 plmn 方格内；然

后按 x 坐标值分别从 p、n 点按测图比例尺向上各量 $\Delta x =$ （10 647.430−10 600.000）＝47.430m，得 c、d 两点；再按 y 坐标值分别从 l、p 点按测图比例尺向右各量 $\Delta y =$ （21 634.521−21 600.000）＝34.521m，得 a、b 两点；最后用直线连接 ab 和 cd，其交点即为 A 点的位置。同法，依次将图幅内所有控制点都展绘在图纸上（图 9-22）。

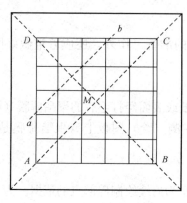

图 9-21　对角线法示意图

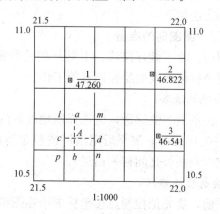

图 9-22　控制点展绘示意图

　　展点后，应量取图上相邻控制点间的距离进行检查，图上量取的长度与其相应的实际距离之差不应超过图上±0.3mm；经检查无误后，为了图面的清晰，应擦去图上多余线划，只留下边线（内图廓），并将内部格网擦去，仅在边线（内图廓）内侧留 5mm 的短线以及在图内方格顶点处留 10mm 的"十"线即可（见图 8-9）；最后，按图式规定绘出控制点的符号，并在其右侧以分数形式注明点号及高程（分子为点号，分母为高程），如图 9-22 所示。

　　若测区较小，一幅图即可测绘完成，且采用独立平面直角坐标系时，为了使控制点能均匀地分布于图幅的中央，坐标格网线的坐标值可按下述方法确定：首先，找出所有控制点中的坐标最小值，减去一个格网边长并取为格网边长的整数倍，作为图幅西南角的坐标值；例如，所有控制点中的 x 坐标最小值为 411.12m，若测图比例尺为 1：1000，则其格网边长为 100m，此时图幅西南角的 x 坐标值即可取 300m；同法，可定出图幅西南角的 y 坐标值。然后，再根据图幅西南角的坐标值，依次推算出其他格网线的坐标值。最后，根据上述的方法，在图上展绘出各控制点。值得注意的是，这样展绘出的控制点，有时可能会偏于图幅的一侧或一角，因此在正式标注坐标格网线的坐标和展绘控制点之前，应试展；合适后，再正式标注和展绘，否则应对图幅西南角的坐标值进行适当调整。

9.4.2　野外实地测图

一、方法步骤

　　在众多的传统地面模拟测图方法中，经纬仪测绘法最为简单、灵活，可适用于各类地区的地形图测绘。为此，下面仅就经纬仪测绘法进行简介。

　　经纬仪测绘法的实质，是按极坐标法定点进行测图。观测时，先将经纬仪安置在测站（某一控制点）上，在碎部点上竖立水准尺，观测测站点至碎部点和后视点（另一控制点）间的水平夹角，并用视距测量的方法测出测站点至碎部点的水平距离和碎部点的高程；然后根据测定的水平角、水平距离用量角器和比例尺把碎部点的平面位置展绘在图纸上（在点的右侧注明其高程），并及时对照实地描绘成图。其一个测站上的具体作业方法步骤如下：

（1）经纬仪的安置与定向。如图 9-23 所示，观测人员首先将经纬仪安置在测站点 A 上，对中、整平后，量出仪器高 i（仪器对中的偏差，应小于图上 0.05mm；仪器高量至厘米，记入表 9-12，并填齐表头的其他内容）；然后，盘左瞄准本图幅内较远的一控制点（如图 9-23 中的 B 点所示），并将水平度盘读数设置为 0°进行定向（AB 称为起始方向或后视方向）；最后，再瞄准另一控制点（如图 9-23 中的 C 点所示）进行检查，此时该方向与后视方向间的水平夹角与控制测量时测得的角值之差应不超过±2′。

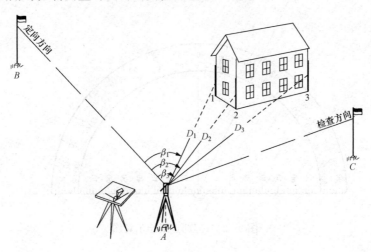

图 9-23 经纬仪测绘法示意图

（2）绘图板的安放与定向。如图 9-23 所示，绘图人员首先将绘图板安置在测站附近，用细实线连接图上相应控制点 A、B，并适当延长，AB 即为图上起始方向线；然后将大头针穿过量角器圆心的小孔插在 A 点，从而使量角器圆心固定在 A 点上；最后，调整图板使图上点位方向与实地点位方向一致。

（3）立尺。如图 9-23 所示，跑尺人员将水准尺竖立在欲测的碎部点 1 上。

（4）观测。观测人员转动经纬仪，盘左（半测回即可）瞄准碎部点 1 上的水准尺，依次读取上丝读数、下丝读数（读至毫米）、中丝读数（读至厘米）、竖盘读数和水平度盘读数即水平角 β（读至分）。

（5）记录与计算。记录人员将测得的上丝、下丝、中丝、竖盘读数及水平角依次填入碎部（地形）测量手簿（表 9-12），并按视距测量计算公式计算出平距 D 和高差 h，进而根据测站点高程求得碎部点之高程 H。对有特殊作用的碎部点，如房角、山顶、鞍部等，还应在备注中加以说明，以供必要时查对和作图。

表 9-12 **碎部（地形）测量手簿**

测站点：A　后视点：B　仪器高 $i=1.42$m　测站点高程$H_A=207.40$m　竖直角计算公式：$\alpha=90°-L$

点号	上丝读数 (m)	下丝读数 (m)	尺间隔 (m)	中丝读数 (m)	竖盘读数 ° ′	竖直角 ° ′	高差 (m)	高程 (m)	平距 (m)	水平角 ° ′	备注
1	1.673	1.167	0.506	1.42	79 34	+10 26	+9.01	216.41	48.9	114 00	
2	1.950	1.250	0.700	1.60	93 42	-3 42	-4.69	202.71	69.7	125 40	电杆

（6）展绘碎部点。首先，根据观测的水平角利用量角器在图上找出碎部点 1 所在的方向，如图 9 - 24 所示，绘图人员转动量角器，将量角器上等于 β 角值（如碎部点 1 为 114°00′）的刻划线对准起始方向线 AB，此时量角器的零方向便是碎部点 1 所在的方向；然后在零方向线上，根据测图比例尺按所测的平距定出点 1 的位置，并在点的右侧注明其高程（当 $\beta \geqslant 180°$ 时，碎部点 1 在量角器 180° 即 360° 所在的方向）。

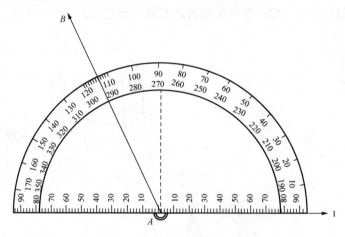

图 9 - 24　碎部点展绘示意图

同法，依次将其余各碎部点的平面位置及高程测绘于图上，直至本站能够测量的碎部点全部测绘完毕。

二、注意事项

为了保质、保量顺利完成测图任务，在野外实地测图过程中应注意以下事项：

（1）各有关人员要分工明确、密切配合，讲究工作次序，特别是跑尺人员应事先做好立尺计划，选好跑尺路线，以便配合得当、提高效率。

（2）应根据实际地形情况等，选择不同的方式、方法。例如，地势较为平坦时，可将望远镜置平利用水平视线进行观测，以简化计算。再如，主要的特征点，应独立测定；一些次要的特征点可采用量距、交会等方法测定。

（3）要使地形图能准确、全面、真实地反映地面的实际情况，碎部点的选择至关重要。对于轮廓较大的规则地物，碎部点应选在地物轮廓线的方向变化处，如房屋角点、线状地物的转折点等，连接这些特征点便得到与实地相似的地物图形。对于轮廓形状不规则的地物，要进行适当取舍；地物轮廓线的凸凹部分，在 1∶500 比例尺图上小于 1mm 或其他比例尺图上小于 0.5mm 时，可以忽略，直接用直线连接。对于轮廓较小、按测图比例尺缩小后无法绘出的地物，一般可以不表示，但重要的如独立树、电线杆、检修井等应选其中心位置进行测绘。

对于地貌，其碎部点（地形点）应选在最能反映地貌特征的地方，如山顶，鞍部，山脚、山脊线、山谷线、陡坎顶线等地性线的方向和坡度变化处。同时，地形点的密度应适当，过稀不能详细反映地貌的细小变化、影响成图质量，过密则会增加野外工作量、影响图面的清晰；因此，地形点在地形图上的间距一般规定为 2～3cm，即图上间隔 2～3cm 测绘一个地形点较为适宜。

（4）观测人员在读取竖盘读数前，应使竖盘指标水准管气泡居中或打开补偿开关。每观测 20～30 个碎部点或发现仪器有变动后，应重新瞄准起始方向检查其变化情况，变化不应超过 $\pm 4'$；否则，应重新定向，并检查已测的碎部点。

（5）立尺人员应将水准尺竖直，并随时观察立尺点周围的情况，弄清碎部点之间的关系，地形复杂时还需绘出草图，以协助绘图人员作好绘图工作。

（6）地形图上的线划、符号和注记应在现场完成，并遵循"看不清不绘"的原则。同时，要注意图面正确、整洁，注记清晰，做到随测、随展、随勾绘、随检查。

（7）当每站工作结束后，应对照实地检查在本站上已测绘的内容，及时发现问题，予以纠正。在确认地物、地貌无测错或漏测，并清点所带仪器工具后，方可迁站。

（8）仪器搬到下一站、开始观测新的碎部点之前，应先观测前站所测的某些明显碎部点，以检查由两站测得该点的平面位置和高程是否相符。如相差较大，则应查明原因；错误纠正后，再继续进行测绘。

（9）在测图过程中，应充分利用已布测的控制点。当测区地形比较复杂，在现有控制点上设站无法施测到某些隐蔽地区的碎部时，可在现场临时增补少量的测站点以满足测图的需要。

增补的测站点，其平面位置可在现有的各等级控制点的基础上，按图根控制测量的精度要求，采用极坐标法、角度交会法、距离交会法、支导线法等测定；高程可采用图根水准测量或三角高程测量的方法测定。

三、测绘内容

地形图上应表示的内容，包括测量控制点，居民地、管线、交通、水系及附属设施，境界、地貌、植被和土质以及注记（高程注记点和地理名称注记）等。其测绘和取舍，一般应符合下列要求。

1. 测量控制点

测量控制点是测绘地形图和工程测量的主要依据，均应按地形图图式规定的符号及描绘要求在图上精确表示。

2. 居民地及附属设施

依比例尺表示的，应实测其外部轮廓，填绘符号；不依或半依比例尺表示的，应准确测定其定位点或定位线，用不依或半依比例尺符号表示。

居民地的各类建筑物、构筑物，均应准确测绘其实地外围轮廓（以墙基外角为准），并在图形内注记建筑结构类别简称和层数。建筑物和围墙轮廓的凸凹部分，在 1：500 比例尺图上小于 1mm 或其他比例尺图上小于 0.5mm 时，可以忽略，直接用直线连接。

在进行 1：500、1：1000 比例尺测图时，房屋应逐个表示，临时性的可舍去；在进行 1：2000 比例尺测图时，可适当综合取舍，图上宽度小于 0.5mm 的小巷可不表示。

建筑物上突出的悬空部分，应测绘其最外轮廓范围的投影位置，主要的支柱要实测。图上长度大于 3mm、宽度大于 1mm 的台阶和室外楼梯，均应准确测绘加以表示。

在进行 1：500 比例尺测图时，房屋内部的天井宜区分表示；在进行 1：1000 比例尺测图时，图上 6mm² 以下的天井可不表示。

图上大于 1mm 的永久性门墩、支柱，应依比例实测；图上小于 1mm 的，测量其中心位置，用非比例尺符号表示。重要的墩、柱无法直接测量其中心位置时，可根据偏心距和偏心方向进行改算。

测绘垣栅时，应类别清楚，取舍得当。城墙按城基轮廓依比例尺表示，城楼、城门、豁口均应实测；围墙、栅栏、栏杆等可根据其永久性、规整性、重要性等综合考虑取舍。

3. 管线及附属设施

永久性的电力线、通信线均应准确表示，电杆、铁塔位置应实测。当多种线路在同一杆架上时，只表示主要的。城市建筑区内电力线、通信线可不连线，但应在杆架处绘出线路方向。

架空的、地面上的、有管堤的管道均应实测，分别用相应符号表示，并注记传输物质的名称。当架空管道直线部分的支架密集时，可适当取舍。

各种管线的表示，应做到类别分明、走向连贯。

雨水箅子、消防栓、阀门、水龙头、电线箱、电话亭、路灯以及各种地下管线的检修井等，均应实测其中心位置，并按地形图图式规定的符号及描绘要求加以表示。

4. 交通及附属设施

对于陆路交通，应准确反映陆地道路的类别、等级以及其附属设施的结构，正确处理道路的相交关系以及道路与其他要素的关系；对于水路交通，应正确表示水运和海运的航行标志，河流的通航情况及各级道路的通过关系。

公路与其他双线道路，在图上均应按实际宽度依比例尺表示。公路、街道，按其铺面材料，可分为水泥、沥青、砾石、条石或石板、硬砖、碎石和土路等，应分别以砼、沥、砾、石、砖、碴、土等注记于图中路面上；铺面材料变换处，需用点线分开。公路在图上，每隔15～20cm，需注记公路技术等级代码、编号和名称。

道路通过居民地不宜中断，应按真实位置绘出。高速公路，应绘出两侧围栏和出入口；中央分隔带，视用图需要表示。市区街道，应将车行道、人行道、分隔带、环岛、街心花园、绿化带及过街天桥、过街地道的出入口等绘出。

铁路与公路或其他道路平面相交时，铁路符号不能中断，而将另一道路符号中断。城市道路为立体交叉或高架道路时，应测绘桥位、匝道与绿地等；多层交叉重叠，下层被上层遮住的部分不绘，桥墩或立柱视用图需要表示。

大车路、乡村路、内部道路，均应实测绘出；图上宽度小于1mm时，只测中线，用小路符号表示。人行小道，可选择要点测绘。

路堤、路堑，应按实地宽度绘出边界。里程碑应实测其点位，并注明里程数。在进行1∶2000和1∶5000比例尺测图时，可适当舍去车站范围内的附属设施。

跨越河道、谷地等的桥梁，应实测桥头、桥身和桥墩位置，加注建筑结构。码头应实测轮廓线，有专有名称的加注名称，无名称者标注"码头"二字；码头上的建筑，应实测并以相应符号表示。

5. 水系及附属设施

江、河、湖、海、水库、池塘、沟渠、泉、井等及其他水利设施，均应准确测绘表示，有名称的加注名称。根据需要可测注水深，也可用等深线或水下等高线表示。

河流、溪流、湖泊、水库等的水涯线，应按测图时的水位测定，水位高及施测日期视需要测注；图上宽度小于1mm的河流、沟渠，可用单线表示。

海岸线按当地多年大潮、高潮所形成的实际痕迹施测，各种干出滩需用相应的符号或注记加以表示。

6．境界

境界的测绘，图上应正确反映境界的类别、等级、位置以及与其他要素的关系。

县（区、旗）和县以上境界，应根据勘界协议、有关文件准确清楚地绘出，界桩、界标应测坐标展绘。乡、镇和乡级以上国营农、林、牧场以及自然保护区界线，可按需要测绘。

两级以上境界重合时，只绘高一级境界符号。

7．地貌

地形图上，应正确表示出地貌的形态、类别和分布特征。

自然形态的地貌用等高线表示，崩塌残蚀地貌、坡、坎和其他特殊地貌用相应符号表示或用等高线配合符号表示。当等高线密集，两根计曲线平距在图上小于 2mm 时，首曲线可省略不绘。山顶、鞍部及斜坡方向不易判读的等高线上，加绘示坡线。

各种天然形成和人工修筑的坡、坎，其坡度在 70° 以上时表示为陡坎，70° 以下时表示为斜坡。斜坡在图上投影宽度小于 2mm，以陡坎符号表示。当坡、坎比高小于 1/2 基本等高距或在图上长度小于 5mm 时，可不表示。坡、坎密集时，可适当取舍。

梯田坎顶到坡脚宽度在图上大于 2mm 时，应实测其坡脚。1∶2000 比例尺测图，梯田坎过密，两坎间距在图上小于 5mm 时，可适当取舍。梯田坎较缓且范围较大时，可用等高线表示。

坡度在 70° 以下的石山和天然斜坡，可用等高线或用等高线配合符号表示。

城市建筑区和不便于绘等高线的地方，可不绘等高线，但须标注一定数量的高程注记点。

8．植被和土质

地形图上，应正确反映出植被的类别特征和范围分布。对耕地、园地应实测范围，配置相应的符号表示。大面积分布的植被在能表达清楚的情况下，可采用注记说明。同一地段生长有多种植物时，可按经济价值和数量适当取舍，符号配置不得超过三种（连同土质符号）。

旱地包括种植小麦、杂粮、棉花、烟草、大豆、花生等的田地，经济作物、油料作物应加注品种名称。有节水灌溉设备的旱地应加注"喷灌"、"滴灌"等字样。一年分几季种植不同作物的耕地，应以夏季主要作物为准配置符号表示。

田埂宽度在图上大于 1mm 的，应用双线表示；小于 1mm 的，用单线表示。

各种土质，应按地形图图式规定的相应符号表示；大面积的沙地，需用等高线加注记表示。

9．高程注记点

地形图上，高程注记点应分布均匀，其间距一般为图上 2～3cm；平坦及地形简单地区可适当放宽，地貌变化较大的丘陵地、山地与高山地应适当加密。

山顶、鞍部、山脊、山脚、谷底、谷口、沟底、沟口、凹地、台地、河川湖池岸旁水涯线上以及其他地面倾斜变换处，均应测注高程。

城市建筑区，在街道中心线、街道交叉中心、建筑物墙基脚和相应的地面、管道检修井井口、桥面、广场、较大的庭院内或空地上，以及其他地面倾斜变换处，均应测注高程。

铁路轨顶（曲线段，取内轨顶）、公路路中、道路交叉处、桥面等，应测注高程，隧道、涵洞，应测注底面高程。路堤、路堑，应在其坡顶、坡脚适当测注高程。

水渠，应测注渠顶边和渠底高程；时令河，应测注河床高程；堤、坝，应测注顶部及坡脚高程；池塘，应测注顶边及塘底高程；泉、井，应测注泉的出水口与井台高程，并根据需要注记井台至水面的深度。

独立石、土堆、坑穴、陡坎、斜坡、梯田坎、露岩地等，应在上、下方，分别测注高程，或测注上（或下）方高程及比高。田块内，也应测注有代表性的高程点。

10. 地理名称注记

所有居民地、道路（包括市镇的街、巷）、厂矿、机关、学校、医院、山岭、沟谷、河流等的名称，均应进行调查核实，并正确加以注记（有法定名称的，应以法定名称为准）。

9.4.3　地形图的绘制

1. 地物的绘制

对于依比例尺表示的，当其特征点展绘到图上以后，平直部分用直尺依次连接相应点即可，弯曲部分则要用光滑的曲线连接；对于不能按比例表示的，当其特征点展绘到图上以后，应严格按照地形图图式规定的符号及描绘要求进行绘制。

在测绘地物的过程中，有时会发现图上绘出的地物与实地情况不符。如本应为直角的房屋，但图上并不为直角；本应在一条直线上的电杆，但在图上并不在一直线上等。此时，应很好地检查产生这种现象的原因，必要时应重新进行测绘，加以纠正。

2. 地貌的绘制

在地形图上，一般地貌通常用等高线表示，并适当标注一些高程注记点；而对于特殊地貌，则需要用相应的特殊地貌符号来表示。

（1）等高线的勾绘。地形图上的等高线，是根据地貌特征点即地形点的高程，按规定的等高距用目估内插的方法勾绘出来的。下面，就以图 9-25（a）所示的一批展绘在图纸上的地貌特征点为例，介绍等高线的勾绘过程。

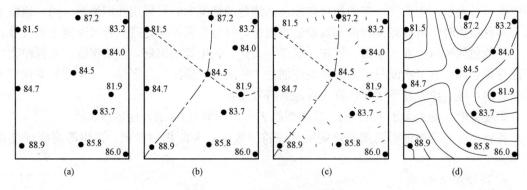

图 9-25　等高线勾绘示意图

1）连接地性线。参照实际地貌形态，将有关的地貌特征点连接起来，在图上用 2H 铅笔轻轻勾绘出地性线；如图 9-25（b）所示，点虚线表示山脊线，虚线表示山谷线。

2）目估内插基本等高线通过点。由于地貌特征点是选在地面坡度、方向变化处，故相邻两地形点间的坡度可视为是单一不变的。因此，可按照"当坡度一定时，平距与高差成正比"的关系，内插定出两相邻地形点间各条等高线通过的位置（图 9-26，等高距为 1m）。

具体的操作步骤，可归纳为"三定、一调整"：一定有无，即判定相邻两地形点之间有无等高线通过；二定根数，即确定相邻两地形点之间有几根等高线通过；三定位置，即按照"当坡度一定时，平距与高差成正比"的关系，先估计出一个等高距在图上的平距长度，然后按比例"先定首、尾，再等分中间"，从而目估定出两相邻地形点间各条等高线通过的位置；一调整，即初步定出两相邻地形点间各条等高线通过点后，应查看比例间隔是否合理，若不合理则须进行适当调整。

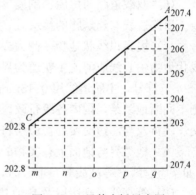

图 9-26 目估内插示意图

取等高距为 1m，按上述方法将图 9-25（b）中所有相邻两地形点进行内插后的情况，如图 9-25（c）所示。

3）勾绘基本等高线。目估内插得到基本等高线通过点后，将高程相同的相邻点用圆滑的细实曲线（0.15mm）连接起来即为基本等高线。

在勾绘基本等高线时，须注意：①要对照实地进行；②勾绘出的等高线，要光滑、圆顺、均匀、连续，不要有死角、出刺或无故断开等现象；③勾绘出等高线后，应检查其走向是否合理、与实地情况是否一致，若不合理须进行适当调整；④检查无误，须将图上的地性线擦去。

如图 9-25（d）所示，即为勾绘好的基本等高线图。

4）描绘计曲线。将计曲线加粗（0.3mm）描绘，并在适当位置处断开加注高程（字体应垂直于等高线，字头朝向高处，但应避免倒立字向）。同时，在山顶、鞍部、洼地等不明显处加注示坡线。

5）勾绘间曲线。对于用基本等高线无法揭示的局部地貌，还需按上述方法、用 0.15mm 的细长虚线目估内插勾绘间曲线（当用间曲线也不能明显表示某些局部地貌时，还可以以四分之一基本等高距为等高距、用 0.15mm 的细短虚线加绘助曲线）。

（2）特殊地貌的绘制。对于一些特殊的地貌，如冲沟、滑坡、陡坎和陡崖等，用等高线将无法表示，它们需按地形图图式规定的符号及描绘要求进行绘制。

（3）高程点的标注。高程的注记，一般应注于点的右方，离点位的间隔为 0.5mm。基本等高距为 0.5m 时，应注至厘米；基本等高距大于 0.5m 时，可注至分米。

3. 要素间的配合

在绘制过程中，当遇到各种要素需配合表示时，一般应符合下列规定。

（1）当两个地物中心重合或接近，难以同时准确表示时，可将较重要的地物准确表示，次要地物移位 0.3mm 或缩小 1/3 表示。

（2）独立性地物与房屋、道路、水系等其他地物重合时，可中断其他地物符号，间隔 0.3mm，将独立性地物完整绘出。

（3）建筑物边线与坎坡上沿线重合的，可用建筑物边线代替坎坡上沿线；当坎坡上沿线距建筑物边线很近时，可移位间隔 0.3mm 表示。

（4）悬空建筑在水上的房屋与水涯线重合时，可间断水涯线，房屋照常绘出。

（5）水涯线与陡坎重合时，可用陡坎边线代替水涯线；水涯线与坡脚线重合时，仍应在坡脚将水涯线绘出。

（6）双线道路与房屋、围墙等高出地面的建筑物边线重合时，可以建筑物边线代替路边线。道路边线与建筑物的接头处，应间隔 0.3mm。

（7）境界以线状地物一侧为界时，应离线状地物 0.3mm 在相应一侧不间断地绘出；以线状地物中心线或河流主航道为界时，应在河流中心线位置或主航道线上每隔 3～5cm 绘出 3～4 节符号，主航道线用 0.15mm 黑实线表示；不能在中心线绘出时，国界符号应在其两侧不间断地跳绘，国内各级行政区划界可沿两侧每隔 3～5cm 交错绘出 3～4 节符号。在相交、转折及与图边交接处，应绘符号以示走向。

（8）地类界与地面上有实物的线状符号重合时，可省略不绘；与地面无实物的线状符号（如架空管线、等高线等）重合时，可将地类界移位 0.3mm 绘出。

（9）等高线遇到房屋及其他建筑物、双线道路、路堤、路堑、坑穴、陡坎、斜坡、湖泊、双线河及注记等，均应中断。

4. 地形图的清绘与整饰

为使绘制出的地形图更加清晰、美观，还要对其图面进行必要的清绘和整饰。清绘和整饰，应遵循"先图内，后图外；先地物，后地貌；先注记，后符号"的顺序进行。清绘后的铅笔原图，应主次分明、线条清晰、位置准确、交接清楚，地物、地貌各要素的绘制符合地形图图式的规定和要求，等高线合理、光滑、无遗漏并与高程注记点相适应，注记位置适当、无遗漏或不明之处。最后，绘制外图廓，并按图式要求写出图名、图号、比例尺、测绘日期和方法、坐标系统及高程系统、图式版本、施测单位、测绘人员等图外注记，如图 8-1 所示。

9.4.4　地形图的检查

为保证成图质量，在地形图测绘完毕后，作业人员和作业小组必须对所测的地形图进行全面、严格的自检和互检。合乎要求后，再交送作业队和上级业务主管部门分级进行检查。图的检查工作，可分为室内检查和室外检查，室外检查又分为巡视检查和设站检查。

（1）室内检查。室内检查，又称图面检查，其内容包括：图上地物、地貌是否清晰易读，各种符号注记是否正确，等高线与地形点的高程是否相符，线划的来龙去脉是否清晰、连线有无矛盾等。若发现错误或疑点，应及时做出记号，然后到野外进行实地检查、修改。

（2）巡视检查。在现场将图面与实地进行全面核对，检查有无遗漏，符号、注记是否与实地相符，取舍是否恰当以及等高线的勾绘是否符合实际等；特别地，对室内检查中发现的疑点，要重点检查。对巡视中发现的问题，要及时解决；必要时，需架设仪器进行检查，并予以纠正。

（3）设站检查。对室内检查和巡视检查发现的问题，应到实地设站进行检查、修测或补测。同时，还要对图幅中其余的地物、地貌进行适当的抽查，看是否符合要求；仪器实测抽查的数量，一般为实测碎部点总数的 10% 左右。

9.5　现代地面数字测图

上一节介绍的方法为传统的地面模拟测图，其作业过程可概括为：首先利用传统常规仪器工具测量角度、距离、高程等，然后再由绘图人员模拟测量数据，按图式符号手工展绘到白纸上转化为静态的线划地形图，故又俗称人工白纸测图。在转化过程中，实测数据的精度，会受缩距、刺点、绘图、图纸伸缩变形等因素的影响而大大降低；另外，模拟测图工序多、劳动强度大、效率低，而且一纸之图也难以承载诸多图形信息，应用、变更、修测也极不方便，因此难以适应当代信息社会的需要，现已被地面数字测图技术所取代。

地面数字测图是一种全解析的现代机助测图法，其基本思想是：先利用现代电子仪器对地面上的地形和地理要素等进行测量（数据采集），然后再传输至计算机，并借助相关成图软件对采集的信息进行处理、编辑，从而得到内容丰富的数字地图（数据处理）。其成果，不仅可记录在磁盘、光盘等介质上，也可通过网络直接传递；图形既可通过屏幕显示，也可通过绘图仪制成纸质地图（其他一些成果，可用打印机输出）。

下面，仅就地面数字测图的基本配置、作业模式和主要特点等进行概述。

9.5.1　基本配置

目前，国内外地面数字测图系统多达几十种，但其基本配置皆可分为硬件和软件两大部分。

（1）硬件配置。

1）野外测量数据采集系统，包括全站仪、RTK 接收机、电子手簿等。

2）内业计算机辅助制图系统，包括计算机、绘图仪、打印机等。

（2）软件配置。

1）系统软件，包括操作系统和操作计算机所需的其他软件，主要用于管理计算机系统资源的使用。

2）应用软件，包括文字编辑、数值计算、数据库管理和机助成图等软件。

目前，国内市场上比较成熟的数字成图软件，主要有南方测绘仪器有限公司的数字化地形地籍成图系统 CASS，清华山维公司的电子平板测绘系统 EPSW，武汉瑞得测绘自动化公司的 RDMS 等。

9.5.2　作业模式

目前，地面数字测图的基本作业模式有多种。若按野外数据采集的仪器设备不同，可分为全站仪测图、RTK GNSS 测图、CORS GNSS 测图等；进一步，根据其作业方式的不同，每一种又可细分为测记法和电子平板法两大类，如全站仪测记法、全站仪电子平板法等。

（1）测记法。测记法的作业过程，可概括为"野外测记、室内成图"，即先在野外用全站仪或 RTK 接收机测量记录碎部点的三维坐标（X，Y，H）等信息，同时配以人工画草图，然后到室内再将测量数据传输给计算机，借助成图软件，参照草图编辑成数字地（形）图。

这种作业模式的特点是内、外业分工明确，便于人员分配，外业工作量和作业时间较少；但由于不是现场成图，因而测绘错误不易及时被发现和纠正。

（2）电子平板法。将安装了平板测图软件的便携机（笔记本电脑或掌上电脑 PDA 等），命名为电子平板。

电子平板法的作业过程，可概括为"将电子平板带到野外，边测边绘，现场直接实时成图"，即在野外使用全站仪或 RTK 接收机测定碎部点位置等数据后，实时传输至便携机，在现场加入地理属性和连接关系后直接成图。

这种作业模式的特点是无须绘制草图，所显即所测，现场成图可及时发现测绘错误并加以纠正，真正实现了内、外业一体化，外业工作完成、图也出来了，具有较高的可靠性；不足之处在于电子屏幕在阳光下会给编辑操作造成一定的困难，外业工作量和作业时间也较长。

最后值得一提的是，近年来出现的图像（视频）全站仪、三维激光扫描仪（本书附录 E）以及高度集成的地面移动测绘系统（本书附录 F）可更加便捷地得到数字地形图和全景地图（街景地图），这种便捷的测图模式有望成为今后建立数字城市、智慧城市等的主要手段。

9.5.3　主要特点

与传统的地面模拟白纸测图相比，地面数字测图具有明显的优势和广阔的发展前景，使地面大比例尺测图走向了自动化、数字化甚至智能化，劳动强度小，作业效率高，出错几率少，便于保存、管理、传输、更新、补测和应用，可实现"一测多用"（由于数字测图采用分层存放，不受纸质地图图面负载量的限制，可使地面信息无限量增加，因此可通过关闭层、打开层等操作提取相关信息，方便快捷地得到精确、美观、规范的地形图、地籍图、房产图、道路图、水系图、管线图等）。

尤其是在精度方面，传统的模拟测图由于受比例尺精度的限制，无论所采用的测量仪器精度多高都无济于事，比例尺精度即为图的最高精度。数字测图则不然，全站仪或 RTK 接收机测量的数据作为电子信息，可自动记录、存储、传输、处理、成图；在这全过程中，原始测量数据的精度几乎毫无损失，从而可获得高精度的测量成果。因此，数字测图的精度远远高于模拟法，主要取决于对地物和地貌点的野外数据采集的精度；而且碎部点的精度与测图比例尺大小无关，可实现一次测量绘制多种比例尺的地图。

另外，若采用全站仪测记法，地面数字测图既可以像传统的模拟测图那样，遵循"从整体到局部、先控制后碎部"的原则和程序，也可以将图根控制测量和碎部测量同步进行，即采用所谓"一步测图法"作业，以提高外业工作效率。在有 CORS 覆盖的地方，只需要一台 RTK 接收机，还可实现"单人无控制一步数字测图"。

💡 思考题与习题

1. 测图（量）工作应遵循的原则是什么？有何意义与作用？
2. 何谓控制测量、平面控制测量和高程控制测量？
3. 建立平面控制网的方法，有哪几种？
4. 何谓导线测量？单一导线常用的布设形式有哪几种？
5. 导线测量的外业，一般包括哪些工作？
6. 如图 9 - 27 所示，根据图中所注有关数据，画表计算（一般地区首级图根）导线点1、2、3 的坐标。

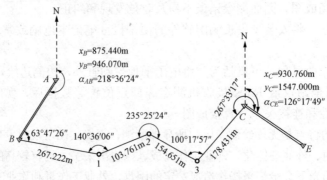

图 9 - 27　附合导线略图示意图

7. 简述布测 GPS（静态平面）控制网的过程及主要技术要求。

8. 简述采用常规 RTK 技术，建立（平面）控制网野外作业的基本流程。

9. 建立高程控制网的方法，有哪几种？

10. 水准测量的外业，一般包括哪几项工作？单一水准路线，常用的布设形式有哪几种？

11. 简述采用双面尺法进行三、四等水准测量，在一个测站上的观测程序及其计算与检核。

12. 图 9-28 为一图根闭合水准路线略图，试根据其观测成果，画表计算各水准点的高程。

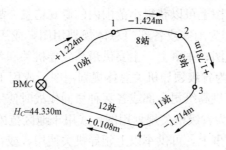

图 9-28　闭合水准路线观测成果略图

13. 简述地面模拟测图前的准备。

14. 简述经纬仪测绘法在一个测站上的作业步骤。

15. 简述野外实地测图应注意的事项。

16. 简述地形图上应表示的主要内容和测绘要求。

17. 简述等高线的勾绘过程，并根据图 9-29 所示各地形点的平面位置和高程，勾绘其等高线图（等高距取为 1m）。

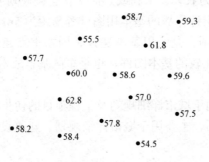

图 9-29　地形点示意图

18. 简述地形图清绘和整饰应遵循的顺序和要求。

19. 简述地形图检查的要求和方法。

20. 简述地面数字测图的作业模式和特点。

第 10 章　地形图的识读与应用

10.1　比 例 尺 的 选 用

由前面第 8 章的介绍可知，地形图的比例尺不同，其所反映地面的详细程度、精度也不同，一幅图所覆盖的实地范围、测绘费用也会不一样，在较小比例尺图上可以获得大范围内的宏观信息，在较大比例尺图上可以获得小范围内的微观信息，故而其用途也不相同。

1∶100 万地形图，可作为国家或各部门总体规划用图，或用于国家基本自然条件、土地资源调查规划等的工作底图；军事上，主要供最高领导机关和各军部作为战略用图。

1∶50 万地形图，可作为省级领导机关总体规划用图，或用于制作省级范围内各种专题图的工作底图；军事上，可供高级司令部或各兵种协同作战时使用（等高距为 100m）。

1∶25 万地形图，可作为省级机关规划用图，或用于地区范围内各种专业调查、综合考察总结成果的工作底图；军事上，可供军以上领导机关使用，或在空军领航时寻找大型目标使用（等高距为 50m）。

1∶10 万地形图，一般用于地区或县范围内进行总体规划、编制专题地图的工作底图，或供师、军级指挥机关指挥作战使用（等高距为 20m）。

1∶5 万地形图，一般用于铁路、公路选线及重要工程的规划布局，也可作为县级规划生产以及农林、水利、交通等部门进行总体规划的基本用图，或用作地质、地理、植被、土壤等专业调查、综合考察中野外调查和填图的工作底图；军事上，主要供师、团级指挥机关组织指挥战役使用（等高距为 10m）。

1∶2.5 万地形图，可作为农林、水利或其他工程建设规划或总体设计用图；在军事上，可作为团级单位部署兵力、指挥作战的基本用图（等高距为 5m）。

1∶1 万和 1∶5000 地形图，是农田基本建设、国家重点建设项目、城市总体规划、厂址选择、区域布局以及方案比较的基本图件，也是军队基本战术和军事工程施工用图（1∶1 万地形图的等高距为 2.5m）。

1∶2000 地形图，主要用于城市详细规划及工程项目的初步设计等。

1∶1000、1∶500 地形图，主要用于城市详细规划、建筑设计、工程施工图设计和竣工图编绘等。

因此，在实际工作中，应根据任务的具体要求，综合考虑以下几点，合理地选用不同比例尺的地形图。

（1）图面所显示地物、地貌的详尽和明晰程度，是否满足任务要求。

（2）图上主要地物的平面位置精度，是否满足任务要求。

（3）图上等高线插求点的高程精度，是否满足任务要求。

（4）图幅的大小是否便于规划、设计和使用。

（5）不同的设计阶段，应选用相应的比例尺。

（6）在满足上述要求的前提下，应尽可能选用较小的比例尺，以降低测图或购图的费用。

10.2　地 形 图 的 识 读

要想正确地应用地形图，首先必须读懂地形图，即进行地形图的识读。

10.2.1　图廓外要素的识读

识读时，应先根据图廓外的注记，了解这幅图的图名、图号、比例尺、所采用的坐标系统和高程系统、等高距、测图日期以及相邻图幅的关系等内容。

通过阅读测图时间，可了解该幅图的新旧程度，判断其现势性和可靠程度。这一点，对地形图的应用非常重要。因为随着城乡的不断发展，实际地表上的地物、地貌等也在不断改变着，致使地形图上所反映的情况往往落后于现实。所以，除了仔细识读地形图外，还要结合实地勘察，才能做出正确的了解、判断、决策、规划和设计。

10.2.2　图廓内要素的识读

图廓内要素的识读，一般应遵循"从整体到局部、先主要后次要"的原则和程序。下面，就以图 10 - 1（比例尺为 1∶2.5 万）为例进行简要说明。

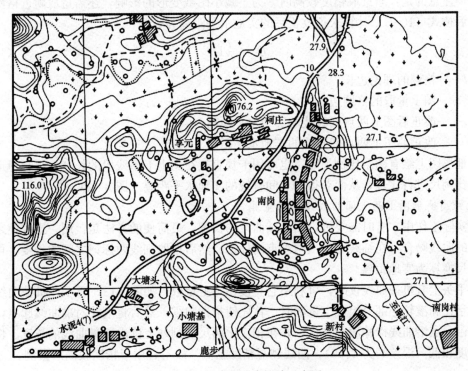

图 10 - 1　图廓内要素阅读示意图

从整个图面上不难看出，本地区属于低海拔、丘陵地带，最高处才 100 多米，平地高程一般在 28m 左右。村庄较多，以南岗最大；交通也较为发达；从南岗出发，沿公路往东南、西南各约 1km，可分别到达新村和大塘头村；沿南岗村东的水路，乘船可直达瓯江；由此可见，南岗水、陆交通十分便利，可谓本区域的经济、交通中心。村庄周围分布着较多的池塘、湖泊，耕地多为稻田，因此可看出该地区水量较为丰富，农业经济较发达。

10.3　地 形 图 的 基 本 应 用

地形图应用的内容和领域很多，本节将重点介绍一些基本的量算工作。

10.3.1　图上某段距离的量算

1. 纸质地形图上两点间直线距离的量算

当手头上有三棱比例尺（如图 10 - 2 所示，其棱边分划注记的制作与图示比例尺相同），可利用它直接在图上量取。否则，可用带刻划的直尺，先量取两点间直线的图上长度，然后再根据成图比例尺换算为实地的水平距离。

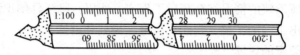

图 10 - 2　三棱比例尺示意图

值得注意的是：当量取精度较高时，为了减小图纸变形的影响，还需量取附近格网的边长，然后按式（10 - 1）计算求得改正后的实地水平距离为

$$D = \frac{l}{l'}D' \tag{10 - 1}$$

式中　l——格网的理论边长；

　　　l'——图上量取的格网边长；

　　　D——改正后图上两点间直线的实地水平距离；

　　　D'——改正前图上两点间直线的实地水平距离。

当地形图上绘有图示比例尺时，也可用卡规直接在图上卡出线段的长度，再与地形图上的图示比例尺进行比较，从而获得两点间直线的实地水平距离（图 8 - 2）。

2. 纸质地形图上两点间曲线距离的量算

在实际工作中，有时需要确定图上某曲线的长度。最简便的方法是：用一细线使之与图上待量的曲线吻合，在细线上作出两端点的标记，然后量取细线两标记之间的长度，再按成图比例尺换算为实地距离。

当手头上有机械曲线仪时，可利用它直接在图上量取。如图 10 - 3 所示，机械曲线仪由手柄、字盘和滚轮三部分组成。量测时，首先使指针归零，然后将滚轮对准曲线起点，顺时针方向由起点沿曲线徐徐滚至终点，并在相应比例尺的刻划上读出所量曲线的长度。机械曲线仪精度较低（误差约为 1/50），曲线越短精度越低，故不宜用于精度较高的量测。

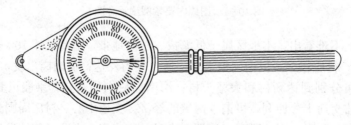

图 10 - 3　机械曲线仪示意图

若使用先进的电子曲线仪（又称地图笔），则不仅可提高量测的精度，而且可以直接显示量取的结果，既方便又快捷。

3. 数字地形图上两点间距离的量取

在数字地形图上，若需量取两点的直线距离时，可打开"工程应用"下拉菜单，点击"查询两点距离及方位"命令（图 10-4）后，按提示用鼠标分别点取该直线的两个端点即可获得。

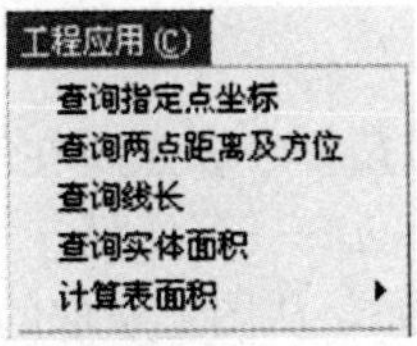

图 10-4　工程应用菜单示意图

10.3.2　图上某点坐标的量算

1. 纸质地形图上某点坐标的量算

在纸质地形图上，量算某点坐标的关键是图上直线距离的量取。如图 10-5 所示，欲量取地形图上 p 点的直角坐标，可先根据格网十字丝将 p 点所在的格网边线 $abcd$ 绘出，并过 p 点做格网边线的平行线 kp 和 fp，然后量取直线 af 和 ak 的实地水平距离 Δx_{ap} 和 Δy_{ap}；最后即可根据格网点 a 的坐标 (x_a, y_a)，计算出 p 点的坐标 (x_p, y_p)。

例如，设从图上量取的直线 af 和 ak 的实地水平距离为

$$\Delta x_{ap} = 80.2\text{m}$$
$$\Delta y_{ap} = 50.3\text{m}$$

p 点的坐标则为

$$x_p = x_a + \Delta x_{ap} = 20\,100 + 80.2 = 20\,180.2\text{m}$$
$$y_p = y_a + \Delta y_{ap} = 10\,200 + 50.3 = 10\,250.3\text{m}$$

同法，可在中小比例尺纸质地形图上，利用经纬线网量取图上某点的地理坐标。

2. 数字地形图上某点坐标的量取

若是在数字地形图上量算某点的坐标，可打开"工程应用"下拉菜单，点击"查询指定点坐标"命令（图 10-4）后，用鼠标捕捉需要查询的点即可获得其坐标，十分便捷。

10.3.3　图上某点高程的量算

1. 纸质地形图上某点高程的量算

在纸质地形图上，如果所求点恰好在某条等高线上，如图 10-6 中的 p 点所示，它的高程与所在等高线的高程相同，因此可直接获知其高程为 27m。如果所求点不在等高线上，如图 10-6 中的 k 点所示，这时就要过 k 点画一条大致垂直于相邻等高线的线段 mn，量出 mn、mk 的长度 d 和 d_1，k 点的高程 H_k 则可按比例内插求得

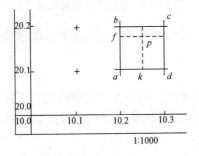

图 10-5　坐标量算示意图

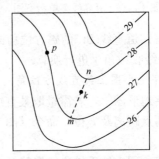

图 10-6　高程量算示意图

$$H_k = H_m + \frac{d_1}{d} h \qquad\qquad (10-2)$$

式中　H_m——m 点所在等高线的高程；

　　　　h——等高距。

　　例如，从图上量取的直线 mn 和 mk 的长度分别为 $d = 24.5\text{mm}$，$d_1 = 18.0\text{mm}$，则 k 点的高程 H_k 为

$$H_k = 27 + \frac{18.0}{24.5} \times 1 \approx 27.7\text{m}$$

　　实际工作中，一般不需进行量算，只要按上述原理根据等高线的高程用目估内插法确定所求点的高程即可。式（10-2）右边第二项的意义，仅在于说明用目估内插法确定地形图上某点高程的理论根据。

　　2. 数字地形图上某点高程的量取

　　若是在数字地形图上量算某点的高程，其操作命令一般不在"工程应用"下拉菜单中，而是在"等高线"下拉菜单里。量取时，先打开"等高线"下拉菜单，点击"查询指定点高程"命令（图 10-7）后，用鼠标捕捉需要查询的点即可获得其高程。

10.3.4　图上某方位角的量取

　　1. 纸质地形图上某直线方位角的量算

　　如图 10-8 所示，欲求直线 BC 的坐标方位角，可先过 B、C 两点精确地作平行于坐标格网纵线的直线，然后用量角器分别在 B、C 两点量出直线 BC 的坐标方位角 α_{BC}，取其平均值作为最终结果即可。

图 10-7　等高线菜单示意图

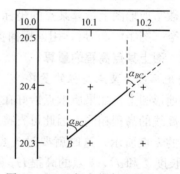

图 10-8　坐标方位角量取示意图

　　若还需知道直线 BC 的磁方位角或真方位角，可利用图下方的三北关系图和注记的磁偏角 δ、子午线收敛角 γ 进行换算。

　　2. 数字地形图上某直线方位角的量取

　　在数字地形图上，若需量取某直线的坐标方位角时，可打开"工程应用"下拉菜单，点击"查询两点距离及方位"命令（图 10-4）后，按提示用鼠标分别捕捉该直线的两个端点即可获得。

10.3.5　图上地面坡度的量算

　　1. 纸质地形图上地面坡度的量算

　　由式（8-1）可知，直线的坡度 i 可由其两端点的高差 h 与实地平距 D 算得。因此，量

取图上某直线的坡度，可转换为图上两点间直线实地平距的量取和图上高程的量取；计算出两点间的高差，便可算出该线段的坡度。

当地形图上绘有图示坡度尺时，可用分规卡出图上直线两端点间的平距后，在坡度尺上使分规的两针尖下面对准底线、上面对准曲线，即可在坡度尺上直接读出地面坡度 i（百分比值）和地面倾角（图 10-9）。

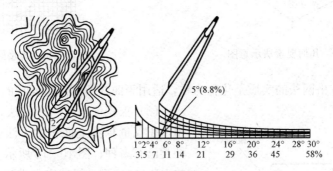

图 10-9　坡度量取示意图

值得注意的是：①如果直线两端点位于相邻两等高线上，或直线虽穿过若干条等高线但其平距相等时，按上述方法求得的坡度，可以认为基本符合实际情况；如果直线较长，中间通过若干条等高线，而且等高线的平距不等，但高程连续递增或递减时，按上述方法所求的坡度，只是该直线两端点间的平均坡度。②若要量取某地区的平均坡度，首先应根据该地区地形图等高线的疏密情况，将其划分为若干同坡小区；然后，在每个小区内绘一条最大坡度线，按上述方法求出其坡度作为该小区的坡度；最后，取各小区的平均值，即为该地区的平均坡度（当精度要求较高时，应将各小区的面积大小作为权重，对各小区的坡度取加权平均值作为该地区的平均坡度）。

2. 数字地形图上地面坡度的量取

若是在数字地形图上，只需打开"等高线"下拉菜单，点击"坡度分析"命令（图 10-7）后，即可便捷地进行坡度的量取与分析。

10.3.6　图上地块面积的量算

1. 纸质地形图上地块面积的量算

（1）几何要素法。几何要素法是指通过量取几何图形的有关要素（如三角形的底边和高，矩形的长和宽等）利用几何公式计算求得图形面积的一种方法。当量算图形较为复杂时，可先将其分解成若干个简单的几何图形，如三角形、矩形、梯形等；然后量算出它们的面积相加即可求出多边形的总面积，如图 10-10 所示。

由此可见，几何要素法的关键是图上距离的量取，适用于多边形面积的量算。

（2）方格网法。如图 10-11 所示，先将绘有正方形格网（边长应根据精度要求而定）的透明纸或透明模片蒙在待测图形上，然后数出在图内完整的小方格数 n_1 和图边上不完整的小方格数 n_2，则该图形的面积 A 为

$$A = \left(n_1 + \frac{n_2}{2} \right) C \qquad (10-3)$$

式中　C——每个小方格所代表的实地面积值。

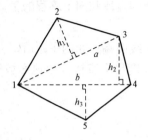

图 10 - 10　几何要素法示意图

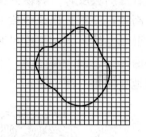

图 10 - 11　方格网法示意图

由此可见，方格网法的实质是化整为零，适用于曲线所围图形面积的量算。

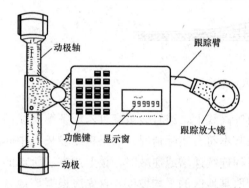

图 10 - 12　电子求积仪示意图

（3）求积仪法。求积仪法，顾名思义就是利用求积仪量算图上面积的方法。目前，求积仪的种类已有多种；图 10 - 12 所示为日本测机舍生产的 KP - 90N 型动极式电子求积仪；它具有以下性能：①可以选择面积的显示单位；②可以对某一图形重复测定几次，自动显示其平均值（称为平均值测量）；③可以对某几块图形分别测定后，自动显示其累加值（称为累加测量）；④可以同时进行累加和平均值测量；⑤可以进行面积单位的换算；⑥仪器的分辨率为 $10mm^2$。同时，它还具有测量范围大、精度高、使用方便等优点。

如图 10 - 13（a）所示，在进行面积量算前，先将图纸固定在平整的图板上，然后安置好求积仪。安置求积仪时，使垂直于动极轴的中线通过图形中心，然后用描迹点沿图形的轮廓线转一周，以检查动极轮及测轮是否能平滑移动，必要时重新安放动极轴位置。

求积仪安置好后，即可开始测定图形面积。如图 10 - 13（b）所示，其基本操作过程为：①打开电源，选择面积显示单位，并设定比例尺；②在大致垂直于动极轴的图形轮廓线上选取一点作为量测起点，并将描迹点对准起点；③按"START"键，蜂鸣器发出音响，将描迹点正确地沿图形轮廓线按顺时针方向移动，直至回到起点；④按"AVER"键，显示窗即可显示出图形的面积值及其单位；⑤测量完毕，关闭电源。

求积仪法，可适用于任意图形的面积量取，而且具有操作简便、速度快、精度高等特点。

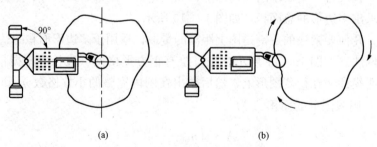

(a)　　　　　　　　　　　　　(b)

图 10 - 13　求积仪操作示意图

2. 数字地形图上地块面积的量取

在数字地形图上，若需量取图形的面积，可打开"工程应用"下拉菜单，点击"查询实体面积"命令（图 10-4）后，用鼠标选择该图形即可。

10.4　地形图在各专业中的应用

由于地形图真实、客观地反映了地表的各种现状，而且具有可量测性和一定的精度，因此地形图的应用十分广泛，在进行国土整治、城乡规划、土地利用、环境保护、河道治理……，特别是在各类工程建设时，均需要从地形图上获得地物、地貌等方面的信息，作为决策、规划、设计和实施的依据。可见，各有关人员必须具备正确、熟练阅读和使用地形图的能力。

前面已介绍了一些基本的量算工作，本节将在其基础上再举几个更加专业的应用实例。

10.4.1　绘制地形断面图

在进行道路、隧道、管线等工程设计时，往往需要了解某一方向的地面起伏情况。这时，可根据地形图上的等高线来绘制地形断面图。

如图 10-14（a）所示，要绘制 MN 两点连线方向的地形断面图，其方法和步骤如下：

（1）在地形图上，用直线连接 M、N 两点，找出其与等高线的交点，并进行编号，如图 10-14（a）中的 a，b，…，p 点所示。

（2）在一张空白图纸或格网纸上绘制一直角坐标系，如图 10-14（b）所示。横轴表示水平距离，其比例尺一般应与地形图的相同；纵轴表示高程，为了能明显地反映出地面的起伏形态，其比例尺可选为横轴的 10～20 倍。

（3）在横轴上某一适当位置标定出点 M，在地形图上用卡规等量出 Ma，ab，…，pN 的距离，并转绘在横轴上。

（4）通过横轴上的点作垂线，找出与相应高程线的交点，即在坐标系中标出相应的点位。

（5）把相邻的点用光滑的曲线连接起来，便得到 MN 方向的地形断面图。

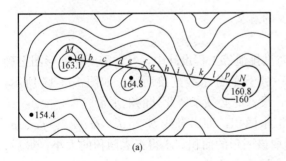
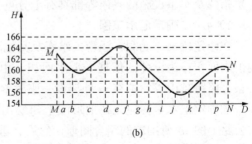

(a)　　　　　　　　　　　　　　　　(b)

图 10-14　地形断面图绘制示意图

10.4.2　限坡选定最佳路线

在进行线路工程设计时，往往需要在坡度 i 不超过某一数值的条件下选定一条最短的路线。如图 10-15 所示，已知图的比例尺为 1:1000，等高距 h 为 1m，需要从 A 点至山顶 B

修一条坡度不超过 2% 的道路，在地形图上选定符合要求的最短路线的方法如下：

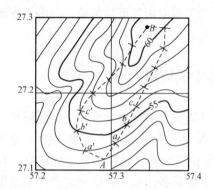

图 10-15　按限定坡度选定最佳路线示意图

首先，计算通过相邻两等高线间的实地最短水平距离 D

$$D = \frac{h}{i} = \frac{1}{2\%} = 50\text{m} \qquad (10-4)$$

并换算为图上距离 d

$$d = \frac{D}{M} = \frac{50}{1000} = 50\text{mm} \qquad (10-5)$$

然后，以 A 点为圆心，以 d 为半径画圆弧，交高程为 54m 的等高线于 a 点；接着再以 a 点为圆心，以 d 为半径画圆弧，交高程为 55m 的等高线于 b 点；依此类推，直至路线到达山顶 B 为止。

最后，将相邻各点 A、a、b、c、……、B 用直线连接起来，即为符合要求的最短路线。

值得注意的是：①上述确定的只是从 A 点到 B 点的最短路线之一，为了便于选线比较，还需另选一条或多条最短路线，如 A、a'、b'、c'、……、B。②同时顾及其他因素，如少占农田，建筑费用最少，避开塌方或崩裂地带等，最终从上述的最短路线中确定出最佳的路线。③如遇相邻两等高线间的平距大于 d，以 d 为半径画圆弧将不会与等高线相交，则说明该段地面小于规定的坡度，此时路线方向按最短绘出即可。

10.4.3　判定地面通视情况

利用地形断面图，可以很容易地判定出地形复杂区地面两点间的通视情况。方法为：将断面图上两端点用直线连接起来，如果直线与断面线不相交，说明两点间通视；否则，两点间视线受阻。如图 10-16 所示，M、N 两点之间就不通视。这类问题，对于架空索道、输电线路、大范围地面平面控制网布设、军事指挥及军事设施的兴建等都具有十分重要的意义。

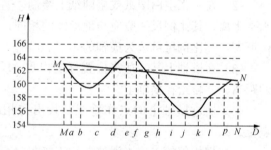

图 10-16　通视情况判定示意图

10.4.4　确定汇水范围

在修建桥梁、涵洞、涵管、水库及其他防洪排泄等工程设计中，经常需要在地形图上确定汇水面积作为设计的依据。汇水面积，由一系列的分水线连接而成。如图 10-17 所示，一条公路跨越山谷，拟在 m 处架设一座桥梁，设计时必须了解此处的汇水量。

欲确定汇水量，应先在地形图上勾绘出汇水面积，即山脊线 bc、cd、de、ef、fg、ga 与公路上的 ab 所围成的闭合图形；然后，量取该图形的面积，求得汇水面积的大小；最后，结合该地区的气象水文资料，即可算出流经 m 处的水量。

10.4.5　计算水库库容

进行水库设计时，如坝的溢洪道高程已定，就可以确定水库的淹没面积，如图 10-18 中的阴影部分所示，淹没面积以下的蓄水量（体积）即为水库的库容。

计算库容一般采用等高线法，即先求出图 10-18 中阴影部分各条等高线所围成的面积，然后计算各相邻两等高线之间的体积，其总和即为库容。

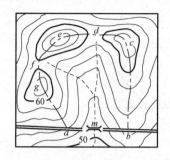

图 10 - 17　汇水面积确定示意图

图 10 - 18　淹没面积及库容计算示意图

设 A_1 为淹没线高程的等高线所围成的面积，A_2、A_3、…、A_n、A_{n+1} 为淹没线以下各等高线所围成的面积（其中，A_{n+1} 为最低一根等高线所围成的面积），h 为等高距，$h_。$ 为最低一根等高线至库底的高差，则相邻等高线之间的体积（按平均面积法计算）及最低一根等高线与库底之间的体积（按锥体计算）分别为

$$V_1 = \frac{1}{2}(A_1 + A_2)h$$

$$V_2 = \frac{1}{2}(A_2 + A_3)h$$

$$\cdots$$

$$V_n = \frac{1}{2}(A_n + A_{n+1})h$$

$$V'_n = \frac{1}{3}A_{n+1}h_。$$

因此，水库的库容为

$$V = V_1 + V_2 + \cdots + V_n + V'_n = \left(\frac{A_1}{2} + A_2 + \cdots + A_n + \frac{A_{n+1}}{2}\right)h + \frac{1}{3}A_{n+1}h_。 \tag{10 - 6}$$

当溢洪道高程不等于地形图上某一条等高线的高程时，应首先根据溢洪道高程用内插法求出水库淹没线的高程，然后再计算库容。这时，水库淹没线与下一条等高线间的高差不再等于等高距，上面的计算公式要作相应的改动。

10.4.6　计算填挖方量

在各项工程建设中，除考虑合理的平面布局外，有时还应对原有地形进行必要的改造（场地平整），以满足修建各类建筑、地面排水、交通运输等的需要。

场地平整前，一项重要的工作就是利用地形图进行填、挖土石方量的计算；其中应用最为广泛的当属方格网法，具体的方法步骤如下。

1. 绘制方格网

如图 10 - 19 所示，首先，在地形图上拟建场地内，绘制方格网。

方格网的大小，要视地形的复杂程度、比例尺的大小及土方计算的精度要求而定，其边长一般为图上 1～2cm。

2. 内插各方格顶点的地面高程

根据等高线用目估内插法求出各方格顶点的地面高程，并注记在相应顶点的右上方，如

图 10 - 19 所示。

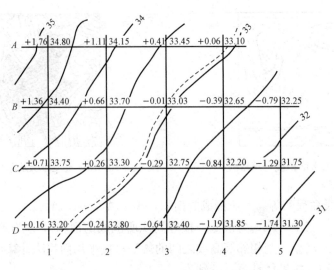

图 10 - 19　方格网法估算示意图

3. 计算填挖高度

将各方格顶点的地面高程减去设计高程 H_0，即得其填、挖高度，并标注在各方格顶点的左上方（正号为挖深，负号为填高），如图 10 - 19 所示（设计高程为 33.04m）。

4. 绘制填挖边界线

在图上，内插勾绘出高程为设计高程 H_0 的等高线，即填、挖的边界线（亦称零线），如图 10 - 19 中的虚线所示（设计高程为 33.04m）。

5. 计算填挖土石方量

土石方量的计算，需先按填方和挖方分别计算其总和，然后再将总填方和总挖方求和即得总的土石方量。

（1）当某方格内均为挖（或填）方时，其方量为四角顶点挖（或填）高度的平均值与该方格实地面积的乘积。

（2）当遇到某方格内存在挖填边界线时，说明该方格既有挖方又有填方，此时则需要分别计算：首先，把该方格内的挖填边界线视为直线，将该方格划分为两个小多边形（三角形、五边形或梯形）；然后，分别计算出两个小多边形的平均挖或填高度，并在图上量取两个小多边形的实地面积；最后，将小多边形的平均挖（或填）高度再乘以各自的实地面积，即得它们的方量。

值得注意的是：①上述方法，是将拟建场地平整成某一高程的水平面。当该水平面的高程事先未给定时，可根据"土方平衡"（挖、填方总量近似相等）的原则自行计算求得：先将每一方格顶点的地面高程相加除以 4，得到各方格的平均高程；然后，再将各方格的平均高程相加除以方格总数，即为挖填平衡的设计高程 H_0（图 10 - 19 中的设计高程 33.04m 就是按"土方平衡"的原则计算求得的）。②若欲将拟建场地平整成一倾斜的平面，则需先按上面介绍的根据"土方平衡"的原则计算出平整成一水平面的设计高程，再按设计坡度调整求定出各方格顶点的设计高程。③如欲将拟建场地平整成若干个高程不同的水平面或倾斜面，应先将拟建场地划分为若干个相应的地块，然后依次按上述方法计算出各地块的挖方和填方，最后再求和计算出总方量。

　　方格网法，比较适合于地面起伏较小的土方量计算；当地面起伏较大，特别是对一些山丘、洼地等，可采用上述计算水库库容的方法（等高线法）计算；而在道路、管线等工程中，往往需要计算沿中线至两侧一定范围内线状地形的土石方，此时可采用断面法：先在地形图上绘出相互平行、间隔为 d（一般实地距离为 20～40m）、垂直于左右边线的断面方向线，如图 10-20 中的 1-1、2-2、…、6-6 所示；再按一定比例尺绘出各断面图（纵、横轴比例尺应一致，常用的比例尺为 1：100 或 1：200），并将设计高程线展绘在断面图上，如图 10-20 中的 1-1、2-2 断面所示；然后在断面图上，分别求出各断面设计高程线与断面图所包围的填土面积 $A_{填i}$ 和挖土面积 $A_{挖i}$（i 为断面编号），并按下式计算出相邻两断面间（某一段）的挖方量 $V_{挖(i,i+1)}$ 和填方量 $V_{填(i,i+1)}$

$$\left.\begin{aligned} V_{填(i,i+1)} &= \frac{1}{2}(A_{填i} + A_{填i+1})d \\ V_{挖(i,i+1)} &= \frac{1}{2}(A_{挖i} + A_{挖i+1})d \end{aligned}\right\} \tag{10-7}$$

最后，将各段挖方和填方求和即得总的土石方量。

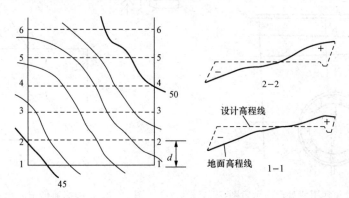

图 10-20　断面法估算示意图

　　可见，上述三种土石方计算方法各有特点，因此在实际工作中应根据场地地形条件和工程要求选用合适的方法。

10.4.7　野外调查填图

　　地形图不仅是野外实地调查的基础资料和重要工具，同时也是反映调查结果和科研成果的最好表现形式，其基本作业流程和方法如下。

　　1. 调查前的准备

　　（1）器材准备。准备好调查工作所需的仪器和工具，如背包、罗盘、卷尺、手持测距仪、手持 GPS 接收机、标杆、铅笔、橡皮、三角板、量角器、直尺或三棱比例尺等。

　　（2）资料准备。根据调查地区的位置、范围和调查目的、任务，选择、收集需要的地形图等。当使用的地形图幅数较多时，为了野外使用方便，可将其进行拼贴和折叠。

　　拼贴方法：首先，根据接合图表，将需要的地形图依照它们的位置关系按“左压右、上压下”的顺序排列好；然后，沿内图廓线裁去每幅图的东图边和南图边，但最右一列不裁东图边，最下一行不裁南图边，以保持拼贴后的地形图有完整的图边；最后，将重叠部分依次粘贴好。

　　折叠方法：依照背包或图夹的大小，将地形图叠成手风琴形状，折棱应尽量齐整，避免在拼接线上进行折叠，把不用的部分折向背面。

　　（3）技术准备。将收集到的各种资料进行系统的整理分析，了解调查区域的概括，确定野外工作的技术路线、主要站点，明确野外调查的对象和重点，并在地形图上用彩色铅笔标绘出与工作有关的要素。

　　2. 野外实地调查

　　（1）图纸定向。在野外使用地形图时，首先要使地形图的方向与实地方向一致。常用的方法有两种：①利用罗盘定向。如图 10-21 所示，先将地形图展开铺平，将罗盘放置其上，并使刻度盘上的南北线与磁子午线重合；然后，转动地形图，使磁针北端与刻度盘上"北"字一致。②根据地形定向。首先，在地形图上找到与实地相应的地物、地貌，如房屋、道路、突出树、山顶、鞍部或一些方位物等；然后，转动地形图，使图上地物、地貌与实地的一致（图 10-22）。此时，地形图的方向也即与实地方向一致了。

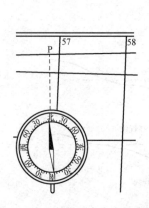
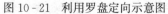
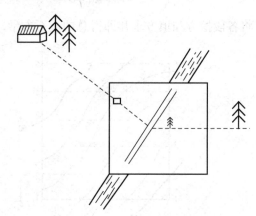

图 10-21　利用罗盘定向示意图　　　　图 10-22　根据地形定向示意图

　　（2）确定站立点的位置。调查者自身在图上站立点位置的确定，可根据其附近明显的地貌、地物判定，如图 10-23 所示。

图 10-23　确定站立点位置示意图

　　（3）实地对图。确定了地形图的方向和站立点的位置以后，再将地形图与实地地物、地貌进行对照读图（即依照图上站立点周围的地理要素在实地上找到相应的地貌和地物，或者观察实地地物、地貌来识别其在地图上所表示的位置），从而了解和熟悉周围地貌、地物的情况，如位置、分布、相互关系及变化等。

（4）野外填图。填图是野外调查的重要组成部分之一，具体工作就是根据调查的任务（如地质调查、土壤普查、土地利用调查、森林资源清查等）将调查对象用规定的符号和注记填绘在地形图上。在调查、填图时，应注意以下几点：①站立点要尽量选择在视野开阔的制高点上，以便于观察较大范围的填图对象、研究其分布规律、确定其范围界线。②在前进过程中，要随时留意本人在图上的站立位置。③若原地形图上没有调查对象的范围界线时，则需要现场利用所携带的仪器、工具进行必要的测量工作，并按原地形图比例尺和所拟定图例，正确地填绘到地形图上。④对地面上的变化情况，也要及时进行修测、补绘。

3. 室内清绘整理

野外实地调查结束后，回到室内应对外业填图进行认真的清绘，并进行全面的技术总结。

最后指出，本节介绍的上述有关地形图应用的方法，仅侧重于纸质地图。如果是数字地图，其应用会更加方便快捷；但由于成图软件的不同，其设置的功能和使用方法都会有所区别，具体可参照用户手册，故此处不再赘述。

思考题与习题

1. 比例尺的选用，应综合考虑哪几个方面？
2. 在城市和工程规划、设计和施工中，通常选用哪种比例尺的地形图？
3. 如何进行地形图的识读？识读的目的是什么？
4. 地形图应用的基本内容（量算）包括哪些？
5. 图 10-24 所示为 1∶5000 比例尺地形图的一部分，试完成：①从图上量取 A、C 两点的坐标和高程；②从图上量取 A、C 两点连线的方位角和坡度；③在图上标出山头、鞍部，画出山脊线和山谷线。
6. 根据图 10-25 所示等高线图，绘制 AB 方向的地形断面图。

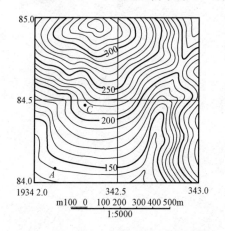

图 10-24　1∶5000 地形图缩小示意图

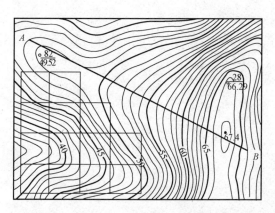

图 10-25　1∶2000 地形图缩小示意图

7. 计算土石方的常用方法有哪几种？各适用于什么场合？

8. 场地平整范围，如图 10 - 25 方格网所示（方格网的边长为 20m），要求按"土方平衡"的原则平整为一水平场地，试计算挖填平衡的设计高程及挖填土方量，并在图上绘出挖填平衡的边界线。

9. 简述野外实地调查填图的基本作业流程和操作要领。

第11章 摄影测量与遥感

11.1 概 述

1822 年，法国的尼普斯在感光材料上制作出了世界第一张照片。1839 年，法国的达盖尔发明了实用的银版摄影术，并诞生了世界上第一台木箱照相机。此后不久，法国的洛斯达将摄影技术用于测量，首创了摄影测量方法，并逐步发展成为测绘科学与技术一门重要的独立的分支学科——摄影测量学。

与常规测量技术相比，摄影测量的主要特点可概括为以下四个方面：

（1）影像资料信息丰富、内容客观，可从中解读出大量被摄目标的几何、物理信息，并实现了由"点"到"面"的测量。

（2）通过对摄影所获得的影像资料进行量测和解译，无需接触被研究对象本身，属间接测量方式，因而很少受到地理条件（如人不能到达，不能接触等）的限制。

（3）只要目标能够被摄成影像，基本上都可以使用摄影测量技术；这些被摄对象可以是固体、液体，也可以是气体；可以是静态的，也可以是动态的；可以是微小的（如电子显微镜下放大几千倍的细胞），也可以是巨大的（如宇宙形体）。

（4）把部分野外测量工作改为室内操作，改善了劳动条件、降低了劳动强度、提高了劳动效率。

正是上述的这些特点，使得摄影测量在众多方面都发挥了重要的作用，不仅可测定静态目标的三维空间坐标、形状和大小等，而且还可测定动态目标的运动轨迹；不仅用于地形测图（地形摄影测量），还广泛应用于各类建筑工程、农林、地矿、考古、医学、生物、机械加工、车船飞机制造、结构变形、环境监测、军事侦察、公安侦破、事故处理等（非地形摄影测量）。例如，通过摄影可以精确测绘建筑物的平面图、截面图、立面图、构件的大小以及塑像、浮雕的等值线图（图 11-1），据此可为修复、

图 11-1 文物古迹摄影测量示意图

加固或重建提供现状资料，制定经济可行的修复方案；对古老城市等进行摄影测量，从而为建筑、城市规划、文物保护等部门提供各类测量成果；对汽车、飞机、船舶、抛物线天线等大型工业产品以及复杂机械零部件（如海轮螺旋桨）外形等进行摄影测量，以控制产品的质量；通过摄影，还可以测定诸如动物躯体外形及生物体的成长过程或运动过程等。

早期的摄影测量，只能在地面上进行（地面摄影测量）；从空中拍摄地面的照片，最早是 1858 年纳达在气球上进行的。直到 1903 年莱特兄弟发明了飞机，1915 年世界上第一台航空摄影专用相机问世后，航空摄影测量才真正开始。

　　航空摄影测量，又简称航测，是指将摄影机安装在飞机底部对地面进行摄影测量，主要用于地形图的测绘（我国现有的 1：1 万～1：10 万国家基本比例尺地形图，大都是采用这种方法测绘的；近年来，随着国民经济建设的快速发展以及新技术、新设备的研制开发，航空摄影测量也已开始应用于大比例尺地形图的测绘），或直接利用航摄像片平面图进行城乡规划、道路选线、环境保护、防灾减灾、土地利用以及水利、农林、地矿资源调查等。由于像片能真实和详尽地记录摄影瞬时地面上的各种信息，因此可将大量外业工作转到室内，改善了工作条件，减轻了劳动强度，尤其是对高山区或人不易到达的地方，利用这种方法测绘地形图更具有优越性，因而被广泛地应用于大面积的地形图测绘，是大规模生产地形图最主要、最有效的方法。与地面实测成图相比，航测成图具有速度快、效率高、成本低、精度均匀等优点。

　　1957 年苏联发射了第一颗人造地球卫星后，便开始了卫星遥感的历史，并在短时间内迅速发展起来。

　　顾名思义，遥感（RS）就是遥远感知事物的意思。从广义上讲，它泛指通过非接触传感器遥测目标几何与物理特性的一切技术，因此摄影和摄影测量也属于遥感的范畴；也正是基于这点，在测绘领域才把它们合为一个方向——摄影测量与遥感。若从狭义上讲，遥感一般仅指卫星遥感，即使用装载在卫星上的传感器，接收记录地表反射或发射的电磁波信号，并对所获得的信息进行提取、判定、加工处理以及应用分析的综合性的对地观测技术（今后，在不特别指明的情况下，所讲的遥感即指卫星遥感）。

　　遥感技术打破了摄影测量长期以来过分局限于测绘目标形状、大小、位置等数据的几何处理，尤其是航空摄影测量长期只侧重于测绘地形图的局面。这是因为，在遥感技术中，除使用可见光的黑白、彩色、彩红外框幅式摄影机外，还使用了全景摄影机、矩阵摄影机、红外扫描仪、多光谱扫描仪、CCD 阵列扫描仪、合成孔径侧视雷达等传感器，并以卫星作为遥感平台围绕地球长期运行，从而可提供大量的多时域、多光谱、多分辨率的丰富影像信息（既有几何的也有物理的），极大地延伸了人类的感知能力。

　　另一方面，摄影测量尤其是数字摄影测量对遥感技术的发展也起了极大的推动作用。两者的有机结合（摄影测量与遥感），已形成了对地球资源和环境进行探测与监测的立体观测体系，成为地（形）图测绘和地理信息系统数据采集与更新的重要手段，被广泛应用于区域规划与城乡建设、环境监测与保护、地质勘察与资源调查、应急救援与防震减灾以及军事等领域，并产生了十分可观的经济效益和显著的社会效益。

　　为此，本章将简要介绍一些（航空）摄影测量与遥感的基础知识及其应用情况。

11.2　航空摄影测量的基础知识

　　前面已述及，航空摄影测量主要用于测绘各种比例尺的地形图（航测成图），其作业流程可划分为航空摄影、航测外业和航测内业三个基本过程，现简述如下。

11.2.1　航空摄影

1. 航空摄影的基本概念

　　航测成图的第一步工作，就是航空摄影。所谓航空摄影，就是当飞机在空中按设计的高度、速度和航线飞行的同时，利用装在飞机底部的专用航空摄影机（航摄仪），按规定的摄影时间间隔对地面进行连续摄影，以获得航摄像片（航片）。在第一条航线摄完后，飞机调转 180°继续拍摄第二条航线，这样连续往返拍摄直至整个测区摄影完毕，如图 11-2 所示。一条航线所覆盖的地面，称为一个航带。

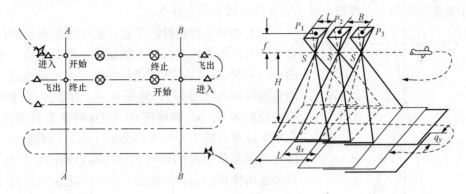

图 11-2　航空摄影示意图

2. 航空摄影的基本要求

航空摄影，应选择晴朗无云、风力较小、气流平稳的天气进行。

航空摄影得到的像片要能覆盖整个测区，相邻的像片必须有一定的重叠度；沿航线方向，相邻两像片之间的重叠，称为航向重叠（图 11-2 中的 q_x），一般应大于 60%；相邻航线间的重叠，称为旁向重叠（图 11-2 中的 q_y），一般应大于 20%。

在对地面进行连续摄影过程中，应当保持预定的航向、航高和航速，并尽可能保持机身水平；一般要求，航偏角（飞机偏离航线的水平夹角）应小于 5°，航线弯曲不大于 3%，实际航高偏差不得大于规定航高的 5%，同一条航线上高差变化不应超过 50m。

在摄影曝光时，对感光胶片要严格压平，并能自动控制曝光时间间隔。为了内业成图的需要，航空摄影机的主光轴（物镜光心垂直于像片平面的垂线）应尽量与通过物镜光心的铅垂线重合，即使航片尽量处于水平状态；如不重合，其夹角称为像片倾角，一般应小于 2°，最大不超过 3°。

航摄像片比例尺的选取，一般应综合考虑仪器设备、成图方法、成图精度、地形特点以及经济性和摄影资料的可用性等因素，一般可将航片放大 4~6 倍来测绘地形图。

3. 航摄像片的主要内容

如图 11-3 所示，像片的像幅（影像范围的大小）一般为 23cm×23cm，像幅内为地球表面的影像，像幅外有摄影瞬间的时刻、日期、摄影次序号码（以便像片拼接）以及圆水准器（说明摄影时光轴倾斜情况）等记录，在四个边框的中央还各有一框标。

框标的作用是，在理论分析和像点量测时，用于量测或决定像片主点的位置，建立像片平面坐标系。

像片主点是指主光轴与像片平面的交点，在像片上可由边框中央的四个框标连线的交点获得。

像片平面坐标系就是以像片主点为原点，以左、右边框中央框标的连线为像片坐标系的 x 轴，上、下边框中央框标的

图 11-3　航摄像片示意图

连线为 y 轴建立的。

按胶片感光材料的不同，航片可分为黑白片、彩色片、红外片等，但大多数为黑白像片。

4. 航摄像片的主要特点

由于航空摄影为中心投影，因此航片具有以下三大特点：

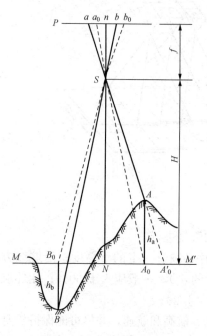

图 11-4　投影误差示意图

（1）像片上存在投影误差。由于地面起伏而引起像点在像片上发生位移所产生的误差，称为投影误差。如图 11-4 所示，MM' 为所选择的某一高程基准面（也作为垂直投影的水平面），地面点 A、B 在水平像片上的中心投影为 a、b，而地面点 A、B 的垂直投影 A_0、B_0 在水平像片上的中心投影则为 a_0、b_0，其差值 aa_0、bb_0 即为地面起伏引起的像点位移（高出基准面的地面点，其影像由像片中心向外移动，误差规定为正；低于基准面的地面点，其影像向像片中心移动，误差规定为负），可由下式求得

$$\delta_h = \frac{rh}{H} \qquad (11-1)$$

式中　δ_h——投影误差，即像点位移；

$\quad\quad\quad r$——像点至像底点 n（过物镜光心的铅垂线与像片平面的交点）的距离；

$\quad\quad\quad h$——地面点到高程基准面的高差；

$\quad\quad\quad H$——航高。

由式（11-1）可知，投影误差的大小不仅与 r 成正比，距像底点越远位移量越大；也与 h 成正比，高差越大投影误差也越大。

（2）像片上存在倾斜误差。由于像片的倾斜而引起像点在像片上发生位移所产生的误差，称为倾斜误差。如图 11-5 所示，在同一摄站对同一地面摄取一张水平像片 P_1 及一张倾斜像片 P_2（倾角为 φ），地面点 A 在水平像片 P_1 和倾斜像片 P_2 上的像点分别为 a_1、a_2，na_1 与 na_2 之差即为倾斜误差。倾斜像片在水平像片上面的部分，像点向边缘移动；在水平像片下面的部分，像点则向中心移动。

（3）像片上各处比例尺不同。地形图上任一线段的长度与其相对应的实地水平距离之比，即地形图上某两点间的距离和其相应地面上两点间的水平距离之比，称为地形图的比例尺，并通常用 $1:M$ 的形式表示。这个定义，原则上也适用于航摄像片。

但是，航片为中心投影而非正射（形）投影，当像平面与物平面平行时，中心投影的影像比例尺等于像距与物距之比。所以，对航片来说，只有当像片水平、地面也水平时（图 11-6），才符合地形图比例尺的定义。此时，像片比例尺为

$$\frac{1}{M} = \frac{f}{H} \qquad (11-2)$$

式中　f——航摄仪的焦距；

$\quad\quad\quad H$——航高。

然而，实际上不仅地面会有起伏变化而且像片也不可能完全水平，存在投影误差和倾斜

误差（图 11 - 4、图 11 - 5），因此，同一张像片上各处的比例尺并不一致。

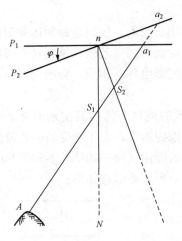

图 11 - 5　倾斜误差示意图

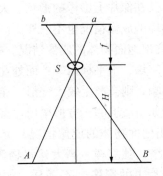

图 11 - 6　航摄示意图

另外，受气流波动等影响，飞机在飞行中很难保持航高的绝对一致，因此即使是同一台航摄仪、同一次航拍得到的各像片，其比例尺也会不一样。

由此可见，f/H 不仅与地形图比例尺有差别，而且对于像片比例尺来说也只是个概值（称为主比例尺），主要供编制诸如航空摄影及某些情况的测图计划等使用。

11.2.2　航测外业

1. 像片控制点联测与加密

要纠正像片的倾斜误差和投影误差、量取像点的坐标和高程、绘制地形图，每张像片上至少需要有 4～6 个已知平面位置和高程的控制点——像片控制点。

为了减少野外工作量，通常的做法是：先在像片上选取合乎要求的少数明显地物点作为像片控制点，并与国家控制点进行联测，求得它们的平面位置及高程；然后再利用这些实地联测的控制点进行内业加密，并对照实地将加密点的位置精确地刺到像片上。

近年来，由于卫星定位技术（GNSS）和惯性导航系统（INS）的引入应用，使摄影测量的几何定位越来越不再依赖于地面控制测量，即可实现无地面控制的航空摄影测量。

2. 航片的判读调绘与补测

所谓航片的判读，就是识别出像片上各种影像在实地上究竟属于何种地物、地貌。对于室内仅凭影像无法判读的，则需要到实地对照判读。

对室内无法判读的内容，则需携带像片到实地对照判读（对室内已判读的影像，也要在野外一并对照核实），并判别出它们在像片上的准确位置，按地形图图式规定的符号用铅笔仔细、准确地描绘在像片上，同时调查地形图上所需注记的各种内容，如居住地名称、房屋类型、河流流向、道路等级、路面材料等，称为航片的调绘。

对像片上没有而又需要在地形图上表示的、摄影后变化了的以及被云影、阴影、雪影等遮盖的内容，则需要进行补测并描绘在像片上，称为航片的补测。

上述工作，一般又统称为航片的外业调绘，其成果是后续内业制图极为重要的参考资料。因此，外业调绘工作必须严肃、认真，走到、看到，问清、查实，杜绝错、漏现象的发生。

外业调绘的基本技能，是像片的正确判读。要做到准确、迅速地进行像片判读，首先必须了解掌握地面物体的成像规律和判读特征。

（1）地面物体的成像规律。由于航片是地面的中心投影，所以地面物体和影像之间的关系是透视关系。即使同一或同样的地物，由于所处地面的高低起伏以及相对于摄影机镜头位置的不同，其在像片上影像的形状、大小、色调和阴影也各不相同，突出地面的物体和不突出地面的物体的成像情况也不一样。

1）不突出地面物体的成像情况。处在水平位置的地物影像与其实地形状基本相似，例如运动场、广场、水平梯田等；而处在倾斜位置的地物影像，由于会受到中心投影和地面起伏的共同影响，则会产生较大变形，相邻像片上同名影像（同一物体在不同像片的成像）也不一样，例如斜坡上的正方形旱田，有时会变成长方形、菱形或梯形。

2）突出地面物体的成像情况。突出地面的物体，如烟囱、水塔、独立树、高大建筑物等，同一物体在相邻两张像片上的影像会不一样。如图 11 - 7 所示，地面上三个同高的烟囱，其像片影像的形状和大小却各不相同。

（2）地面物体的判读特征。由于地面物体各自存在着许多不同的特征，因此它们在像片上的影像也各有特点，如物体的形状、大小、色调、阴影以及相关位置等在像片上均按一定的成像规律，以相应的影像特征表现出来。

1）形状。图像的形状，是判读的主要识别特征。

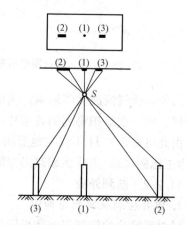

图 11 - 7　突出地面物体成像规律示意图

一般来说，物体的形状与其像片上的影像保持一定的相似关系，即地面上不同形状的物体，在像片上的图像也不一样。如房屋的影像就是其屋顶的形状，河流、道路的影像是带状，湖泊、运动场为面状等。

但应注意，由于航摄像片是中心投影，当像片倾斜或地面有起伏时，像点将产生移位，图像形状也会变形，在判读航摄像片时应考虑到这一因素。

2）大小。图像的大小，是地面目标在像片上的另一种表现特征。一般地讲，对于同一张像片而言，地面目标越大，图像也就越大；在图像形状相似的情况下，图像的大小就成为主要的识别依据。例如，水库与水塘的识别，就主要依据其图像的大小。

3）色调。物体影像的色调，是指深浅不同的黑白程度。影像的色调，除受物体本身的亮度、颜色和含水量影响外，还与感光材料的性质、摄影季节和时间等条件有关。物体受光越多、表面越光滑、反射能力越强，则其影像的色调越浅。一般来说，物体的颜色浅，色调也浅；含水量少，色调也浅。摄影季节不同，某些植物呈现的颜色不同，随之色调也就不相同。

4）阴影。未受阳光直接照射的物体，其阴影部分的影像，称为本影；物体影子的影像，称为落影。阴影有助于获得立体感和反应物体的侧面形状，对判读突出地面的物体有很大的作用；特别是对某些物体，当它按形状、大小和色调三种特征还无法与周围的影像区别开时，阴影特征对识别该物体就显得特别有用。

但是，阴影也存在着不利的方面，例如高大建筑的阴影有时会遮盖小而重要的地物，山头的阴影可能盖住重要的山洞等。同时，阴影还可能造成判读上的错觉，如山坡的阴影可能误认为是山坡上生长的植物，高大建筑物的阴影可能误认为是地物的影像等。

5) 相关位置。由于地面上的物体之间本来就有一定的相关位置并非孤立，所以反映到像片上物体影像之间也就存在着一定的相关位置。这种联系和影响是判读的一个重要标志，对较小比例尺的像片判读和难以判读的小物体来说更是如此。因为像片上总有一部分物体的影像是清楚的，所以可以利用这些清晰的影像，根据实地物体的相关位置，判读那些影像不清的小物体或补测某些无影像的物体。例如，道路在河流两岸中断，可以判定有桥或其他渡河设备等。

上述五个判读特征，在实际判读时要综合运用，单凭某一特征来判读通常是不可靠的。

3. 航摄像片的立体观察

航片的判读，仅靠观察一张像片有时很困难，若通过像对（在两个不同位置对同一物体拍摄的具有重叠的两张像片）进行立体观察就会比较容易。下面，简要介绍一下立体观察的原理和方法。

(1) 立体观察的原理。人用双眼观察物体，不仅能感觉物体的存在，而且能区别物体的远近，判别地面的高低。这是由于双眼观察同一物体时，在左、右眼的视网膜上成像的位置不同，如图 11-8 所示，远近不同的两点 A、B，在左、右视网膜上的成像分别为 a_1、b_1 和 a_2、b_2，在视网膜上构成的弧长 a_1b_1 和 a_2b_2（称为生理视差）不等，其差数 $p=a_1b_1-a_2b_2$ 称为生理视差较；不同的生理视差较传到大脑皮层的视觉中心，便会产生立体的感觉。

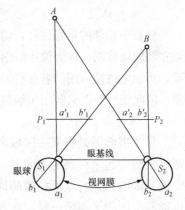

图 11-8 立体观察原理示意图

从这一原理出发，若在双眼前方放置一对玻璃片 P_1 和 P_2，透过它们去看物体（图 11-8），并在其上留下影像 $a_1'b_1'$ 和 $a_2'b_2'$（相当于用摄影机拍摄的一对重叠像片），然后拿走后面的物体 A、B，只观察其留在玻璃片上的影像，则仍然可得到与观察原物体一样的立体感觉，这就是人造立体效应。像片的立体观察，就是人造立体效应的具体应用。

按上述原理，立体观察应满足下列条件：① 两张像片必须是立体像对。② 立体观察时，每只眼睛只能看一张像片。③ 像片安放时，要使像对上的同名像点（同一地面点在两张像片上的影像）成对相交。

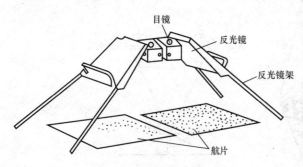

图 11-9 反光立体镜示意图

(2) 立体观察的方法。凭两只眼睛直接观察像对，即可得到立体效果，但这对初学者是困难的。通常，可借助反光立体镜来进行观察。如图 11-9 所示，反光立体镜由两对平面镜和一对透镜组成，可将左、右眼分隔开，扩大人的眼距（两只眼睛间的距离），以便两眼同时各看到一张像片而成立体效应，具体操作方法步骤如下：

1）在立体镜下，安放有一定重叠度的像对，左片放左边，右片放右边；并使像主点连线在一条直线上，且与立体镜的眼基线（即两透镜中心的连线）保持平行。

2）将像对在立体镜下，左右相对移动，直至同名像点融合为一。操作时，可用左、右手食指分别指在像对的同名像点上，然后左右移动像片，直至两食指重合。此时，移开手指即可得到立体影像。

11.2.3 航测内业

航空摄影及航测外业工作完成后，在室内再进行一定的技术处理，就可以得到各种形式的航测成果。

1. 单张像片

单张像片是航摄负片晒印出来的像片，其上有地面的影像，但比例尺不一致，存在着倾斜误差和投影误差，使用时应根据像点在像片上的位移和变形规律，限制其使用范围。由于像点位移所产生的误差从像片中心向边缘逐渐加大，所以只能使用像片的中心部分，称为像片的使用面积。因此，用单张像片只能研究局部地区的情况，涉及范围较大的工程规划，则应利用拼接后的像片略图。

2. 像片略图

把若干相邻的单张像片，切去航向和旁向重叠，将其使用面积部分依次拼接起来而成为一幅完整的像片图，称为像片略图。由于像片倾斜和地面起伏引起的像点位移和变形都完全保留着，再加之拼接所用的各张像片的比例尺也不一致，镶嵌拼接时可能会发生地物"错开"现象，因此像片略图只能用作编制正式图件或野外踏勘的参考，也可以用来做初步规划。

3. 像片平面图

像片平面图是将某一区域内经过纠正后的像片，切去航向和旁向重叠，依次拼接在一块图板上镶嵌起来得到的平面图。它消除了倾斜误差，统一了比例尺，并将投影误差限制在一定的范围内，是与地面相似的地物平面图。这种图不仅具有地物的生动影像，丰富的信息，也能和实测的平面图一样，在其上确定点的平面位置，量测线段的长度和图形的面积等。

4. 地（形）图

利用航摄像对，通过摄影过程的几何反转，建立与地面相似而缩小的立体地面模型，而后对模型进行量测（地面点的平面位置和高程），并结合外业调绘成果绘制出地形图，因此

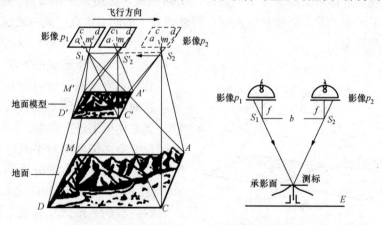

图 11 - 10   立体测图示意图

又称为立体测图（图 11-10）。

　　根据成图仪器和设备不同，立体测图又分为模拟法、解析法和数字法。这种划分方法，也体现了摄影测量的发展过程。摄影测量从模拟摄影测量开始（20 世纪 30～70 年代），经过了解析摄影测量阶段（20 世纪 70～90 年代），目前已进入数字摄影测量时代（20 世纪 90 年代末以来）。

　　模拟摄影测量的设备为模拟测图仪（图 11-11），采用物理投影方式实现摄影过程的几何反转，从而建立与地面相似而缩小的立体地面模型，输出成果主要为图解的线划图。

　　解析摄影测量的设备为解析测图仪（图 11-12），在计算机的控制下采用数字投影方式建立与地面相似而缩小的立体地面模型，并引入了半自动化的机助作业，免除了定向时的一些烦琐过程和测图过程中的许多手工作业，输出成果可以是图解产品也可以是数字产品。

　　数字摄影测量的设备为由标准的计算机硬件和软件以及各种专用软件集合而成的数字摄影测量工作站（图 11-13），处理的原始信息不再是像片而是数字影像（或数字化的影像），以计算机视觉代替人眼的立体观测，实现了摄影测量的自动化和数字化，输出成果更加丰富多样，如等高线图、透视图、坡度图、断面图、景观图、数字高程模型（DEM）、数字线划图（DLG）、数字正射影像图（DOM）、数字栅格图（DRG）等，还可通过一定的算法提供体积、空间距离、表面积、填挖方量等工程数据，完成各种工程运算。

图 11-11　模拟测图仪示意图　　　　图 11-12　解析测图仪示意图　　　　图 11-13　工作站示意图

　　近年来，为了有效解决海量数据处理技术的瓶颈问题，武汉大学将计算机网络技术、并行处理技术、高性能计算技术与数字摄影测量技术相结合，研究开发出了新一代数字摄影测量数据处理平台——数字摄影测量网格（Digital Photogrammetric Grid），可实现影像数据的自动快速处理，其性能远远高于当前的数字摄影测量工作站，从而可满足灾害快速响应等诸多领域对影像快速处理的迫切需要，为三维空间信息快速采集与更新提供了坚实的保障。

11.3　遥感的基础知识与应用

11.3.1　遥感的基本原理

　　地球上的一切物体，只要它们的温度高于绝对温度 0° 以上时，由于其本身的物理化学特性，它们都具有吸收、辐射和反射不同波长的电磁波的特性——波（光）谱特性。但对于不同的物体，它们的波谱特性却是不一样的；即使对于同一物体，在不同的外界条件和环境下，其波谱特性也会不一样。因此，如果事先掌握了各种物体的波谱特性，然后与遥感传感

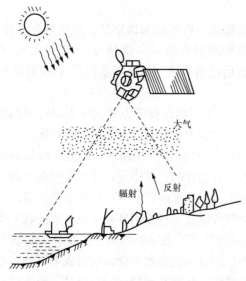

图 11-14　遥感原理示意图

器所探测到的目标的波谱信息进行比较、分析，就能识别出被探测目标的类型、大小等，这就是遥感的基本原理（图 11-14）。

11.3.2　遥感的种类与特点

目前，遥感的类型已有多种。若按传感器记录方式的不同，可分为图像遥感和非图像遥感；若按电磁波波段的工作区域，可分为紫外遥感、可见光遥感、红外遥感、微波遥感和多波段遥感等；若按被探测目标对象的领域不同，可分为农业遥感、林业遥感、水文遥感、地质遥感、测绘遥感、环境遥感、气象遥感及海洋遥感等；若按传感器工作方式的不同，可分为被动遥感和主动遥感（被动遥感是指传感器本身不发射信号而是直接接收目标物辐射和反射的太阳散射，主动遥感则是指传感器本身发射信号并接收从目标物反射回来的电磁波信号）等。

因此，遥感作为一门对地观测的综合性探测技术，可获取多层次、多视角、多时域、多光谱、多分辨率的海量数据和信息，有着其他技术手段无法比拟的优势，具有感测面积大、探测范围广、获取信息快、更新周期短、成本低、效益高、应用领域多等特点，从而为宏观、综合、动态、快速、连续、全天候探测和监测地球资源及环境（特别在解决与日俱增、不断加剧的全球性的资源与环境问题方面）提供了极为有利的条件和极其重要的基础数据。

11.3.3　遥感的发展与应用

遥感技术是 20 世纪 70 年代在航空摄影测量的基础上，随着空间技术、电子技术和地球科学等的发展而迅速发展起来的一门新技术。它综合了空间、电子、光学、计算机等科学技术的最新成就，是现代科学技术的一个重要组成部分。尤其在近些年来，遥感技术更是获得了飞速的发展，概括起来主要表现在以下几个方面。

（1）遥感平台方面。已成系列化，有地球同步卫星、太阳同步卫星、太空飞船、航天飞机、探空火箭（航天遥感）和高、中、低空飞机，升空气球，无人机等（航空遥感），有综合性的大型卫星，也有专题性的小卫星，从而构成了对地球和宇宙空间的多层次、多尺度、全方位和全天候的立体观测体系。

（2）传感器方面。探测波段的分割越来越精细，并逐渐向三高（高空间分辨率、高光谱分辨率和高时相分辨率）方向发展。多光谱摄影机的出现，使摄影像片显示信息的功能明显增强；非摄影类传感器的出现，使得获取信息所利用的电磁波的波长范围大大扩展；尤其是高分辨率 CCD 传感器的出现，使遥感图像的空间分辨率由早期 Landsat 卫星的 78m 提高到目前 Quick Bird 卫星的 0.6m、WorldView 卫星的 0.5m 和 GeoEye 卫星的 0.4m，从而使遥感走上了一个全新的发展阶段。

（3）遥感信息处理方面。大容量、高速度的计算机与功能强大的专业图像处理软件的结合成为主流，新的遥感图像处理理论、技术、方法不断出现，从而基本实现了遥感信息处理的数字化、可视化、自动化、实时化、智能化和网络化。

（4）技术集成方面。多种技术的集成日臻紧密和完善，与卫星定位技术（GNSS）的结合，可提高遥感（RS）对地观测的精度，实现对地实时动态监测；与地理信息系统（GIS）的结合，可为遥感（RS）影像提供区域背景信息，提高其解译精度；与摄影测量的结合，可形成对地球资源和环境进行探测与监测的立体观测体系，不断提高着认识地球、造福人类的能力和水平。

（5）遥感应用方面。经过 40 多年的发展，遥感技术已广泛渗入到社会、经济、军事、科教等各个领域，对推动经济建设、社会进步、环境改善和国防建设都起到了极其重大的作用。同时，随着遥感技术的进一步实用化、商业化、国际化，其应用也会不断向更广、更深的方向继续发展。

目前，遥感技术在诸如测绘、地理、水文、地质、矿产、农业、林业、海洋、军事、工程建设、城市规划、减灾防灾、资源调查、环境监测与保护、考古和军事等方面面都得到了广泛的应用，并获得了显著的经济效益与社会效益。下面，就对其在某些方面的具体应用进行简要介绍。

（1）在城市规划设计与管理中的应用。利用遥感技术进行城市调查，可为城市的规划、设计与管理提供多方面的基础地理信息和其他与城市发展有关的分析资料，诸如城市土地利用现状、城市及区域的自然状况、城市道路与交通状况、城市人口及其分布情况、城市工矿企业及其分布情况、城市环境质量与污染源分布情况、城市灾害性地质及其分布区域、旅游资源开发、景观布局与视域分析等；根据这些信息资料，城市规划、设计和管理工作者就可以从不同的角度、不同的层次去观察、剖析、认识、改造和建设城市，建立城市的各种专题数据库和信息系统。

例如，在遥感影像上，由于城市道路、各类房屋及其他人工建筑物的特征，与其他自然地物存在着明显的差别，因此很容易判别；同时，由于影像的覆盖范围较大，区域城市体系分布及各城市的建成区在影像上一目了然；若对不同时期的影像对比分析，可得到城市建成区的演变情况。这些对研究城市的布局、形态的演变及发展过程等都起着极为重要的作用，也为城市的进一步发展和编制规划等提供了科学依据。

又如，城市道路交通是一个非常复杂的动态大系统，是由人流、车流、道路网和交通设施 4 个子系统构成的既相互联系又相互制约的有机整体；如果这个有机整体的某些部分不能协调运作时，就会出现交通拥挤、车速下降、道路堵塞、事故增多等问题。在遥感影像上，可以比较容易地了解到城市道路的网络结构、道路的质量、道路的宽度、停车场的位置及数量规模等，同时还可以了解到路段上的车流密度、流量等，从而为城市道路网络规划、交通管理以及道路的养护和工程设计等提供大量的基础资料。

再如，随着城市建筑区的不断扩大，用地类型日益复杂，市政设施与各种建筑的布局、风格日益繁多，点缀其间的园林绿化的布局与结构也变得日益复杂，园林绿化在城市生态系统中的作用受到越来越多的认同和重视，这给园林绿化的监测与管理提出了更高的要求，传统人工丈量和统计报表的作法已无法满足，而利用遥感技术则不仅能准确、快速、方便地判定和量测绿化覆盖面积，而且对于判别绿地的类型、结构乃至识别植物种类等都是十分有效的。此外，利用多时相的遥感图像，还可方便地进行绿地变迁的定量研究，对研究城市绿化的发展动向和控制绿地的流失等都具有十分重要的意义。

（2）在工程地质勘察与规划设计中的应用。在工程地质勘察中，遥感技术可用于大型堤坝、厂矿及其他建筑工程的选址、道路选线及由地震或暴雨等造成的灾害性地质过程的预测等方面。例如，山西大同某电厂选址、京山铁路改线设计等，由于从遥感资料的分析中发现过去资料中没有反映的隐伏地质构造，通过改变厂址与选择合理的铁路线路，在确保工程质量与安全方面起了重要的作用；在三峡工程选址调研中，应用侧视雷达图像，判释出狮子口的断裂束，为最后三峡大坝的选址提供了科学决策的依据；在京广线复线大瑶山隧道施工中，应用航空遥感在 420km 范围内判释出 300 余条线性构造，为分析隧道地区水文地质条件提供了科学依据，另在沿隧道轴线 5km 的带状范围内，判释出 40 余条线性构造，其中 28 条穿越隧道洞身，施工中验证率达 60%，为施工的地质构造预测预报和施工过断层准备工作提供了保证。

利用遥感技术，还可以为线路设计提供各种几何信息，包括断面图、地形图等，已在我国主要新建的铁路线和高速公路线的设计和施工中广泛应用，特别在西部开发中，由于人烟稀少，地质条件复杂，遥感手段更有其优势。

（3）在测图和地理信息系统建立更新中的应用。遥感图像不仅可直接用于测绘、更新中小比例尺的地形图，制作各种专题地图，生成反映地表景观的各种比例尺的影像数据库、数字高程模型数据库等，还可为地理信息系统源源不断地提供及时、准确、动态、客观、丰富的基础资料。

目前，常用的卫星影像及其相应的测图与更新比例尺，见表 11-1。

表 11-1　　　　　　　　　　　卫星影像及其相应的测图与更新比例尺

卫星名称	地面分辨率（全色/多光谱）	最大测图比例尺	最大更新比例尺
Landsat 8	15m/30m	1:10 万	1:5 万
天绘一号	2m/10m	1:5 万	1:2.5 万
SPOT 6-7	1.5m/6m	1:2.5 万	1:1 万
Quick Bird	0.6m/2.4m	1:1 万	1:5 千
GeoEye-1	0.4m/1.6m	1:5 千	1:2 千

（4）在土地利用现状调查与动态监测中的应用。土地资源是包括气候、地形、表层岩石、土壤、植被和水文等自然要素的综合体，现代遥感技术的多波段性和多时相性，十分有利于对以绿色为主体的再生资源的研究。因此，遥感技术是调查土地资源数量、质量和分布的重要手段。

土地资源还是一个变化的综合体，特别是一些人为经营的不合理地区，往往引起土壤侵蚀、土壤沙漠化和土壤次生盐渍化等土地资源退化问题。利用同一地区不同时相的遥感影像进行叠加、解译、对比分析，就可以准确地看出该地区土地资源的变化。因此，遥感技术对于土地资源的动态监测，特别是对于一些交通不便或面积大的地区的监测，具有很强的优越性。

（5）在水资源调查和水文学研究中的应用。遥感技术在水资源和水文方面的应用，主要有水资源调查、水文情报预报和区域水文研究等。

在遥感图像上，可以很容易地确定地表江河、湖沼和冰雪的分布、面积、水量和水质，因此遥感技术已普遍用于水资源的调查工作，如在青藏高原地区，通过对遥感图像解译分析，不仅对已有湖泊的面积、形状修正得更加准确，而且还新发现了 500 多个湖泊。同时，按照地下水的埋藏分布规律，利用遥感图像的直接和间接解译标志，可以有效地勘测和寻找地下水资源。一般来说，遥感图像所显示的古河床位置、基岩构造的裂隙及其复合部位、洪积扇的顶端和边缘、自然植被生长状况好的地方，均可找到地下水。另外，由于地下水和地表水之间存在温差，因此利用热红外图像即可很容易地发现泉眼位置。

利用遥感图像可及时、准确地获得各种有关水文要素的动态信息，因此利用遥感技术既可以进行旱情预报、融雪经流预报和暴雨洪水预报等，也可以准确地确定洪流区及其变化，监测洪水动向，调查洪水泛滥范围及受涝面积和评估灾害损失等。

遥感技术既可观测水体本身的特征和变化，又能够对其周围的自然地理条件与人文活动的影响提供全面的信息，从而为深入研究自然环境和水文现象之间的相互关系以及水在自然界的运动变化规律创造有利条件。同时，由于卫星遥感对自然界环境动态监测比常规方法更全面、仔细、精确，且能获得全球环境动态变化的大量数据与图像，这在研究区域性的水文过程，乃至全球的水文循环、水量平衡等重大水文课题中具有无比的优越性。

（6）在洪水灾害监测预报与评估中的应用。洪水灾害是一种骤发性的自然灾害，具有发生突然、持续时间短、危害大等特点，人类对洪灾的反应可划分为以下四个阶段。

1）洪水控制与洪水综合管理。通过"拦、蓄、排"等工程与非工程措施，改变或控制洪水的性质和流路使"水让人"；通过合理规划洪泛区土地利用，保证洪水流路的畅通，使"人让水"。这是一个长期的过程，也是区域防洪体系的基础。

2）洪水监测、预报与预警。在洪水发生初期，通过地面的雨情及水情观测站网，了解洪水实时状况；借助于区域洪水预报模型，预测区域洪水发展趋势，并及时、准确地发出预警消息。

3）洪水灾情监测与防洪抢险。随着洪水水位的不断上涨，区域受灾面积不断扩大，灾情越来越严重。这时除了依靠常规观测站网外，还需利用遥感技术实现洪水灾情的宏观监测。在得到预警信息后，要及时组织抗洪队伍，疏散灾区居民，转移重要物资，保护重点地区。

4）洪灾综合评估与减灾决策分析。洪灾过后，必须及时对区域的受灾状况作出准确的估算，为救灾物资投放提供信息和方案，辅助地方政府部门制定重建家园、恢复生产规划。

这四个阶段，既相互联系、相互制约又相互衔接。若从时效和工作性质上看，这四个阶段的研究内容可归结为两个层次，即长期的区域综合治理与工程建设以及洪水灾害监测预报与评估。

遥感和地理信息系统相结合，可以直接应用于洪灾研究的各个阶段，实现洪水灾害的监测和灾情评估分析。如1988年水利部、中科院、国家测绘局等单位合作开展了黄河下游防汛的遥感应用试验，成功地利用卫星和地面微波中继站把黄河洪水的图像数据和水位数据实时、远距离地传送到水利部和黄河水利委员会，为防洪指挥机关查询河道和滞洪区现状，调查洪水造成的淹没损失提供了有效手段。

（7）在地质灾害监测预报与评估中的应用。我国是世界上地质灾害较为严重的国家之一，地震、滑坡、崩塌、泥石流等严重威胁着国家的经济建设和人民生命财产的安全，并会造成重大的经济损失和环境破坏。

当今，遥感技术在地质灾害的理论研究和实际应用（监测、预报与评估）上均取得了许多重要成果，取得了巨大的社会和经济效益。

1）利用遥感获得的一些地震活动带辐射的电磁波信息，可有效地进行地震预报。例如，1998 年 3 月，国家地震局观察到唐山地区的卫星热红外图像异常增温，后经连续观测，成功预报了发生在唐山的 4.7 级地震。

2）利用遥感获得的信息，不仅可进行地震损失的正确评估和烈度的实际划分，同时也为地震发生的地质构造因素分析提供了极其重要的资料。

3）通过对不同时相的遥感资料进行对比分析，可掌握易于发生滑坡、崩塌、泥石流等灾害的不稳定地区，或对已发生灾害的地区进行详查分析。例如在长江三峡特大水利工程中，利用遥感技术发现了 280 余处滑坡崩塌体，编制了"长江滑坡、崩塌图集"，成为该地区重要的地质基础资料。

（8）在海洋调查研究与开发中的应用。随着人口的增加和陆地非再生资源的大量消耗，海洋（覆盖着地球表面积的 71%，容纳了全球 97% 的水量，蕴藏着丰富的资源和广阔的活动空间）对人类生存与发展的意义日显重要。为此，必须利用先进的科学技术以求全面而深入地认识和了解海洋，指导人们科学合理地开发、利用海洋，改善环境质量，减少损失。

于是，人们把遥感技术引入到海洋的调查、研究和开发之中，甚至发射了专用的海洋卫星。海洋卫星遥感与常规的手段相比，具有许多独特优点。比如，由于不受地理位置、天气和人为条件的限制，可以覆盖地理位置偏远、环境条件恶劣的海区以及由于政治原因不能直接去进行常规调查的海区；而且是全天时的，其中微波遥感是全天候的，并能提供大面积的海面图像；不仅能测量海洋水色、悬浮泥沙、水质，周期性地监视大洋环流、海面温度场的变化、鱼群的迁移、污染物的运移等，还能同步观测风、流、污染、海气间的相互作用和能量收支平衡等。可见，海洋卫星遥感不再受时空尺度的限制，而且获取的信息丰富，不仅对海洋资源普查、大面积测绘制图及污染监测都极为有利，而且可以全面、深刻地认识海洋现象产生的原因，掌握洋盆尺度或全球大洋尺度的变化过程和规律。因此，遥感技术在海洋渔业、海洋环境污染调查与监测、海岸带开发及全球尺度海洋科学研究中均已有较好的应用。

（9）在环境监测和保护中的应用。目前，环境污染已成为许多国家的突出问题，利用遥感技术可以快速、大面积监测水污染、大气污染和土地污染以及各种污染导致的破坏和影响。近年来，我国利用航空遥感进行了多次环境监测的应用试验，对沈阳等多个城市的环境质量和污染程度进行了分析和评价，包括城市热岛、烟雾扩散、水源污染、绿色植物覆盖指数以及交通量等的监测，都取得了重要成果。国家海洋局组织的在渤海湾海面油溢航空遥感实验中，发现某国商船在大沽锚地违章排污事件以及其他违章排污船 20 艘，并及时作了处理，在国内外产生了较大影响。

随着遥感技术在环境保护领域中的广泛应用，一门新的科学——环境遥感诞生了。遥感技术目前已在生态环境（如沙漠化、盐碱化等）、土壤污染和垃圾堆与有害物质堆积区等的监测中都得到广泛应用。

（10）在地质矿产勘查中的应用。遥感技术可为矿产资源调查提供重要依据和线索，为地质研究和勘查提供先进的手段，特别是对高寒、荒漠、热带雨林地区以及大区域甚至全球范围的地矿勘查与研究创造了极为有利的条件。

遥感技术在地质调查中的应用，主要是利用遥感图像的色调、形状、阴影等标志，解译出地质体类型、地层、岩性、地质构造等信息，从而为区域地质填图提供必要的数据。

遥感技术在矿产资源调查中的应用，主要是根据矿床成因类型，结合地球物理特征，寻找成矿线索或缩小找矿范围，通过成矿条件的分析，提出矿产普查勘探的方向，指出矿区的发展前景。

在水文地质勘查中，则利用各种遥感资料（尤其是红外摄影、热红外扫描成像），可快速查明某区域的水文地质条件、富水地貌部位、识别含水层及判断充水断层等。

（11）在农业中的应用。我国是一个农业大国，而且人口众多，粮食问题是各级政府和老百姓极为关心的大事情。因此，遥感技术在农业中的应用日益受到重视。例如，利用不同时相的遥感影像进行叠加、解译及对比分析，就可以准确地看出耕地状况的变化，以便更好进行农业规划。再如，利用遥感图像的多波段特征，可进行农作物生长状况及其生长环境（土壤的含水量及肥力等）的监测，从而及时、准确、科学、合理地指导农耕生产活动。因此，RS 与 GPS、GIS 和农业专家系统相结合，即可实现精准农业。另外，遥感技术还可以用于农作物的估产与监测。

（12）在林业中的应用。森林是重要的生物资源，具有分布广、生长期长的特点。在遥感图像上，可以方便、快捷地查清森林资源的数量、质量、分布特征，掌握森林植被的类型、树种、生长状况、宜林地数量和质量等各种数据；将不同时相的遥感图像对比分析，可以及时地进行森林虫害的监测，发现和监测森林火灾，定量评估由于空气污染、酸雨及病虫害等因素引起的林业危害等。因此，利用遥感手段可以快速地进行森林资源调查，实施及时、准确的动态监测，以便科学、合理地指导森林生产、经营和保护。RS 与 GPS、GIS 和林业专家系统相结合，即可实现精准林业。

（13）在军事上的应用。随着人类社会向信息化方向的发展，现代战争中信息对抗的含量将越来越高，由军事技术革命引发的数字化战场建设已成为未来战争的主流。遥感技术在现代和未来战争中的应用也是不言而喻的，如战前的侦察、敌方目标监测、军事地理信息系统的建立，战争中的实时指挥、武器的制导，数字化战场的仿真，战后的作业效果评估等都需要依赖高分辨率卫星影像和无人飞机侦察的图像。限于篇幅，在此不再一一赘述。

思考题与习题

1. 简述摄影测量的特点和分类。
2. 结合自己所学专业，谈谈摄影测量的应用。
3. 简述航测的基本作业流程。
4. 航摄像片有哪些主要特点？
5. 何谓航片的判读、调绘和补测？判读的主要特征有哪些？
6. 航测的主要产品有哪些？
7. 何谓遥感？有哪些特点和分类？
8. 简述遥感的基本原理与特点。
9. 结合自己所学专业，谈谈遥感技术的应用。

第 12 章 地 理 信 息 系 统

12.1 概　　述

地理信息系统（GIS），是指在计算机软硬件支持下，对地理空间数据进行采集、存储、管理、处理、分析、建模、显示、输出，以提供对资源、环境及各种区域性研究、规划、管理、决策所需信息的人机系统。因此，GIS 不仅仅限于对现实世界中地理空间数据的采集、存储、管理等，而且是现实世界的一个抽象模型（比由地图表达的现实世界模型更为丰富和灵活）；用户不仅可以观察、提取这个现实世界模型各个方面的内容，而且还可以量测这个模型所表达的地理现象的各种空间尺度指标；更为重要的是，可在系统的支持下，将自然发生的或思维规划的动态过程施加在这个模型上，进行自然或人文时空过程演化的模拟和预测，并利用其强大的空间分析功能产生常规方法难以得到的信息，从而有助于做出正确决策，同时又能有效地避免和预防不良后果的发生。例如，可根据 GIS 中存储的丰富信息，运用科学的分析方法，预测某一事物（人口、资源、环境、粮食产量等）在今后的可能发展趋势，并给出正确的评价和估计，以调节、控制计划或行动。所以，GIS 提供了一个认识、理解地理空间的全新方式和分析、处理海量地理空间数据的通用技术和手段，现已广泛应用于资源调查与管理、环境保护与评价、区域发展规划、公共设施管理、交通安全等领域，并逐渐发展成为集计算机科学、测绘学、遥感学、地理学、环境科学、空间科学、信息科学、城市科学和管理科学等为一体的新兴边缘学科——地理信息科学。

为此，本章将就 GIS 的操作对象、功能、组成、开发与应用等问题进行简要介绍。

12.2 GIS 的操作对象

由上面 GIS 的定义可知，其操作对象为地理空间数据。

所谓地理空间数据，就是指与空间和地理分布有关的数据，可以是数字、文字，也可以是图形、图像、表格等。

根据描述地理现象和事物特征的不同，地理空间数据可分为空间位置特征数据、属性特征数据和时间特征数据三种类型。

（1）空间位置特征数据。空间位置特征数据是指描述地理现象和事物的空间位置及其空间关系的数据，有时也简称为空间数据。它又分为几何数据和关系数据两种。

1）几何数据。几何数据是指描述地理现象和事物本身的位置、形状、大小等的数据，又称图形数据。涉及的主要术语，有坐标、角度、方向、距离、周长和面积等。

2）关系数据。关系数据是指描述各个不同地理现象和事物之间空间关系的数据，又称拓扑数据。涉及的主要术语，有相邻、相离、相交、邻接、关联、包含、重合等。

（2）属性特征数据。属性特征数据是指描述地理现象和事物的自然或人文属性的数据，如表示地理现象和事物的名称、类型和数量等的数据，又简称属性数据。

（3）时间特征数据。时间特征数据是指描述地理数据采集或地理现象发生的时刻或时段的数据，简称时间数据。按时间尺度，又可划分为短期（如地震、洪水、霜冻等）、中期（如土地利用、农作物估产等）、长期（如城市化、水土流失等）等。

由于属性数据和时间数据，都是描述地理现象和事物的非空间部分，因此有时将它们统称为非空间数据或非图形数据。故而，一般又可将地理空间数据划分为空间数据和非空间数据两种基本数据类型。

此外，若按不同的指标，地理空间数据还可以划分为多种类型。比如，按其结构，可分为矢量数据和栅格数据；按是否被加工，可分为第一手数据（原始数据）和第二手数据（经过加工处理后的数据）；按表现形式，可分为非电子数据和电子数据；按内容特性，又可分为：①地理基础/背景数据，主要来自地形图和航空遥感，包括水网、交通、居民地、行政区划和流域境界线等，其作用是为专题覆盖层提供定位与控制的基础。②数字高程模型（DEM）。由于很多的自然和社会要素的分布和配置，与地面高程有着显著相关；因此，DEM 可以看作一种特殊的地理基础数据。③资源与环境数据，主要来自源于航空和航天遥感与调查统计，也有来自科学研究的分析结果，包括土地利用现状、土壤侵蚀、地貌类型、植被类型、森林分布、草场分布和土地资源等。④社会经济数据，主要来自政府统计部门、遥感工程调查结果和科学研究结论，例如人口、人口密度、国民收入、文化程度、土地占有量、农业机械化程度等。

由此可见，地理空间数据比一般计算机数据要复杂得多。它不仅有一般计算机数据所包含的属性数据和时间数据，还有一般计算机数据没有的空间数据；空间数据是地理空间数据所特有的，缺乏空间数据就不称其为地理空间数据。同时，大家还应注意两点：一是由于地理空间数据包含空间数据，因此其数量往往是巨大的，常用"海量"一词来描述；二是地理空间数据中的属性数据必须严格挂联到相应的空间数据上，绝不能混淆、错乱。

12.3 GIS 的功能与组成

12.3.1 GIS 的功能

GIS 的功能，可概括为基本和高级两个方面。

（1）GIS 的基本功能。GIS 的基本功能，包括地理空间数据的采集、输入、检查、编辑、处理、存储、管理、查询、检索、统计、计算、显示与输出等。

（2）GIS 的高级功能。GIS 的高级功能，包括空间分析、动态过程模拟和预测等。它既是 GIS 的核心功能，也是 GIS 与其他计算机系统的根本区别所在。

空间分析，又包括叠置分析、缓冲区分析、网络分析、空间统计分析、空间集合分析、数字地面模型分析、地形分析、地学专题分析等。

12.3.2 GIS 的组成

一个完整的 GIS，应包括硬件、软件、地理空间数据库和人员四大部分。

1. GIS 硬件

GIS 的硬件，包括主机、外部设备和网络设备三个方面。其硬件的配置，可根据经费条件、应用目的、规模以及区域分布等，布设成单机、局域网和广域网三种模式。

（1）单机模式。单机模式，由一台主机附带配置几种输入、输出设备构成，只适用于一些小的 GIS 应用项目。

（2）局域网模式。一个部门或一个单位，通常在一座大楼内办公，因此可将若干计算机连接成一个局域网络，从而使联网的每台计算机之间以及与服务器、外部设备之间即可便捷地进行相互通信。因此，局域网模式是当前我国 GIS 应用中最为普遍的模式。

（3）广域网模式。广域网模式，适用于 GIS 的用户地域分布较广的情况。在广域网中，每个局部范围内仍采用局域网模式，各局域网之间则可借助公共通信通道连成广域网。

2. GIS 软件

GIS 软件是指运行 GIS 所需的各种程序的集合，又分为计算机系统软件和 GIS 专业软件两个方面。

（1）计算机系统软件。计算机系统软件，又包括操作系统软件、面向各行各业的通用数据库系统管理软件以及一些通用型应用软件如微软 office 等。

（2）GIS 专业软件。GIS 专业软件，又包括 GIS 基础软件和 GIS 应用软件两种。

GIS 基础软件是指专门为 GIS 的建立和开发而研制的通用软件系统，又称为 GIS 工具软件。它们一般都包含数据输入与编辑、数据存储与管理、数据处理与分析、数据显示与输出、用户界面和系统二次开发等子系统或核心模块，可为用户提供基础的地理空间数据管理和分析功能，具有对计算机硬件适应性强、对数据的管理和操作效率高、易于二次开发和扩展等特点；既可以作为实用 GIS 的开发平台，也可作为教学软件。目前，在国内最具代表性的流行产品主要有：①美国环境系统研究所 ESRI 研制的 Arc/Info GIS 和 Arc/View GIS；②美国 MapInfo 公司开发的 MapInfo GIS；③原武汉测绘科技大学 GIS 研究中心研制的 GeoStar GIS；④中国地质大学计算中心华地图形数据开发公司开发的 Map GIS；⑤北京超图地理信息技术有限公司开发的 SuperMap GIS 等。

GIS 应用软件则是指在 GIS 基础软件的基础上，针对不同的部门和一些特殊的应用问题而开发的软件。

GIS 基础软件、应用软件与特定任务相关联的地理空间数据相结合，便可以形成不同规模、不同专题的实用 GIS。如土地利用信息系统、矿产资源管理信息系统、环境评价信息系统、城市规划与管理信息系统、城市交通管理信息系统、城市管网信息系统、人口信息系统、房地产信息系统等。此外，根据研究内容不同，GIS 可分为综合信息系统和专题信息系统；根据研究范围不同，GIS 可分为全球性信息系统（数字地球，见本书附录 G）和区域性信息系统；也可以结合起来，分成综合国情信息系统、综合省情信息系统等。

3. 地理空间数据库

地理空间数据库，由地理空间数据库实体和地理空间数据库管理系统组成。地理空间数据库实体存储有许多数据文件和文件中的大量数据，而地理空间数据库管理系统主要用于对地理空间数据的统一管理，包括查询、检索、增删、修改和维护等。

地理空间数据在 GIS 中处于核心地位，如同汽车中的汽油。没有了汽油，汽车就成为一堆废铁；没有了地理空间数据，GIS 则毫无使用价值。

4. GIS 人员

尽管现代计算机和 GIS 技术已相当先进，但人始终是人机系统中最活跃、最重要的因素。从事 GIS 的人员，一般又分为研发人员和用户两类，但他们之间必须保持密切的合作。

（1）研发人员。研发人员，是指 GIS 的研究者、设计者和建设者。研发人员的工作，不仅仅限于系统建设期间，还应延伸到系统建成之后，例如在应用管理人员参与下的系统扩充、完善和更新等。

在系统开发前，研发人员要对用户机构的状况和要求进行深入调查；在仔细研究分析的基础上，根据 GIS 工程建设的特点和要求，确定开发目标，进行可行性分析，制订开发策略，选择开发方案，并撰写总体设计书，从而使系统的软硬件投入能获得较高的效益回报，使建立的数据库能具有完善的质量保证。

（2）用户。用户，是指 GIS 的应用者或服务的对象。他们不仅要利用 GIS 提取多种信息为研究、决策、管理服务，还要负责系统的完善、管理、维护以及数据的更新等；因此，不仅需要他们对 GIS 技术和功能有足够的了解，而且还应具备有效、全面和可行的组织管理能力，以使系统始终处于良好的运作状态。

综上所述，不难看出：地理信息系统，比一般的信息系统要复杂得多；要研发一套 GIS 工具，也是一项巨大的工程；要建立和维护一项实用的 GIS，更是一项巨大的工程。自然，GIS 的效益也是巨大的。

12.4　GIS 的数据采集

地理空间数据，是 GIS 的血液。实际上，整个 GIS 都是围绕地理空间数据的采集、加工、存储、分析和表现展开的。因此，地理空间数据的数据源、数据的采集手段、数据的生产工艺以及数据的质量等都会直接影响到 GIS 应用的潜力、成本和效率。

当前，地理空间数据的主要来源有：①纸质地图；②摄影测量；③卫星遥感；④野外地面实测；⑤文本资料，如各类调查报告、文献资料等；⑥已有的地理空间数据库；⑦元数据——对各类纯数据进行调查、推理、分析、总结等得到的有关该数据的数据，如数据的来源、权属、产生时间、精度、分辨率、转换方法等。

下面，仅就从现有纸质地图上采集地理空间数据的方法（地图数字化）进行简要介绍。

12.4.1　手扶数字化

所谓手扶数字化，即利用手扶跟踪数字化仪将纸质地图进行数字化。如图 12-1 所示，手扶跟踪数字化仪，一般由鼠标器、数字化板和微处理器等组成。当使用者在数字化板上移动鼠标器，将其十字丝交点对准指定图形的点位时，按动相应的按钮，数字化仪便将对应的命令符号和该点的坐标 (x, y)，通过接口电路传送给计算机。

为了方便作业，有些 GIS 软件在数字化仪上还设置了其他功能。如图板菜单，将符号和地物分类编码贴在图板上，用户点取符号系统即可自动采集其编码；此外，为注记方便，将一些常用的字符也贴在图板上，如厕所、池塘等直接使用数字化板即可进行汉字注记。

手扶数字化的基本操作流程一般为：原图准备→输入初始化参数→图纸定位→图形数字化→检查和修改数字化错误→图形数据的存储。

（1）原图准备。原图的准备工作，主要包括：

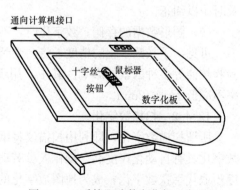

图 12-1　手扶跟踪数字化仪示意图

①检查原图内容的完整性，避免各图形要素的遗漏和重复，以保证原图满足数字化的要求；②标识图幅角点与内部控制点；③固定图纸，将原图放在数字化板的中央部位并置平，用透明胶纸贴紧，并尽量使原图图廓线与数字化板上的标志线平行。若底图图幅大于数字化仪板面的有效范围，可将原图分块数字化。

（2）输入初始化参数。当数字化仪与计算机等连接好后，打开数字化仪电源开关，使数字化仪在微机及软件的控制下，进行初始化参数设置，进入运行准备状态。初始化参数，包括数字化的阈值（数字化两点间的最短距离）、图幅四角点的理论坐标、图幅长度和宽度及图名、图号、比例尺、地图投影等。

（3）图纸定位。由于数字化仪的坐标系为笛卡儿坐标系，其坐标原点一般在幅面的左下角，与地图的坐标系不一致，因此必须把数字化仪采集的坐标转换成地图坐标。图纸定位就是要求出两坐标系之间的转换参数，并改正图纸的变形误差以提高数字化的精度。

按已知点的类别不同，图纸定位可分为图廓点定位和控制点定位两种。一般采用图廓点定位，即将数字化仪鼠标器的十字丝交点对准地图的左下、右下、右上、左上 4 个内图廓点，依次获得它们的数字化坐标，并通过 GIS 软件自动算得数字化仪和地图两坐标系之间的转换参数。当图幅内有分布均匀、点位精确清晰的已知控制点时，也可采用控制点进行图纸定位。

全图数字化结束后，应再次进行图纸定位，以检核、提高数字化成果的质量。

（4）图形数字化。数字化采点时，将数字化仪鼠标器的十字丝交点对准图形的特征点，按动相应的按键（一般为左键）即得到该点的坐标数据；然后移动鼠标到图板菜单区，对准该数字化点图式符号所在的小方格，按一下鼠标键，便可将该点的编码自动输入到计算机中（当无图板菜单时，其属性数据可通过计算机键盘直接输入），并与该点的坐标数据联系在一起，同时在屏幕上显示出刚数字化的图形。逐点进行数字化，直到整幅图数字化完成。

目前，图形数字化的常用作业方式，除了上面的点方式外，还有流方式。采用流方式进行数字化时，首先将鼠标器的十字丝交点对准图形的起点，并向计算机输入一个按流方式数字化的命令，让它以等时间间隔或在 X 和 Y 方向以等距离间隔记录坐标；然后，操作员小心地将十字丝交点对准图形移动鼠标器，直至终点；最后，用命令或按键告诉计算机停止记录坐标。可见，流方式特别适合于曲线的数字化。

（5）检查和修改数字化错误。通过屏幕或绘图显示，检查结点不匹配、假结点、悬挂结点，检查线段缺失、多余、过长或过短，以及标识点遗漏或多边形不能自行闭合等错误，并及时予以纠正。

（6）图形数据的存储。数字化时，不仅要边检查、边修改，还要注意及时进行保存。

可见，手扶数字化的精度，将会受到数字化仪本身的分辨率、数字化方式、操作者的经验和技能等多种因素的影响。其中，用于 GIS 数据采集的手扶跟踪数字化仪，其标称分辨率不应低于±0.2mm。

12.4.2　扫描数字化

所谓扫描数字化，即利用扫描仪将纸质地图进行数字化。相对于手扶数字化而言，扫描数字化具有自动化程度高、操作人员劳动强度小、作业效率高等特点。因此，扫描数字化已逐步取代手扶数字化，成为地图数字化的主流。

按照仪器结构的不同，扫描仪可分为滚筒扫描仪（图 12-2）和平台扫描仪（图 12-3）。

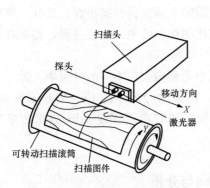

图 12-2　滚筒扫描仪示意图

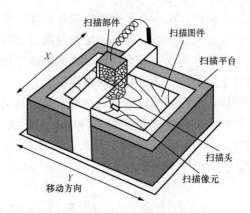

图 12-3　平台扫描仪示意图

滚筒扫描仪是将扫描图件装在圆柱形滚筒上，然后用扫描头对它进行扫描；扫描头在 X 方向运转，滚筒在 Y 方向上转动。平台扫描仪的扫描部件上装有扫描头，可在 X、Y 两个方向上对平放在扫描平台上的图件进行扫描。

扫描数字化的基本操作流程一般为：原图准备→地图扫描→图形定向→数据预处理→矢量化→检查和修改数字化错误→图形数据的存储。

（1）图形定向。地图扫描以后，接下来进行图形定向，即将图廓点或控制点的大地坐标输入到计算机内，用鼠标点取对应点的像点坐标，解算定向参数。

（2）数据预处理。由于扫描底图可能存在污点、线条不光滑、图面不清晰，以及受扫描系统分辨率的限制致使扫描出来的图形、线划带有黑色斑点、孔洞、毛刺和断点等缺陷。因此，应首先利用专门的计算机算法除去这些缺陷，并进行细化处理（首先寻找扫描图像线条的图形原骨架即中心线，然后进行断线修补和毛刺删除，以保证线段的连通性）。这项工作，称为数据的预处理。

（3）矢量化。利用扫描仪得到的地图信息（图形、文字等信息），是按栅格数据结构的形式存储的，相当于将扫描范围的地面划分为均匀的网格，每个网格作为一个像元，像元的位置由所在的行列号确定，像元的值为扫描得到的该点色彩灰度的等级（或该点的属性类型代码），如图 12-4 所示。图中，代码 4 为点信息，如独立地物；代码 1、2 可形成线信息，如 1 代表公路的中线，2 代表河流的中线；代码 8 为面状信息，如绿地等。

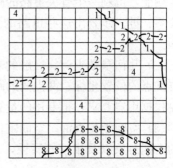

图 12-4　扫描栅格数据表示点、线、面实体示意图

矢量化是指将栅格数据转换为矢量数据的过程。目前，对于一般的线段，可做到自动跟踪矢量化；但由于地图上的线划及其分布比较复杂，特别是大比例尺地形图，地物繁多，相互交叉，且有众多的文字符号、注记等要素，扫描数字化软件一般难以做到全自动跟踪矢量化。因此，通常采用人机交互与自动跟踪相结合的方法完成地图的矢量化，即对地图上每个图形实体逐条线划进行矢量化时，若线划的状态比较好，计算机自动跟踪到不能跟踪的位置停止；然后人机交互，再继续往前跟踪。为了提高作业效率，有些软件还增加了计算机自动化的功能，如使用

GeoScan 软件，在一个多边形内或外点取一点，计算机即可自动提取多边形拐点的坐标；对于一些虚线或陡坎线，系统也能自动跳过虚线或陡坎线的毛刺进行自动跟踪；此外，该软件还增加了数字和汉字识别功能，大大提高了地图数字化的作业效率。上述过程，都是在计算机屏幕上进行的，故又称为屏幕数字化。

同样，利用扫描仪进行地图数字化，其精度也将会受到扫描仪本身的分辨率、数字化方式、操作者的经验和技能等多种因素的影响。其中，扫描的分辨率随 GIS 用户需要而定，一般在 300～500dpi 之间；因此，目前市场上的工程扫描仪都能满足 GIS 地图数字化的要求。

12.5　GIS 的空间查询与分析

空间查询和分析是 GIS 的重要组成部分，是评价一个 GIS 功能的主要指标，也是建立各类综合性地学分析模型的基础，更是与其他计算机系统的根本区别所在。

12.5.1　空间查询

空间查询是 GIS 最基本、最常用的功能，也是 GIS 面向用户最直接的窗口；GIS 用户提出的很多问题，通常都可以以查询的方式解决；同时，也是 GIS 与其他数字测图软件相区别的主要特征。由于空间查询的内容很多，这里仅介绍一些基本的查询方式和方法。

（1）图文互查。一般的 GIS 软件，都提供了图查文、文查图即图文互查的功能。

图查文是指按空间位置，查询其属性信息。最常用的是在图形显示屏幕前，把光标移到某些点、线、面（多边形）上，查出与这些点、线、面有关的文字属性信息，还可以利用投影、选择、连接等做进一步的属性查询。

文查图是指按属性信息的要求，查询其空间位置。如欲查出高峰时段道路交通流量大于600 的道路有哪几条？通常先在属性数据库中查找，然后利用关系模型中的投影、选择、连接等功能，得到一个有关道路的路名、交通量的文字报告；最后，利用属性和空间信息的对应关系，进一步查出这些道路的地理位置，并用指定的线型、线宽、颜色绘出相应的专题地图。

（2）几何参数查询。一般的 GIS 软件，也都提供了查询空间对象基本几何参数的功能，如查询点的位置坐标、两点间的距离、面状目标的周长或面积等。特殊的几何参数查询，则需要根据用户要求，把专用的量算程序与 GIS 数据库连接起来才能完成。

（3）空间定位查询。空间定位查询是指给定一个点或一个几何图形，检索出该图形范围内的空间对象以及相应的属性，又可分为按点查询、按矩形查询、按圆查询、按多边形查询等。

1）按点查询。给定一个鼠标点位，检索出离它最近的空间对象，并显示其属性。

2）按矩形查询。给定一个矩形窗口，查询出该窗口内某一类地物的所有对象。如果需要，还可显示出每个对象的属性表。

3）按圆查询。给定一个圆或椭圆，检索出该圆或椭圆范围内的某一类或某一层的空间对象。

4）按多边形查询。用鼠标给定一个多边形，或者在图上选定一个多边形对象，检索出位于该多边形内的某一类或某一层的空间对象。

（4）空间关系查询。空间关系查询，又可分为邻接查询、包含查询、穿越查询、落入查询、缓冲区查询等。

1）邻接查询。邻接查询，又包括多边形邻接查询（查询与某个面状地物相邻的所有多边形）、线与线邻接查询（如查询与某条主河流关联的所有支流）以及点与线、点与面的邻接关系查询（查询与某一个结点关联的所有的线状目标和面状目标）等。

2）包含查询。利用包含查询，可以查询某一个面状地物所包含的某一类的空间对象。被包含的空间对象，可以是点状地物、线状地物或面状地物。

3）穿越查询。利用穿越查询，可以查询诸如某一条公路或一条河流穿越了哪些县、哪些乡等。

4）落入查询。利用落入查询，可以查询某一个空间对象它落在哪个空间对象之内。例如，查询一个三等测量钢标落在哪个乡镇的地域内，以便找到相应行政机关给予保护；查询某城市所有的邮局分布点或通过该城市的所有道路；查询某河流上的桥梁等。

5）缓冲区查询。利用缓冲区查询，可以查询诸如到某点一定距离内所有的银行或商场，查询某道路沿线一定距离内的所有宾馆、饭店等。

12.5.2　空间分析

空间分析是 GIS 的高级功能之一，但由于其涉及的知识面广、内容多，这里仅就叠置分析、缓冲区分析、网络分析进行概述。

（1）叠置分析。为便于管理、应用和开发地理信息，在 GIS 建库时通常采用分层处理技术。例如，可以将所有的建筑物作为一个数据层，将所有的道路作为另一个数据层等。所谓叠置分析，就是根据需要将同比例尺、同一区域的两个或多个数据层叠置在一起，从而产生具有多重属性的新的数据层。

通过叠置分析，一方面可以寻找和确定同时具有几种地理属性的分布区域（称为合成叠置），例如为显示出某城市工业区中具有不稳定土壤结构的所有地区，就可以将土壤结构分布图与土地利用分区图进行叠置操作，从而产生一张新的合成图；另一方面还可以统计计算某种要素在另一要素中的分布特征（统计叠置），例如一个乡的森林覆盖面积，一个县的公路里程，一个地区的河流密度等（统计叠置的结果，通常为统计报表）。因此，叠置分析是 GIS 一项非常重要的空间分析功能。

（2）缓冲区分析。缓冲区分析是指根据分析对象的点、线、面实体，自动建立它们周围一定距离内的区域，用以识别这些实体对邻近对象的辐射范围或影响度，从而为某项分析或决策提供依据。例如，在城市研究中，当改变某个管辖区的行政界线时，需要通知周围一定距离范围内的住户；在林业规划中，需要按照距河流一定纵深的范围来规划森林的砍伐区，以防止水土流失；在地震带，要按照断裂线的危险等级，绘出围绕每一断裂线的不同宽度的缓冲带，作为警戒线的指示等；这些都可以通过缓冲区分析完成。

值得注意的是，缓冲区分析的概念与缓冲区查询的概念不完全相同，缓冲区查询不破坏原有空间目标的关系，只是检索得到该缓冲区范围内涉及的空间目标；缓冲区分析则不同，它是对一组或一类地物按缓冲的距离条件，建立缓冲区多边形图，然后将这一个图层与需要进行缓冲区分析的图层进行叠置分析，得到所需要的结果。所以缓冲区分析涉及两步操作，第一步是建立缓冲区图层；第二步是进行叠置分析。

（3）网络分析。在继较早引入 GIS 的土地管理、城市规划等部门之后，城市交通、地下管网（如给水、排水、煤气、供热等）以及电力、通信、有线电视等部门也相继应用 GIS 技术进行相应的系统管理与维护。这些部门的一个共同点，就是其基础研究数据是由点和线组成的网状数据。那么，要全面地描述这些网状事物及其相互关系和内在联系，就必须利用基于此类数据所进行的一类空间分析——网络分析。

网络分析是依据网络拓扑关系（线性实体之间、线性实体与结点之间、结点与结点之间的连接、连通关系），通过考察网络元素的空间及属性数据，以数学理论模型为基础，对网络的性能特征进行多方面计算的一种空间分析，主要用于以下四个方面：

1）最佳路径选择。最佳路径选择，通常用于和交通运输有关的问题。例如，公交运营线路的选择、紧急救援行动路线的选择、邮政投递线路的选择，以及电网、供水网的架铺设路径的选择等。

2）负荷估计。负荷估计，可用于诸如估计排水系统在暴雨期间是否溢流、河流是否泛滥、输电系统是否超载等。

3）资源分配。资源分配，可用于诸如消防站分布和救援区的划分，垃圾收集点的分布，中、小学招生的小区划分，停水、停电对区域的社会、经济影响估计等。

4）时间和距离估算。时间和距离估算，既可用于交通时间、交通距离的估算，也可用于模拟水、电等资源或能量在网络上的距离损耗等。

12.6 GIS 的开发与应用

12.6.1 GIS 开发的步骤

建立一个实用的 GIS，通常需经过立项、系统设计、系统实施、系统运行和维护等几个阶段，现分述如下。

（1）立项。立项工作，是 GIS 工程建设的起点。

由于建立一个实用的 GIS，需要花费大量的人力、财力和时间，因此立项之前须进行深入的调研分析，经上级部门批准并得到资金、人才的承诺后，方可立项。

（2）系统设计。系统设计，又分为总体方案设计和实施方案设计两步。

1）总体方案设计。总体设计方案是系统设计中最重要的总控文件，应坚持采用系统工程的思想把握方向，在重大问题上要给予定性考虑，应着重确定原则，以避免过早陷入细节而忽略总揽全局；要在深入分析后为工程的施工制定各类标准和规范，并进行小区实验，以此为基础完成总体方案的设计。

总体方案设计的内容，一般应包括系统建设的目的、概念、环境和原则，系统的配置、构成，系统的运营管理及更新手段，系统的控制和协调，经费预算和实施计划等。

总体方案，应当经过专家的评议和论证。

2）实施方案设计。实施方案的设计，包括子系统功能设计、模块设计、空间信息库内容及结构设计、数字化作业方案设计、应用模型设计等，从而产生一系列的作业流程、规范与技术说明文件。

（3）系统实施。系统实施，包括软硬件设备的购置、安装、调试以及数据库的建库和子系统应用模块的开发等。

数据库的建库，要满足精度要求；数据结构和存储方式，要确保各子系统的共享以及和其他专业数据库的数据交换；各子系统的软件开发，要顾及相互之间功能的调用。开发任务完成后，要进行系统的组装和试运营，还要对系统进行诊断、修改和测试，评判系统的质量和水平。

（4）系统运行和维护。在系统交付使用后，要确定运行、维护、管理的措施以及长周期、短周期数据和设备的更新办法，并开展相应的服务。

12.6.2　GIS 的应用与发展

GIS 提供了一个认识、理解地理空间的全新方式和分析、处理海量地理空间数据的通用技术和手段，其应用领域非常广泛，可概括为政府、企业和商业及民用三大方面。

（1）政府部门。根据国内外大量的调研表明，85%～90% 的政府部门需要应用 GIS 技术，并建立相应的信息系统，诸如全球地理信息系统（数字地球）、综合国情信息系统、综合省情信息系统以及各种专题信息系统（如土地利用信息系统、矿产资源管理信息系统、环境评价信息系统、水利资源与设备管理信息系统、森林资源管理信息系统、人口管理信息系统、交通旅游信息系统、城市规划与管理信息系统、城市交通管理信息系统、城市管网信息系统、房地产信息系统、公安与消防报警应急管理系统等）。因此，GIS 有时又被称为政府技术，是实现电子政务（政府办公信息系统）的基础。地理信息系统正逐渐成为国家宏观决策和区域多目标开发的重要技术手段，成为与空间信息有关的各行各业的基本工具。

1）地图制图。GIS 技术，本就源于机助制图；因此，在测绘界也得到了广泛的应用，并给测绘行业带来了一场革命性的变化。这种变化，集中体现在：使地图数据的获取与成图的技术流程发生了根本的改变，使地图的成图周期大大缩短，使地图成图精度大幅度提高，使地图的品种大大丰富，从而使测绘与地图制图进入了一个崭新的时代。同时，数字地图、电子地图、网络地图等一批崭新的地图形式，也为广大用户带来了极大的便利。

2）资源管理。资源的清查、管理和分析是 GIS 应用最广泛的领域之一，也是目前趋于成熟的主要应用领域，包括森林和矿产资源的管理、野生动植物的保护、土地资源潜力的评价、土地利用规划及水资源的时空分布特征研究等。有关人员可利用 GIS 将各种来源的数据和信息有机地汇集在一起，并通过系统的空间分析功能提供区域多种条件组合形式的资源统计与分析，从而为资源的合理利用、开发和科学管理提供依据。譬如，美国资源部和威斯康星州合作建立了以治理土壤侵蚀为主要目的多用途专用的土地 GIS，该系统通过收集耕地面积、湿地分布面积、季节性洪水覆盖面积、土壤类型、专题图件、卫星遥感数据等信息，建立了威斯康星地区潜在的土壤侵蚀模型，并据此探讨了土壤恶化的机理，提出了合理的土壤改良方案，从而达到了对土壤资源进行有效保护的目的。

3）区域规划与城乡建设。区域规划与城乡建设具有高度的综合性，涉及资源、环境、人口、交通、经济、教育、文化、金融等诸多因素，要把这些复杂的信息进行筛选并转换成可用的形式，过去传统的手工做法非常麻烦，而现如今利用 GIS 却比较容易。规划人员利用 GIS 将各种来源的数据和信息有机地汇集在一起，并通过系统的空间分析功能获取有用的信息，即可便捷地进行科学合理的评价、规划、开发、管理与监测（城市建设用地适宜性评价、环境质量评价、城乡总体规划、道路交通规划、公共设施配置以及城市环境的动态监测等）；通过对交通流量、土地利用和人口数据进行分析，可以预测将来的道路等级；将地质、水文和人文数据结合起来，进行路线和构造设计等。譬如，北京某测绘部门以北京市大比例尺地形图为基础图形数据，在此基础上综合叠加地下与地面的各类管线（上水、污水、电力、通信、燃气、工程管线等）以及测量控制网、规划道路等基础测绘信息，形成了一个城市地下管线信息系统，从而实现了对地下管线信息的全面的现代化管理，并可为城市规划设计与管理、市政工程设计与管理、城市交通与道路建设等部门提供地下管线的查询服务。

4）全球动态监测。在全球范围内，利用地理信息系统，借助遥感遥测的数据，对全球进行动态监测，可以有效地用于病虫害防治、森林火灾的预测预报、洪水灾情监测和洪水淹没损失的估算，为救灾抢险和防洪决策提供及时准确的信息。例如，联合国粮农组织（FAO）在意大利建立了遥感与 GIS 中心，负责对欧洲和非洲的农作物生产的病虫害防治提供实时的监测技术服务；在我国大兴安岭地区，利用 GIS 统计分析了十几万个气象数据，并从中筛选出气温、风速、降水、温度等气象要素以及春、秋两季植被生长情况和积雪覆盖程度等 14 个因子，建立了多因子综合指标森林火险预报体系，从而使预报火险等级的准确率可高达 73％以上；在我国黄河三角洲地区，利用 GIS 的叠合操作和空间分析等功能，可以计算出若干个泄洪区域内的土地利用类型及其面积，可以比较不同泄洪区内房屋和财产的损失，从而保证对突发事件做出及时、有效的应对，为制定泄洪区内人员撤退、财产转移等决策提供科学依据，并可为救灾物资供应选定最佳路线。

5）军事国防。一切战略的、战役的或战术的行动以及诸军（兵）种联合协同作战等，都离不开战场的地理环境。因此，GIS 在战场地理环境信息的获取、存储、处理、分析及辅助决策方面都具有特殊的地位和作用。现代和未来战争的一个基本特点，就是"3S"技术被广泛地运用到从战略构思到战术安排的各个环节，它往往在一定程度上决定了一场战争的胜败，这在近年来发生的一些局部战争中都得到了充分的体现。另外，利用 GIS 还可以建立虚拟的数字化战场，用于平时的军事训练。

（2）企业和商业。GIS 的传统应用领域，是环境和自然资源评价、规划，交通、公用设施管理和军事等，以政府或准政府部门应用为主。但到 20 世纪 80 年代，GIS 应用就开始向企业、商业领域迅速扩展。在当前全球协作的商业时代，90％以上的企业决策与地理数据有关，例如企业的分布、客货源、市场的地域规律、原料、运输、跨国生产、跨国销售等；利用 GIS 可以迅速有效地管理空间数据，进行空间可视化分析，确定商业中心位置和潜在市场的分布，寻找商业地域规律，研究商机时空变化的趋势，不断为企业创造新的商机。GIS 和互联网已成为最佳的决策支持系统和威力强大的商战武器，实现了电子商贸的革命，从而满足了企业决策多维性的需求。

（3）民用。GIS 的应用不仅向企业、商业扩展，到 20 世纪 90 年代也开始走向公众、走向民用，进入日常生活领域。例如，基于 GIS 和 GPS 的民用轿车导航系统已给出行者带来极大的便利，开车到哪儿，导航系统的荧屏上就会给出那里的比例尺合适的电子地图。

总之，GIS 正越来越成为国民经济、军事国防、科学研究以及人们日常生活等各有关领域必不可少的实用工具，相信它的不断成熟与完善将为社会的进步与发展做出更大的贡献。

思考题与习题

1. 何谓地理信息系统？其操作对象是什么？
2. 何谓地理空间数据？并简述其基本类型。

3. 简述地理信息系统的功能与组成。

4. 地理信息系统与一般的计算机系统有哪些异同点？

5. 地理空间数据的采集，有哪些途径和方法？

6. 结合自己所学专业，谈谈地理信息系统的应用。

工程篇

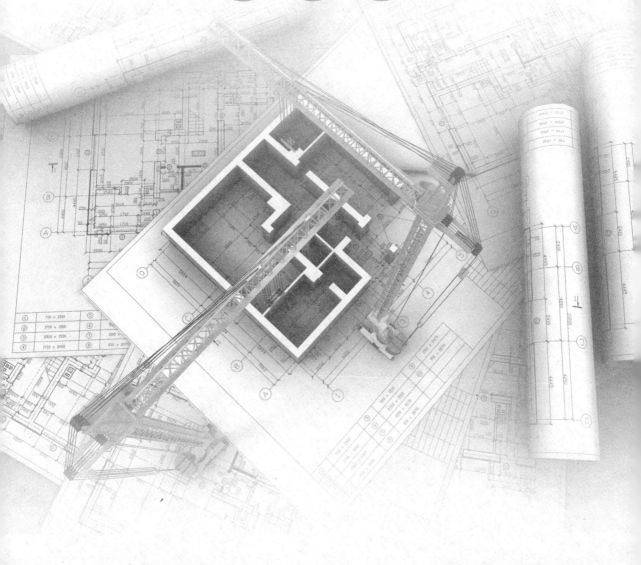

第 13 章　测设的基本内容与方法

第 1 章已述及，测设又称为施工放样，是指把（图纸上）规划设计好的建筑物、构筑物等的位置、形状、大小等通过测量在实地（地面或某施工面）上标定出来，作为施工的依据；其根本任务仍是点位的确定，但与测定不同的是，测设是要将设计的点位（平面和高程）在实地（地面或某施工面）上标定出来，即进行点位的测设。

目前，根据所使用仪器和技术手段的不同，点位测设的方法可分为利用传统光学仪器的常规法、利用现代电子仪器的全站仪法和利用卫星定位技术的 GNSS 法。

13.1　点位测设的常规方法

常规方法测设点位，一般将高程和平面分开进行，即包括高程的测设和平面位置的测设两个方面；而点平面位置的测设，又是通过水平角的测设和水平距离的测设来完成的。因此，通常将高程的测设、水平角的测设和水平距离的测设称为测设的三项基本工作。

13.1.1　高程的测设

所谓高程的测设，就是根据附近已知点的高程，在地上标定出某设计高程的位置。由于欲测设的高程是已知的，因此又称为已知高程的测设。

已知高程的测设，通常利用水准仪和水准尺进行。

如图 13-1 所示，设 A 为地上一已知点，其高程为 H_A，现要将设计高程 $H_设$ 测设到木桩 B 上，其具体的方法步骤如下。

首先，在已知点 A 和木桩 B 之间，前、后视距大致相等处安置水准仪；在 A 点上竖立水准尺，读取后视读数 a，计算出视线高 H_i

$$H_i = H_A + a \qquad (13-1)$$

然后，根据视线高和设计高程，计算出 B 点尺上应有的前视读数 $b_应$

$$b_应 = H_i - H_设 \qquad (13-2)$$

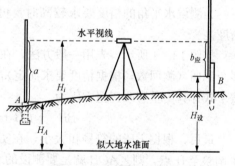

图 13-1　高程测设示意图

最后，将水准尺靠在 B 点木桩的侧面上下移动，直到水准尺读数为 $b_应$ 时，紧贴尺底在木桩侧面上画一横线，此线即为要测设高程的位置。

可见，欲测设某点的高程时，待测设高程点附近（200m 以内）应有已知高程点；否则，需在测设之前将高程引测到待测设高程点附近。

13.1.2　水平角的测设

所谓水平角的测设，就是在角的顶点上根据地上一已知方向（该角之始边）及设计的水平角值，把该角的另一方向（该角之终边）在地上标出来。由于欲测设的水平角是已知的，因此又称为已知水平角的测设。其常用的测设方法，有以下三种。

1. 一般方法

如图 13-2 所示，设 BA 为地上一已知方向，现要在 B 点以 BA 为起始方向向右（左）测设出给定的水平角 β，一般的做法为：先在角的顶点 B 安置经纬（全站）仪；然后，盘左瞄准已知点 A，读取水平度盘读数；接着，松开水平制动螺旋，向右（左）转动照准部，当水平度盘读数增加（减小）β 角值时，沿视线方向（依据十字丝竖丝）在地上标定出一点 P 得到 BP 方向，水平角 β 即测设完毕。

可见，一般方法只进行了半个测回，故其测设精度较低。

2. 盘左盘右分中法

为了消除仪器误差、提高测设精度，水平角的测设可采用如下的盘左盘右（正倒镜）分中法。

如图 13-3 所示，首先按一般方法，盘左、盘右各测设一次，得 B'、B'' 两点；然后，取其中点 B，即取 OB 作为最终的测设方向，则 $\angle AOB$ 就是要测设的水平角。

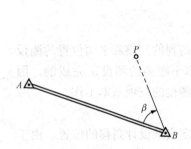
图 13-2　一般方法示意图

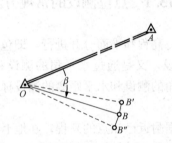
图 13-3　盘左盘右分中法示意图

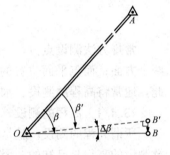
图 13-4　归化法示意图

3. 归化法

当测设水平角的精度要求较高时，可采用作垂线改正的方法即归化法，以提高测设的精度。

如图 13-4 所示，先用一般方法，在地上标定出点 B'；然后，用测回法对 $\angle AOB'$ 观测多个测回（测回数，根据精度要求而定），求得其平均值（设为 β'），并测量出 OB' 之平距，按下式计算出垂直改正值 BB' 为

$$BB' = OB'\tan(\beta' - \beta) = OB'\tan\Delta\beta \tag{13-3}$$

最后，根据 BB' 的符号和大小，在实地用小钢卷尺，沿过 B' 点的 OB' 之垂线方向，将 B' 调整至 B 点，则 $\angle AOB$ 就是要测设的水平角。

13.1.3　水平距离的测设

所谓水平距离的测设，就是指从地上一已知点（线段的起点）出发，沿指定的方向，按设计的水平距离在地上标出线段的终点。由于欲测设的水平距离是已知的，因此又称为已知水平距离的测设。

已知水平距离的测设，传统上多利用卷尺进行。

设 A 为地上一已知点，D 为设计的水平距离，现欲从 A 点出发、沿 AB 方向测设出水平距离 D 以定出线段的终点 B，其具体做法如下。

（1）当待测设的水平距离 D 不超过一个尺长时（如图 13-5 所示），可将卷尺的零点（或某一整数分划 K）对准 A 点，沿 AB 方向拉直、拉平卷尺，在尺上读数为 D（或 $D+K$）

处竖直地插一测钎或吊一垂球，即可标定出线段的终点 B。

　　为了校核和提高测设精度，可将卷尺移动 $10\sim20cm$，同法再定出一点，取其中间点作为最终位置。

　　(2) 当待测设的水平距离 D 超过一个尺长时，可先在给定的方向上，从起点 A 出发用卷尺丈量的一般方法，量得线段终点 B 的概略位置 B' 点；然后，再往返丈量 A、B' 两点间的平距，求得其平均值 D'；最后，求出 D' 与应测设的水平距离 D 之差 $\Delta D=D'-D$，并据此沿测设方向进行调整定出 B 点的位置，如图 13 - 6 所示。

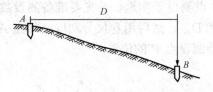 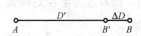

图 13 - 5　不超过一个尺长示意图　　　　　图 13 - 6　超过一个尺长示意图

　　显然，当精度要求较低时，可采用皮尺进行测设；当精度要求一般时，则需采用钢尺进行测设；当精度要求较高时，不但应使用钢尺测设，而且还须进行尺长、温度、倾斜等改正。

13.1.4　点平面位置的测设

　　点平面位置的测设，与测定类似，也可根据仪器、工具及现场地形情况等，选择测设不同的基本要素（角度或距离）即不同的方法——极坐标、角度交会、距离交会等；但其实施步骤却有所不同：后者是先野外观测角度或距离，然后再进行内业计算，求得未知点的坐标；而前者则是先内业根据已知坐标计算出测设数据（角度或距离），然后再进行实地测设，标定出点的平面位置。

　　1. 极坐标法

　　所谓极坐标法，就是通过测设一个水平角和一段水平距离定出点平面位置的一种方法。

　　如图 13 - 7 所示，A、B 为地上两已知点，P 为待测设点，其坐标分别为 $(x_A,\ y_A)$、$(x_B,\ y_B)$、$(x_P,\ y_P)$；现欲采用极坐标法将 P 点测设于实地，其方法步骤如下。

　　首先，准备测设数据。即利用坐标的反算公式求出直线 AB、AP 的坐标方位角 α_{AB} 和 α_{AP} 以及 AP 之平距 D_{AP}，并根据直线 AB、AP 的坐标方位角按式（13 - 4）求出其水平夹角 β（要始终用其右侧边的方位角减去左侧边的方位角）

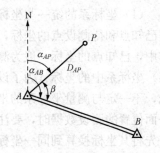

图 13 - 7　极坐标法示意图

$$\beta=\alpha_{AB}-\alpha_{AP} \tag{13 - 4}$$

　　然后，进行实地测设。在 A 点安置仪器，先测设水平角 β 以定出方向 AP；再从 A 点出发沿 AP 之方向测设平距 D_{AP}，即可标定出 P 点的平面位置。

　　2. 角度交会法

　　所谓角度交会法，就是通过测设两个水平角交会定出点平面位置的一种方法。

　　如图 13 - 8 所示，A、B 为地上两已知点，P 为待测设点，其坐标分别为 $(x_A,\ y_A)$、$(x_B,\ y_B)$、$(x_P,\ y_P)$；若要采用角度交会法将 P 点测设于实地，首先也要准备测设数据，

即要先计算出直线 AB 与 AP 间的水平角 α 和直线 BA 与 BP 间的水平角 β；然后将仪器分别安置在 A、B 两已知点上，测设出水平角 α 和 β 定出方向线 AP 和 BP，其交点即为待测设点 P 的位置。

可见，角度交会法不需要测设距离，因此常被用于量距困难的情况。

3. 距离交会法

所谓距离交会法，就是通过测设两段水平距离交会定出点平面位置的一种方法。

如图 13 - 9 所示，A、B 为地上两已知点，P 为待测设点，其坐标分别为 (x_A, y_A)、(x_B, y_B)、(x_P, y_P)；若要采用距离交会法将 P 点测设于实地，首先要准备测设数据，即计算出 A、P 两点间及 B、P 两点间的平距 D_{AP} 和 D_{BP}；然后用卷尺分别以已知点 A、B 为圆心，以 D_{AP} 和 D_{BP} 为半径划圆弧，其交点即为待测设点 P 的位置。

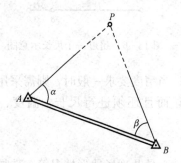

图 13 - 8　角度交会法示意图

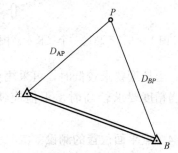

图 13 - 9　距离交会法示意图

可见，距离交会法只适用于场地平坦且已知点到待测设点的距离不超过一个尺长的情况。

4. 注意事项

（1）坐标系的统一与坐标变换。由上面的介绍可知，欲测设某点的平面位置，首先要根据已知点和待测设点的坐标，利用坐标的反算公式，计算出测设数据。但应注意，在实际工作中，已知点的坐标一般为测量坐标系中的坐标，而待测设点的坐标一般为设计（建筑或施工）坐标系中的坐标（为了设计的方便，设计坐标系的坐标轴一般都平行于建筑物的主要轴线，不一定与测量坐标系的坐标轴平行，两坐标系的原点一般也不重合）；因此，在计算点平面位置的测设数据时，要注意坐标系的统一。当已知点与待测设点的坐标系不一致时，应首先将其坐标换算到同一坐标系中，然后再利用坐标的反算公式计算测设数据。

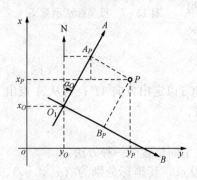

图 13 - 10　坐标变换示意图

如图 13 - 10 所示，设 xoy 为测量坐标系，AO_1B 为设计坐标系，(x_O, y_O) 为设计坐标系原点 O_1 在测量坐标系中的坐标；α_O 为两轴系之间的夹角，即设计坐标系纵轴 A 在测量坐标系中的坐标方位角；(x_P, y_P) 为 P 点在测量坐标系中的坐标，(A_P, B_P) 为 P 点在设计坐标系中的坐标。若要将 P 点的设计坐标换算为测量坐标，可按下式计算

$$\left.\begin{array}{l} x_P = x_O + A_P \cos\alpha_O - B_P \sin\alpha_O \\ y_P = y_O + A_P \sin\alpha_O + B_P \cos\alpha_O \end{array}\right\} \qquad (13 - 5)$$

而要将 P 点的测量坐标换算为设计坐标，则应按下式计算

$$\left.\begin{aligned} A_P &= (x_P - x_O)\cos\alpha_O + (y_P - y_O)\sin\alpha_O \\ B_P &= -(x_P - x_O)\sin\alpha_O + (y_P - y_O)\cos\alpha_O \end{aligned}\right\} \qquad (13-6)$$

在实际工作中，一般将点数较少的坐标转换为点数较多的坐标系中，以降低计算工作量。

（2）测设方法的变通与（准）直角坐标法。前面介绍的极坐标法、角度交会法和距离交会法，是测设点平面位置的最常用的三种主要方法，但并不是说仅有这三种方法，而且它们都有各自的适用场合，在某些情况下甚至无法完成。因此，在实际工作中，应根据具体情况，灵活地运用所学的测量知识变通实施。

如图 13-11（a）所示，1、2 为地上两已知点，其坐标分别为 (x_1, y_1)，(x_2, y_2)；P 点为待测设点，坐标为 (x_P, y_P)；由于地形条件的限制，1 点与 P 点之间以及 2 点与 P 点之间无法通视，因此无法采用上述三种方法测设出 P 点。此时，可以采用下述方法。如图 13-11（b）所示，过 P 点作 1、2 两点连线的垂线 PM，设垂足为 M 点；同时建立坐标系 $A1B$，即以 1 点为新的坐标原点，把 1、2 两点的连线延长作为纵轴 A。这样，利用坐标转换公式，则可方便地求得 P 点在新坐标系 $A1B$ 中的坐标 (A_P, B_P)

$$\left.\begin{aligned} A_P &= (x_P - x_1)\cos\alpha_{12} + (y_P - y_1)\sin\alpha_{12} \\ B_P &= -(x_P - x_1)\sin\alpha_{12} + (y_P - y_1)\cos\alpha_{12} \end{aligned}\right\} \qquad (13-7)$$

式中　α_{12}——直线 12 的坐标方位角。

上述测设数据准备完毕后，即可进行实地测设。首先，从 1 点起沿 12 方向测设水平距离 $|A_P|$，标定出垂足点 M；然后在 M 点安置仪器，以 $M2$ 为起始方向向其右侧测设一水平直角，标定出垂线方向 MP；最后，再从 M 点起沿 MP 方向测设水平距离 $|B_P|$，即可标定出待测设点 P 的平面位置。通常，将这种测设点平面位置的方法，称为（准）直角坐标法。

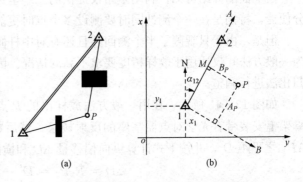

图 13-11　（准）直角坐标法示意图

13.2　点位测设的全站仪法

第 6 章已述及，目前的全站仪除了可以自动测距（斜距）、自动测角（水平角、竖直角/天顶距）、自动记录计算（通过测量斜距、竖直角/天顶距，自动记录、计算并显示出平距、高差）外，通常都还带有诸如三维坐标测量等一些特殊的测量功能（程序功能）。下面，就对其提供的另一特殊测量功能——三维坐标放样的操作方法、测量原理以及在使用时应注意的事项等进行简要介绍。

13.2.1　全站仪三维坐标放样

如图 13-12 所示，将全站仪安置于测站点 A 上，进入三维坐标放样模式后，首先输入仪器高 i、棱镜高 v、测站点 A 的三维坐标 (x_A, y_A, H_A)、待放样（测设）点 P 的三维坐

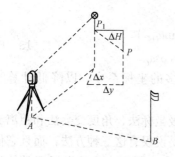

图 13 - 12　三维坐标放样示意图

标（x_P，y_P，H_P）以及后视定向点 B 的平面坐标（或后视方位角）；然后照准后视定向点 B 进行定向，即将该方向的水平度盘读数设置为后视方位角 α_{AB}；接着照准竖立在待测设点 P 的概略位置 P_1 处的反射棱镜（棱镜安装在对中杆上）；按键测量即可自动显示出纵坐标差 Δx、横坐标差 Δy 和高程偏差 ΔH 为

$$\left. \begin{array}{l} \Delta x = x_{P_1} - x_P \\ \Delta y = y_{P_1} - y_P \\ \Delta H = H_{P_1} - H_P \end{array} \right\} \qquad (13 - 8)$$

式中　x_{P_1}、y_{P_1}、H_{P_1}——全站仪利用三维坐标测量功能实测的 P_1 的三维坐标。

最后，先按照所显示的纵坐标差 Δx、横坐标差 Δy 移动反射棱镜，再次进行测量，如此反复，当仪器显示偏差为零时，反射棱镜所立点即为待放样点 P 的平面位置，打一木桩并在其上钉一小钉标定之；然后再将对中杆底部靠在该木桩的侧面上下移动，并照准反射棱镜进行测量，直到仪器显示高程偏差 ΔH 为零时，紧贴对中杆底在木桩侧面上画一横线，此线即为待放样点 P 的高程位置。

可见，全站仪三维坐标放样的实质为三维坐标测量。

13.2.2　点平面位置的高精度快速放样

由上面的介绍可知，利用全站仪提供的三维坐标放样功能进行点平面位置的测设将会十分便捷，特别是在一个测站同时要测设多个点时更能显示出其优越性。

但是，由于只观测了半个测回并且还有对中杆倾斜等的影响，上述的方法步骤（姑且称为一般方法）仅适用于放样精度要求不高的情况。因此，当放样精度要求较高时，需要采用归化法进行调整。

如图 13 - 13 所示，在用一般方法放样出的 P 点概略位置 P_1 点上架设三脚架，并在三脚架上安装带有光学对点器基座的反射棱镜；然后精确测定 AB 与 AP_1 间的水平角 β' 以及 AP_1 之平距 D'，并按下式计算纵向偏移量 ΔD 和横向偏移量 δ

$$\Delta D = P_1 P_2 = D' - D \approx P_3 P \qquad (13 - 9)$$
$$\delta = P_1 P_3 = D' \tan(\beta' - \beta) = P_2 P \qquad (13 - 10)$$

式中　D——A、P 两点之平距；

　　　β——AB 与 AP 两方向间的水平角。

接下来的工作就是根据计算出来的纵、横向偏移量通过移动反射棱镜来完成归化，将概略位置 P_1 点调整到正确位置 P 点。

然而，在实际工作中，要快速准确地完成上述的调整归化是比较困难的。因为，不仅纵、横方向不易控制，而且移动量也不易控制，同时移动还会影响到反射棱镜基座的整平，有时甚至还需重新安置脚架。所以，上述的归化调整在实际工作中需要反复多次才能最终完成，费时费力、十分麻烦。为此，郭宗河教授设计了一种归化调整的辅助工具——归调板，利用它可快速、准确地完成上述的放样任务。

归调板可以利用一块矩形透明塑料薄板制成：先在板的中央刻一个"工"字型的窄缝，缝宽应不大于 1mm；然后，在缝隙边缘精确刻上毫米分划，并适当注记，如图 13 - 14 所示。

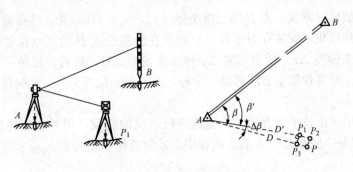

图 13-13 归化调整示意图

归化调整时，利用"归调板"可实现一步调整
到位，如图 13-15 所示，其具体操作步骤为：

（1）先用一般方法放样出 P 点的概略位置
P_1 点。

（2）在 P_1 点上架设反射棱镜，精确测定 AB
与 AP_1 间的水平角 β' 以及 AP_1 之平距 D'，并利用

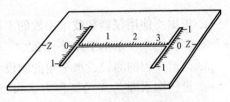

图 13-14 归调板示意图

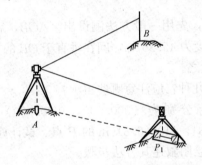

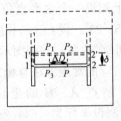

图 13-15 全站仪精确快速放样示意图

式（13-9）和式（13-10）计算出纵、横偏移量 ΔD 和 δ。

（3）把归调板放在点 P_1 上，并通过全站仪指挥使归调板的纵向轴线 ZZ 调整到 AP_1 直
线上。

（4）从反射棱镜基座上的光学对点器中，读取归调板纵轴 ZZ 上的读数，设为 K。

（5）利用归调板横向的缝隙及刻划注记，按照横向偏移量 δ 在地面上标定出 1、2 两点。

（6）平移归调板，使其纵向轴线 ZZ 调整到 1、2 两点连线上，即完成水平方向的调整。

（7）最后，在归调板纵轴（$K-\Delta D$）处做标记即完成水平距离的调整，从而得到待放
样 P 的精确位置。

至于高程的精确测设，利用水准仪和水准尺采用 13.1.1 所介绍的方法即可。

13.3　点位测设的 GNSS 法

目前，除了利用上述地面定位技术进行点位的测设外，还可采用卫星定位技术方便、快
捷地来完成。

　　首先，将待放样（测设）点 P 的三维坐标（x_P，y_P，H_P）和天线高输入到接收机手簿中；然后，再将接收机（安装在对中杆上）竖立在待测设点 P 的概略位置处进行测量，即可自动显示出纵坐标差 Δx、横坐标差 Δy 和高程偏差 ΔH；最后，按照所显示的纵坐标差 Δx、横坐标差 Δy 和高程偏差 ΔH 移动对中杆，直至显示偏差为零，此时所立点即为待测设点 P 的位置。

　　虽然利用卫星定位技术可方便、快捷地进行点位的测设，但其精度还较低，目前 GPS RTK 的平面中误差一般在 2cm 左右，高程中误差则要在 5cm 左右。

思考题与习题

　　1. 根据所使用仪器和技术手段的不同，点位测设的方法可分为哪几种？

　　2. 测设的三项基本工作是什么？

　　3. 何谓高程的测设、水平角的测设和水平距离的测设？

　　4. 设已知水准点 A 的高程为 235.321m，欲测设点 B 的高程为 236.123m，若将水准仪安置在 A、B 两点中间，读得 A 点尺上的读数为 1.274m，问 B 点尺上的读数应为多少时尺底即为要测设高程的位置？

　　5. 现欲在地面上测设一个水平直角，先用一般方法测设出 $\angle AOB$，后测量该角度若干测回其平均值为 $89°59'23''$。设 OB 的长度为 45.367m，问在垂直于 OB 的方向上，B 点应移动多少距离才能得到 $90°$ 的角？并画图示之。

　　6. 测设点平面位置的常规方法有哪几种？应注意哪些事项？

　　7. 设两已知控制点 A、B 的坐标分别为（500.000，1000.000）m 和（304.291，1247.210）m；若要测设坐标为（644.284，1107.658）m 的 P 点，试计算仪器安置在 A 点用极坐标法测设 P 点所需要的数据，并绘图叙述其方法步骤。

第 14 章　建　筑　工　程　测　量

14.1　概　　述

建筑工程测量是指在建筑工程的勘察、规划、设计、施工、竣工以及运营管理等阶段所进行的各种测量工作的总称，其主要内容和任务可概括为以下四个方面。

（1）测图。测绘大比例尺地形图，为建筑工程的规划、设计提供必要的地形信息。

（2）施工测量。在施工阶段所进行的各种测量工作，称为施工测量；其主要任务是为施工提供测绘保障，即把图纸上规划设计的建（构）筑物的平面位置和高程放样（测设）到实地上作为施工的依据，并在施工过程中进行一系列的测量工作以指导、检查和衔接各个施工阶段以及不同工种间的施工，确保按图施工。

（3）竣工测量。在竣工验收时所进行的测量工作，称为竣工测量。工程完工后，应进行一次全面的竣工测量，编绘竣工图，以反映竣工后的现状，从而为工程的验收以及日后的管理、维修、改建、扩建、事故处理等提供必要的资料和依据。

（4）变形观测。对建（构）筑物、设备（构件）及其周围环境等的变形情况进行测量，以确保它们在施工和运营使用期间的安全，同时也可作为鉴定工程质量和验证工程设计、施工是否合理的依据，并为今后更合理的设计提供必要的资料。

大比例尺地形图的测绘，前面有关章节已进行了详细论述；而变形观测的有关内容，可见本书第 19 章。因此，本章将主要介绍建筑施工测量和竣工测量的有关内容。

14.2　施工测量的特点与要求

施工测量贯穿于整个施工的全过程，每道工序施工前、施工中、施工后，都须进行一系列相应的测量工作。譬如，整个工程开工前场地的平整测量、施工控制测量、建（构）筑物的定位、放线等，为项目的开工做好准备；各分部工程施工及设备（构件）安装之前的定位、放线与高程测设，为后续的工程施工和设备（构件）安装提供诸如方向、标高、平面位置等各种施工标志；各分部工程施工及设备（构件）安装过程中的指导测量，如控制墙或柱的垂直度等；在各分部工程施工及设备（构件）安装之后的验收测量，检查施工、安装是否符合设计要求……可见，施工测量是直接为工程施工服务的，是建筑施工中必不可少的重要环节和内容，同时也是指导工程施工、确保工程质量的重要环节和手段；而且测量工作的好坏直接决定着施工的质量、速度和资金控制，稍有不慎还有可能产生差错、造成损失。因此，施工人员必须用高度负责的态度、科学的精神来对待施工测量这一工作。测量人员必须熟练掌握测量的基本技能、严格执行有关的作业规范（程），否则就会"失之毫厘，差之千里"。

（1）施测前的注意事项。施测前，要认真阅读规划、设计图纸和有关技术资料，弄清设计的意图、内容、性质，尤其是对测量工作的要求，仔细核对各部分的尺寸和标高；结合施工组织计划，制定相应的测量方案，准备好测量仪器和工具（包括必要的检校），并尽量使用精良的仪器设备，采用先进的测量技术和方法，以期多快好省地完成施测任务。

（2）施测过程中的注意事项。

1）测量人员应与施工人员紧密配合，随时了解工程进展情况以及对测量工作的不同要求，适时提供有关数据和施工标志，以确保按期完成任务。

2）应遵循"从整体到局部，先控制后碎部"的原则和程序，即首先应根据工地的地形、工程的性质以及施工的组织与设计等，建立不同形式和相应等级的施工控制网（点）；然后，根据施工控制网（点）和建筑总平面图，在实地放样出各建（构）筑物的主轴线（点）；接着，再根据已放样的主轴线（点）和施工图，测设出各细部结构；最后，根据已完工的主体建筑（如基础等），放样出各安装结构物、工艺设备等的位置。

这样，一方面可以限制施工放样时测量误差的积累，保证各放样元素之间正确的几何关系，使整个建筑区的各建（构）筑物的平面位置和高程都符合设计要求并正确衔接，以便对工程的总体布置和施工定位起到宏观控制作用，确保施工质量以及（几何）设计意图的实现；另一方面可以避免因建（构）筑物众多而引起放样工作的紊乱，既便于不同作业区同时施工，又可以按照施工的需要依次把它们放样出来，分批、分期进行施工；同时，还可以满足"施工测量局部相对精度往往要高于整体定位精度"的要求。

3）应严格执行有关的作业规范和规程，对不合格的成果一定要返工重测，以确保施测精度；并做到测量、计算"步步有校核，层层有检查"，以杜绝差错的存在。

4）应注意测量仪器和设备的保养与维护，定期检校，使仪器、设备保持完好状态，随时能提供使用，以保障施工测量的顺利进行。

5）由于与测图相比，施工测量的精度不仅要求较高（建筑施工测量的部分限差即允许偏差，见表14-1～表14-3，摘自 GB 50026—2007《工程测量规范》），而且高低不一（取决于建、构筑物的类型、大小、结构、性质、用途、材料、施工方法等多种因素；通常，高层建筑施工测量的精度高于低层建筑，装配式高于非装配式，钢结构高于钢筋混凝土结构，自动化连续性生产车间高于普通车间），因此应根据工程的具体情况和特点，制定科学、合理的施测方案，以满足相应的精度要求。

表 14 - 1　　　　　　　　　建筑物施工放样的允许偏差

测量内容	基础桩位放样		各施工层上放线							
	单排桩或群桩中的边桩	群桩	外廓主轴线长度 L (m)				细部轴线	承重墙梁、柱边线	非承重墙边线	门窗洞口线
			$L \leq 30$	$30 < L \leq 60$	$60 < L \leq 90$	$90 < L$				
允许偏差 (mm)	±10	±20	±5	±10	±15	±20	±2	±3	±3	±3

表 14 - 2　　　　　　　　　轴线竖向投测与标高竖向传递的允许偏差

测量内容	每层	总高 H (m)					
		$H \leq 30$	$30 < H \leq 60$	$60 < H \leq 90$	$90 < H \leq 120$	$120 < H \leq 150$	$150 < H$
允许偏差 (mm)	±3	±5	±10	±15	±20	±25	±30

6）由于施工现场场地狭窄、各工序交叉作业、车多、人多，干扰较大；因此，测设方

法应力求简捷，以保证各项工作顺利衔接。

表 14 - 3					预制构件安装测量的允许偏差					mm
测量内容	钢柱垫板标高	钢柱±0标高检查	混凝土柱±0标高检查	柱子垂直度检查			梁间距	梁面垫板标高	轨面标高	轨道跨距
				钢柱牛腿	柱高 10m 以内	柱高 10m 以上				
允许偏差	±2	±2	±3	±5	±10	柱高 $H/1000$ 且≤20	±3	±2	±2	±2

7）由于施工现场工种繁多、运输频繁、材料堆放、场地变动及施工机械的振动等，致使测量标志极易遭受破坏；因此，测量标志从形式、选点到埋设均应考虑便于使用、保管和检查；如有破坏，应及时恢复。同时，也要时刻注意人身和仪器的安全。

（3）施测后的注意事项。施测后，要及时加以总结和提高。因为具体工作中的具体方案，总是带有一定的特殊性；只有通过总结，才有可能从特殊经验中提炼出具普遍意义的规律，使自己的水平不断得以提高，才能灵活地、创造性地运用所学的测量知识解决工程中出现的各种问题，更好地服务于其专业工作；否则，即使经历了许多实践，处理问题的水平仍可能不高。

14.3　建筑工程施工控制测量

在工程建设的各个阶段，都要布测相应的测量控制网；但由于各个阶段布设的目的和要求不同，因此其控制网的形式、精度、点的密度等也都有所不同。

在施工建造阶段所布测的测量控制网，称为施工控制网，其主要目的是为建（构）筑物的施工放样提供控制。与测图控制网相比，施工控制网具有控制范围小、精度要求高、控制点密度大、使用频繁、受施工干扰大、点位极易遭到破坏等特点。因此，施工控制网的布设，应作为整个工程施工设计的一部分；布网时，必须考虑到施工的程序、方法以及施工场地的布置情况；点位应选在通视良好、稳定、不易被破坏的地方，点位的埋设应牢固、便于使用；布设的点位应画在施工设计的总平面图上，并提请工地上的所有人员注意保护。

14.3.1　建筑施工平面控制测量

建筑施工平面控制网，可根据场区的地形条件和建（构）筑物的布置情况，布设成导线（网）、三角形网、GPS 网等形式，并根据工程规模和工程需要分级布设。对于建筑场地大于 $1km^2$ 的工程项目或重要工业区，应建立一级及其以上精度等级的平面控制网；对于建筑场地小于 $1km^2$ 的工程项目或一般性建筑区，可建立二级精度的平面控制网；其相对于勘察阶段控制点的定位精度不应大于±5cm，具体主要技术要求见表 14 - 4～表 14 - 6（摘自 GB 50026—2007《工程测量规范》）。

表 14 - 4				场区导线测量的主要技术要求				
等级	导线长度（km）	平均边长（m）	测角中误差（″）	测距相对中误差	测回数		方位角闭合差（″）	导线全长相对闭合差
					2″级仪器	6″级仪器		
一级	≤2.0	100～300	≤±5	≤1/30 000	3		≤±10$\sqrt{n}$	≤1/15 000
二级	≤1.0	100～200	≤±8	≤1/14 000	2	4	≤±16$\sqrt{n}$	≤1/10 000

注　n 为计算方位角闭合差时用到的观测（转折）角个数。

表 14 - 5　　　　　　　　　　　场区三角形网测量的主要技术要求

等级	边长（m）	测角中误差（"）	三角形最大闭合差（"）	测回数		测边相对中误差	最弱边长相对中误差
				2"级仪器	6"级仪器		
一级	300~500	≤±5	≤±15	3		≤1/40 000	≤1/20 000
二级	100~300	≤±8	≤±24	2	4	≤1/20 000	≤1/10 000

表 14 - 6　　　　　　　　　　　场区 GPS 网测量的主要技术要求

等级	边长（m）	固定误差（mm）	比例误差系数（mm/km）	边长相对中误差
一级	300~500	≤5	≤5	≤1/40 000
二级	100~300	≤5	≤5	≤1/20 000

此外，为后续放样方便，建筑施工平面控制网也可以布设为一些专用的形式。譬如，对于民用建筑，多布设为建筑基线（适用于面积不大、地形又不太复杂的建筑场地）或建筑方格网（适用于地势平坦、建筑物布置比较规则的新建大中型建筑场地）；而对于工业厂房，则往往在厂区控制网的基础上再布设厂房矩形控制网。

由于导线（网）、三角形网、GPS 网的布测在前面第 9 章中已述及，因此下面仅就建筑基线、建筑方格网和厂房矩形控制网的布测做些介绍。

1. 建筑基线的布测

建筑基线的布设，应根据设计建（构）筑物的分布、场地的地形和原有控制点的情况而定，常见的形式有三点"一"字形、三点"L"形、四点"T"形、五点"十"字

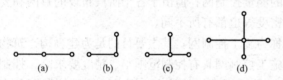

图 14 - 1　建筑基线布设形式示意图

形等，如图 14 - 1 所示。建筑基线应临近主要建（构）筑物，并与其主要轴线平行；基线点不得少于三个，以便检查点位有无变动；基线点应便于保存，相邻点通视良好，以便于后续的施工放样。

根据施工场地的条件不同，建筑基线的建立主要有以下两种方法。

（1）根据建筑红线测设建筑基线。由城市规划测绘部门测设的建筑用地界线，称为建筑红线。在城市建设区，建筑红线可用作建筑基线测设的依据。如图 14 - 2 所示，AB 与 AC 为两相互垂直的建筑红线，现欲根据该红线布测一与其平行的"L"形建筑基线，具体做法为：首先，从 A 点起沿 AB 方向测设平距 d_1 定出 P 点，沿 AC 方向测设平距 d_2 定出 Q 点；

然后，在 B 点安置仪器瞄准 A 点逆时针方向测设 90°水平角，并沿此视线方向从 B 点起测设平距 d_2 定出 2 点；同法，在 C 点安置仪器瞄准 A 点顺时针方向测设 90°水平角，并沿此视线方向从 C 点起测设平距 d_1 定出 3 点；接着，再根据直线 $P3$ 和 $Q2$ 定出 1 点；最后，在 1 点安置仪器观测∠213，检查是否为 90°（其较差之限差，参见表14 - 7）。符合要求后，埋设牢固的标志，一个三点"L"形的建筑基线即测设完毕。

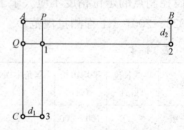

图 14 - 2　根据建筑红线测设建筑基线示意图

（2）根据附近已有控制点测设建筑基线。首先，根据建筑物的设计坐标和附近已有的测量控制点，在图上选定建筑基线的位置，求算出建筑基线点的坐标；然后再到实地根据建筑基线点的设计坐标和附近已有控制点的坐标，采用极坐标法等测设出建筑基线。如图 14 - 3 所示，A、B 为附近已有控制点，1、2、3 为选定的建筑基线点，其测设方法为：首先，根据已知控制点和建筑基线点的坐标，计算出测设数据 β_1、d_1、β_2、d_2、β_3、d_3（此时应注意坐标系的统一，否则须先进行坐标换算）；然后，在 A 点安置仪器用极坐标法测设出 1、2、3 点。

由于存在放样误差，测设的基线点 1、2、3 往往不在同一直线上，且点与点之间的距离与设计值也可能不完全相符。因此，用极坐标法等测设出建筑基线后，应及时对其进行检查，若不符合要求则须做相应的调整，其方法如下。

1）直线性的检查与调整。如图 14 - 4 所示，在 2 点安置仪器观测 21 与 23 两方向之水平角 β；如果 $\Delta\beta = \beta - 180°$ 超过限差（参见表 14 - 7），则应对 1、2、3 点在与基线垂直的方向上进行等量调整，调整量 δ 按式（14 - 1）计算

$$\delta \approx \frac{ab}{a+b} \times \frac{\Delta\beta}{2\rho''} \tag{14-1}$$

式中　a——1、2 两点间的平距；

　　　　b——2、3 两点间的平距。

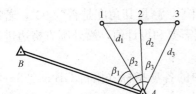

图 14 - 3　根据附近已有控制点测设
建筑基线示意图

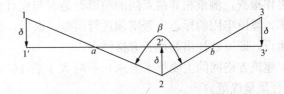

图 14 - 4　直线性检查与调整示意图

2）距离的检查与调整。直线性的检查与调整完毕后，再进行距离的检查与调整，即精确测定相邻基线点间的平距，并与设计值相比较，如果符合要求，埋设牢固的标志，否则须进行调整（限差，参见表 14 - 7）。调整时，中间点保持不变，沿直线方向移动两端点即可。

2. 建筑方格网的布测

建筑方格网的布设，应根据总平面图上各建筑物、道路及各种管线等的布置，结合现场的地形条件以及原有控制点的情况来确定，建筑方格网的主轴线应临近主要建（构）筑物并与其主要轴线平行，如图 14 - 5 所示。

建筑方格网的布测，一般分两步进行，即先测设方格网的主轴线，然后再测设方格网。

（1）主轴线的测设。建筑方格网主轴线的测设，与建筑基线相似。首先，利用建筑方格网主轴线点的设计坐标和附近已有控制点的坐标，用极坐标法等测设出建筑方格网主轴线（图 14 - 5 中的 AOB 和 COD）；然后，对主轴线 AOB 进行检查调整，方法同建筑基线；最后，再检查调整主轴线 COD，具体做法为：

1）直角性的检查与调整。如图 14 - 6 所示，先在 O 点安置仪器观测 OA 与 OC' 两方向间的水平角 β；如果 $\Delta\beta = \beta - 90°$ 超过限差（参见表 14 - 7），则须将 C' 点沿与 OC' 垂直的方向上移动一段距离 λ

$$\lambda = c\tan\Delta\beta \approx \frac{\Delta\beta}{\rho''}c \qquad (14\text{-}2)$$

式中　c——O、C' 两点间的平距。

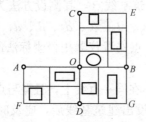

图 14-5　建筑方格网示意图

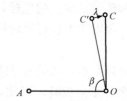

图 14-6　直角性调整示意图

2）距离的检查与调整。直角性的检查与调整完毕后，再进行距离的检查与调整，即精确测定 O、C 两点间的平距，并与设计值相比较，如果符合要求，埋设牢固的标志，否则须进行调整（限差，参见表 14-7）。调整时，O 点保持不变，沿 OC 方向移动端点 C 即可。

同法，再检查调整主轴线点 D。

（2）方格网的测设。如图 14-5 所示，测设好主轴线后，分别在主点 A、B、C、D 安置仪器，后视主点 O，向左（右）测设 90°水平角，即可交会出外围方格网点 E、F、G。随后再作检查，测量相邻两点间的距离看是否与设计值相等，测量其角度是否为 90°；若符合要求，埋设牢固的标志，否则须进行调整。最后，根据需要和设计值，沿外围方格边进行距离测设，即可放样出其他各方格网点。

建筑方格网的主要技术要求，不应大于表 14-7 中的各项指标（摘自 GB 50026—2007《工程测量规范》）。

表 14-7　　　　　　　　　　　　建筑方格网的主要技术要求

等级	边长	测角中误差	边长相对中误差	测角检测限差	边长检测限差
一级	100～300m	±5″	1/30 000	±10″	1/15 000
二级	100～300m	±8″	1/20 000	±16″	1/10 000

由此可见，建筑方格网的测设工作量较大，精度要求也较高，可委托专业测量单位进行。

3. 厂房矩形控制网的布测

由于一般的厂房都是矩形的（有的虽然有些不规则的凸凹，但基本形状还是矩形），因而厂房控制网也都布设为矩形，所以又称为厂房矩形控制网。建立厂房矩形控制网的常用方法，主要有以下两种。

（1）轴线法。如图 14-7 所示，轴线法是先根据厂区控制网［厂区控制网，可根据建筑场地的地形和建、构筑物的布置情况等采用不同的布网形式。对于地势平坦、建（构）筑物布置规则而密集的工业场地，采用建筑方格网较为适宜；而对于地势平坦、建（构）筑物布置不很规则的工业场地，则采用导线网比较灵活；当建筑场地的地形起伏较大，则应采用三角形网；自然，有条件的也可布测 GPS 网］测设出厂房的"十"字主轴线 Ⅰ—Ⅰ′ 和 Ⅱ—Ⅱ′，然后再根据"十"字主轴线放样出厂房矩形控制网的四个角点 R、S、P、Q。

这种布网方法精度比较均匀，但其测设工序多，比较费时、费力，多用于大型厂房矩形控制网的建立。

（2）基线法。如图14-8所示，对于一般小型厂房，可先根据厂区控制点，在厂房基础开挖边线以外适当位置，测设出厂房矩形控制网点 J_1、J_2；然后，再根据 J_1、J_2 两点测设出厂房矩形控制网的另外两点 J_3 和 J_4。

可见，这种布网形式比较简便；但精度较差，误差将集中在最后一条边 J_3J_4 上。

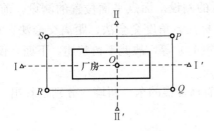

图14-7 轴线法示意图

图14-8 基线法示意图

14.3.2 建筑施工高程控制测量

建筑场地上的施工高程控制，通常采用水准测量的方法建立；为了便于检核和提高测量精度，施工高程控制网应布设成闭合、附合路线或结点网。当场区较大时，高程控制网可分为首级网和加密网两级布测，相应的水准点称为基本水准点和施工水准点。

基本水准点应布设在土质坚实、不受施工影响、无振动和便于施测的地方，并埋设永久性标志，数量不得少于2个。其高程，一般情况下可按四等水准测量的要求测定；对于为连续性生产车间或地下管道铺设所建立的基本水准点，需按三等水准测量的要求测定其高程；对于大中型施工项目，则应不低于三等水准。

施工水准点，是用来直接测设建（构）筑物高程的。为了测设方便和减少误差，施工水准点应尽量靠近拟建的建筑物和构筑物，但距拟建建筑物和构筑物的距离不宜小于25m，距离回填土边线不宜小于15m；其密度应尽可能地满足安置一次仪器即可测设出所需高程，施工水准点间距宜小于1km。施工水准点既可单独埋设，也可设置在施工平面控制点的标桩或外围固定物上；当不能保存时，应将其高程引测至稳定的建筑物或构筑物上，引测精度不应低于四等水准。

此外，由于设计人员习惯于为每一独立建（构）筑物规定一个独立的高程系统，该系统的高程起算面一般位于建（构）筑物的主要入口处室内地坪上，并命名为±0.000标高。因此，为了施测方便，还常在建筑物内部或附近测设出±0.000标高水准点（一般选在稳定建筑物的墙或柱的侧面，并用红油漆绘成顶或底为水平线的"▼"或"▲"形，其底部或顶部顶点表示±0.000位置）。

14.4 一般民用建筑施工测量

民用建筑是指住宅、办公楼、食堂、俱乐部、医院、学校等建筑物，根据其层数可分为单层、低层、多层和高层等。这里所讲的一般民用建筑，即指单层、低层和多层民用建筑物，其施工测量的主要工作包括：建筑施工控制测量（前已述及）、建筑物的定位和放线、基础施工测量、墙体施工测量等。

14.4.1 建筑物的定位

所谓建筑物的定位，就是将拟建建筑物的平面位置在地面上确定下来；具体地，则是通过测设拟建建筑物一些特征点的平面位置来实现。对于一般民用建筑物，通常选定其外部轮廓轴线的交点为特征点；因此，也有把建筑物的定位就直接定义为将建筑物外部轮廓轴线的交点测设到地面上。

由此可见，建筑物定位的实质为点平面位置的测设。而点平面位置的测设，前面第 13章已介绍过，可根据不同的定位条件，采用极坐标法、角度交会法、距离交会法、（准）直角坐标法（特别是当布设有建筑基线或建筑方格网时）等，故此不再赘述。下面，仅就根据已有建筑物进行定位的方法和步骤说明如下。

（1）建立建筑基线。如图 14 - 9 所示，沿已有宿舍楼的东、西墙，分别延长出一小段距离 l 得 a、b 两点，建立一条建筑基线 ab。

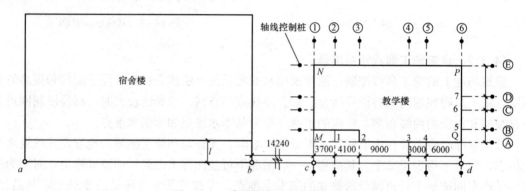

图 14 - 9 建筑物定位和放线示意图

（2）根据建筑基线采用直角坐标法进行定位。在 a 点安置仪器，瞄准 b 点，并从 b 点起沿 ab 方向测设距离 14.240m（拟建教学楼与已有宿舍楼的间距设计为 14.000m，教学楼的外墙厚 370mm，轴线偏里，离外墙皮 240mm）定出 c 点，作出标志；继续，再沿 ab 方向从 c 点起测设教学楼长 25.800m 定出 d 点，并作出标志。

在 c 点安置仪器，瞄准 a 点，顺时针方向测设 90°水平角，并沿此视线方向从 c 点起测设距离 $l+0.240$m（拟建教学楼与已有宿舍楼的南墙设计在一条直线上），定出交点 M，作出标志；再继续沿此视线方向从 M 点起测设教学楼宽 15.000m，定出交点 N 点，并作出标志。

同法，在 d 点安置仪器，瞄准 a 点，顺时针方向测设 90°水平角，并沿此视线方向从 d 点起测设距离 $l+0.240$m，定出交点 Q，作出标志；再继续沿此视线方向从 Q 点起测设教学楼宽 15.000m，定出交点 P 点，并作出标志。

M、N、P、Q 4 点，即为教学楼外廓定位轴线的交点；通常，打一木桩并在其顶部钉一小钉标定点位，简称定位桩或角桩。

（3）检查调整。检查 N、P 两点间的平距是否等于 25.800m，∠N 和∠P 是否等于90°，其误差应在允许范围（一般为 1/5 000 和±1′）内；否则，应进行相应的调整。

14.4.2 建筑物的放线

广义的建筑物放线，是指将建筑物的各施工标志线（如建筑物的轴线、边线等）在即将开工的施工面上标定出来。而此处所讲的建筑物放线，仅指根据已定位的角桩测设出建筑物各细部轴线交点桩（简称中心桩）的工作，其具体做法如图 14-9 所示：首先，从 M 点起，沿 MQ 方向，用钢尺依次量出相邻两轴线间的距离，定出 1、2、3…各中心桩（当超过一个尺长时，应先用经纬仪或全站仪进行定线）；然后，同法依次定出其余三边上的各中心桩；最后，将对边相应中心桩用直线连线起来，即为建筑物各细部轴线。

14.4.3 轴线控制桩和龙门板的设置

建筑物定位、放线时所测设的各轴线桩（角桩和中心桩），在开挖基槽时将被破坏。为了后续施工时能方便地恢复各轴线的位置，在开挖基槽之前应在各轴线的延长线上适当位置设置轴线控制桩。

如图 14-10 所示，在定位桩 M 点安置仪器，瞄准定位桩 Q 点，抬高望远镜物镜，沿视线方向在轴线 MQ 的延长线上适当位置（基槽外，既安全稳定又便于安置仪器恢复轴线的地方）K_1 点打下木桩，并在其桩顶钉一小钉准确标定出轴线位置（必要时，可用混凝土包裹木桩使之稳定牢固，如图 14-11 所示）；纵转望远镜，再沿视线方向在轴线 QM 的延长线上适当位置 K_2 点设置控制桩。同法，依次设置出其他轴线的控制桩，如图 14-9 所示。

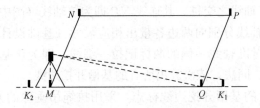

图 14-10 轴线控制桩设置示意图

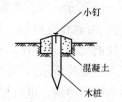

图 14-11 轴线控制桩埋设示意图

值得注意的是：①在上述纵转望远镜设置控制桩时，为了消除仪器的误差，要盘左、盘右投测两次，取其中点作为最终位置。②如附近有稳定的建（构）筑物，亦可把轴线同时投测到已有的建（构）筑物上，用红漆作出标志，作为照准标志。③控制桩设置完毕，在后续的施工过程中要注意保护、经常查看，确保其安全稳定。为此，最好设置双点控制桩。

此外，为了能方便地恢复各轴线的位置，过去在小型民用建筑施工中还常常采用设置龙门板的形式，如图 14-12 所示（由于设置龙门板需要较多的木材，且不利于机械化施工，因此现在已很少再使用）。其设置的方法步骤如下：

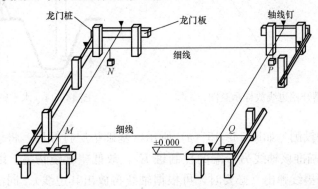

图 14-12 龙门板设置示意图

（1）在建筑物四角与隔墙两端，基槽开挖边界线以外 1.5～2m 处，设置龙门桩。龙门桩要钉得竖直、牢固，龙门桩的外侧面应与基槽平行。

（2）根据施工场地的水准点，用水准仪在每个龙门桩外侧，测设出该建筑物室内地坪设计高程线（即±0.000 标高线），并作出标志。

（3）沿龙门桩上±0.000 标高线钉设龙门板（龙门板顶面应与±0.000 标高线对齐），并用水准仪校核龙门板顶面的高程，如有差错应及时纠正。

（4）对准定位桩 N 点和 P 点，挂线吊垂球，将轴线 NP 延长至龙门板上，并钉一小钉作出标志（称为轴线钉）。

同法，依次将各轴线引测到龙门板上。

（5）最后，用钢尺沿龙门板的顶面，检查轴线钉的间距。检查合格后，以轴线钉为准，将墙边线、基础边线、基槽开挖边线等标定在龙门板上。

14.4.4　基础施工测量

（1）基槽开挖边线的放样。建筑物定位、放线以及轴线控制桩或龙门板设置完毕，在基槽开挖之前应根据已放出的各轴线之交桩（角桩和中心桩），测设并用白灰撒出基槽开挖的边界线。

如图 14-13 所示，N、P 为已放出的某轴线之交桩，其连线 NP 即为该轴线（图中实线所示）。首先，由轴线交桩 N、P 垂直于该轴线分别向两边各量出相应尺寸（基础设计宽度再加上口放坡的尺寸），并作出标记；然后对准轴线一侧的两标记拉一细线，即为该基槽的开挖边线（图中虚线所示），并用白灰撒出。同法，依次放出所有的基槽开挖边线。

对于小型民用建筑，也可根据龙门板上的基槽开挖边线标志，采用拉绳吊垂球的方法，测设并用白灰撒出基槽开挖边线。

（2）基槽开挖深度的控制。由于开挖基槽时，不得超挖基底，因此要随时注意检查挖土的深度。在即将挖到槽底设计标高时，可利用水准仪根据场地上的±0.000 标高或施工水准点，在槽壁上每隔 3～4m 和拐角处、深度变化处测设一些水平小木桩（称为水平桩，如图 14-14 所示，使其上表面离槽底的设计标高为一整分米数，如 0.300m 或 0.500m 等），作为控制挖槽深度、清理槽底和打基础垫层时掌控标高的依据。

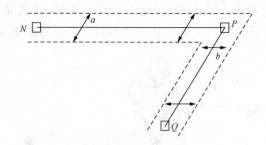

图 14-13　基槽开挖边线放样示意图

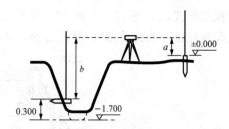

图 14-14　水平桩设置示意图

（3）基础轴线的投测。如图 14-15（a）所示，基础垫层打好后，将仪器安置在轴线一端的控制桩 K_1 上，瞄准该轴线另一端的控制桩 K_2，放低望远镜物镜，沿视线方向将轴线标定在垫层上，并用墨线弹出（必要时，可根据轴线再放出其边线）。同法，依次放出所有的基础轴线和边线，经检核无误后作为砌筑或浇筑基础的依据。

如图 14-15（b）所示，对于小型民用建筑，也可根据龙门板上的轴线钉，采用拉绳挂垂球的方法，把轴线投测到垫层上，经检核无误后作为砌筑或浇筑基础的依据。

（4）基础验收测量。基础施工结束后，应测定基础顶面的标高、尺寸大小等，检查是否符合设计要求。

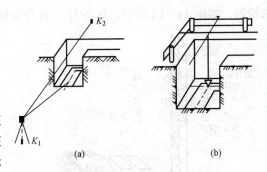

图 14-15 基础轴线投测示意图

14.4.5 墙体施工测量

1. 墙体放线

如图 14-16 所示，在轴线一端的控制桩 K_2 安置仪器，瞄准该轴线另一端的控制桩 K_1，放低望远镜物镜，沿视线方向将轴线标定在基础顶面上，并用墨线弹出（必要时，可根据轴线再放出其边线），作为砌筑墙体或浇筑框架的依据。对于小型民用建筑，也可根据龙门板采用拉绳挂垂球的方法进行投设。

同时，为了后续施工的需要，还要把轴线标定在外墙基础的侧面上（一般用红油漆画一个竖立的三角形，如图 14-16 所示），作为向上投测轴线的依据。

此外，根据需要也可把门、窗和其他洞口的边线等在外墙基础侧面上标定出来。

对于多层建筑物，待下层施工完毕并经检验合格后、开始上层施工之前，需再次进行墙体放线。但此时，已施工完的墙体会阻断轴线控制桩间的视线，上述的放线方法不再适用，可采用以下方法。

（1）吊垂球法。如图 14-17（a）所示，将较重的垂球悬吊在楼板边缘，当垂球尖对准基础侧面上的轴线标志时，线在楼板边缘的位置即为该楼层轴线端点位置，并画出标志线。

吊垂球法简便易行，不受施工场地限制；但当有风或建筑物较高时，投测误差较大。

（2）经纬仪投测法。如图 14-17（b）所示，将经纬仪（或全站仪）安置在轴线控制桩 K，瞄准建筑物基础侧面上相应的轴线标志，然后抬高望远镜物镜，即可把轴线投测到上部楼层（为了消除仪器误差和提高投测精度，要盘左、盘右投测两次取其中间位置）。

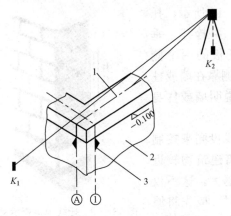

图 14-16 墙体放线示意图

1—墙轴线；2—外墙基础；3—轴线标志

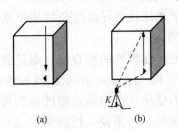

图 14-17 上层轴线投测示意图

值得注意的是：将所有轴线投测到上层楼板之后，需用钢尺检核各轴线的间距；符合要求后，才能在楼板上分间弹线，继续施工，并把轴线逐层自下向上传递。

2. 墙体各部位标高的控制

在墙体砌筑中，墙身各部位的标高，通常利用设立在每隔 10～15m 和墙角处的皮数杆来控制。如图 14-18 所示，皮数杆一般为木制的，在其上事先根据设计尺寸，将砖、灰缝的厚度画出线条，并标明±0.000、门、窗、楼板等的标高位置。

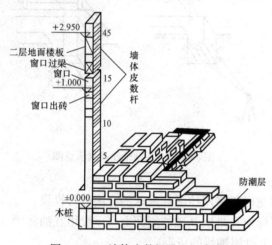

图 14-18　墙体皮数杆设立示意图

图中标注：+2.950　45；二层地面楼板；窗口过梁；窗口　+1.000　15；窗口出砖；10；5；墙体皮数杆；±0.000；木桩；防潮层

设立皮数杆时，先在立杆处打一木桩，用水准仪在木桩侧面上测设出±0.000 标高线；然后将皮数杆上的±0.000 标高线与木桩上的±0.000 标高线对齐，并使皮数杆竖直后用大铁钉将皮数杆与木桩钉在一起，作为墙体各部位标高的控制依据。

在墙身砌起 1m 以后，还需在室内墙身上测设出+0.500m 的标高线，供今后该层地面施工和室内装修之用。

在二层及其以上墙体施工中，为了使皮数杆钉立在同一水平面上，需用水准仪测出楼板四角的标高，取平均值作为该楼层的地坪标高，并以此作为钉立皮数杆的标志。

对于高程精度要求较低的建筑物，用墙体皮数杆传递和控制高程即可。而对于高程精度要求较高的建筑物，则须用钢尺垂直丈量来传递高程，即每砌高一层，就从楼梯间或墙角等处用钢尺从下层的+0.500m 标高线，垂直向上量出层高，标定出上一层的+0.500m 标高线；同法，依次逐层向上引测。

对于框架结构的民用建筑，由于墙体砌筑是在框架施工后进行的，故+0.500m 标高线可标注在已完工的框架上，供今后该层楼面施工和室内装修之用。

3. 墙体竖直度的控制

在墙体砌筑或浇筑框架时，每一层墙或柱身的竖直（垂直）度，可直接利用吊垂球检查和控制，若使用托线板则会更加便捷。如图 14-19 所示，托线板一般为木制的，在其上端缺口处钉一小钉，并拴挂一垂球（上部缺口与下部尖点的连线，应平行于托板的两个侧面）；进行墙或柱身竖直度检查时，将托线板一侧靠在墙或柱体上，若垂球线正好通过托线板下端尖点，则说明墙或柱身是竖直的。

而整个建筑物的竖直度，则是通过上述轴线投测来控制的，如图 14-17（b）所示。当轴线控制桩距离建筑物较近时，随着楼房逐渐增高，望远镜的仰角会越来越大，这不仅会造成操作上的不便，投测精度也会降低；此时，应先将原轴线控制桩引测到更远的安全地方或者附近大楼的顶面，然

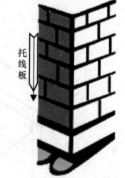

图 14-19　托线板检查示意图

（托线板）

后再利用新设置的轴线控制桩进行更高各层轴线的投测。如图 14-20 所示，将经纬仪（或全站仪）安置在已经投测上去的较高层楼面轴线 $a_{10}a'_{10}$ 上，瞄准地面上原有的轴线控制桩 A_1 和 A'_1，将轴线延长到远处 A_2 和 A'_2（新的轴线控制桩，又称引桩）；然后再将经纬仪（或全站仪）安置在新的轴线控制桩（引桩）A_2 和 A'_2 上，即可方便地继续将轴线投测到更高的楼层上。

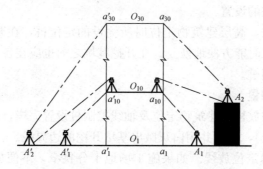

图 14 - 20   引桩及轴线投测示意图

14.5   高层民用建筑施工测量

由于高层建筑具有层数多、外形与结构复杂多变、施工周期长、投资大、施测精度要求较高、在繁华闹市区建筑群中施工时场地往往十分狭窄等特点,所以其测量的方法和所用的仪器与一般民用建筑施工测量有所不同,现分述如下。

14.5.1   建筑物的定位

对于一般民用建筑物,由于其外形比较规则,因此通常选定其外部轮廓轴线的交点作为定位点(外控法)。而对于高层和超高层建筑物,由于其外形复杂多变,因此通常不再选定其外部轮廓轴线的交点作为定位点而采用内控法。

如图 14 - 21 所示,首先像设计厂房矩形控制网那样,在建筑物内部±0.000 平面上布设一定位控制网(如果高层建筑分为主楼和裙楼两个部分,则可布设成由一条轴线相连的多个矩形组成的定位控制网);然后根据场地施工控制网将其测设到地面上,以实现建筑物的定位,并经检验调整符合精度要求后,作为放样和控制各层碎部(墙、柱、电梯井筒、楼梯等)的依据。

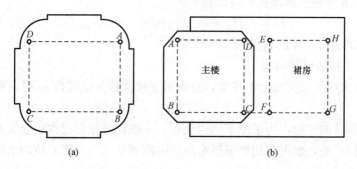

图 14 - 21   定位控制网(点)设置示意图

定位控制点点位的选择应与建筑物的结构相适应,并符合如下条件:

(1)定位控制网的各边,应与建筑主轴线相平行或垂直。

(2)建筑物内部的细部结构(如柱和承重墙等),不妨碍定位控制点之间的通视。

(3)定位控制点及通过定位控制点的铅垂线方向,必须避开横梁和楼板中的主钢筋。

14.5.2　轴线控制桩的设置

同一般民用建筑一样，高层建筑物定位时所测设的定位桩，在开挖基坑时同样会被破坏；因此，为了后续施工时能方便地恢复，在开挖基坑之前也应在各定位轴线的延长线上适当位置设置定位轴线控制桩。

14.5.3　基础施工测量

（1）基坑开挖边线的放样。建筑物定位及轴线控制桩设置完毕，在基坑开挖之前应根据已放出的定位控制网（点），测设并用白灰撒出基坑开挖的边界线。

（2）基坑支护结构的定位放线。如果施工场地十分狭窄，不便放坡开挖而且基坑较深时，在基坑开挖之前还应根据已放出的定位控制网（点），进行基坑支护桩或墙的定位放线。

（3）基坑开挖深度的控制。由于开挖基坑时，同样不得超挖基底，因此要随时注意检查挖土的深度，在即将挖到坑底设计标高时，需利用水准仪根据场地上的 ±0.000 标高或施工水准点，在坑壁上每隔一定距离和拐角处、深度变化处测设一些水平桩，作为控制挖坑深度、清理坑底和打基础垫层时掌控标高的依据。

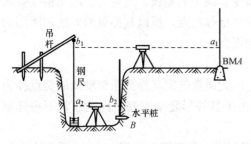

图 14-22　吊钢尺法示意图

如果基坑开挖较深时，水准尺长度不够，可用悬挂钢尺代替水准尺来传递高程——吊钢尺法（图 14-22），具体步骤如下：

1）在基坑坡顶架设一吊杆，杆上吊一根零点向下的钢尺；尺的下端挂上重锤放入油桶中，以保持钢尺的稳定。

2）在地面安置一台水准仪，设水准仪在水准点 BMA 所立水准尺上读数为 a_1，在钢尺上读数为 b_1。

3）在坑底安置另一台水准仪或将地面上的水准仪安置在坑内，设此时水准仪在钢尺上的读数为 a_2。

4）计算 B 点水平桩上水准尺的应读数 b_2

$$b_2 = (H_A + a_1) - (b_1 - a_2) - H_设 \qquad (14-3)$$

式中　H_A——水准点 BMA 的高程；

$H_设$——水平桩的设计高程。

5）最后，将水准尺沿坑壁上下移动，直到水准尺读数为应读数 b_2 时，紧贴尺底水平打一木桩即可。

对一些大型基坑的开挖，为了便于运送土石，一般在开挖的过程中会留有一个坡道。因此，在坡道被挖掉之前，也可利用坡道把水准点引测到基坑内，建立坑内水准点，作为掌控坑内其他标高的基础。

（4）基坑开挖验收测量。基坑开挖完毕，应及时对基坑尺寸、标高等进行测量，检查是否符合设计要求。

（5）基础（地下室）定位轴线的投测。采用前面介绍的一般民用建筑物基础轴线投测的方法，依次放出所有的定位轴线；经检核无误后，作为基础（地下室）各细部定位放线的依据。

（6）基础（地下室）施工测量。根据投测的定位轴线及坑内水平桩或水准点，结合基础（地下室）施工图和施工组织安排，及时进行基础（地下室）各细部的定位放线和标高测设，并在其施工过程中根据需要进行一系列的指导测量,确保施工质量。

(7) 基础(地下室)验收测量。基础(地下室)施工结束后,应测定基础顶面的标高、尺寸大小等,检查是否符合设计要求。

14.5.4　主体施工测量

(1) 定位控制网的恢复。基础(地下室)部分完工后、主体施工之前,须利用定位轴线控制桩将定位控制网(点)恢复在室内地坪上,并埋设牢固的定位点标志(通常,埋设一不锈钢膨胀螺栓,并在其顶面准确刻划上"十"字线,十字线交点代表控制点的位置)。经检核无误后,作为后续各细部定位放线和上层轴线投测的依据。

(2) 首层细部结构施工放样。根据首层检核无误的定位控制网(点),结合施工图和施工组织安排,用经纬仪和钢尺或全站仪按极坐标法、距离交会法、直角坐标法等测设各细部(外墙、承重墙、立柱、电梯井筒、梁、楼板、楼梯等及各种预埋件)的位置及各种施工标志(线),并在施工过程中根据需要进行一系列的指导测量,确保施工质量。

(3) 上层细部结构施工放样。首层施工并经验测合格后,为了放样上层细部结构和控制建筑物整体的垂直度,首先应把首层定位控制网(点)垂直投测到相应施工层,并经检核无误后,再测设出该层各细部的位置及各种施工标志(线),并在其施工过程中根据需要进行一系列的指导测量,确保施工质量。

高层或超高层建筑物定位轴线的投测,目前已普遍采用内控法,即在建筑物的内部利用铅垂仪或垂球把首层定位控制点准确地垂直向上层投测。为此,在各层楼板浇灌时,应在定位控制点相应铅垂线位置上预留孔洞(洞口可以是直径为 150mm 的圆孔,也可以是 200mm×200mm 的方形孔)。

铅垂仪,又称垂准仪,是一种专用的铅直定位仪器,当仪器对中整平后可将对中点铅直地向上或向下投测出去,分光学铅垂仪和激光铅垂仪两种。

如图 14-23 所示,为一激光铅垂仪。利用激光铅垂仪进行定位控制点垂直投测的方法

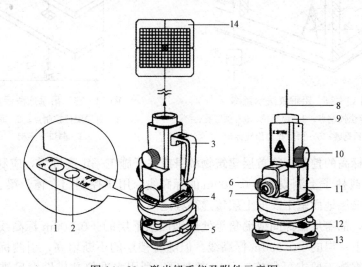

图 14-23　激光铅垂仪及附件示意图

1—电源开关;2—对点/垂准激光切换开关;3—手柄;4—水准管;5—轴套锁定钮;
6—激光斑点调焦螺旋;7—目镜;8—望远镜端激光束;9—物镜;10—物镜调焦螺旋;
11—电池盒盖;12—圆水准器;13—脚螺旋;14—接收靶

步骤如下（图 14-24）：

1）在首层定位控制点上安置激光铅垂仪，对中、整平。

2）在上层施工楼面预留孔处，放置接收靶。

3）打开电源开关，启动激光器发射铅直激光束，并调节发射望远镜，使激光束汇聚成红色耀目光斑，投射到接收靶上。

4）移动接收靶，使靶心与红色光斑重合，此时靶心位置即为定位控制点在该楼面上的投测点。

5）在预留孔四周楼板上，利用墨线弹出标记，作为以后恢复轴线及放样的依据（使用时，对准墨线标记拉两根细线，即可恢复中心位置）。

当建筑物不是太高（一般在 100m 之内），垂直控制测量精度要求也不是太高时，可用大垂球代替铅垂仪进行投测。高度在 50m 以内，可选用 15kg 的大垂球；高度在 $50\sim100$m 之内，需用 25kg 的大垂球。吊垂球法，如图 14-25 所示，在预留孔上面安置十字架，挂上垂球（钢丝的直径约为 $0.5\sim0.8$mm）；当垂球静止时，缓慢移动十字架，使垂球尖对准首层定位控制点标志；此时，十字架中心即为定位控制点在该楼面上的投测点；最后，利用墨线在预留孔四周楼板上弹出标记，作为以后恢复轴线及放样的依据。

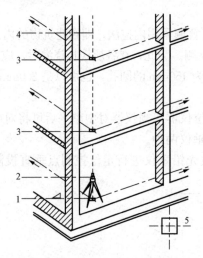

图 14-24　铅垂仪法示意图

1—首层定位控制点；2—铅垂仪；3—预留孔；

4—铅垂线；5—预留孔边墨线标记

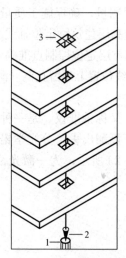

图 14-25　吊垂球法示意图

1—首层定位控制点；2—垂球；

3—洞口十字架

（4）各楼层标高的控制。待首层建筑物墙身或柱子施工一定高度后，应利用场地施工水准点在室内墙身或柱子上测设出 +0.500m 的标高线，用于控制门、窗、梁、柱等的标高，同时也可供今后该层地面施工及向上层传递高程之用。

每筑高一层，都需从楼梯间或墙角等处用钢尺从下层的 +0.500m 标高线，垂直向上量出层高，标定出上一层的 +0.500m 标高线。但随着楼层的不断增高，引测标高的误差会越来越大，因此根据施工要求可每施工一定高度后，利用水准仪并借助钢尺进行高程的检测（图 14-26），并以检测高程为准继续向上传递。

此外，也可以采用全站仪天顶测高法进行高程的传递。如图 14-27 所示，首先在需要传递高程的层面预留孔上固定一块薄（铁）板（在中心打一直径为 30mm 的孔），将棱镜对

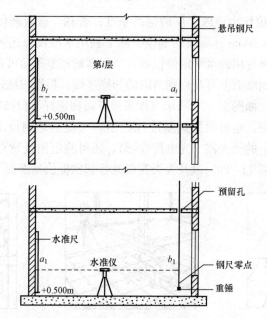

图 14-26 悬挂钢尺向上传递高程示意图

准薄板上的孔平放其上，并测定薄板顶面至棱镜横轴的高度 k；然后在底层定位控制点上安置全站仪，并置平望远镜，瞄准立于 +0.500m 标高线上的水准尺进行读数（设为 a_1）；接着将望远镜指向天顶，按测距键测得垂直距离 d_i，按下式即可得到薄板顶面的标高 H_i

$$H_i = 0.500 + a_1 + d_i - k \qquad (14-4)$$

最后，再根据薄板顶面的标高利用水准仪测设出该层的 +0.500m 标高线。

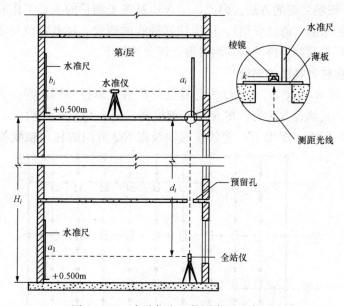

图 14-27 全站仪向上传递高程示意图

施工层标高传递点的数量，应根据建筑物的大小和高度而定。规模较小的多层建筑，宜从 2 处分别向上传递；规模较大的高层建筑，宜从 3 处分别向上传递。传递的标高较差小于允许偏差时，取其平均值作为该施工层的标高基准；否则，应重新传递。

最后指出，各层＋0.500m标高线的测设，除了利用水准仪外还可采用激光扫平仪方便地标定。激光扫平仪为一种专用的水平定位仪器，当仪器精密整平后可自动绕其竖轴旋转扫出一个可见的水平面，在四周墙面上可观察到清晰的扫描迹线；根据扫描迹线的标高，即可方便地弹出作为基准的水平线，如图14-28所示（如果放样高程正好与扫描迹线高程相等，则可直接在墙面上弹出墨线；否则，也可根据该基准线用钢卷尺便捷地测设出＋0.500m标高线）。另外，借助安装在水准尺上的受光器（光电接收靶），还可测定出任意点的标高或用以进行大面积平整度控制与检查（图14-29）以及为天花板龙骨起拱提供基准面（图14-30）等。

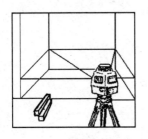  

图14-28 激光扫平仪及　　　　图14-29 激光扫平仪用于　　　　图14-30 激光扫平仪龙骨架
水平线测设示意图　　　　　　　抄平示意图　　　　　　　　　吊顶控制示意图

14.6 工业厂房建筑施工测量

在工业建筑中，多以厂房为主体；而厂房的施工，又多采用事先预制好构件（柱子、吊车梁和屋架等）、现场装配的方法。因此，工业建筑施工测量的主要工作有：厂区控制网与厂房矩形控制网的布测（前已介绍）、厂房柱列轴线的测设、柱基定位与定位桩的设置、柱基施工测量以及厂房预制构件的安装测量等，现分述如下。

14.6.1 厂房柱列轴线的测设

如图14-31所示，R、S、P、Q为已建立的厂房矩形控制网，Ⓐ、Ⓑ、Ⓒ和①～⑨为设计的柱列轴线，其测设方法为：在R点安置仪器，瞄准Q点，然后从R点出发，沿视线方向测设柱（跨）间距，即得①～⑨各柱列轴线在RQ方向的柱列轴线控制桩（打入大木

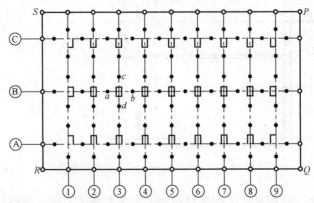

图14-31 厂房柱列轴线与桩基测设示意图

桩，桩顶用小钉标出点位）；同法，依次测设出厂房矩形控制网其他三边上的各柱列轴线控制桩。对边相应柱列轴线控制桩的连线，即为厂房柱列轴线。

可见，所谓厂房柱列轴线的测设，实际上就是测设柱列轴线控制桩，并以此作为柱基定位、放线及构件安装等的依据。

14.6.2　柱基定位与定位桩的设置

如图 14-31 所示，在两条互相垂直的柱列轴线控制桩上安置两台经纬仪（或全站仪），沿轴线方向即可交会出各柱基的位置（柱列轴线的交点），此项工作称为柱基定位。

为了后续工作的便利，在柱基定位的同时，还要在柱基的四周轴线上打入 4 个定位桩，如图 14-31 中的 a、b、c、d 4 点所示，其桩位应在基础开挖边线以外、比基础深度大 1.5 倍的地方，作为柱基放线等的依据。

14.6.3　柱基施工测量

（1）柱基放线。根据柱基定位桩，按照基础详图所注尺寸和基坑放坡宽度，放出基坑开挖边界线，并用白灰撒出以便开挖，此项工作称为柱基放线。

值得注意的是，柱列轴线不一定都是柱基的中心线。因此，必要时应将柱列轴线平移，定出柱基中心线和开挖边线。

（2）基坑开挖深度控制。当基坑挖到一定深度后，应在基坑四壁测设水平桩，作为检查基坑底和控制垫层标高的依据。

（3）基础立模测量。

1）基础垫层打好后，根据基坑周边定位桩，用拉线吊垂球的方法，把柱基中心线投测到垫层上，并用墨线弹出基础边线，作为立柱基模板和布置基础钢筋的依据。

2）立模时，将模板底线对准垫层上的基础边线，并用垂球检查模板是否垂直。

3）将柱基顶面设计标高测设在模板内壁，并用红漆画出标记，作为控制浇灌混凝土高度的依据。

14.6.4　厂房预制构件的安装测量

装配式工业厂房，主要有柱、吊车梁、屋架、天窗架和屋面板等构件组成。在吊装每个构件时，一般又都需经过绑扎、起吊、就位、临时固定、校正调整和最后固定等几道操作工序。下面，就以柱子、吊车梁、屋架的安装为例介绍一些相应的测量工作。

1. 柱子的安装测量

（1）准备工作。

1）根据定位桩，把柱基中心线精确投测到杯形基础的顶面上，弹出墨线，画出"▶"红漆标志（图 14-32），作为安装柱子时准确就位的依据。

2）在杯口内壁，测设出一条标高线（其高程为杯底设计高程加上一整分米数，通常取为 -0.600m），画出"▼"红漆标志（图 14-32），作为杯底找平的依据。

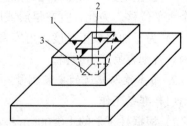

3）将每根柱子按轴线位置进行编号；在每根柱子的三个侧面弹出柱中心线，并在每条线的上端和下端画出"▶"红漆标志，作为校正柱子竖直的依据；同时根

图 14-32　杯口中线与标高线示意图
1—柱基中心线；2—标高线；3—杯底面

据牛腿面的设计标高，从牛腿面向下用钢尺量出±0.000和−0.600m的标高线，并画出"▼"红漆标志（图14-33）。

4）杯底找平。先量出柱子的−0.600m标高线至柱底面的长度，再在相应的柱基杯口内量出其−0.600m标高线至杯底的高度，进行比较确定杯底找平厚度；最后，用水泥沙浆根据找平厚度，在杯底进行找平，使牛腿面符合设计高程。

（2）安装测量。将柱子绑扎、起吊、插入杯口后，首先使柱身基本竖直，再转动调整使柱子三面的中心线与杯口中心线对齐，用木楔或钢楔初步固定；然后进行竖直校正，如图14-34所示，将两台经纬仪（或全站仪）分别安置在柱列纵、横轴线上，先用望远镜瞄准柱底的中心线标志，固定照准部后，再缓慢抬高望远镜仰视柱顶的中心线标志。若柱子中心线与望远镜十字丝竖丝重合，则说明柱子在这一方向上已竖直；若不重合，应进行调整，直至柱子两个侧面的中心线都竖直为止；最后，用钢楔将柱子固定，并在杯口与柱子的缝隙中浇入混凝土，固定柱子的位置。

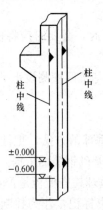

图14-33　柱身弹线示意图

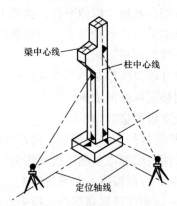

图14-34　竖直校正示意图

在进行柱子竖直度校正时，应注意以下事项。

1）校正前，对所使用的经纬仪（或全站仪）必须进行严格校正。

2）安置仪器时，应使照准部水准管气泡严格居中。

3）校正时，最好用盘左校正后，再用盘右进行检查，以消除仪器误差，确保柱子的竖直度。

4）在校正调整柱子垂直度的同时，还应注意随时检查柱子中心线是否对准杯口中心线标志，以防柱子安装就位后，产生水平位移。

5）校正应避开强烈日光的照射，因为柱子受太阳强烈照射后会向阴面弯曲，使柱顶有一个水平位移。为此，宜在早晨或阴天时校正。

6）为了加快校正速度，可安置一次仪器校正多根柱子；但仪器偏离轴线的角度应在15°以内，否则容易产生差错。

2. 吊车梁与轨道的安装测量

（1）准备工作。

1）根据柱子上的±0.000m标高线，用钢尺沿柱侧面向上量出吊车梁顶面设计标高线，作为调整吊车梁梁面标高的依据。

2）在吊车梁的顶面和两端面上，用墨线弹出梁的中心线（图14-35），作为安装定位的依据。

3) 在牛腿面上，投测出吊车梁的中心线。通常的做法，如图 14 - 36（a）所示，先利用厂房中心线 A_1A_1，根据设计轨道间距，在地面上测设出吊车梁中心线（也是吊车轨道中心线）$A'A'$ 和 $B'B'$；然后，在吊车梁中心线的一个端点 A'（或 B'）上安置经纬仪（或全站仪），瞄准另一个端点 A'（或 B'），固定照准部，抬高望远镜物镜，即可将吊车梁中心线投测到每根柱子的牛腿面上（应盘左、盘右投测取其中点），并用墨线弹出梁的中心线。

图 14 - 35 梁中心线弹设示意图

（2）安装测量。安装时，先使吊车梁两端的梁中心线与牛腿面梁中心线重合进行初步定位，然后采用平行线法对吊车梁的中心线进行检测。

1) 如图 14 - 36（b）所示，在地面上，从吊车梁中心线，向厂房中心线方向量出长度 a，得到平行线 $A''A''$ 和 $B''B''$。

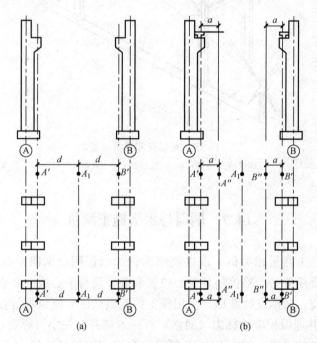

图 14 - 36 吊车梁安装测量示意图

2) 在平行线一端点 A''（或 B''）上，安置经纬仪（或全站仪）。盘左，瞄准另一端点 A''（或 B''），固定照准部，抬高望远镜物镜；另外一人在梁上移动横放的木尺，当视线正对准尺上 a 刻划线时，将木尺的零点位置标定在梁顶面上。同法，盘右再做一次，并取盘左、盘右两次标定的木尺零点位置的中点。该中点，应与梁面上的中心线重合；如不重合，可用撬杠移动吊车梁，直至吊车梁中心线到 $A''A''$（或 $B''B''$）的间距等于 a 为止。

吊车梁中线安装就位后，还应根据柱面上的吊车梁设计标高线对吊车梁顶面标高进行检查调整。符合要求后，将吊车梁固定。

吊车轨道的安装测量与检查，与吊车梁的一样，故此不再赘述。

3. 屋架的安装测量

（1）准备工作。首先，在屋架顶面和两端面上，用墨线弹出屋架的中心线，作为安装定位的依据。然后采用正倒镜分中法，在柱顶面和侧面上，测设出屋架的定位轴线，如图14-37所示。

（2）安装测量。安装时，先使屋架的中心线与柱顶面上的定位轴线重合进行初步定位，并吊垂球使屋架竖直；然后采用上述的平行线法对屋架的中心线进行检测调整（图14-37）。符合要求后，将屋架固定。

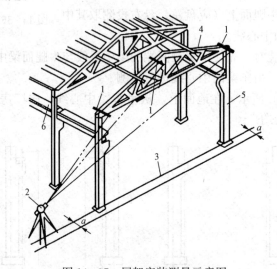

图 14-37　屋架安装测量示意图

1—木尺；2—经纬仪或全站仪；3—定位轴线；4—屋架；5—柱；6—吊车梁

14.7　烟囱与水塔施工测量

烟囱与水塔的施工测量相类似，现以烟囱为例加以说明。烟囱是截圆锥形的高耸构筑物，施工测量的主要任务是严格控制其中心位置和确保筒身中心线的竖直度。

（1）烟囱的定位。根据设计数据，利用施工控制点或已有建筑物等在地面上测设出烟囱的中心位置 O 点，并埋设相应的标志（通常，打一木桩并钉一小钉标定，称为中心桩）。

（2）轴线控制桩的设置。如图14-38所示，在 O 点安置经纬仪（或全站仪），任选一点 A 作后视点，并在视线方向上定出 a 点；再倒转望远镜，采用盘左、盘右分中投点法定出 b 和 B；然后，顺时针测设 $90°$ 水平角，定出 d 和 D；接着倒转望远镜，采用盘左、盘右分中投点法定出 c 和 C，得到两条互相垂直的定位轴线 AB 和 CD。

A、B、C、D 为轴线控制桩，其至 O 点的距离应大于烟囱高度的 $1\sim1.5$ 倍。a、b、c、d 为施工定位桩，用于修坡和恢复基础中心位置，应设置在尽量靠近烟囱而不影响桩位稳固的地方。

图 14-38　烟囱定位与放线示意图

（3）基础施工测量。

1）如图 14-38 所示，以 O 点为圆心，以 $r+s$（r 为烟囱底部半径，s 为基坑的放坡宽度）为半径，在地面上用卷尺画圆，并撒出灰线，作为基础开挖的边线。

2）当基坑开挖接近设计标高时，在基坑内壁测设水平桩，作为检查基坑底标高和打垫层的依据。

3）垫层打好后，先根据施工定位桩将烟囱中心点 O 投测到坑底，打上木桩，作为垫层的中心控制点；然后再根据 O 点和烟囱底部半径 r 放样出基础的轴线或内外边线，经检核无误后作为砌筑或浇筑基础的依据。

4）基础完工并经检核无误后，再根据定位轴线控制桩，用经纬仪（或全站仪）把烟囱中心点投测到基础顶面上，并埋设牢固的定位点标志（通常，埋设一不锈钢膨胀螺栓，并在其顶面准确刻划上"十"字线，十字线交点代表定位点的位置）。

（4）筒身施工测量。在筒身施工中，应随时将中心点引测到施工的作业面上；一般每砌一步架或每升模板一次就应引测一次，以确保该施工作业面的中心与基础中心在同一铅垂线上（即确保主体的竖直度）。引测方法为：在施工作业面上固定一根木方，在木方中心处用细钢丝悬挂 $8\sim12$kg 的垂球，逐渐移动木方，直到垂球对准基础中心为止，此时木方中心就是该作业面的中心位置；而对于高大的钢筋混凝土烟囱，烟囱模板每滑升一次，就应采用铅垂仪进行一次烟囱的铅直定位。

另外，在引测中心线的同时，还应以引测的中心点为圆心、以施工作业面上烟囱的设计半径为半径，用木尺画圆检查已筑烟囱壁的位置，并作为下一步砌筑和支模或滑模的依据。

烟囱筒身标高的控制，一般是先用水准仪在底部烟囱壁上测设出 +0.500m 的标高线，然后再从此标高线起用钢尺竖直量距，以控制烟囱砌筑或浇筑的高度。自然，也可采用全站仪天顶测高法进行高程的传递和控制。

14.8　竣工测量与竣工图编绘

工业与民用建筑工程虽然都是根据设计总平面图施工的，但在施工过程中由于种种原因（比如设计变更、施工误差、变形等），致使建（构）筑物竣工后的位置与原设计位置有时会不完全一致。因此，建筑工程完工后，应进行一次全面的竣工测量，编绘竣工总平面图，以反映竣工后的现状，从而为工程的验收以及日后的管理、维修、改建、扩建、事故处理等提供必要的资料和依据。

在编绘竣工总平面图时，应注意以下事项：

（1）从工程一开工，就应随时注意搜集有关资料，并随着工程的陆续竣工相继进行编绘；特别是地下及隐蔽部分，更应在施工过程中进行及时验收、测绘、编入竣工图。这样，工程一旦竣工，竣工图也即编绘完成。

（2）竣工总平面图上的符号、注记、线条等应与原设计图一致；对于原设计图没有的，应采用现行相应比例尺《地形图图式》中的符号及规定。

（3）竣工总平面图编绘完成后，要有工程负责人和编图者的签字，并会同以下相关资料装订成册，予以保存或上交。

1）测量控制点布置图及坐标与高程成果表；

2）建筑物或构筑物沉降等变形观测资料；

3）地下管线竣工纵断面图；

4）工程定位、检查及竣工测量的资料；

5）设计变更文件等。

思考题与习题

1. 何谓建筑工程测量？其主要内容与任务是什么？

2. 何谓建筑施工测量？并简述其特点与注意事项。

3. 建筑施工控制网有何特点？其布设总体上应注意哪些事项？

4. 建筑施工平面控制网，常用的布设形式有哪些？各适用于什么情况？

5. 建筑施工高程控制，通常采用什么方法建立？有哪些基本要求？

6. 何谓建筑物的定位、放线？

7. 民用建筑施工测量，包括哪些主要工作？并简述一般民用建筑施工测量与高层建筑施工测量的不同。

8. 建筑物轴线投测的方法有哪几种？并简述其方法步骤。

9. 建筑物高程传递的方法有哪几种？并简述其方法步骤。

10. 工业厂房建筑施工测量，包括哪些主要工作？

11. 如何检查墙或柱子的垂直度？

12. 为何要编绘竣工总平面图？编绘时应注意哪些事项？

第15章 道路工程测量

15.1 概 述

1. 道路工程测量的定义与任务

道路工程测量是指在道路工程的勘测设计、施工、竣工验收、运营管理等阶段所进行的各种测量工作的总称。其主要任务，可概括为三点：一是为道路的勘测设计提供地形信息（测绘地形图、断面图等）；二是按设计要求将设计的道路位置测设于实地，为道路施工提供依据；三是为道路竣工、检查、验收、质量评定等提供资料。

2. 道路工程测量的显著特点

与其他工程相比，道路工程测量具有以下两大显著特点：

（1）测量工作不仅贯穿于整个道路工程的各个阶段（全线性），并随着工程的进展要反复进行多次（阶段性），而且从勘测设计到施工、竣工要经历一个由粗到精的过程（渐进性）。

（2）有时特别是用到国家或城市平面控制点时，可能会遇到坐标换带问题，应注意坐标系的统一：①六度带和三度带之间的坐标换算；②相邻六度带之间的坐标换算；③相邻三度带之间的坐标换算。

坐标换带计算的方法步骤一般为：首先将欲转换点的通用坐标还原为自然坐标，然后利用高斯投影坐标反算公式求出该点的大地坐标，再按高斯投影坐标正算公式计算出其在所需投影带中的自然坐标，最后将转换后的自然坐标再转化为相应的通用坐标（具体公式详见本书附录D）。

由于三度带的奇数带的中央子午线与相应六度带的中央子午线重合（图1-13），因此它们之间的坐标换带有其特殊性：当三度带与六度带的中央子午线重合时，只需将该点的三度带带号换成相应的六度带带号，即完成了从三度带到六度带的转换；反过来，若该点与中央子午线的经差不超过1.5°，同样可直接将该点的六度带带号换成相应的三度带带号，即完成了从六度带到三度带的转换，否则必须利用高斯投影坐标正、反算公式计算。

3. 道路工程测量的主要内容

（1）道路勘测设计阶段的测量工作。在兴建道路之前，为了选择一条既经济又合理的最佳路线，必须进行道路的勘测与设计。

传统上，高等级道路（特别是新建公路）的设计一般分为初步设计和施工图设计两个阶段，对应的勘测工作也分为初测和定测两个方面（当道路等级较低且地形条件允许时，也可将实地选线与定测工作一并完成，即进行一阶段勘测设计），其基本作业流程为：

1）初测——根据所拟定道路的基本走向，测绘出沿线一定宽度范围内的纸质带状地形图（比例尺一般为1∶2000；对于地物、地貌简单，地势平坦的地区，也可采用1∶5000的比例尺）。

2）初步设计——结合水文、地质等资料，在初测纸质地形图上确定出道路交点的平面位置，又称为纸上定线。

3）测设道路交点——将初步设计的道路交点的平面位置测设于实地。

4）测设道路转点——当相邻两交点之间通视，但距离较远或相邻交点之间互不通视时，应在其连线上或延长线上设置一些能通视的转点，以便于后续测量工作的进行。

5）测定道路转角——在放样出的道路交点处测定道路转角，并设置分角桩。

6）丈量中线并设置里程桩——从道路起点起，丈量里程，设置中桩，依次将道路中线的平面位置详细测设到实地上。

7）平曲线设计——根据测定的道路转角结合设计规范，确定出道路转向处的平曲线线形和大小（曲线长和半径）。

8）测设平曲线——先根据道路交点测设出曲线的主点（起点、终点等），然后再根据主点进行曲线的详细测设。

9）测量纵断面——测定出各中桩的地面高程，绘出纵断面图。

10）测量横断面——测定出每一中桩处、垂直于道路方向的地面起伏情况，绘出横断面图。

11）纵横断面设计。

上述的 7）和 11），为施工图设计；3）～6）、8）～10）为定测的内容，其中 3）～6）和 8）又合称为中线测量。

此外，定测有时还包括以下三个方面的内容：①测绘道路用地图（反映道路用地范围内以及用地范围外一定宽度内土地现有状况的平面图，称为道路用地图，其比例尺一般为 1∶1000。道路用地图要求以道路中线为基础，详细反映道路用地范围以内的地面耕作情况，植被种类、植被分布情况等，并标明道路里程桩号及对应的用地宽度，用点划线标明用地宽度的边界线，列表统计出各类用地的面积，从而为道路征地提供较精确的资料）；②测绘工点地形图（供特殊桥涵、复杂排水、改河、改渠、道路交叉口以及防护等工程设计使用的地形图。图上除绘出地形图的有关内容外，还应绘出与结构有关的内容。比例尺，可根据实际情况采用 1∶200、1∶500 或 1∶1000）；③地形补充测量（对初测地形图进行现场核对，有出入的进行补测，发现错误或变化较大时应进行重测）。

同时，为了确保工作的顺利进行和加快进度，传统的道路勘测采用流水作业法，即将勘测人员分成若干个作业小组并依次完成各自的测量工作：①地形组，沿线进行初测控制测量、测绘带状地形图；②选线组，将初步设计在图上定出的道路交点在实地测设出来；③测角组，在道路交点处测定道路转角，并设置分角桩；④中桩组，从道路起点起，丈量里程，设置中桩，依次将道路中线的平面位置详细测设到实地上；⑤水准组，测定出各中桩的地面高程，绘出纵断面图；⑥横断面组，测定出每一中桩处、垂直于道路方向的地面起伏情况，绘出横断面图……。

显然，传统的道路勘测设计不仅工序繁多，而且勘测与设计是交替进行的，周期长、工效低。

而现如今，随着测绘新仪器、新技术、新方法和计算机的普及使用，已实现了道路勘测、设计和绘图的一体化，即设计人员利用道路设计软件在勘测人员提供的数字地形图上，直接进行道路的三维设计，平面定线、纵断面拉坡、横断面戴帽等都可以运用数字地形模型数据直接在屏幕上进行。而且设计和出图是分开进行的，可完整地保留设计过程和多个设计方案用于备查。设计时无需考虑出图，对设计的任何调整，在出图时都可以很容易地做出灵活反应。因此，大大地改善了工作条件，减少了工序和人员，提高了勘测与设计的效率。

（2）道路施工建造阶段的测量工作。在道路施工阶段所进行的测量工作，称为道路施工测量。道路施工测量的主要任务，是根据施工的需要将设计好的道路的平面位置、纵横断面测设到地面上，为施工提供各种标志，确保按图施工；其主要工作包括：控制点复测与补测、道路中线（恢复）测量、纵断面测设、横断面测设等。

道路施工测量是保证道路施工质量的一个重要环节和手段，稍有不慎，就有可能产生错误。为了保证测量成果的正确可靠，必须做到测量、计算工作步步有校核，层层有检查。不符合技术规定的成果，一定要返工重测。同时，测量人员要与道路施工人员紧密配合，及时了解工程进展及对测量工作的不同要求，适时提供有关数据和施工标志，做到紧张而有秩序，以确保按期完成任务。另外，应尽量使用精良的测量设备，采用先进的测设方法。平时，还要加强测量仪器和设备的保养与维护，定期检校，使仪器、设备保持完好状态，随时能提供使用，以保障施工测量的顺利进行。

道路施工测量贯穿于道路施工的全过程，从施工前的准备到路基、路面的施工，每一阶段都离不开施工测量；而且在每个阶段，随着工程的进展，施工测量要反复进行多次；对不同的阶段和不同的对象，施工测量的方法和精度也不相同。总的来讲，道路施工测量是一个从粗到细、由低到高、不断要反复进行的过程，这是道路施工测量的一大特点。

（3）道路竣工运营阶段的测量工作。工程完工后，应进行一次全面的竣工测量，编绘竣工图，以反映竣工后的现状，从而为工程的验收以及日后的管理、养护、维修、改建、扩建、事故处理等提供必要的资料和依据。在运营期间，对一些地质条件不良或特殊路基处的路段，还应进行必要的变形观测，以确保在运营使用期间的安全，同时也可作为鉴定工程质量和验证工程设计、施工是否合理的依据，并为今后更合理的设计提供必要的资料。

地形图的测绘，前面有关章节已进行了详细论述；而变形观测的有关内容，可见本书第 19 章。因此，本章仅对上述道路工程测量的其他有关问题做进一步介绍。

15.2　道 路 中 线 测 量

道路中线测量的传统作业方法，是分组、分步进行的，工序多，效率低；而现如今由于道路的线形（中线）设计可直接在初测的数字化地形图上进行，因此一般不需要再进行中线测量。

下面，以传统的流水作业法为例，对道路中线测量的基本内容和方法进行介绍。

15.2.1　道路交点的测设

道路的转折点称为交点，通常用符号 JD 加点号表示，它是布设道路、详细测设直线和曲线的控制点。

对于低等级的道路，其交点通常在现场直接标定；而对于高等级道路或地形复杂地段，则要先进行纸上定线，然后再根据实际情况采用极坐标法、距离交会法或角度交会法等将初步设计的道路交点测设于实地——点平面位置的测设。

15.2.2　道路转点的测设

为了便于丈量里程、设置中桩及在交点处测定道路转角等，当相邻两交点之间通视，但距离较远或相邻交点之间互不通视时，应在其连线上或延长线上设置一些能通视的转点。

转点，通常用 ZD 加点号表示。当相邻两交点间距离较远、但尚能通视或已有转点需要加密时，可采用经纬（全站）仪定线法（图 4 - 6）直接测设转点。当相邻两交点间互不通视时，则需采用以下所述方法进行转点的测设。

1. 在两交点间测设转点

如图 15 - 1 所示，JD_5 和 JD_6 为相邻而互不通视的两个交点，首先在两交点间较高处初步选定一转点 ZD'（点 ZD' 要能与两交点通视），然后在 ZD' 点安置经纬仪，分别用盘左和盘右瞄准交点 JD_5 倒转望远镜将直线 JD_5 - ZD' 延长至 JD_6 附近，并取其中间位置，记作 JD_6'（此法，称为正倒镜分中法）。若 JD_6' 与 JD_6 重合或其偏差 f 在限差之内，即可将 ZD' 作为转点；否则，应调整试转点 ZD' 的位置，具体做法为：先量出偏差值 f，并用视距法测出 JD_5-ZD' 的距离 a 和 JD_6-ZD' 的距离 b，然后按式（15 - 1）计算出 ZD' 应横向移动的距离值 e

$$e = \frac{a}{a + b}f \qquad\qquad (15 - 1)$$

最后，将 ZD' 按 e 值移至 ZD。上述操作往往需反复多次、逐渐趋近，直至符合要求为止。

2. 在两交点延长线上测设转点

如图 15 - 2 所示，JD_8 和 JD_9 为相邻而互不通视的两个交点，先在其延长线上初步选定一转点 ZD'（点 ZD' 要能与两交点通视），然后在 ZD' 点安置经纬仪，瞄准 JD_8 点定向，在 ZD' 与 JD_8 两点连线上 JD_9 附近设置点 JD_9'。若点 JD_9' 与 JD_9 重合或其偏差 f 在限差之内，即可将 ZD' 作为转点；否则，应调整试转点 ZD' 的位置，方法同上，只是 ZD' 横向移动的距离值 e 应按式（15 - 2）计算

$$e = \frac{a}{a - b}f \qquad\qquad (15 - 2)$$

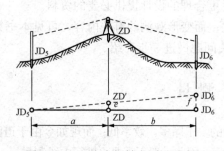 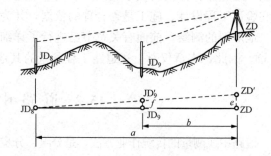

图 15 - 1　两交点间转点测设示意图　　　　图 15 - 2　两交点延长线上转点测设示意图

可见，当相邻两交点间互不通视时，上述利用经纬仪测设转点的传统做法需要多次安置仪器。若采用下述利用全站仪对边测量功能，进行相邻两个交点间互不通视时转点的测设，将会十分方便、快捷，精度也较高，而且在实际应用中具有较大的灵活性。

如图 15 - 3（a）所示，JD_1 和 JD_2 为相邻而互不通视的两个交点，先在两交点间较高处试选一转点 ZD'（点 ZD' 要能与两交点通视），然后在两交点和试转点上分别竖立反射棱镜，在一适当位置 M 点安置全站仪利用其对边测量模式进行观测。若测得的平距满足关系式（15 - 3），即可将 ZD' 作为转点；否则，可将试转点上的反射棱镜沿 M - ZD' 方向前后移动，重新进行观测，直至满足式（15 - 3）为止，即

$$D = D_1 + D_2 \qquad\qquad (15 - 3)$$

式中　D——两交点 JD_1 和 JD_2 间的水平距离；

D_1——交点 JD$_1$ 与试转点 ZD′间的水平距离；

D_2——交点 JD$_2$ 与试转点 ZD′间的水平距离。

此方法除可用于在两交点间测设转点外，同样可方便地用于在两交点延长线上测设转点，如图 15-3（b）所示。值得注意的是，此时测得的平距应满足以下关系式

$$D_1 = D + D_2 \qquad\qquad (15-4)$$

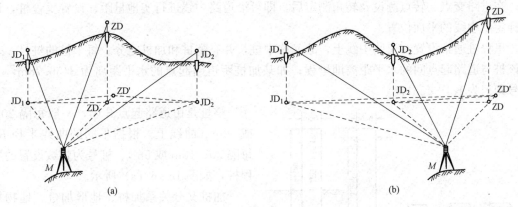

图 15-3　全站仪转点测设示意图

15.2.3　道路转角的测定

道路从一个方向偏转为另一个方向时，偏转后的方向与原方向间的水平夹角，称为道路的转角，通常用 α 表示。如图 15-4 所示，道路转角有左、右之分；当偏转后的方向位于原方向的左侧时，称左转角，一般用 $\alpha_{左}$ 或 α_z 表示；当偏转后的方向位于原方向的右侧时，称右转角，一般用 $\alpha_{右}$ 或 α_y 表示。

在中线测量时，通常观测道路前进方向的右角 β，如图 15-4 中的 β_5 和 β_6 所示。当 $\beta<180°$时，按式（15-5）计算其转角 α；当 $\beta>180°$时，则应按式（15-6）计算其转角 α。

$$\alpha_{右} = 180° - \beta \qquad\qquad (15-5)$$
$$\alpha_{左} = \beta - 180° \qquad\qquad (15-6)$$

右角 β 的观测，通常采用 2″或 6″的仪器观测一个测回；上、下两半测回角值之差，一般高等级道路不应大于±20″，二级以下道路不应大于±1′。在容许范围内，取上、下两半测回角值的平均值作为最终观测成果。

为了便于今后设置曲线中点，在交点处测定转角后，还要测设出其角平分线方向，定出 C 点，并打桩标定（分角桩），如图 15-5 所示。同时，还需用视距法测出相邻两交（转）点间的距离（一般测量后视距），以供中桩量距人员校核之用。

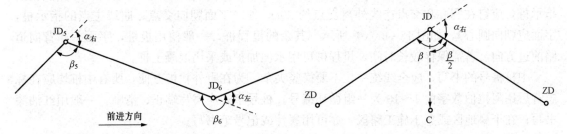

图 15-4　道路转角示意图　　　　　　　　　图 15-5　分角桩设置示意图

另外，为了保证角度观测的精度，还需进行道路角度闭合差的检核。对于高等级道路，需要与国家控制点连测，按图根附合导线进行角度闭合差的计算和校核；若在限差以内，则可进行闭合差的调整。对于低等级道路，可分段进行检核，以 3～5km 或每天在作业前、后各观测一次磁方位角，并与推算的方位角比较，较差应小于±2°。

15.2.4 中线丈量与里程桩的设置

在道路交点、转点测设及转角测定后，即可沿道路中线进行实地量距、设置里程桩，详细标定出中线的平面位置。

里程桩通常设置在道路中线上，故又称中桩，并有整桩和加桩之分。每个桩的桩号，表示该桩与道路起点间的水平距离即里程；如某加桩距道路起点的水平距离为 3456.78m，其桩号则记为 K3+456.78。

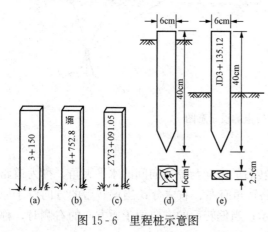

图 15-6 里程桩示意图

整桩是由道路起点开始，一般每隔 20m 或 50m（曲线上，根据不同的曲线半径 R，每隔 20、10m 或 5m）、桩号为整数设置的里程桩，如图 15-6（a）所示。

加桩又分关系加桩、地形加桩、地物加桩与曲线加桩。

关系加桩，是指道路上的转点（ZD）桩和交点（JD）桩。

地形加桩，是指沿中线地面起伏突变处、天然河沟处及土石分界处等所设置的里程桩。

地物加桩，是指沿中线有人工构筑物的地方如桥梁、涵洞处，道路与其他道路、铁路、渠道、高压线等交叉处，拆迁建筑物处等所设置的里程桩，如图 15-6（b）所示。

曲线加桩，是指曲线上设置的里程桩，如圆曲线起点（直圆点 ZY）、圆曲线中点（曲中点 QZ）、圆曲线终点（圆直点 YZ），分别以汉语拼音缩写为代号，如图 15-6（c）所示。

除曲线加桩外，里程桩的设置是在中线丈量的同时一并进行的，其具体工作包括定线、量距和钉桩三项（曲线加桩的设置，见后面圆曲线和缓和曲线的测设部分）。对于等级道路，应用经纬仪定线、钢尺或光电测距仪量距，最好采用全站仪；对于简易道路，可用花杆目视定线、皮尺或测绳量距。在钉桩时，对于起控制作用的交点桩、转点桩、曲线主点桩、百米桩、公里桩及重要地物加桩等，均应打下截面为 6cm×6cm 的方木桩（正桩），桩顶露出地面约 2cm 且在桩顶钉以小钉标定具体点位，如图 15-6（d）所示；并在正桩的一侧相距 20～30cm 处钉一板桩（指示桩或标志桩），一半露出地面，其上写明桩号与里程（交点桩的指示桩，应钉在圆心和交点连线外离交点约 20cm 处，字面朝向交点；曲线主点的指示桩，字面应朝向圆心），如图 15-6（e）所示。其余的里程桩，一般使用板桩，字面一律背向道路前进方向。若需保存较长时间，里程桩可用水泥加护或采用混凝土桩。

中桩桩号的书写，应全线统一，不要横竖夹杂。为在野外找桩方便，所有中桩均应在标志背后用阿拉伯数字由 1～10 为一组循环编号。桩号字迹应书写端正、清晰，一般用红油漆书写；在干旱地区或急于施工路段，亦可用墨汁或记号笔书写。

此外，由于局部地段改线或事后发现距离错误等致使道路的里程不连续，出现实际里程与原桩号不一致的现象，称为断链。当道路桩号里程大于实际里程时，称为短链，反之称为长链。为了不牵动全线桩号，在局部改线或发生差错的地段仍采用老桩号，并在新老桩号变更处设置断链桩，其写法为：新 K2＋100＝原 K2＋080（长链 20m），等号左边为来向里程（新桩号），右边为去向里程（旧桩号），并写明是长链还是短链及数值。

中桩测设的精度要求，见表 15 - 1（摘自 GB 50026—2007《工程测量规范》）。

表 15 - 1　　　　　　　　　　**中 桩 测 设 的 限 差**

道路等级	直 线 段		曲 线 段			
	纵向误差（m）	横向误差（cm）	纵向相对闭合差		横向闭合差（cm）	
			平地	山地	平地	山地
一级及以上	±（S/2 000＋0.1）	±10	1/2 000	1/1 000	±10	±10
二级及以下	±（S/1 000＋0.1）	±10	1/1 000	1/500	±10	±15

注　S 为交（转）点桩至中桩的距离，以"米"为单位。

15.2.5　圆曲线的测设

圆曲线是道路弯道中最基本的平曲线形式，其测设传统上一般分两步，即先测设曲线上起控制作用的主点（圆曲线起点 ZY、中点 QZ 和终点 YZ）——曲线主点的测设，然后再在主点间进行加密（根据主点再测设每隔一定间距的里程桩，以便详细、完整地标定出曲线的平面位置）——曲线的详细测设。

1. 圆曲线主点的测设

如图 15 - 7 所示，将仪器安置在交点 JD 上，先瞄准后视相邻交点或转点方向，测设切线长 T，打下曲线起点桩 ZY；然后再瞄准前视相邻交点或转点方向，测设切线长 T，打下曲线终点桩 YZ；最后沿转角平分线方向测设外矢距 E，再打下曲线中点桩 QZ，主点的测设即告完毕。主点是后面曲线详细测设的控制点，在测设时应注意校核，并保证一定的精度。

由图 15 - 7 可知，测设数据 T 和 E 可按式（15 - 7）和式（15 - 8）求得

$$T = R\tan\frac{\alpha}{2} \tag{15 - 7}$$

$$E = R\left(\sec\frac{\alpha}{2} - 1\right) \tag{15 - 8}$$

式中　α——交点 JD 处的道路转角；

R——圆曲线的设计半径。

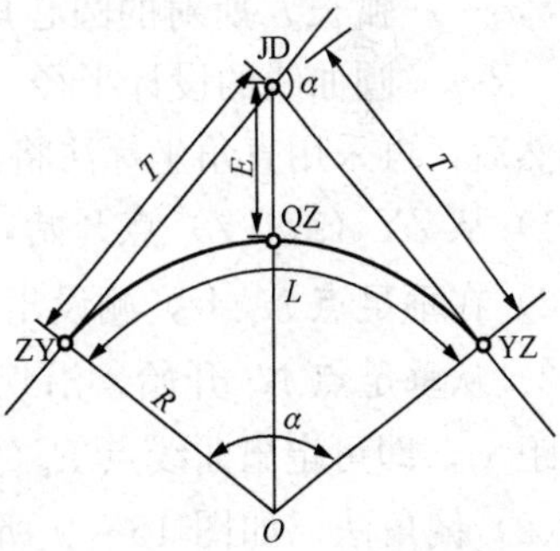

同时，还可以求得圆曲线长 L 和切曲差 D 为

$$L = \frac{\alpha}{\rho}R \tag{15 - 9}$$

图 15 - 7　圆曲线主点测设示意图

$$D = 2T - L \tag{15 - 10}$$

根据切线长 T 和圆曲线长 L，由交点的里程（由中线丈量时测算得）即可推算求得各主点的里程为

$$ZY 里程 = JD 里程 - T \tag{15 - 11}$$

$$YZ 里程 = ZY 里程 + L \tag{15 - 12}$$

$$QZ 里程 = YZ 里程 - L/2 \tag{15 - 13}$$

最后，利用式（15-14）检核里程计算的正确性，即

$$JD 里程 = QZ 里程 + D/2 \qquad (15-14)$$

2. 圆曲线的详细测设

一般情况下，当地形变化不大、曲线长小于 40m 时，只需测设圆曲线的三个主点即可满足详细设计和施工的要求。如果曲线较长，地形变化较大，这时除测设主点桩和地形、地物加桩外，还需测设一定桩距的细部点。

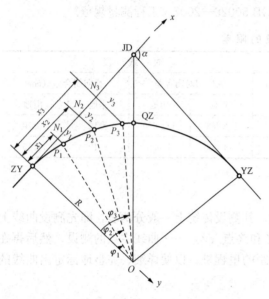

图 15-8　切线支距法示意图

圆曲线详细测设的方法有多种，可根据地形情况、工程要求、测设精度等灵活选用。下面，介绍两种最常用的方法。

（1）切线支距法。首先，如图 15-8 所示，以曲线起点 ZY（或终点 YZ）为坐标原点，过 ZY（或 YZ）点的切线方向为 x 轴，过 ZY（或 YZ）点的半径方向为 y 轴，建立切线支距坐标系，并按式（15-15）计算圆曲线上任意一点 P_i 在该独立坐标系中的坐标 (x_i, y_i)

$$\left.\begin{array}{l} \varphi_i = \dfrac{l_i}{R}\rho \\[2mm] x_i = R\sin\varphi_i \\[2mm] y_i = R(1-\cos\varphi_i) \end{array}\right\} \qquad (15-15)$$

式中　l_i——圆曲线上任意一点 P_i 至 ZY（或 YZ）点间的弧长；

　　　φ_i——弧长 l_i 所对的圆心角（$i=1, 2, \cdots, n$）；

　　　R——圆曲线的设计半径。

然后，再采用直角坐标法将曲线上各桩点测设到实地上，具体的方法步骤为：

1）从 ZY（或 YZ）点开始，沿切线方向测设平距 x_i，得垂足点 N_i。

2）在垂足点 N_i 上，测设出切线的垂线方向。

3）从垂足点 N_i 开始，沿切线的垂线方向测设支距 y_i，即可定出曲线点 P_i 的实地位置。

（2）偏角法。如图 15-9 所示，偏角法是以曲线起点 ZY（或终点 YZ）至曲线上任一点 P_i 的弦线与切线之间的弦切角 Δ_i 和弦长 c_i 来测设 P_i 点的位置，其实质是为极坐标法。

测设数据，可按式（15-16）计算

$$\left.\begin{array}{l} \Delta_i = \dfrac{\varphi}{2} = \dfrac{l_i}{2R}\rho \\[2mm] c_i = 2R\sin\Delta_i \end{array}\right\} \qquad (15-16)$$

测设的具体方法步骤如下：

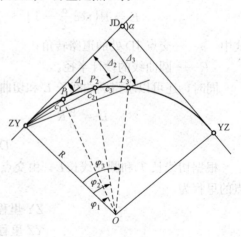

图 15-9　偏角法示意图

1）在 ZY（或 YZ）点安置仪器，后视交点 JD，测设水平角 Δ_i 得弦线方向。

2）沿弦线方向，从 ZY（或 YZ）点出发，测设弦长 c_i 即可定出曲线点 P_i 的实地位置。

在实际工作中，为了测设方便并提高测设的精度，圆曲线的详细测设一般将其分成两半，分别由 ZY 和 YZ 点向 QZ 点进行测设。同时，要将详细测设的 QZ 点与主点测设的 QZ 点进行比较，差值必须在限差（见表 15 - 1）以内；否则，应查明原因予以纠正。

另外，曲线细部点桩号的确定，通常有两种方法：①整桩号法。先将曲线上靠近起点 ZY 的第一个桩的桩号凑整成桩距倍数的整桩号，然后按规定桩距连续向曲线终点 YZ 设桩。这种方法，除曲线主点外均为整桩号。②整桩距法。分别从曲线起点 ZY 和终点 YZ 开始，以规定桩距连续向曲线中点 QZ 设桩。由于这样设置的桩均为零桩号，因此应注意加设百米桩和公里桩。

15.2.6 缓和曲线的测设

车辆从直线驶入圆曲线后，会突然产生离心力，影响车辆行驶的安全和顺适。因此，高等级道路中，为了减少离心力的影响，并符合车辆行驶的轨迹，在其直线与圆曲线间须插入一段半径由无穷大逐渐减小至圆曲线半径的曲线，这种起缓和过渡作用的曲线称为缓和曲线。

1. 基本公式和参数

缓和曲线的线型有多种，最常用的为回旋曲线，其基本公式为

$$\left. \begin{array}{l} rl = c \\ c = Rl_{\mathrm{S}} \end{array} \right\} \tag{15 - 17}$$

式中　r——曲线上任一点 P 的曲率半径；

　　　l——曲线上任一点 P 至缓和曲线起点（直缓点 ZH）的曲线长；

　　　c——回旋曲线参数；

　　　R——圆曲线半径；

　　　l_{S}——缓和曲线终点（缓圆点 HY）至起点 ZH 的曲线长，即缓和曲线长。

如图 15 - 10 所示，在直线和圆曲线间插入缓和曲线时，必须将原有的圆曲线 FG 向内移动一段距离 p（称为内移值），才能使缓和曲线起点位于直线方向上，这时曲线发生变化，使切线增长一段距离 q（称为切线增长值）。在道路的勘测设计时，一般采用圆心不动的平行移动方法，即未设缓和曲线时的圆曲线为 FG，其半径为（$R+p$）；插入两段缓和曲线 AC、BD（其长为 l_{S}）后，圆曲线向内移动，其保留部分为 CMD，半径为 R，所对的圆心角为（$\alpha-2\beta_0$）。因此，带有缓和曲线的圆曲线共有 5 个主点，它们分别是 A（直缓点 ZH）、C（缓圆点 HY）、M（曲中点 QZ）、D（圆缓点 YH）和 B（缓直点 HZ）。

过点 HY（或 YH）的切线与过点 ZH（或 HZ）的切线之夹角 β_0（切线角）、内移值 p、切线增长值 q 合称为缓和曲线参数，可分别按式（15 - 18）～式（15 - 20）计算

$$\beta_0 = \frac{l_{\mathrm{S}}}{2R}\rho \tag{15 - 18}$$

$$p = \frac{l_{\mathrm{S}}^2}{24R} - \frac{l_{\mathrm{S}}^4}{2688R^3} \approx \frac{l_{\mathrm{S}}^2}{24R} \tag{15 - 19}$$

$$q = \frac{l_{\mathrm{S}}}{2} - \frac{l_{\mathrm{S}}^3}{240R^2} \approx \frac{l_{\mathrm{S}}}{2} \tag{15 - 20}$$

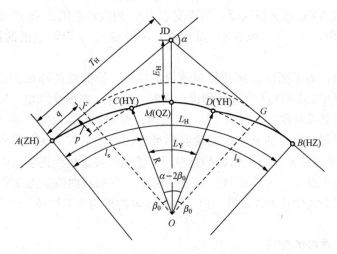

图 15-10　带缓和曲线圆曲线示意图

而缓和曲线上任意一点 P 的切线角 β（过缓和曲线上任意一点的切线与过点 ZH 或 HZ 的切线之夹角）的计算公式则为

$$\beta = \frac{l^2}{2Rl_\mathrm{S}}\rho \tag{15-21}$$

式中　l——缓和曲线上任意一点 P 至起点 ZH（或终点 HZ）的弧长。

在圆曲线上增设缓和曲线后，曲线元素的计算公式则变为

切线长　$$T_\mathrm{H} = (R+p)\tan\frac{\alpha}{2}+q \tag{15-22}$$

曲线长　$$L_\mathrm{H} = L_\mathrm{Y}+2l_\mathrm{S} = R\frac{\alpha-2\beta_0}{\rho}+2l_\mathrm{S} \tag{15-23}$$

外矢矩　$$E_\mathrm{H} = (R+p)\sec\frac{\alpha}{2}-R \tag{15-24}$$

切曲差　$$D_\mathrm{H} = 2T_\mathrm{H}-L_\mathrm{H} \tag{15-25}$$

式中　L_Y——圆曲线长。

根据交点已知里程和上述曲线元素值，即可推算求得各主点的里程为

$$\text{ZH 里程} = \text{JD 里程}-T_\mathrm{H} \tag{15-26}$$

$$\text{HY 里程} = \text{ZH 里程}+l_\mathrm{S} \tag{15-27}$$

$$\text{YH 里程} = \text{HY 里程}+L_\mathrm{Y} \tag{15-28}$$

$$\text{HZ 里程} = \text{YH 里程}+l_\mathrm{S} \tag{15-29}$$

$$\text{QZ 里程} = \text{HZ 里程}-L_\mathrm{H}/2 \tag{15-30}$$

最后，利用式（15-31）检核里程计算的正确性

$$\text{JD 里程} = \text{QZ 里程}+D_\mathrm{H}/2 \tag{15-31}$$

2. 参数方程

如图 15-11 所示，以 ZH（或 HZ）点为坐标原点，过 ZH（或 HZ）点的切线方向为 x 轴，过 ZH（或 HZ）点的半径方向为 y 轴，建立切线支距坐标系，则缓和曲线上任意一点 P 在该独立坐标系中的坐标（x，y）为

$$\begin{aligned}
x &= l - \frac{l^5}{40R^2 l_S^2} + \frac{l^9}{3456R^4 l_S^4} - \cdots \approx l - \frac{l^5}{40R^2 l_S^2} \\
y &= \frac{l^3}{6Rl_S} - \frac{l^7}{336R^3 l_S^3} + \frac{l^{11}}{42240R^5 l_S^5} - \cdots \approx \frac{l^3}{6Rl_S}
\end{aligned} \right\} \quad (15\text{-}32)$$

式中 l——缓和曲线上任意一点 P 至起点 ZH（或终点 HZ）的弧长。

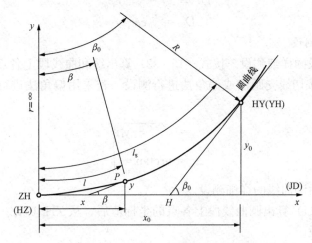

图 15-11 切线支距坐标系示意图

显然，当 $l = l_S$ 时即缓圆点 HY（或圆缓点 YH）的坐标 (x_0, y_0) 为

$$\begin{aligned}
x_0 &= l_S - \frac{l_S^3}{40R^2} + \frac{l_S^5}{3456R^4} - \cdots \approx l_S - \frac{l_S^3}{40R^2} \\
y_0 &= \frac{l_S^2}{6R} - \frac{l_S^4}{336R^3} + \frac{l_S^6}{42240R^5} - \cdots \approx \frac{l_S^2}{6R}
\end{aligned} \right\} \quad (15\text{-}33)$$

此时，圆曲线上任意一点 P 在该独立坐标系中的坐标 (x, y) 则为

$$\begin{aligned}
\varphi &= \beta_0 + \frac{l'}{R}\rho \\
x &= x' + q = R\sin\varphi + q \\
y &= y' + p = R(1-\cos\varphi) + p
\end{aligned} \right\} \quad (15\text{-}34)$$

式中 l'——圆曲线上任意一点 P 至 HY（或 YH）点的弧长。

3. 曲线主点的测设

主点 ZH、HZ 及 QZ 的测设方法，与圆曲线主点的测设方法相同。而 HY 和 YH 两主点的测设，可选用以下三种方法之一进行。

（1）切线支距法。从曲线起点 ZH（或终点 HZ）开始，根据 HY（或 YH）点的坐标值 (x_0, y_0)，采用切线支距法进行测设，如图 15-11 所示。

（2）偏角法。从曲线起点 ZH（或终点 HZ）开始，根据 ZH（或 HZ）点至缓和曲线终点 HY（或 YH）的弦长 c_0 及其弦切角 Δ_0，采用偏角法进行测设。

测设数据，可按式（15-35）计算

$$\begin{aligned}
c_0 &= \sqrt{x_0^2 + y_0^2} \\
\Delta_0 &= \arctan\frac{y_0}{x_0}
\end{aligned} \right\} \quad (15\text{-}35)$$

（3）极坐标法。如图 15-11 所示，先在切线 ZH（HZ）-JD 上找到 HY（YH）点处之切线与它的交点 H，然后从 H 点出发根据切线角 β_0 和 HY（YH）点与交点 H 之平距用极坐标法进行测设。

点 H 至 ZH（HZ）点和 HY（YH）点的平距 D_1、D_2，可分别按下式算得

$$D_1 = x_0 - y_0 \cot\beta_0 \tag{15-36}$$

$$D_2 = y_0 \csc\beta_0 \tag{15-37}$$

4. 曲线的详细测设

（1）缓和曲线段的详细测设。按式（15-32）算出缓和曲线段上各点的坐标值后，即可从 ZH（HZ）出发按切线支距法或偏角法进行测设。若采用偏角法进行测设，其测设数据按下式计算

$$\left.\begin{aligned}c_i &= \sqrt{x_i^2 + y_i^2} \\ \Delta_i &= \arctan\frac{y_i}{x_i}\end{aligned}\right\} \tag{15-38}$$

（2）缓和曲线后圆曲线的详细测设。

1）按式（15-34）算出圆曲线段上各点的坐标值后，从 ZH（HZ）点出发按切线支距法或偏角法进行测设。

2）在 HY（HY）点上设站，先找出其切线方向［如图 15-11 所示，在 HY 点上安置仪器，瞄准 ZH 点，顺时针测设水平角（$180° + \Delta_0 - \beta_0$）即可得到过 HY 点的切线方向］，然后按前面所述圆曲线详细测设的方法进行测设。显然，对于长大曲线，后者更加方便、精确。

15.3 纵横断面测量

沿地面上已测设的道路中线进行高程测量，求出各中桩点的地面高程，然后根据各中桩的里程及高程绘制出纵断面图，称为纵断面测量。纵断面图可详细反映出道路中线上地面的高低起伏和坡度变化情况，是道路纵坡设计、标高设计和填挖工程量计算的重要资料。

横断面测量则是指测定道路各中桩处与中线相垂直方向的地面起伏情况，并依此绘出横断面图，为路基路面横断面设计、土石方量的计算及施工时边桩的放样提供依据。

纵、横断面测量的传统作业方法，是分组分步进行的：即先由水准组测出各中桩地面高程，绘出纵断面图；然后由横断面组测出每一中桩处、垂直于道路方向的地面起伏情况，绘出横断面图。因此，传统的流水作业法工序多，效率低。

纵、横断面测量的现代作业方法，主要有两种形式：①若在道路勘测时采用全站仪或 GPS 进行数字化测图，则不需要再到现场进行纵、横断面测量，可由绘图软件自动绘出道路的纵、横断面图。②在利用现代坐标施测法测设道路中桩（见后文第 15.4.2 节）的同时，测量出中桩的高程及横断面。可见，现代作业法的工效较高。

下面，以传统的流水作业法为例，对纵、横断面测量的基本内容和方法进行介绍。

15.3.1 纵断面测量

纵断面测量传统的流水作业法，一般分三步进行：首先，沿道路方向布测若干水准点，

建立高程控制，称为基平测量；然后，以各水准点为基础，分段测定出各中桩的地面高程，称为中平测量；最后，根据各中桩的里程及高程绘制纵断面图。

1. 基平测量

基平测量，一般按四等水准测量的要求进行施测。当精度要求更高时，可按三等水准测量的要求进行测量。当要求精度较低时，也可按五等或图根（普通）水准测量的要求进行测量。同时，应尽量采用经确认符合要求的国家和城市以及初测水准点成果。

水准点的密度，应根据地形和工程需要而定，一般在重丘和山区每隔 0.5～1km 设置一个，在平原和微丘区每隔 1～2km 设置一个，在大桥、隧道口以及其他重要的建筑物、构筑物等附近也应增设水准点。水准点应埋设在中线两侧，既要考虑施工时的方便，又要不受施工影响，一般在距中线 50～100m 为宜。水准点的设置，应根据需要和用途，埋设永久性或临时性的标志。永久性水准点，应选在稳定而坚固的地方，埋设水泥桩或石桩，也可选在牢固的房基、桥墩、桥台、基岩等固定点上作标志，并按顺序统一编号，以 BM 表示。道路的起、终点或需要长期观测的重点工程附近，均应设置永久性的水准点。

2. 中平测量

中平测量一般采用 S_3 级水准仪和塔尺，在基平测量设置的相邻水准点间进行附合水准测量，以测定出道路中线上各中桩的地面高程。由于两水准点间距离较远，一测站难于附合，所以在两水准点间需设置一些转点。相邻两转点间观测的中桩，称为中间点。测量时，在每一站上首先读取后、前两转点（包括起终水准点）的尺上读数，再依次读取两转点间的所有中间点的尺上读数（中视读数）。中间点的立尺，由后视点立尺人员来完成。

相邻水准点间（测段）观测的方法步骤，如图 15-12 所示。水准仪安置于 I 站，先观测后视水准点 BM1 和前视转点 TP1，并将读数记录在表 15-2 相应栏内；然后，再观测 BM1 与 TP1 间的中间点 K0+000、+020、+040、+060、+080 的标尺，并将读数分别记入中视栏中。仪器搬至 II 站，先后视 TP1、再前视 TP2，接着观测各中间点，并将读数记录在相应栏内。用同样方法，直至下一水准点为止。

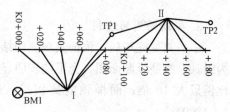

图 15-12 中平测量示意图

由于转点起着传递高程的作用，因此转点应选在地面较坚硬之处；若在软土地区，应安置尺垫并踏紧；有时也可选择某一中桩作为转点。尺上读数应读至毫米，视线长度一般不应超过 150m。

由于中间点不传递高程，且本身精度要求不是太高，因此为了提高观测速度，读数至厘米即可。

每一站的各项计算，依次按式（15-39）～式（15-41）进行，即

$$视线高程 = 后视点高程 + 后视读数 \qquad (15-39)$$

$$转点高程 = 视线高程 - 前视读数 \qquad (15-40)$$

$$中桩高程 = 视线高程 - 中视读数 \qquad (15-41)$$

各站记录后，应立即计算各点高程，直至下一水准点。

中平测量，只作单程观测；测段观测结束后，应立即进行计算检核和精度评定。当高程闭合差小于限差时，说明测量符合要求，可直接使用各观测结果而不做闭合差的调整改正。

若超过容许值，则应进行重测。高程闭合差的限差，不同的工程有不同的要求，可查相应的规范，一般为 $\pm 50\sqrt{L}\text{mm}$（L 为路线长度，以 km 为单位）。

表 15 - 2　　　　　　　　　　中 平 测 量 手 簿

测站编号	测点	水准尺读数（m）			视线高程（m）	高程（m）	备　　注
		后视 a	中视 c	前视 b			
I	BM1	1.845			545.183	543.338	BM1 位于 K0＋000 桩左侧 10m 处，其高程为 $H_1=543.338\text{m}$
	K0＋000		1.63			543.55	
	020		1.92			543.26	
	040		0.54			544.64	
	060		2.64			542.54	
	080		0.77			544.41	
…	TP1	2.486		1.626	546.043	543.557	BM2 位于 K0＋440 桩右侧 50m 处，其高程为 $H_2=546.860\text{m}$
	K0＋100		0.66			545.38	
	…	…	…	…	…	…	
	BM2			0.838		546.891	
计算检核	$\sum a-\sum b=7.314-3.761=+3.553\text{m}$；$H_{2测}-H_1=546.891-543.338=+3.553\text{m}$						
精度评定	$f_h=H_{2测}-H_2=546.891-546.860=+0.031\text{m}$；$f_{h容}=\pm 50\sqrt{L}=\pm 50\sqrt{0.5}=\pm 35\text{mm}$						

3. 纵断面图的绘制

中平测量完毕后，根据其观测的结果，按选定的比例尺，以里程和桩号为横轴，以高程为纵轴，绘制纵断面图。为了能较明显表示地势变化，纵断面图的纵轴比例尺，通常比横轴比例尺大 10 倍；而横轴的比例尺，通常采用 1∶2000（城市道路，多采用 1∶500～1∶1000）。

纵断面图一般绘制在透明毫米方格纸的背面或聚酯薄膜上，从图纸的左侧向右侧绘制（图 15-13），其方法步骤为：

首先，在透明毫米方格纸上按规定的尺寸绘制表格，标出与该图相适应的横向和纵向坐标，横向坐标即里程栏标出百米（公里）桩号，纵向坐标标出整 5m 高程。

然后，填写百米（公里）桩的里程和地面高程以及中线平面线型（直线部分，用居中直线表示；曲线部分用凸出的折线表示，上凸者表示道路右弯，下凸者表示道路左弯，并在凸出部分注明交点编号和圆曲线半径、缓和曲线长度；在不设曲线的交点位置，用锐角折线表示）。

最后，根据中桩的里程及其地面高程，在图上按纵、横比例尺依次点出各中桩地面位置，用直线连接相邻点位即可绘出地面线。

当高差变化较大、纵向受到图幅限制时，可在适当的地段变更图上的高程起算位置；这时，地面线将构成台阶形式。

15.3.2　横断面测量

由于横断面测量是测定中桩两侧垂直于中线的地面起伏情况，因此首先要确定横断面的

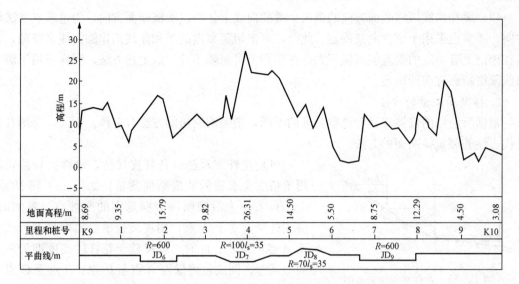

图 15-13 纵断面示意图

方向，然后测定横断面方向上各坡度变化点的高程及其至中桩的水平距离，最后根据测量数据绘制出横断面图。横断面测量的宽度，应根据道路工程的宽度、填挖深度、边坡大小、地形情况及有关工程的特殊要求而定，一般要求自中线向两侧各 10～50m。横断面测量的密度，除各中桩处应施测外，在大中桥头、隧道洞口、挡土墙等重点工程地段，可根据需要加密测绘。横断面测量一般精确到 0.05～0.1m，即可满足工程要求。

1. 横断面方向的确定

（1）直线段横断面方向的确定。横断面的方向，一般采用十字方向架确定。如图 15-14 所示，十字方向架由两个相互垂直的固定木板制作而成；确定时，将十字方向架竖立在中桩上，用其中一个方向瞄准另一相邻中桩，则另一个方向即为道路的横断面方向。

（2）圆曲线段横断面方向的确定。圆曲线上一点的横断面方向，为过该点指向圆心的半径方向，一般也采用十字方向架确定。如图 15-15 所示，圆曲线上 B 点至 A、C 点等距，欲确定 B 点的横断面方向，其做法为：在 B 点竖立十字方向架，先用其中一个方向瞄准 A 点，在十字方向架的另一方向上定出一点 D_1；然后，再用十字方向架的一个方向瞄准 C 点，在另一方向上定出一点 D_2（应使 $BD_1 = BD_2$）；最后，标定出 D_1、D_2 的中点 D，则 BD 方向即为 B 点的横断面方向。

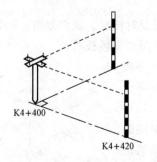

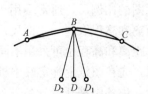

图 15-14　直线段横断面方向确定示意图　　　图 15-15　圆曲线段横断面方向确定示意图

（3）缓和曲线段横断面方向的确定。缓和曲线上任一点的横断面方向，为过该点的法线方向，通常也采用十字方向架确定。此时，可把短距离内的缓和曲线当作圆曲线来处理，虽然在理论上有一定的误差但其值不大，在实用上可忽略不计。故上述方法，同样可用于缓和曲线段横断面方向的确定。

2. 横断面测量的方法

根据所使用的仪器工具和精度要求的不同，横断面测量的方法有多种。下面，介绍几种有代表性的测量横断面的方法。

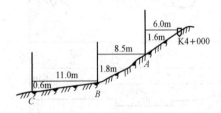

图 15 - 16　花杆皮尺法示意图

（1）花杆皮尺法。花杆皮尺法，也称抬杆法，适用于精度要求较低的横断面测量。如图 15 - 16 所示，$A，B，C\cdots$ 为沿横断面方向选定的变坡点。观测时，将花杆竖直立于 A 点，用皮尺拉平量出中桩 K4+000 至 A 点的平距；此时，皮尺截于花杆的高度即为两点间的高差。同法，可量得 A 点至 B 点、B 点至 C 点等各段的平距与高差，直至需要的宽度为止。左侧测量完毕，接着同法再测量右侧，并将观测数据填入表 15 - 3 中（分母表示测段平距，分子表示测段两端点的高差；高差为正表示升坡，为负表示降坡）。

表 15 - 3　　　　　　　　　　　横 断 面 测 量 手 簿　　　　　　　　　　　　　m

左　　侧			桩号	右　　侧		
···			···	···		
-0.6/11.0	-1.8/8.5	-1.6/6.0	K4+000	+1.8/6.6	+1.9/8.4	+0.6/11.0
···			···	···		

（2）光学仪器法。当横断面测量精度要求稍高时，多采用该法。观测时，将仪器安置在中桩上，用视距法依次测出横断面方向上各变坡点至中桩的平距和高差。当横断面方向地面较平坦时，可采用水准仪；在地形复杂、横坡较陡的地段，则要采用经纬仪。

（3）全站仪法。将全站仪安置在一适当位置，选定对边测量模式后，将反射棱镜依次竖立在中桩及横断面方向各变坡点上进行观测，瞬间即可获得各变坡点至中桩或相邻变坡点间的平距和高差。实测时，若仪器安置得当，在一个测站上可同时测得多个横断面。可见，该法具有施测精度高、方便、快捷的优点。

3. 横断面图的绘制

横断面图一般采用在现场边测、边绘的方法，以便及时核对、减少差错。如遇不良天气现场绘图有困难时，要作好记录，带回室内绘制，再持图到现场核对。

横断面图的比例尺，通常采用 1∶200 或 1∶100。一般情况下，距离和高程取同一比例尺；当横断面较宽、地面又较平坦时，距离和高程也可采用不同的比例尺。

绘图时，先在图纸上标定好中桩位置，并注明各中桩的桩号；然后，由各中桩开始分左、右两侧逐一按测点间的距离和高差缩小将各变坡点绘于图纸上；最后用直线连接相邻各点即得横断面地面线，如图 15 - 17 所示。

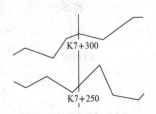

图 15 - 17　横断面示意图

第 15 章 道 路 工 程 测 量

　　手工绘制时，一般将横断面图绘制在毫米方格纸上。各横断面在图中的布局是：从图纸左下方起，自下而上依次按桩号绘制；左侧一列绘完后，再由左至右逐列绘制。

15.4　道 路 施 工 测 量

　　道路施工测量的主要工作，包括控制点复测与补测、路基施工测量和路面施工测量三个方面。

15.4.1　控制点复测与补测

　　道路勘测设计完成以后，往往要经过一段时间才能进入施工阶段。在这期间内，初测控制点可能会发生移位、丢失或遭到破坏等，因此需对其进行复测和补测。另外，有些控制点还可能在路基范围内，此时需将其移至路基范围以外，简称移测。同时，根据工程施工的需要，有时还需要在原有控制点的基础上增设一些施工控制点，简称增测。只有这一切都完成后，方能进行路基、路面的施工测量。

　　复测时，施工单位不能仅仅检查本单位所承揽标段的控制点，还应对前后相邻标段控制点进行必要的检查，否则在标段衔接处可能会出现中线错位或断高现象。补测和移测时，应将新的点位尽量选在道路的一侧、地势较高处，以免路基施工时影响控制点的通视条件。

　　施工期间，要做好控制点的保护工作。如发现有丢失、损坏等，要及时补测上；而且仍然要定期、不定期地对控制点进行复测、检查。

15.4.2　路基施工测量

　　路基是道路的基础，因此要特别重视路基施工测量的质量，发现问题应及时纠正。路基施工测量，一般又包括中线（恢复）测量、纵断面测设和横断面测设三个方面。

　　1. 中线（恢复）测量

　　传统上，虽然在道路定测时，对于道路中线的一些主要特征点（如起点、终点、交点、曲线主点、公里桩等）埋设了较稳固的标志，但由于施工阶段和勘测阶段相隔时间往往较长，有些标志可能会遭到破坏；而中线上其他中桩的位置，在勘测时只是做了较简易的标定，更是难以保存。因此，在路基施工之前，首先要恢复中桩的位置；同时，对于设计变更地段，则需重新测设道路的中桩（方法同 15.2）。

　　而现如今，随着测绘新仪器、新技术、新方法和计算机的普及使用，已实现了道路勘测、设计和绘图的一体化，即设计人员利用道路设计软件在勘测人员提供的数字地形图上直接进行道路的三维设计。因此，现代道路勘测的主要工作只剩下初测——测绘沿线的带状数字地形图，一般不再进行传统的定测；而是在路基施工之前再将设计中线的平面位置直接测设于实地（放线），且采用坐标法，即先计算出待测设中桩的坐标，然后根据初测控制点（必要时可进一步加密）利用全站仪极坐标法或实时 GPS 进行实地测设。因此，现代中线测量的关键是如何算得各中桩的坐标。

　　(1) 直线部分的坐标计算。直线部分坐标计算比较简单，可直接由交点坐标推算求得。设 P_i 点位于 JD_{j-1} - JD_j 直线段上，则其坐标 (x_i, y_i) 的计算公式为

$$\left.\begin{array}{l} x_i = x_{j-1} + D_i \cos\alpha_{j-1,j} \\ y_i = y_{j-1} + D_i \sin\alpha_{j-1,j} \end{array}\right\} \tag{15-42}$$

式中　　D_i——P_i 点至交点 JD_{j-1} 的平距，即里程差；

$\alpha_{j-1,j}$——直线 JD$_{j-1}$- JD$_j$的坐标方位角；

x_{j-1}，y_{j-1}——交点 JD$_{j-1}$的坐标。

（2）曲线主点的坐标计算。曲线起、终点的坐标（$x_起^i$，$y_起^i$）和（$x_终^i$，$y_终^i$），同直线部分也可由相应交点的坐标推算求得，其公式为

$$\left.\begin{aligned}x_起^i &= x_{JD}^i + T_i\cos\alpha_{i,i-1}\\y_起^i &= y_{JD}^i + T_i\sin\alpha_{i,i-1}\end{aligned}\right\} \tag{15-43}$$

$$\left.\begin{aligned}x_终^i &= x_{JD}^i + T_i\cos\alpha_{i,i+1}\\y_终^i &= y_{JD}^i + T_i\sin\alpha_{i,i+1}\end{aligned}\right\} \tag{15-44}$$

式中　　T_i——切线长；

x_{JD}^i，y_{JD}^i——交点 JD$_i$ 的坐标；

$\alpha_{i,i-1}$、$\alpha_{i,i+1}$——交点 JD$_i$ 至交点 JD$_{i-1}$、JD$_{i+1}$的坐标方位角。

（3）曲线上任一点坐标计算。曲线上任一点坐标的计算，分两步进行。即先按照式（15-15）、式（15-32）或式（15-34）计算出其在切线支距坐标系中的坐标，然后再通过式（13-5）将它们转换至测量坐标系中或通过式（13-6）将控制点的测量坐标转换到相应的切线支距坐标系中。

最后需指出的是：在实际工作中，根据仪器、设备、人员、现场地形等情况，可将传统测设方法和现代测设方法灵活地、有机地结合起来使用，以保质、保量地按时完成测设任务。

2．纵断面测设

中桩位置恢复或放样后，即可进行纵断面的测设。所谓纵断面测设，就是在道路中桩的平面位置确定后，按设计要求计算出各中桩地面的设计高程，并测设出该高程。可见，纵断面测设的实质即为高程的测设，其关键是计算各中桩的设计高程。

对于一般地段，根据设计坡度和桩距即可便捷地计算出其中桩的设计高程，因此下面仅介绍竖曲线各中桩设计高程的计算方法。

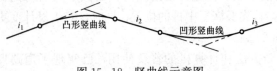

图 15-18　竖曲线示意图

在道路纵断面上，两条不同坡度线的交点称为变坡点。考虑视距和行车平稳的要求，在变坡点处要设置竖曲线予以缓和（图 15-18），目前我国采用的竖曲线形式多为圆曲线。

竖曲线设计时，当选定了竖曲线半径 R 和相邻坡道的坡度 i_1、i_2 以后，其他元素（转坡角 α、切线长 T、竖曲线长 L 和外矢距 E）以及竖曲线上各点高程即可按下述步骤和方法计算出。

（1）转坡角的计算。如图 15-19 所示，O 为变坡点，α 为该点处的转坡角，α_1、α_2 分别为相邻坡道的竖直角。由于 α_1、α_2 一般都很小，因此有

$$\alpha = \alpha_1 - \alpha_2 \approx \tan\alpha_1 - \tan\alpha_2 = i_1 - i_2 \tag{15-45}$$

在运用式（15-45）时应注意：坡度 i 在上坡时取正，下坡时取负；转坡角 α 大于零时为凸曲线，小于零时为凹曲线。

（2）切线长的计算。由图 15-20 可知，切线长 T 为

$$T = R\tan\frac{|\alpha|}{2}$$

又因转坡角 α 很小，故切线长可按式（15-46）计算

$$T \approx \frac{1}{2}R|i_1 - i_2| \qquad (15\text{-}46)$$

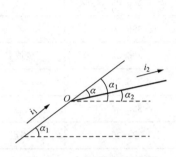

图 15-19　转坡角示意图

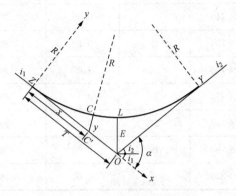

图 15-20　竖曲线元素示意图

（3）曲线长的计算。因转坡角 α 很小，所以曲线长 $L \approx 2T$；将式（15-46）代入即为

$$L \approx R|i_1 - i_2| \qquad (15\text{-}47)$$

（4）曲线上各点高程及外矢距的计算。如图 15-20 所示，以竖曲线起（终）点 Z 为原点、切线方向为 x 轴在竖直面内建立切线直角坐标系。由于转坡角 α 很小，因此可认为竖曲线上任一点 C 的 y 坐标与半径方向一致，并将它视作曲线点 C 与其在切线上的相应点 C' 的高差，从而有

$$(R + y)^2 = R^2 + x^2$$

即

$$2Ry = x^2 - y^2$$

又因 y^2 与 x^2 相比，其值很小可忽略不计，故有

$$y = \frac{x^2}{2R} \qquad (15\text{-}48)$$

在运用式（15-48）进行计算时，一般将 x 坐标视作平距，其值为待测设点与竖曲线起（终）点的里程差，这样处理所产生的误差可忽略不计。

另从图 15-20 可以看出，当 $x=T$ 时，y 达到最大值，即为竖曲线的外矢距 E，故有

$$E = \frac{T^2}{2R} \qquad (15\text{-}49)$$

算得高差 y 后，再结合竖曲线上任一点 C 在切线（坡道线）上对应点 C' 的高程 H'（坡道高程），按式（15-50）即可算得竖曲线上任一点 C 的设计高程 H 为

$$H = H' \pm y \qquad (15\text{-}50)$$

当竖曲线为凸形曲线时，式（15-50）取"－"；为凹曲线时，则取"＋"。同时，一般将竖曲线分成两半，从两头往中间计算。例如，在图 15-19 中，若已知竖曲线半径 $R = 3000\text{m}$，相邻坡道的纵坡度 $i_1 = +3.1\%$，$i_2 = +1.1\%$，变坡点 O 的桩号为 K4+770，其高程为 396.67m，则按式（15-45）～式（15-47）算得该曲线的转坡角、切线长及曲线长，

并根据变坡点的桩号推算出竖曲线起、终点的里程后，即可按式（15-48）～式（15-50）算得各中桩的设计高程，具体计算结果见表 15-4（保留至厘米）。

表 15-4　　　　　　　　　　　　竖曲线设计高程计算表　　　　　　　　　　　　　　m

桩号	x 坐标	y 坐标	坡道高程 H'	中桩设计高程 H	备注
K4+740	0	0.00	395.74	395.74	起点
+750	10	0.02	396.05	396.03	
+760	20	0.07	396.36	396.29	
K4+770	30	0.15	396.67	396.52	变坡点
+780	20	0.07	396.78	396.71	
+790	10	0.02	396.89	396.87	
K4+800	0	0.00	397.00	397.00	终点

知道了竖曲线上任一中桩的设计高程后，便可按测设已知高程的方法测设出该竖曲线。

3. 横断面测设

在纵断面测设以后、道路施工之前，还必须进行道路横断面的测设。横断面测设的主要工作是进行边桩的放样。所谓边桩放样，就是在每个中桩的横断面上把路基两侧的边坡线与原地面的交点在地面上测设出来，以标定路基的施工范围。

（1）图解法。所谓图解法，就是直接从横断面设计图上量取中桩至边桩的平距（图 15-21、图 15-22），然后在实地用卷尺沿横断面方向测设出该距离，从而定出边桩的实地位置。

（2）解析法。所谓解析法，则是根据路基填挖高度、路基宽度、边坡率计算中桩至边桩的平距，然后在实地用卷尺沿横断面方向测设出该距离，从而定出边桩的实地位置。

如图 15-21 所示，在平坦地段根据横断面设计图，填方路堤、挖方路堑按式（15-51）即可算得边桩至中桩的平距 D 为

填方路堤

挖方路堑

$$D = \frac{B}{2} + mH \atop D = \frac{B}{2} + s + mH \Bigg\} \qquad (15-51)$$

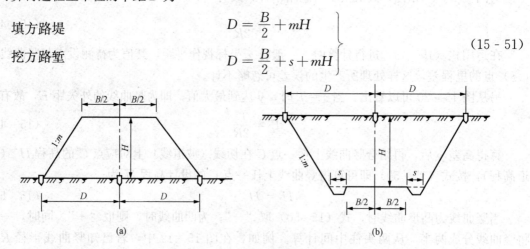

图 15-21　平坦地段横断面示意图
(a) 路堤；(b) 路堑

式中 B——路基宽度；

m——坡度系数，即两点高差为 1m 时的水平距离；

H——中桩处地面填、挖高度；

s——路堑边沟顶宽。

在倾斜地段，由于边桩至中桩的平距将随着地面坡度的变化而变化，因而左、右两边距可能不相等。如图 15 - 22 所示，左、右边桩至中桩的平距 D_X、D_S 可按下式计算

路堤
$$\left. \begin{aligned} D_X &= \frac{B}{2} + m(H + h_X) \\ D_S &= \frac{B}{2} + m(H - h_S) \end{aligned} \right\} \tag{15 - 52}$$

路堑
$$\left. \begin{aligned} D_X &= \frac{B}{2} + S + m(H - h_X) \\ D_S &= \frac{B}{2} + S + m(H + h_S) \end{aligned} \right\} \tag{15 - 53}$$

式中 h_X、h_S——左、右侧边桩顶至中桩地面的高差。

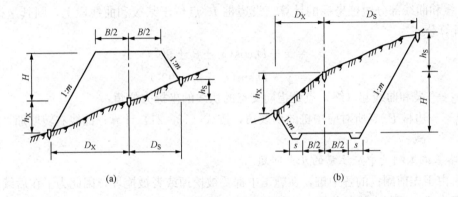

图 15 - 22 倾斜地段横断面示意图
(a) 路堤；(b) 路堑

同时，由于边桩未定，所以 h_X、h_S 均为未知数。因此，在实际工作中，还无法一次性地按式（15 - 52）或式（15 - 53）直接计算出测设数据 D_X、D_S，需采用趋近法来逐点逼近测设边桩的方法：先用图解法测设出边桩的大致位置；然后测量其与中桩地面的高差，代入式（15 - 52）或式（15 - 53）计算左、右边桩至中桩的平距。若计算平距与已放样的平距一致（其限差为 ±0.1m），则边桩即测设完毕；否则，需再按计算的左、右边桩至中桩的距离进行放样、试测、试算，直至符合要求为止。

以上是断面位于直线段时求算 D 值的方法。若断面位于弯道上有加宽时，则按上述方法求出 D 值后，还应在加宽一侧的 D 值中加上加宽值。

另外，对于填方路堤，为保证路基边缘的压实度和修坡的需要，往往要超填一定的宽度；一般情况下路基两侧各超宽 0.25m，在路基边桩放样时应注意加以考虑。

（3）坐标法。所谓坐标法，是指根据中桩坐标和中桩至边桩之平距先计算出边桩的坐标，然后在控制点上设站利用全站仪采用极坐标法测设出边桩的位置，或直接利用实时 GPS 进行实地测设。因此，坐标法的关键是如何算得各边桩的坐标。

1）直线部分边桩坐标的计算。设边桩 P_i 点位于 JD_{j-1} - JD_j 直线段上，则其坐标（x_i, y_i）的计算公式为

$$\left.\begin{aligned} x_i &= x + D_i \cos(\alpha_{j-1,j} \pm 90°) \\ y_i &= y + D_i \sin(\alpha_{j-1,j} \pm 90°) \end{aligned}\right\} \qquad (15\text{-}54)$$

式中　D_i——边桩 P_i 点至中桩的平距；

　　　$\alpha_{j-1,j}$——直线 JD_{j-1} - JD_j 的坐标方位角；

　　　x, y——中桩坐标。

2）圆曲线部分边桩坐标的计算。设边桩 P_i 点位于某圆曲线段上，则其坐标（x_i, y_i）的计算公式为

$$\left.\begin{aligned} x_i &= x + D_i \cos(\alpha_i \pm \Delta_i \pm 90°) \\ y_i &= y + D_i \sin(\alpha_i \pm \Delta_i \pm 90°) \end{aligned}\right\} \qquad (15\text{-}55)$$

式中　α_i——圆曲线起（终）点处指向交点的切线的坐标方位角；

　　　Δ_i——边桩 P_i 点所对应中桩的弦切角，按式（15-16）计算；曲线右转取加，左转取减。

3）缓和曲线部分边桩坐标的计算。设边桩 P_i 点位于某缓和曲线段上，则其坐标（x_i, y_i）的计算公式为

$$\left.\begin{aligned} x_i &= x + D_i \cos(\alpha_i \pm \beta_i \pm 90°) \\ y_i &= y + D_i \sin(\alpha_i \pm \beta_i \pm 90°) \end{aligned}\right\} \qquad (15\text{-}56)$$

式中　α_i——缓和曲线起（终）点处指向交点的切线的坐标方位角；

　　　β_i——边桩 P_i 点所对应中桩的切线角，按式（15-21）计算；曲线右转取加，左转取减。

4. 路基施工测量中应注意的几个问题

（1）由于先前测设的各中桩，在施工中都要被挖掉或者被掩埋，因此为了在后续施工中便于恢复中线、控制中线的位置，在施工前可在不受施工干扰、便于引用、易于保存桩位的地方设置施工控制桩，并注意巡查和保护。

（2）由于路基的施工往往不是一次即可完成，因此上述的各项施工测量要随着施工的进展反复进行多次，特别是高程的测设，而且测设精度要求越来越高。

（3）为了保证填、挖的边坡达到设计要求，还应把设计边坡在实地标定出来，以方便施工。

路堤的边坡放样，一般可采用挂线测设法。如图 15-23（a）所示，O 为中桩，A、B 为边桩，$CD = B$ 为路基宽度。测设时，在 C、D 处竖立竹竿，在其上等于中桩填土高度 H 处

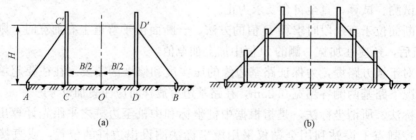

（a）　　　　　　　　　　　　　　（b）

图 15-23　挂线测设法示意图

作记号 C'、D'；然后用绳索连接 A、C' 和 D'、B，即可标示出设计的边坡。当路堤填土不高时，可按上述方法一次挂线。当路堤填土较高时，可采用分层挂线的方法，如图 15-23（b）所示。

路堑的边坡放样，一般可采用固定样板测设法。如图 15-24 所示，路堑开挖前，在边桩外侧按设计边坡坡度设立固定样板，施工时即可随时指示并检查开挖和修整的情况。

此外，还可以采用活动边坡尺放样和检查边坡。为此，在测设之前，需按设计坡度制作好活动边坡尺，然后再进行边坡的放样和检查。如图 15-25 所示，当水准器气泡居中时，边坡尺的斜边所指示的坡度正好为设计边坡坡度，借此可指示与检核路基边坡的填筑。同理，边坡尺也可指示与检核路堑的开挖。

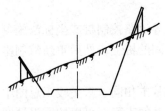

图 15-24　固定样板法示意图

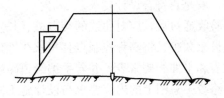

图 15-25　活动边坡尺法示意图

15.4.3　路面施工测量

路面施工是公路施工的最后一个阶段，也是最重要、最关键的一个环节。因此，对施工测量的精度要求比路基施工阶段高，其主要工作包括路槽和路面放样两个方面。

1. 路槽放样

如图 15-26 所示，首先在压实、粗平后的路基顶面上恢复中线，每隔 10m 加密一中桩；然后再沿各中桩的横断面方向，向两侧测设出路槽边桩，并在上述这些桩的旁边挖一个小坑，在坑中打入路槽底桩；最后，用测设已知高程的方法使中桩、路槽边桩的桩顶高程等于将来要铺筑的路面标高，使路槽底桩的桩顶高程等于槽底的设计高程，以指导路槽的开挖和修整。

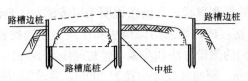

图 15-26　路槽放样示意图

2. 路面放样

路面各结构层的放样方法，与前面路基的施工测量相同，仍然是先通过恢复测设中桩和边桩来控制道路的平面位置，再放样高程控制各结构层的标高，故此不再赘述。

15.5　道路竣工测量

在道路的施工过程中，由于不可避免地会存在测量误差和施工误差甚至错误，因此在每一道工序完工后，都要及时地对它们进行实地验收测量，符合设计要求后才能转入下一道工序；待整个或分段工程完工后，还要进行一次全面的竣工测量。这样，一方面可检查施工是否符合设计要求，另一方面也可为今后道路的管理、养护、维修、改建、扩建、事故处理等提供可靠的资料和依据。

道路竣工测量的内容，主要包括中线竣工测量、纵横断面竣工测量和竣工总图的编绘三个方面。

所谓中线竣工测量，就是通过测量手段检查竣工后的中线的平面位置是否符合设计要求。为此，在中线竣工测量之前，应全面收集该道路原始的及修改的设计资料文件，然后按设计资料进行中桩测设，检查各中桩是否与竣工后道路中线位置相吻合。

纵、横断面竣工测量是在中线竣工测量后，以中桩为基础，将道路纵、横断面的情况实测下来，看是否符合设计要求。

当验收通过后，应对曲线的交点桩、长直线的转点桩等道路控制桩或坐标法施测时的控制点埋设永久桩，将高程控制点移至永久性建筑物上或牢固的桩上；然后重新编制坐标、高程一览表和平曲线要素表，并着手编绘道路竣工总图。

道路竣工总图上的内容要求与设计施工图的内容要求基本相同，只是竣工总图中不包括工程概预算部分。对于已确实证明按设计图施工、没有变动的工程，可以按原设计图上的位置及数据绘制竣工总图，各种数据的注记均利用原图资料。对于施工中有变动的，按实测资料绘制竣工总图。但不论是利用原图编绘还是实测竣工总图，其图式符号、各种注记、线条格式等都应与设计图完全一致，对于原设计图没有的图式符号可以按现行《地形图图式》设计图例。

思考题与习题

1. 何谓道路工程测量？并简述其主要任务和内容。

2. 何谓道路施工测量？并简述其主要任务和特点。

3. 已知道路某交点 JD 的里程为 K4＋500.18，右转角为 40°，圆曲线设计半径为 230m，试求该圆曲线主点的测设数据和里程，并绘图说明采用传统方法测设主点的方法步骤。

4. 根据上题的已知数据，试计算采用偏角法和切线支距法按整桩号进行圆曲线详细测设的放样数据，并简述它们的测设方法和步骤（整桩间距为 20m）。

5. 设缓和曲线长为 60m，圆曲线设计半径为 300m，要求每 10m 测设一整桩，试计算采用切线支距法进行缓和曲线详细测设的放样数据，并简述其测设方法和步骤。

6. 何谓纵、横断面测量？纵、横断面测量的作用是什么？

7. 根据表 15‐5 中的数据，试计算各中桩和转点的高程。

8. 设道路纵断面图上某变坡点的里程为 K2＋360，高程为 143.23m，相邻坡道的设计坡度为 $i_1 = +1.5\%$ 和 $i_2 = -0.5\%$，若按 $R = 3000m$ 设置凸形竖曲线，试推算其起、终点的里程。

9. 根据上题的已知数据，试计算该竖曲线上各整桩点的设计高程（整桩间距 10m）。

10. 为什么要进行道路的竣工测量？道路竣工测量的主要内容包括哪些？编绘道路竣工总图应注意什么？

表 15 - 5　　　　　　　　　　中 平 测 量 手 簿

测站	测点	水准尺读数（m）			视线高程（m）	高程（m）	备　注
		后视 a	中视 c	前视 b			
Ⅰ	BM5	1.426				418.472	BM5 位于 K5＋000 桩左侧 10m 处，其高程为 H_5＝418.472m
	K5＋000		0.87				
	＋020		1.56				
	＋040		4.25				
	＋060		1.62				
	＋078		2.56				
	＋100		0.81				
Ⅱ	TP1	0.876		2.433			
	K5＋141		2.14				
	＋150		2.01				
	ZY5＋181.7		2.51				
	QZ5＋201.2		4.12				
Ⅲ	TP2	1.587		2.016			BM6 位于 K5＋240 桩右侧 50m 处，其高程为 H_6＝416.580m
	YZ5＋220.7		3.01				
	K5＋240		2.64				
	BM6			1.312			
计算检核							
精度评定							

第16章 桥梁工程测量

16.1 概　　述

　　桥梁是交通工程的重要组成部分，有的跨越山谷、有的跨越江河湖海、有的穿越城市街道。按用途可分为铁路桥、公路桥、铁路公路两用桥、城市立交桥、城市高架桥等，按轴线长度可分为小桥、中桥、大桥和特大桥四类；按平面形状可分为直线桥和曲线桥两种；按结构形式可分为简支梁桥、连续梁桥、拱桥、斜拉桥、悬索桥等。这些桥梁在勘测设计、施工建造、竣工以及运营管理期间都需要进行大量的测量工作，统称为桥梁工程测量。

　　在桥梁的勘测设计阶段，对于一些小型桥梁，由于其技术条件比较简单、造价低廉，而且其桥址位置往往要服从于道路的走向，因此一般不再单独进行勘测，而是包括在道路勘测之内。而对于大中型或技术条件复杂的桥梁，由于其工程量大、造价高、施工周期长，而且其桥位选择合理与否对造价和使用都有极大的影响，所以道路的位置要服从桥梁的位置；为了能够选出最优的桥址，通常需要单独进行勘测。

　　对于大中型或技术条件复杂的桥梁，其设计通常要经过编制设计意见书、初步设计、施工图设计等几个阶段，各阶段都需要用到一些必要的测量资料或进行一些相应的测量工作。

　　在编制设计意见书阶段，一般不需要单独地进行测量工作，而是根据拟建桥梁情况，收集已有的中小比例尺地形图，并结合水文、气象、地质、农田水利、交通网规则、建筑材料等资料，提出所有的可比桥位方案。

　　在设计阶段，对选定的桥位方案须进一步加以比较分析，以确定一个最优的设计方案。为此要提供更为详细的地形、水文及其他有关资料作为比选的依据，这些资料同时也供设计桥梁及附属构造物之用。设计桥梁所需要的测量资料，主要有：桥位地形图（包括水下地形图）、桥址纵断面图、河流纵断面图、桥轴线长度等。设计桥梁所需要的水文资料，可以向有关水文站索取；否则，需在桥址位置进行水文观测，包括洪水位、河流比降、流向及流速等的观测。

　　根据设计和施工需要，桥位地形图又分为桥位平面图和桥址地形图。桥位平面图用于比选桥位，应包括所有桥位方案，故测区范围较大，通常要求：①沿河纵向，对于山区、丘陵区河段，应测至上游桥位轴线以外2倍洪水泛滥宽度和下游桥位轴线以外1倍洪水泛滥宽度；对于平原区宽滩河段，应测至上游桥位轴线以外3~5倍桥长和下游桥位轴线以外2~3倍桥长。②顺桥横向，应测至历史最高洪水位以上2~5m或洪水泛滥线以外50m。③测图比例尺一般采用1∶2000或1∶5000，较大河流可采用1∶5000~2.5万。而桥址地形图系针对选定推荐的桥位方案进行的，其实测范围比桥位平面图小，但应满足选定桥孔、桥头引道、调治构造物（桥台的锥形护坡、台前护坡、导流坝、护岸墙等工程）的位置和施工场地轮廓布置的需要：纵向以桥位轴线为准，上游应测至2~3倍桥长，下游测至1~2倍桥长；横向应测至历史最高洪水位（或设计水位）以上2m或洪水泛滥线以外50m；测图比例尺一般采用1∶500~1∶2000，较大河流可采用1∶5000。

为了设计绘制桥梁上下部结构、引线路基和调治构造物，有时还需沿桥位轴线和引道中心线施测桥址纵断面图，其测绘范围应测至两岸历史最高洪水位以上 2～5m 或路肩设计高程以上，比例尺通常采用 1：100～1：1000。

可见，在桥梁勘测设计阶段，测量的主要任务就是为桥梁的设计提供必要的地形信息（测绘地形图、断面图等）。由于陆地地形图、断面图的测绘，前面有关章节已进行了详细论述，因此本章将主要介绍水下地形测量、桥梁施工测量和竣工测量的有关内容（变形观测，可见本书第 19 章）。

16.2 水 下 地 形 测 量

水下地形图与陆地地形图，在投影方式、坐标系统、基准面、图幅分幅及编号等方面是一致的，但在测量方法上却有所不同。在进行地面测图时，碎部点的平面位置和高程往往是采用同一仪器（如经纬仪、全站仪或 GPS 接收机）同时测得的；而在测绘水下地形图时，碎部点的平面位置和高程一般是用不同的仪器和方法分别测得的，其主要测量工作包括水位观测、水深测量、测深点的定位和内业绘图等，现分述如下。

16.2.1 水位观测

水下地形点的高程，是以测深时的水面高程（称为水位）减去水深求得的。因此，在测深的同时，必须进行水位观测。

水位观测，通常采用设置水尺、定时读取水面在水尺上截取读数的方法。水尺一般用搪瓷制成，尺面刻划与水准尺相同。设置水尺时，先在岸边水中打入竖桩，然后将水尺固定在竖桩上（图 16-1），再根据附近已知水准点按不低于图根水准的精度引测水尺零点的高程 H_0，则水面高程 H 即水位为

$$H = H_0 + 水尺读数 \qquad (16-1)$$

例如，水尺零点的高程为 8.59m，某日上午 9 时的水尺读数为 0.28m，此刻的水位则为 8.87m。

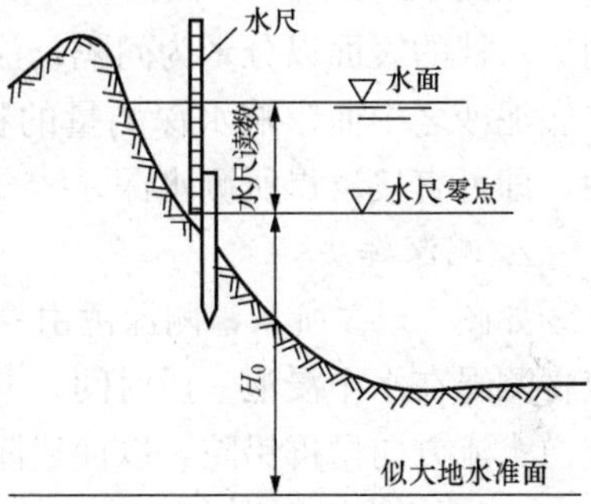

图 16-1 水位观测示意图

水尺的设置，应能反映全测区水面的瞬时变化，并符合以下规定：①水尺的位置，应避开回流、壅水、行船和风浪的影响，尺面应顺流向岸。②一般地段，每隔 1.5～2.0km 应设置一把水尺；山区峡谷、河床复杂、急流险滩河段及海域潮汐变化复杂地段，应每隔 300～500m 设置一把水尺。③当河流两岸水位差大于 0.1m 时，在两岸均应设置水尺。④当测区距离岸边较远且岸边水位观测数据不足以反映测区水位时，应增设水尺。⑤当测区范围不大且水面平静时，可不设水尺，将水准尺立于水边直接测定水面（水涯线）高程。⑥对于冰冻地区，也可不设水尺，将水准尺立于冰面上直接测定冰面高程。⑦如果附近有水文（验潮）站且能满足要求时，可直接向水文（验潮）站索取水位资料，而不必再另设置水尺进行水位观测。

水深测量时的水位观测，宜提前 10min 开始、推迟 10min 结束；作业中，应按一定的时间间隔持续观测水尺；时间间隔，应根据水情、潮汐变化和测图精度要求合理调整，以 10～30min 为宜；水面波动较大时，宜读取峰、谷的平均值，读数精确至 1cm。当水位的日

变化小于 0.2m 时，可在每日作业前、后各观测一次水位，取其平均值作为水面高程；同时，还应定期对水尺零点高程进行检查。

16.2.2　水深测量

根据实际水下地形、水深、流速等情况，水深测量可选用不同的测深仪器、设备、工具和方法；测深点的深度中误差，不应超过表 16-1 的规定（摘自 GB 50026—2007《工程测量规范》）。在进行水域测量前，应了解测区的礁石、沉船、水流、险滩等水下情况；作业中，如遇大风、大浪等，应停止水上作业，以确保安全。

表 16-1 测深点深度中误差

水深范围（m）	测深仪器或工具	流速（m/s）	测点深度中误差（m）
0～4	测深杆		0.10
0～10	测深锤	<1	0.15
1～10	测深仪		0.15
10～20	测深仪或测深锤	<0.5	0.20
>20	测深仪		$H\times1.5\%$

> 注　H 为水深，以米为单位；水底树林和杂草丛生水域，不宜使用回声测深仪；当精度要求不高、作业特殊困难、用测深锤测深流速大于表中规定或水深大于 20m 时，测点深度中误差可放宽 1 倍。

1. 测深杆法

如图 16-2 所示，测深杆一般是用长 4～6m、直径约为 4～5cm 的竹竿、木杆或铝杆等制成；杆的表面以分米为间隔，涂以红白或黑白油漆，并注有数字；为防止测深杆端部插入水底泥沙之中而影响水深测量的精度，杆底通常装有铁垫。测量时，将测深杆竖直插入水中，即可直接读得所测水深。

2. 测深锤法

如图 16-3 所示，测深锤由一根标有长度标记的测绳和铅陀（重锤）组成。测深之前，应将测绳在水中浸泡一段时间，并对其长度进行校对。测量时，为防止水流对测深的影响，应逆水流方向抛掷铅陀，以使铅陀落入水底时，测绳正好处于铅直状态。

图 16-2　测深杆示意图

图 16-3　测深锤示意图

测深杆法、测深锤法皆为传统的测深方法，不仅测深小、精度也不高，而且只能在船只停泊时进行定点测深，效率低、劳动强度大。因此，在水深、流急、面广的水域，不易测得可靠的成果和实现测图的自动化。

3. 单波束回声测深仪法

单波束回声测深仪，是目前应用较广的一种水深测量仪器，具有测深范围大（最浅为

0.5m，最大可达万米以上）、精度高、速度快、可实现测深的数字化和自动化等优点。图 16 - 4 所示为一常见的单波束回声测深仪，图 16 - 5 所示为其换能器。

图 16 - 4　单波束回声测深仪示意图

图 16 - 5　换能器示意图

单波束回声测深仪的测量原理，如图 16 - 6 所示，利用装在距离船头约 1/3～1/2 船长处的换能器（入水深度 0.3～0.8m 为宜，并精确量至 1cm；船上定位中心应与换能器中心设置在一条铅垂线上，偏差不得超过定位精度的 1/3，否则应进行偏心改正），将超声波垂直发射到水底，再由水底反射至换能器，则可根据所经过的时间及声波在水中的传播速度计算出水深 h 为

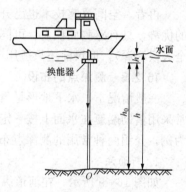

$$\left.\begin{array}{l} h = h_o + h' \\ h_o = \dfrac{1}{2}vt \end{array}\right\} \qquad (16 - 2)$$

式中　h'——水面至换能器的距离；

　　　h_o——换能器到水底 O 点的距离；

　　　v——超声波在水中的传播速度（约 1500m/s 左右）；

　　　t——超声波从发射到接收往返的时间。

图 16 - 6　单波束回声测深仪测量
原理示意图

当测量船在水上航行时，船上的单波束测深仪可测得一条连续的水深线，从而实现了由点测量到线测量的转变。

每日测深作业前后，均应在测区平静水域进行测深比对，求取测深仪的总改正数；在测深过程中，船身前后左右摇摆幅度不宜过大，并实测水温和水中含盐度，以便进行深度改正。

4. 多波束测深仪法

多波束测深仪，是从单波束测深仪发展起来的。如图 16 - 7 所示，多波束测深仪换能器的基阵由两个圆弧形基阵组成，且各有多个换能器基元，能在与航线垂直的平面内以一定的张角同时发射多个波束，并再接收其水底反射波束，从而测定出多个水深的位置和水深值。当测量船在水上航行时，船上的多波束测深仪即可测得沿航线一定宽度内的水下地形，从而实现了由线测量到面测量的转变。因此，多波束测深仪具有测量范围大、效率高的优点。另外，多波束测深仪还可用于扫海测量、探测水底障碍物、寻找沉船等。

显然，多波束测深仪的覆盖宽度与其张角和水深有关：张角越大，覆盖宽度越大；水深越浅，覆盖宽度则越小。同时，多波束测深仪又分为窄带多波束测深仪和宽带多波束测深仪。窄带多波束测深仪波束数少，覆盖宽度小，但能测较深的水深；宽带多波束测深仪波束多，覆盖宽度大，适用于较浅水域内的扫海测量和水下地形测绘。

此外，人们还研制出一种机载激光测深技术。其原理如图 16 - 8 所示，从飞机上的激光发射器向海面发射两种波段的激光：一种为红光（波长一般为 1064nm），另一种为绿光（波长一般为 532nm）；红光被海水反射，绿光则能透射到海水里，到达海底后被反射回来；这样，两束光被接收的时间差即为绿光从海面到海底传播时间的两倍，由此算得海底到海面的深度（该方法的测深能力，一般在 50m 左右，测深精度可达±0.3m）。

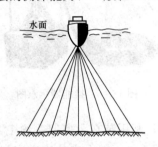
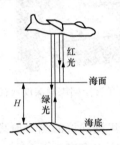

图 16-7　多波束测深仪测量原理示意图　　　图 16-8　机载激光测深原理示意图

再者，空间遥感技术也已开始应用于海底地形测量，并显示出上述测深手段所无法比拟的优势，具有感测面积大、可同步连续观测和重复观测等优点（若采用微波遥感器，可实现全天候测深），但目前还只适用于浅海区。

16.2.3　测深点的布设

一般情况下，水下地形是看不见的。因此，不能像地面测图那样选择地形特征点，而通常采用借助船艇在水面上按一定的形式布设适当数量的测深点。下面，以河道水下地形测量为例，介绍两种常用的测深点布设方法。

1. 断面法

如图 16-9 所示，在河道纵向上，每隔一定距离（一般规定为图上 1～2cm）布设断面；在每一断面上，船艇由河岸的一端沿断面方向向对岸行驶，每隔一定距离（一般规定为图上 0.6～0.8cm）施测一点。

布设的断面，一般应与河道流向垂直，如图 16-9 中的 AB 河段所示；河道弯曲处，一般布设成辐射线的形式，如图 16-9 中的 CD 河段所示；对流速大的险滩或可能有礁石、沙洲的河段，测深断面可布设成与流向成 45°的方向，如图 16-9 中的 EF 段所示。

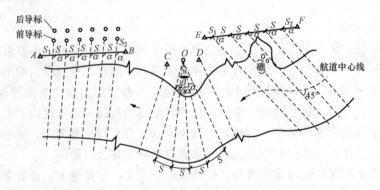

图 16-9　断面法布设示意图

2. 散点法

当在河面较窄、流速大、险滩礁石多、水位变化悬殊的河流中测深时，要求船艇在与流向垂直的方向上行驶是极为困难的。此时，可采用散点法（图 16 - 10），测线间距和测深点的间距由测船本身来控制。

水下地形点越密，越能真实地显示出水下地形的变化情况，测量时应按测图的要求、比例尺的大小及水下地形情况考虑布设。一般河道纵向可稍稀，横向宜密；岸边宜稍密，中间可稍稀。在水下地形变化复杂或有水工建筑物的地区，点距应适当缩短。

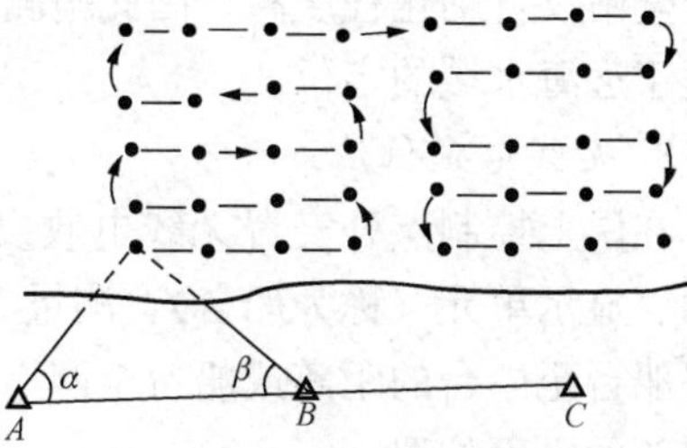

16. 2. 4 测深点的定位

图 16 - 10　散点法布设示意图

在测深点测深的同时，应测定其相应的平面位置，称为测深点的定位。目前生产单位常用的定位方法有断面索法、交会法与极坐标法、无线电定位法、GPS 定位法等。因此，可根据测区水域面积大小、流速、水深、通航要求及技术设备等条件，选用相应的测深点定位方法。

1. 断面索法

图 16 - 11 所示为断面索法测深点定位的示意图。首先，通过岸上控制点 A，沿某一方向架设断面索（索长的相对误差，应小于 1/200），并测定它与控制边 AB 的夹角 α，量出水边线到 A 点的距离；然后，从水边开始，小船沿断面索行驶，按一定间距用测深杆或测深锤，逐点测定水深。这样，就可根据控制边 AB 和断面索的夹角 α 及测深点的间距，确定出测深点的平面位置。测完一断面后，另换一断面同法继续施测。

此法适用于小河道的测深定位，优点是简单、方便，缺点是施测时会阻碍其他船只正常航行。

2. 交会法与极坐标法

如图 16 - 12 所示，在岸上两控制点 A、B（精度应不低于图根点）各安置一台经纬仪，并分别以 C、D 两控制点进行定向；当船艇沿断面导标所指方向航行时，各用望远镜瞄准船上旗标，随船转动；待船艇到达 1 点，船上发出测量的口令或信号时，立即正确瞄准旗标，分别读出水平角 α 和 β（交会角，应控制在 30°~150°之间），同时在船艇上测定水深。这样，根据水平角 α 和 β 就可求得该测深点的平面位置。船艇继续沿断面航行，用同样方法，测量 2、3…点。测完一断面后，另换一断面同法继续施测。

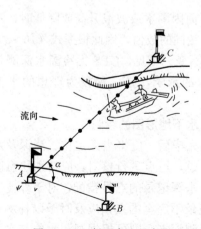

图 16 - 11　断面索法示意图

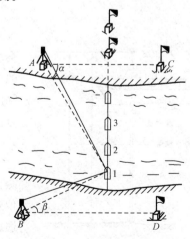

图 16 - 12　前方交会法示意图

随着全站仪的普及使用，近年来已大多采用极坐标法代替前方交会法进行测深点定位；由于全站仪自动化程度高，因此施测起来更加方便、灵活。但由于受能见度的影响，它们都不适于远海水域的定位。

3. 无线电定位法

在岸上控制点处安置无线电收发机（称为岸台），在船艇上设置无线电收、发及测距、控制、显示单元（称为船台），测量无线电波在船台和岸台之间的传播时间或相位差，从而求得船台至岸台的距离或船台至两岸台的距离差。观测到两条以上的距离或距离差，就可求得船艇的平面位置。

按作用距离，无线电定位系统可分为远程定位系统、中程定位系统和近程定位系统三种。作用距离大于1000km的为远程定位系统，一般为低频系统，精度较低，适合于导航，如罗兰C。作用距离介于300~1000km的为中程定位系统，一般为中频系统，如Argo定位系统。作用距离小于300km的近程定位系统，一般为微波系统或超高频系统，精度较高，如三应答器（Trisponder）、猎鹰Ⅳ等。在海洋测绘中，较常采用的是近程和中程定位系统。

4. GPS定位法

GPS定位，宜采用实时差分技术（RTK或RTD）；当时间允许时，也可以采用后处理差分技术。定位的主要技术要求，应符合下列规定：

（1）船舰上流动站接收机的天线，应牢固地安置在较高处并与金属物体绝缘。

（2）流动站接收机天线位置，宜与测深仪换能器处于同一条铅垂线上。

（3）流动站接收机作业的有效卫星数不宜少于5个，PDOP值应小于6。

（4）每日测深作业前后，均应将流动站接收机安置在控制点上进行定位检查；作业中，若发现问题应及时进行检查和比对。

（5）定位数据应与测深数据同步，否则应进行延迟改正。

目前，GPS不仅是大面积水域特别是海洋测绘的主要定位方法，而且还可以实现无验潮水深测量。

无验潮水深测量的基本原理，如图16-13所示，h为GPS接收机天线至换能器底部的高差（量至1cm），Z为测得的水深，H为GPS测得的其天线的高程，则相应水底的高程Z_m为

$$Z_m = Z + h - H \qquad (16-3)$$

由于当水面因潮水或波浪升高或降低时，Z和H会增大或减小相同的数值，因此根据式（16-3）计算的Z_m将保持不变。可见，GPS无验潮水深测量可消除波浪和潮位的影响，是一种较为理想的水上测量方法。

16.2.5 水下地形图的绘制

每天施测完毕后，应将当天定位、测深及水位观测记录进行汇总，逐点进行核对，应特别注意防止定位观测记录与水深记录的点号错配，对于外业工作中遗漏的点或记录不完全的点，应及时予以补测；对于已核对无误的测深点，则可根据观测水位与水深逐点

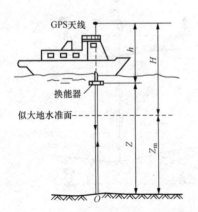

图16-13 无验潮水深测量原理示意图

计算测深点的高程,并用量角器、比例尺等在相应控制点上交会出各测深点的位置,注上各点的高程,从而勾绘出水下部分的等高线。目前,某些生产单位已采用了内外业一体化、数字化的水下地形测量系统,即外业采集数据后,传输给计算机,建立数据库,并由绘图软件生成数字水下地形图。

自然,沿桥轴线方向进行施测,即可绘出其水下断面图。

16.2.6 河流纵断面图的编绘

河流纵断面,是沿河道深泓点(即河床最深点)连线所剖开的断面。若用横坐标表示河长,纵坐标表示高程,将这些深泓点连接起来,便得到了河底的纵断面形状。

通常,河流纵断面图由已收集或实测的河流水下地形图等资料编制而成,其内容可根据设计工作的需要具体确定,一般应包括:河流中线自河流上游(或下游)某点起算的累积里程,河流沿深泓点的断面线,注明有时间的同时水位(同一时间的各点水面高程)线或工作水位(观测水位)线、水面比降、最高洪水位,沿河流两岸的居民地、工矿企业,公路、铁路、桥梁的位置及顶部高程,其他水利设施和建筑物关键部位的高程,沿河流两岸的水文站、水位点、支流及其入口,两岸堤坝,河流中的险滩、瀑布、跌水等。在图中,还应注明河道各部分所在的图幅编号等。

16.3 桥 梁 施 工 控 制 测 量

桥梁施工测量的主要任务是精确地放样出桥墩、桥台的位置和跨越结构的各个部分,并及时对施工质量进行验收检查。对于中小型桥梁,由于河窄水浅、墩台间的距离较短,可直接利用经检测符合要求的勘测控制网(点)进行放样,而不必再建立专用的桥梁施工控制网(点)。但对大型或特大型桥梁来说,由于其所经过的水面宽阔、桥墩索塔在水中建造、施工周期较长,而且其墩台索塔较高、基础较深、墩台索塔间跨距大、梁部结构复杂,对施工测量的精度要求也较高,此时勘测阶段所建立的测量控制网(点)往往无法满足施工放样的要求,必须在施工之前布测专用的桥梁施工平面控制网和高程控制网。

16.3.1 桥梁施工平面控制测量

在布设桥梁施工平面控制网(点)时,应仔细研究桥梁设计图及施工组织计划,先在桥址地形图上拟定布网方案,然后再到现场进行踏勘选点。点位的布设,应力求满足以下要求:图形应尽量简单,相邻控制点间的边长一般为河宽的 $0.5\sim1.5$ 倍;控制点与墩、台等的设计位置相距不应太远,以方便墩、台等的施工放样;为便于观测和保存,所有控制点不应位于淹没地区和土壤松软地区,并尽量避开施工区、堆放材料及交通干扰的地方;为使桥轴线与控制网紧密联系,当桥梁位于直线上时应将河流两岸桥轴线上的两个点作为控制点,两点连线作为控制网的一条边(该边即为桥轴线);当桥梁位于曲线上时,应把交点、曲线主点(ZH、HY 等)尽量纳入网中;当这些点中有些落入水中或不便设站时,应在曲线两侧切线上各选两点作为控制点;基本网形,一般为包含桥轴线的三角形和四边形,并以跨江河正桥部分为主。

桥梁施工平面控制网的施测方法,传统上多采用常规的三角测量;其网形,可依据桥梁的大小、地形以及设计要求选用双三角形、大地四边形、双大地四边形或三角形与四边形相结合的多边形等,如图 16-14 所示(图中点划线为桥轴线);桥长大于 5000m,按二等或三等的技术要求施测；桥长在 2000～5000m 之间，按三等或四等施测；桥长在 500～2000m 之间，按四等或一级施测；桥长小于 500m，可按一级施测（摘自 GB 50026—2007《工程测量规范》）。而现如今，大都采用相应等级的 GPS 定位技术进行施测；对于大桥、特大桥（如青岛胶州湾跨海大桥），往往还需建立专用的 GPS CORS 站，以便于桥梁的勘测、施工测量及变形监测。

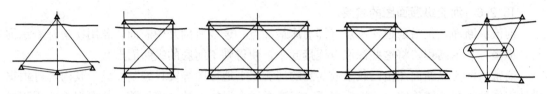

图 16 - 14　桥梁施工平面控制网布设形式示意图

此外，由于大桥、特大桥正桥两端，一般都通过引桥与道路衔接。因此，为了保证桥梁与道路连接的整体性，在布设正桥控制网（主网）的同时，在其下还需布设引桥控制网（附网）。布设时，道线交点必须是附网中的一个控制点，其余曲线主点最好也纳入附网中。

16.3.2　桥梁施工高程控制测量

为了在两岸建立统一可靠的高程系统，应在桥址两岸设立一系列基本水准点（每岸应不少于三个；当引桥长大于 1km 时，在引桥的两端也均需埋设水准基点。基本水准点应选在尽可能靠近施工场地、地质条件好、不受水淹、不被扰动的地基稳定处，并埋设永久性的标石或在基岩上凿出标志），组成一个统一的专用桥梁施工高程控制网。同时，为了方便桥墩、台、索塔等的高程放样，在距基本水准点较远的情况下，应增设桥梁施工水准点；施工水准点，可在基本水准点间布设成附合水准路线。另外，为了将与本桥有关的高程基准统一到一个基准面上，还应在桥梁水准点与道路水准点之间进行连测。

桥梁施工高程控制网，通常可根据桥梁大小、设计要求等采用相应等级的水准测量进行施测；GB 50026—2007《工程测量规范》中规定：当桥长大于 5000m，应按二等水准施测；桥长在 2000～5000m 之间，按三等水准施测；桥长在 500～2000m 之间，按四等水准施测；当桥长小于 500m，可按四等或五等水准施测。

在进行水准测量的过程中，若遇见跨越的水域超过了水准测量规定的视线长度时，将会给水准尺读数带来困难，而且还会因前、后视距相差悬殊致使水准仪的 i 角误差以及地球曲率和大气折光的影响都会增加。此时，可以采用过（跨）河水准测量的方法进行施测。

首先，在河流两岸选定立尺点 b_1、b_2 和测站点 I_1、I_2，并将其布置成如图 16 - 15 所示

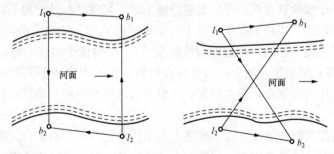

图 16 - 15　过河水准测量示意图

的对称图形。布点时，应尽量使 b_1I_2 与 b_2I_1 基本相等，I_1b_1 与 I_2b_2 基本相等且不小于10m。

观测时，将两根水准尺分别竖立在 b_1 和 b_2 点上，将两台同型号的水准仪安置在两岸的测站点 I_1 和 I_2 上，同时进行对向观测，取两站所测高差的平均值作为一测回观测值；然后，再将仪器对换，同时也将标尺对换，同法再测一个测回；最后，若两个测回高差之差符合精度要求（三等应小于±8mm，四等应小于±12mm，五等应小于±25mm）后，取其平均值作为 b_1、b_2 两点间的最终高差观测值（若只有一台水准仪时，可先后观测，但应尽量在短时间内完成）。

当水面较宽，观测对岸远尺进行直接读数有困难时，可在水准尺上安装一个能沿尺面上下移动的特制觇板，如图16-16所示。读数时，先由观测者指挥立尺者上下移动觇板，使觇板中横线被水准仪中丝所平分；然后，由立尺者根据觇板指标线在水准尺上进行读数。

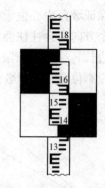

另外，为了施测方便和提高观测精度，过河水准测量应选择在水面较窄、地质稳定、高差起伏不大的地段，以便使用最短的过河视线；视线不得通过草丛、干丘、沙滩的上方，以减少折光的影响；河道两岸的水平视线，距水面的高度应大致相等并大于2m；仪器安置的位置，应选在开阔、通风之处，不要靠近陡岸、墙壁、石滩等处，且至水边的距离应尽量相等，其地形、土质也应相似。

图16-16　觇板示意图

当精度要求低于三等水准时，桥梁施工高程控制网也可采用EDM三角高程测量或GPS水准测量来建立。

16.4 桥梁施工细部测量

16.4.1 墩台的定位

在桥梁基础施工之前，首先必须将设计的桥台、桥墩中心的平面位置在实地放样出来，此项工作称为墩台的定位。墩台定位的方法，可视桥梁大小、仪器设备、地形及设计要求等情况，采用直接测距法、角度（方向）交会法、极坐标法或GPS法等。

1. 直接测距法

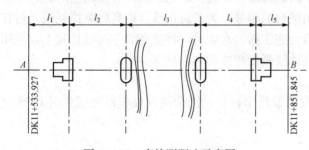

图16-17　直接测距法示意图

如图16-17所示，对于直线桥梁可采用直接测距法，即先根据桥轴线控制桩 A、B 和各墩、台中心点的里程，求得其间距 l_i；然后使用检定过的钢尺或光电测距仪（全站仪），采用测设已知水平距离的方法，沿桥轴线方向从一端控制点 A 出发，依次测设出各墩、台的中心位置；最后与另一端的控制点 B 闭合，进行校核。

2. 方向交会法

如图16-18所示，A、C、D 为桥梁施工平面控制点，P_i 点为待测设的墩台中心点，先根据其坐标计算出测设数据 α_i 和 β_i，然后分别在 C、D 点上安置经纬（全站）仪，测设出水平角 α_i 和 β_i，两方向之交会点即为墩台的中心位置。

值得注意的是:

(1) 为了保证墩台定位的精度,交会角 γ 应接近于 $90°$。但由于墩台位置有远有近,因此交会时不能将仪器始终固定在两个控制点上,而有必要对控制点进行选择。如图 16-18 所示,点 P_1 宜在节点 1、2 上进行交会。同时,为了获得理想的交会角,不一定要在同岸交会,应充分利用两岸的控制点,选择最为有利的观测条件,必要时也可以在控制网上增设插点,以满足测设要求。

(2) 为了防止发生错误和提高交会的精度,实际上常常采用三个方向进行交会,并且为了保证墩台中心位于桥轴线方向上,其中一个方向最好为桥轴线方向。由于存在测量误差,三个方向交会往往会形成示误三角形,如图 16-19 所示。如果示误三角形在桥轴线方向上的边长 c_2c_3 不大于限差(一般墩底定位为 25mm,墩顶定位为 15mm),则取 c_1 在桥轴线上的投影位置 c 作为墩台中心的最终位置。

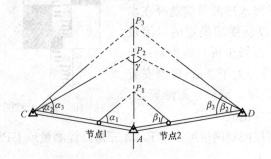

图 16-18 方向交会法示意图

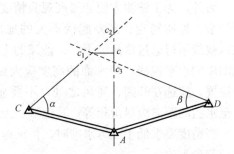

图 16-19 示误三角形示意图

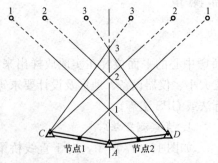

图 16-20 照准觇牌设置示意图

3. 极坐标法和 GPS 法

(3) 由于在桥梁的施工过程中,随着工程的进展,需要反复多次地交会出墩台中心的位置,且要求迅速、准确。因此,可把交会的方向延长到对岸,并用觇牌进行固定,如图 16-20 所示。这样,在以后的交会中,就不必重新测设角度,用仪器直接瞄准对岸的觇牌即可。为了避免混淆,应在相应的觇牌上标明墩台的编号。为了防止墩台砌高后阻挡视线,可在墩台施工露出水面后,将交会的方向延长其上,并用红油漆画出相应的瞄准标志。

根据施工平面控制点和墩、台中心点的设计坐标,采用全站仪极坐标法或实时 GPS 进行实地测设定位,详见本书第 13 章。

16.4.2 墩台纵横轴线的测设

墩台定位后,还应测设出其纵、横轴线,作为墩、台细部放样的依据。下面,以直线桥梁为例,介绍墩台纵、横轴线的测设方法。

在直线桥上,墩、台的横轴线与桥轴线相重合,因而可以利用桥轴线两端的控制点来标定横轴线的方向。

在无水地区,桥墩、台纵轴线的测设,可在已放样出的墩、台中心点上安置经纬(全站)仪,后视桥轴线方向测设 $90°$ 水平角获得。

由于施工过程中需要经常恢复墩台中心及其纵、横轴线的位置，因此为了简化工作，应在墩台中心点四周纵、横轴线上设置轴线控制桩，将其准确地标定在地面上，如图 16-21 所示。

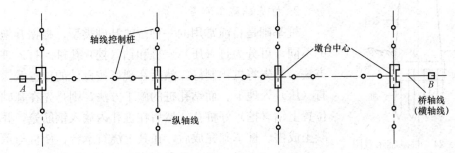

图 16-21   纵、横轴线及控制桩设置示意图

轴线控制桩的位置，应选在离开施工场地一定距离、通视良好、地质稳定的地方，每侧各设置 2～3 个。这样，在个别轴线控制桩丢失、损坏后，也能及时恢复；且在墩台施工到一定高度、影响到两侧轴线控制桩通视时，也可利用同一侧的轴线控制桩进行恢复。

对于位于水中的墩、台，上述方法显然是无法实现的。此时，一般先在初步定出的墩、台位置处，筑岛或建围堰、搭建测量平台；然后再精确测设出墩台的中心位置及其纵、横轴线。

曲线桥梁墩台纵、横轴线的测设方法，可参照本书第 15 章道路工程测量，此处不再赘述。

16.4.3 墩台基础施工测量

1. 明挖基础施工测量

明挖基础，多在无水地面上施工（如果有水，则要先建立围堰，将水排出后再进行）：先挖基坑，后在基坑内砌筑基础或浇筑混凝土基础（如是浅基础，可连同承台一次砌筑或浇筑），如图 16-22 所示。

基坑开挖前，应根据已放样出的墩台中心点及其轴线位置，结合基础尺寸，在地面上标定出基坑的开挖边界线，如图 16-23 所示。

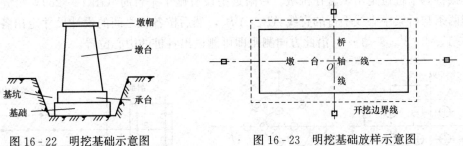

图 16-22   明挖基础示意图   图 16-23   明挖基础放样示意图

基坑开挖过程中，应时刻注意标高的控制，不得超挖。为此，可在即将挖到坑底设计标高时，在坑壁上测设一些水平桩，作为控制挖坑深度、清理坑底和打基础垫层时掌控标高的依据。

基础垫层打好后，应先根据轴线控制桩将墩台的中心点及其轴线投影到基坑底，做好标记；再定出基础底部边线，经检核无误后作为砌筑基础或立模浇筑混凝土的依据。

基础施工结束后，应测定基础顶面的标高、尺寸大小等，检查是否符合设计要求。

上述测量工作的具体方法，可参见本书第 14.4.4。

2. 桩基础施工测量

桩基础是目前常用的一种桥梁基础类型，根据其施工方法的不同，可分为打（压）入桩和钻（挖）孔桩。打入桩的施工方法，是先将桩预制好，然后在现场按设计的位置及深度将其打（压）入地下。而钻孔桩的施工方法，则是先在基础的设计位置上钻（挖）好桩孔，然后在桩孔内放入钢筋笼，并浇筑混凝土成桩。桩基础完成后，在其上浇筑承台，使桩与承台连成一个整体；之后，再在承台上修筑墩身，如图 16-24 所示。

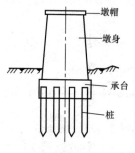

图 16-24　桩基础示意图

在桩基础施工前，需先进行桩基定位，放样出各桩的平面位置，其施工测量的允许偏差见表 16-2（摘自 GB 50026—2007《工程测量规范》）。

表 16-2　　　　　　　　　　　　桩基施工测量的允许偏差

测量 内容	灌 注 桩			沉 桩			
	基础桩 桩位	排架桩桩位		群桩桩位		排架桩桩位	
		顺桥纵轴线上	垂直桥纵轴线上	中间桩	外缘桩	顺桥纵轴线上	垂直桥纵轴线上
允许偏差 （mm）	40	20	40	$d/5$，且≤100	$d/10$	16	20

注　d 为桩径，以"毫米"为单位。

在无水的情况下，每一根桩的中心点可根据已放样出的墩台中心点及其轴线位置，结合其在以墩台纵、横轴线为坐标轴的坐标系中的设计坐标 $(x，y)$，用直角坐标法进行测设，如图 16-25（a）所示。如果各桩为圆周形布置，则各桩多以其与墩台纵、横轴线的偏角 φ 和至墩台中心点的距离 R，用极坐标法进行测设，如图 16-25（b）所示。一个墩、台的全部桩位，宜在场地平整后一次放出，并以木桩标定，以便桩基础的施工。

如果桩基础位于水中，则可利用已建立的桥梁施工平面控制点，采用方向交会法、GPS法等直接将每个桩位定出。若在桥墩、台附近搭设有施工平台时（图 16-26），可先在平台上测定两条与桥梁中心线平行的直线 AB、$A'B'$，然后按各桩之间的设计尺寸定出各桩位放样线 1-1'、2-2'、3-3'…，沿此方向测距即可测设出各桩的中心位置。

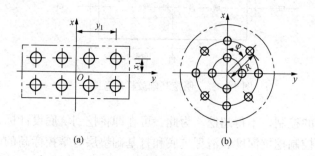

图 16-25　桩基定位示意图

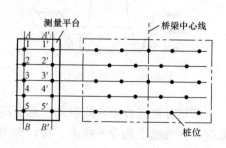

图 16-26　利用测量平台测设桩位示意图

桩基础施工中的标高控制，可根据具体情况采用水准测量、EDM 三角高程测量（图 16 - 27）等方法。

此外，在桩基础施工中，还要注意控制桩的深度和倾斜度。每个钻（挖）孔的深度，可用线绳吊以重锤测定；打（压）入深度，则可根据桩的长度来推算。对于钻（挖）孔桩，由于在钻孔时为了防止孔壁坍塌，孔内灌满了泥浆，因而倾斜度的测定无法在孔内直接进行，只能在钻孔过程中测定钻孔导杆的倾斜度，并利用钻孔机上的调整设备进行校正。钻孔机导杆及打（压）入桩的倾斜度，可用靠尺法测定。靠尺法所使用的工具，称为靠尺。如图 16 - 28（a）所示，靠尺一般用木板制成，先在尺的一端钉一小钉，以拴挂垂球；在尺的另一端，从与小钉至直边距离相等处开始，绘一垂直于直边的直线，量出该直线至小钉的距离 S，然后按 $S/1000$ 的比例在该直线上刻出分划线并标注注记。如图 16 - 28（b）所示，使用时将靠尺直边靠在钻孔机导杆或桩上，则垂球线在刻划上的读数即为以千分数表示的倾斜率。

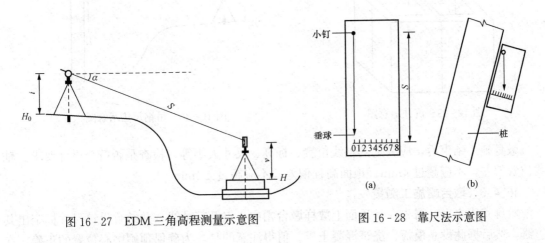

图 16 - 27　EDM 三角高程测量示意图　　　　图 16 - 28　靠尺法示意图

3. 沉井基础施工测量

沉井制作好以后，在沉井外壁用油漆标出竖向轴线，在竖向轴线上隔一定的间距绘制标尺，如图 16 - 29 所示。标尺的尺寸从刃角算起，刃角的高度应从井顶理论平面往下量出。四角的高度如有偏差应取齐，可取四点中最低的点为零。沉井接高时，标尺应相应地向上画。

沉井下沉过程中，一组人员在沉井两平面轴线方向同时安置经纬（全站）仪，瞄准沉井轴线方向后，调整沉井使其竖向轴线与望远镜竖丝重合，从而确保沉井的几何中心在下沉过程中不致偏离设计中心〔一般情况下，中心偏差不应超过 $h/125$mm；对于浮式，则不应超过（$h/125+100$）mm；h 为沉井高度，mm〕；另一组人员在井顶测点竖立水准尺，用水准仪将井顶与水准点联测，计算出沉井的下沉量或积累量，了解沉井下沉的深度。

沉井下沉时的中线及标高控制，至少在沉井每下沉 1m 检查一次。如发现沉井有位移或倾斜时，应立即纠正。

16.4.4　承台施工测量

基础完成之后，需先在基础顶面上放样承台中心点及其轴线，并结合设计尺寸标定出其边线，然后据此设立模板，浇筑混凝土。

承台施工结束后，应测定其轴线位置、标高、尺寸大小等，检查是否符合设计要求。轴线位置偏差，不应超过 6mm；顶面高程偏差，不应超过 ±8mm。

16.4.5　墩身施工测量

承台完成之后，需先在承台顶面上放样墩身中心点及其轴线，并结合设计尺寸标定出其边线，然后据此设立模板，浇筑混凝土。

随着墩身施工高度的增加，应及时对其中心位置及其轴线进行检查，并注意控制其标高和垂直度。

墩身的标高控制，可根据具体情况采用水准测量、EDM 三角高程测量（图 16 - 27）或吊钢尺（图 16 - 30）等方法。

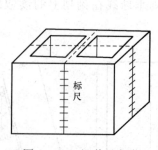

图 16 - 29　沉井示意图

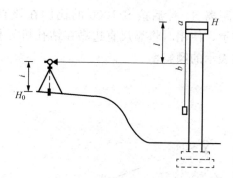

图 16 - 30　吊钢尺法示意图

墩身施工结束后，应测定其轴线位置、标高、尺寸大小等，检查是否符合设计要求。轴线位置偏差，不应超过 4mm；顶面高程偏差，不应超过 ±4mm。

16.4.6　墩台帽施工测量

墩身完成之后，需先在其顶面上放样墩台帽中心点及其轴线，并结合设计尺寸标定出其边线，然后据此设立模板、浇筑混凝土等。值得注意的是，为确保顶帽中心位置的正确，在浇筑混凝土之前，应复核墩台纵横轴线。

墩台帽施工结束后，应测定其轴线位置、标高、尺寸大小等，检查是否符合设计要求。墩台帽轴线位置偏差，不应超过 4mm；支座位置偏差，不应超过 2mm；支座处顶面高程偏差，简支梁不应超过 ±4mm，连续梁不应超过 ±2mm。

16.4.7　梁板架铺设施工测量

通过梁板的架铺设，可将各墩、台连接成一个整体。

梁板架铺设之前，应对方向、距离和高程进行一次全面的精确放样测量。

架铺设过程中，应不断地进行测量，以使中心线方向偏差、最近节点高程差和距离差符合设计和施工的要求。

全桥架通后，还需对方向、距离和高程等进行一次全面的测量（贯通测量），检查是否符合设计要求。其施工测量的允许偏差，见表 16 - 3（摘自 GB 50026—2007《工程测量规范》）。

16.4.8　桥台锥坡放样测量

桥台两边的护坡通常为四分之一锥体，坡脚和基础边缘线的平面为四分之一椭圆；其坡脚和基础边缘线的放样，根据椭圆的几何性质，可采用下面几种方法。

表 16 - 3   梁板架铺设施工测量的允许偏差

测量内容	梁板安装			悬臂施工梁					钢梁安装		
	梁板顶面纵向高程	支座中心位置		轴线位置		顶面高程			钢梁中线位置	墩台处梁底高程	固定支座顺桥位置
		梁	板	跨距小于100m	跨距大于100m	跨距小于100m	跨距大于100m	相邻节段高差			
允许偏差 (mm)	±2	2	4	4	$L/25\,000$	±8	$\pm L/12\,500$	±4	4	±4	8

注 L 为跨径,以"毫米"为单位。

1. 拉绳法

如图 16 - 31 所示,已知锥坡的高度为 H,两个方向的坡度系数分别为 m、n,则椭圆的长轴 $a=mH$,短轴 $b=nH$。在实地确定锥坡顶点的平面位置 o 及长、短半轴方向后,在一根绳子的中间作上标记,使绳子的两端长度分别等于长、短轴 a 和 b,当绳子的两端沿长、短半轴方向移动时,绳子上的标记经过的轨迹即为坡脚与基础的边缘线(以 a、b 为长短轴的四分之一椭圆)。

2. 内坐标法

如图 16 - 32 所示,若以锥坡顶点的平面位置 o 为原点,以四分之一椭圆的长、短轴为坐标轴建立直角坐标系 xoy,并计算出椭圆上任一点 P 在该坐标系中的坐标 (x_P,y_P),那么在实地确定锥坡顶点的平面位置 o 及长、短半轴方向后,采用直角坐标法即可放样出坡脚与基础的边缘线。

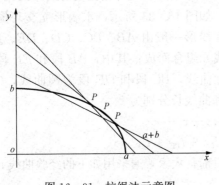

图 16 - 31   拉绳法示意图

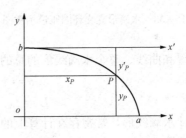

图 16 - 32   坐标法示意图

3. 外坐标法

在施工中,为了减少土方回填,往往将开挖弃土堆放在锥坡内,用内测量坐标法就不易放样锥坡。这时,可以采用平移 x 轴或 y 轴的方法,从外侧向内侧量距放样出坡脚与基础的边缘线。如图 16 - 32 所示,从椭圆短轴端点由外向内量距 $y'_P=b-y_P$,即可放样出椭圆上的一系列点。

最后指出,上面仅就一般桥梁的施工过程、测量的主要内容及基本测量方法进行了简要介绍。对于现代大型斜拉桥、悬索桥等,由于其跨距长、精度高而致使其施工测量难度较大,故限于篇幅在此不予介绍,有兴趣者可翻阅吴栋材等编著的《大型斜拉桥施工测量》(测绘出版社,1996 年出版)。

16.5　涵洞与立交匝道施工测量

16.5.1　涵洞施工测量

涵洞属于小型道路构造物，有的也将长度小于 8m 的小桥归为涵洞。进行涵洞施工测量时，利用道路控制点就可以进行，不需另外建立施工控制网。

涵洞施工测量，同桥位施工测量大体相同；但其精度要求比桥梁施工测量的低。在平面放样时，主要是保证涵洞轴线与道路轴线的设计角度，即控制涵洞的方向；高程放样时，要控制好洞底与上、下游的衔接，保证水流顺畅。对人行通道（人孔）或小型机动车通道（机孔），要保证洞底纵坡与设计图纸一致，不得积水。

16.5.2　立交环圈匝道的测设

1. 匝道的基本形式

立交是高等级公路和交通繁重的城市道路不可缺少的组成部分。立交的设置，可以提高道路交叉口的通行能力，减缓或消除交通拥挤和阻塞，改善交叉口的交通安全。

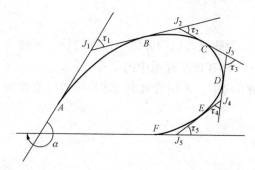

图 16 - 33　水滴形立交环圈匝道示意图

组成立交的基本单元是匝道。所谓"匝道"，是指在立交处连接立交上、下道路而设置的单方向的转弯道路。匝道的形式千变万化，其中最为复杂的要数图 16 - 33 所示车辆左转弯设计的水滴形立交环圈匝道。

2. 水滴形立交环圈匝道的线形设计

如图 16 - 33 所示，水滴形立交环圈匝道的平面线形一般由 AB、BC、CD、DE、EF 五条曲线元组合而成；其中，AB 段和 EF 段为完全缓和曲线，BC 段和 DE 段为圆曲线，CD 段为非完全缓和曲线。整个水滴线形的总的回转角和曲线长分别为

$$\alpha = \tau_1 + \tau_2 + \tau_3 + \tau_4 + \tau_5 \tag{16 - 4}$$
$$L = l_{AB} + l_{BC} + l_{CD} + l_{DE} + l_{EF} \tag{16 - 5}$$

设计水滴线形，常常存在计算上的困难。目前，大家普遍采用如下的经验曲线元参数和长度计算公式

$$\left.\begin{aligned}
&\tau_1 = 0.07\alpha, l_{AB} = 0.28\alpha R \\
&\tau_2 = 0.22\alpha, R_1 = 2R, l_{BC} = 0.44\alpha R \\
&\tau_3 = 0.20\alpha, l_{CD} = 0.27\alpha R \\
&\tau_4 = 0.35\alpha, R_2 = R, l_{DE} = 0.35\alpha R \\
&\tau_5 = 0.16\alpha, l_{EF} = 0.32\alpha R
\end{aligned}\right\} \tag{16 - 6}$$

可见，当设计给定 R 值（一般取 40～60m）、量取 α 值后，即可计算出该水滴线形各曲线元参数和曲线长度。求得了这些数值，该水滴线形也就确定了。

3. 水滴形立交环圈匝道的测设

由于水滴形立交环圈匝道的线形复杂，因此其测设过程也显得较为烦琐。一般采用分段

逐步进行各桩点的测设，具体方法步骤如下。

（1）AB 段完全缓和曲线的测设。对于完全缓和曲线 AB 段，其中桩和边桩的测设，与前面第 15 章道路工程测量相同，故此不再赘述。

（2）BC 段圆曲线的测设。

1）交点 J_1 的测设。如图 16 - 34 所示，先由转角 τ_1 和 B 点的坐标（x_B，y_B），按式（15 - 36）求出起点 A 至交点 J_1 的平距；然后从匝道起点 A 出发，沿其切线方向测设起点 A 至交点 J_1 之平距，即可在实地放样出交点 J_1。

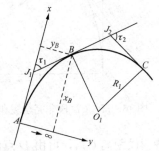

图 16 - 34 BC 段圆曲线示意图

2）交点 J_2 的测设。如图 16 - 34 所示，由转角 τ_2 和半径 R_1，先按式（15 - 7）求出 BC 段圆曲线的切线长 T_1；然后从 B 点出发，沿 J_1B 方向测设切线长 T_1，即可在实地放样出交点 J_2。

3）主点 C 的测设。如图 16 - 34 所示，安置仪器于 J_2 点，后视 B 点，先逆时针测设水平角（180°—τ_2）得 J_2C 方向；然后从交点 J_2 出发，沿 J_2C 方向测设切线长 T_1，即可在实地放样出主点 C。

4）BC 段圆曲线各细部桩点的测设。待圆曲线的起点 B、终点 C 及交点 J_2 测设完毕，即可据此采用第 15 章道路工程测量的方法放样出各细部桩（中桩和边桩）点的位置。

（3）CD 段非完全缓和曲线的测设。

1）如图 16 - 35 所示，按切线支距法建立直角坐标系 x_2Cy_2 和含 CD 段的完全缓和曲线的直角坐标系 x_3oy_3。

2）在 x_3oy_3 坐标系中，由 CD 段缓和曲线的参数，按式（15 - 17）推算出该段完全缓和曲线的前半部分 OC 的长度 l_{OC}，即由

$$R_1 l_{OC} = R_2 (l_{OC} + l_{CD})$$

可得

$$l_{OC} = R_2 l_{CD} / (R_1 - R_2) \tag{16 - 7}$$

顾及 $R_1 = 2R$，$R_2 = R$，则有 $l_{OC} = l_{CD}$。

3）按式（15 - 32）、式（15 - 21），计算出 C 点的坐标（x_{3C}，y_{3C}）和缓和曲线角 β_{3C}，以及 CD 段非完全缓和曲线上任一中桩 j 的坐标（x_{3j}，y_{3j}）和切线角 β_{3j}。

由图 16 - 35 可知，x_{3C}、y_{3C}、β_{3C} 即为 x_3oy_3 和 x_2Cy_2 两坐标系的转换参数。

4）利用坐标转换公式［式（13 - 6）］，将 x_3oy_3 坐标系中各点的坐标（x_{3j}，y_{3j}）转换为 x_2Cy_2 中的坐标；然后利用转换后的坐标，根据 C 点和 J_2C 方向测设出 CD 段非完全缓和曲线上各中桩及终点 D，并根据已放样出的中桩测设出其边桩。

此时，CD 段非完全缓和曲线上各中桩处的切线角，应按下式计算

$$\beta = \beta_{3j} - \beta_{3C} \tag{16 - 8}$$

（4）DE 段圆曲线的测设。

1）交点 J_3 的测设。如图 16 - 36 所示，从 C 点出发、沿 J_2C 方向测设距离 CJ_3 即得交点 J_3。

工 程 篇

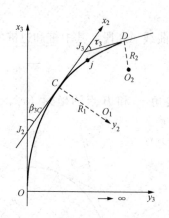

图 16 - 35　CD 段非完全缓和曲线示意图

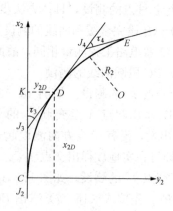

图 16 - 36　DE 段圆曲线示意图

待测设距离 CJ_3，可由 D 点的坐标（x_{2D}，y_{2D}）和转角 τ_3，按下式求得

$$CJ_3 = x_{2D} - KJ_3 = x_{2D} - y_{2D}\cot\tau_3 \qquad (16-9)$$

2）交点 J_4 的测设。如图 16 - 36 所示，由转角 τ_4 和半径 R_2，先按式（15 - 7）求出 DE 段圆曲线的切线长 T_2；然后从 D 点出发，沿 J_3D 方向测设切线长 T_2 即可在实地放样出交点 J_4。

3）主点 E 的测设。如图 16 - 36 所示，安置仪器于 J_4 点，后视 D 点，先逆时针测设水平角（$180° - \tau_4$）得 J_4E 方向；然后从交点 J_4 出发，沿 J_4E 方向测设切线长 T_2 即得主点 E。

4）DE 段圆曲线各细部桩点的测设。待圆曲线的起点 D、终点 E 及交点 J_4 测设完毕，即可据此采用第 15 章道路工程测量的方法放样出各细部桩（中桩和边桩）点的位置。

（5）EF 段完全缓和曲线的测设。

1）如图 16 - 37 所示，建立切线支距坐标系 x_4Fy_4，按式（15 - 32）计算出 FE 段完全缓和曲线上任一点和终点 E 的中桩坐标（x_{4E}，y_{4E}）。

2）交点 J_5 的测设。如图 16 - 37 所示，从 E 点出发、沿 J_4E 方向，测设距离 $EJ_5 = y_{4E}\csc\tau_5$ 即得交点 J_5。

3）终点 F 的测设。如图 16 - 37 所示，先由转角 τ_5 和 E 点的坐标（x_{4E}，y_{4E}），按式（15 - 36）求出终点 F 至交点 J_5 的平距；然后在交点 J_5 安置仪器，后视 E 点，逆时针测设水平角（$180° - \tau_5$）得 J_5F 方向；最后从交点 J_5 出发，沿 J_5F 方向测设终点 F 至交点 J_5 之平距即得终点 F。

4）EF 段缓和曲线各细部桩点的测设。待缓和曲线的起点 F、终点 E 及交点 J_5 测设完毕，即可据此采用前面第 15 章道路工程测量的方法放样出各细部桩（中桩和边桩）点的位置。

至此，水滴形立交环圈匝道的测设即告完毕。

从上面的介绍可知，水滴形立交环圈匝道的测设过程较为烦琐。因此，在实际测设时要十分小心，注意加强校核，以免出现差错。

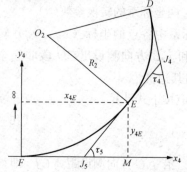

图 16 - 37　EF 段完全缓和曲线示意图

另外，采用上述分段逐步测设的方法，即先从匝道起点出发依次测设出各交点和主点，然后再根据各自的主点进行细部详细测设，误差积累较大。为此，可按上述思路依次计算出各待测设点的坐标，并将其连同测量控制点的坐标转换为同一坐标系后，采用全站仪极坐标法或实时 GPS 进行实地测设。

16.6 桥梁验收与竣工测量

在桥梁的施工过程中，由于不可避免地会存在测量误差和施工误差甚至错误，因此在每一道工序完工后，都要及时地对它们进行实地验收测量，符合设计要求后才能转入下一道工序；待整个工程完工后，还要进行一次全面的竣工测量。这样，一方面可检查施工是否符合设计要求，另一方面也可为今后桥梁的管理、养护、改建、扩建、事故处理等提供可靠的资料和依据，同时还可作为今后分析桥梁变形的基础资料（通过变形观测结果与竣工资料的对比，即可获知桥梁投入运营后是否发生变形）。

1. 桥梁基础竣工测量

（1）沉井基础竣工测量的主要内容，一般应包括：沉井下到设计标高后，经清基的井孔内的泥面标高及其等高线图（或井孔内的泥面平均标高）；沉井顶、底的中心位移及倾斜率；在封底前、后的顶面及刃尖的平均标高，封底后孔内的混凝土面的竣工标高。

（2）钻孔灌注桩基础竣工测量的主要内容，一般应包括：每个成孔的顶、底竣工标高及孔底沉渣厚度；孔身的孔径、钢筋笼长度及成孔倾斜率；每个孔的顶、底中心位移；孔群中心的顶、底位移。

（3）打入桩基础竣工测量的主要内容，一般应包括：桩尖、桩顶的竣工标高；倾斜率与桩顶的中心位移；桩群顶、底的中心位移及平均标高。

2. 桥梁下部构造竣工测量

桥梁下部构造竣工测量的主要内容，一般应包括：承台顶面的中心位移、尺寸及标高；墩身顶面的中心位移、尺寸及标高；墩帽顶面的中心位移、尺寸及标高；墩帽中心间的实际跨距；墩、台预埋件的中心位移。

3. 桥梁上部构造竣工测量

桥梁上部构造竣工测量的主要内容，一般应包括：主梁弦杆的直线度；梁的拱度；立柱的竖直度；梁轴线位置及标高；桥面中线及纵横坡度。

上述每项竣工测量工作结束后，都要将其资料绘成平、立面竣工图（图上还要注明竣工日期、测量日期和测量方法），最后连同施工控制测量资料一道编制成册。

思考题与习题

1. 何谓桥梁工程测量？包括哪些主要内容？
2. 桥位地形图包括哪两种？简述其测绘范围及比例尺。
3. 简述水下地形测量与陆地地形测量的异同点。
4. 简述水下地形测量的主要工作。
5. 简述水深测量的主要方法及其优缺点。

6. 以河道水下地形测量为例，简述测深点布设的常用方法。

7. 简述测深点定位的主要方法及其优缺点。

8. 简述布置桥梁施工平面控制网点的基本要求和施测方法。

9. 简述过河水准测量的方法步骤和注意事项。

10. 简述桥梁细部施工测量的主要内容。

11. 墩台定位的主要方法有哪几种？各适用于什么情况？

12. 简述桥梁竣工测量的主要作用与内容。

第17章 隧 道 工 程 测 量

17.1 概　　述

隧道是地下工程的重要组成部分，若按其所处的地理位置可分为穿山隧道、海底隧道、城市地铁隧道等，若按其长度大小一般又可分为特长隧道（＞3000m）、长隧道（1000～3000m）、中隧道（250～1000m）和短隧道（＜250m）。这些隧道在勘测设计、施工建造、竣工及运营管理期间都需要进行大量的测量工作，统称为隧道工程测量。

在勘测设计阶段，隧道工程测量的主要任务是为隧道选址和设计提供地形信息及地质填图所需的测绘资料；为此，需要测绘带状地形图，其比例尺多为1∶2000或1∶5000，宽度一般为隧道中线两侧100～200m。另外，为了配合隧道设计工作的需要，在初步设计和施工阶段有时还要绘制一些工程设计用图，如隧道线路方案平面图、隧道洞身工程地质横断面图、正洞口及各辅助坑道口的纵断面图等。

在施工建造阶段，隧道工程测量的主要任务是标定洞井口的开挖位置和进洞方向、指导隧道按设计方向和坡度掘进、保证隧道相向开挖的工作面在预定地点能按规定的精度正确贯通，同时还要控制掘进的断面尺寸符合设计要求，并使各建（构）筑物以规定精度按照设计要求修建。为此，应根据隧道施工所要求的精度和工作顺序进行一系列相应的测量工作，主要包括：

（1）地上（面）控制测量。隧道开挖之前，在洞外地面上布测平面和高程控制网点。

（2）地上、地下连接测量。将地上控制网中的坐标、方位和高程传递到地下，使地下的坐标和高程系统与地上的统一起来。

（3）地下控制测量。根据连接测量的起算数据，布测洞内控制网点，作为地下施工测量的依据。

（4）地下施工测量。根据设计要求进行中线测设和高程放样，指导隧洞的开挖掘进，保证隧道的正确贯通和施工；隧道贯通以后，还要进行实际贯通误差的测定和线路中线的调整，同时放样出洞室各细部的位置，指导各建（构）筑物按照设计要求进行修建。

工程完工后，应进行一次全面的竣工测量，编绘竣工图，以反映竣工后的现状，从而为工程的验收以及日后的管理、养护、维修、改建、扩建、事故处理等提供必要的资料和依据。在运营期间，还要定期进行沉降、位移等变形观测，确保隧洞及其他设备的安全使用，同时也可作为鉴定工程质量和验证工程设计、施工是否合理的依据，并为今后更合理的设计提供必要的资料。

地形图、断面图的测绘，前面有关章节已进行了详细论述；而变形观测的有关内容，可见本书第19章。因此，本章仅对上述隧道工程测量的其他有关问题进行介绍。

17.2 地 上 控 制 测 量

地上（面）控制测量的主要任务是测定各洞口控制点的相对位置，以便根据洞口控制点标定洞井口的位置、中线方向以及进行高程放样从而确保按设计向地下进行开挖，并能以规定的精度进行贯通。为此，在布设地面控制网（点）之前，应广泛收集以下资料：隧道所在地区的 1∶2000 或 1∶5000 大比例尺地形图，隧道所在地段的线路平面图，隧道的纵、横断面图，各竖井、斜井、水平坑道和隧道的相互关系位置图，隧道施工的技术设计及各个洞口的机械、房屋布置的总平面图，以及该地区原有的高等级控制点资料等。在对所收集到的资料进行阅读、研究之后，还须对隧道所穿越的地区进行详细踏勘；踏勘路线一般是沿着隧道中线，从一端洞口向另一端洞口前进；行进中，应注意观察和了解隧道两侧的地形、水源、居民点及人行便道的分布情况，特别是两端洞口线路的走向、地形及施工设施的布置情况。最后结合现场情况，对地面控制测量的布设方案进行更为具体、深入的研究，通常可根据定测时所确定的线路位置及隧道的进出口、竖井等的桩位进行选点布网；洞口平面控制点，应便于施工中线的放样，便于连测洞外控制点及向洞内测设导线，向洞内传递方位的定向边长度不宜小于 300m，设点桩位的高度要适当，埋设必须稳固可靠，以利于长期使用和保存；洞口水准点，应布设在洞口附近土质坚实、通视良好、施测方便、便于保存且高度适宜的地方；每个洞口的两个水准点间的高差，以安置一次水准仪即可测得为佳；对于桥、隧或隧、隧紧密相连的情况，应布设统一的控制网，以利于线路中线的正确连接。

17.2.1　地上平面控制测量

地上平面控制测量，根据隧道长度和地形等情况，可采用中线法、三角网法、导线法及 GNSS 等方法。

1. 中线法

对于较短的直线隧道，可采用中线法。所谓中线法，就是在现场直接选定洞口位置并据此将隧道的平面中心线在地表放样出来，作为施工控制点。如图 17-1 所示，A 为现场直接选定的进口控制点，B 为现场直接选定的出口控制点，C、D、E 为洞顶地面的中线点（其放样方法，参见前面第 15.2.2 道路转点的测设，最好采用全站仪法，不仅便捷而且还可同时测定出隧道的长度）。施工时，分别在控制点 A、B 安置仪器，从 AC、BE 方向延伸到洞内，指导隧道的掘进方向。该法宜用于长度较短的直线隧道，其优点是布测便捷、中线长度误差对贯通的横向误差几乎没有影响。为了不受施工干扰、避免在施工时遭到破坏，两端洞口控制点应设在距离洞口 50m 左右。

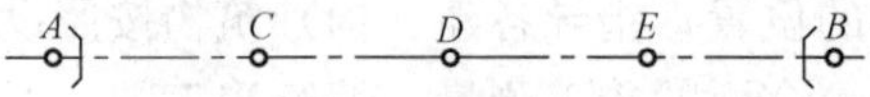

图 17-1　中线法示意图

2. 三角网法

对于隧道较长、地形复杂的山岭地区，可采用三角测量。由于地上平面控制测量要以满足隧道横向贯通的精度要求为准，因此在布设三角网点时，应尽可能布设成沿隧道线路方向延伸、且垂直于贯通面方向的直伸三角锁，并使三角锁的一侧靠近隧道线路中线，如图 17-2 所示；同时，应将隧道两端洞外的主要控制点纳入网中，这样可以减少起始点、起始方向及测边误差对横向贯通的影响；此外，还须考虑与线路中线控制桩的连测方式，如线路交点、转点及曲线主点等应尽可能纳入网中，当洞口控制桩在曲线上时还应考虑切线方向的标定问题。

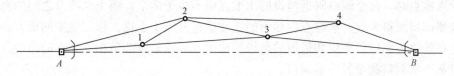

图 17 - 2 　三角锁示意图

3. 导线法

随着光电测距技术的普及使用，导线测量已成为洞外平面控制测量的常用方法之一。在直线隧道中，为了减少导线测距误差对隧道横向贯通的影响，应尽可能将导线沿着隧道的中线布设。对于曲线隧道，导线亦应沿两端洞口连线布设成直伸型导线为宜，并应将曲线的起、终点以及曲线切线上的两点包含在导线中；这样，曲线的转角即可根据导线测量结果计算出来，据此便可将线路定测时所测得的转角加以修正，从而获得更为精确的曲线测设元素。导线点数不宜过多，以减少测角误差对横向贯通的影响。在有横洞、斜井和竖井的情况下，导线应经过这些洞口，以减少洞口投点。为了增加校核条件，提高导线测量的精度，一般都使其组成闭合环，也可以采用主、副导线闭合环以减少闭合环中的导线点数。为了减小仪器误差对测角精度的影响，导线点之间的高差不宜过大；视线应高出地面或离开旁边障碍物 1m 以上，以减小地面折光和旁折光的影响。

4. GNSS 法

由于 GNSS 测量不要求点之间相互通视，而且对于网的图形也没有严格的要求，因此在控制网点位选择上较传统的控制测量要简便，一般只需要在洞口外布点即可。对于直线隧道，洞口控制点应选在线路中线上，另外再布设两个定向点，定向点要与洞口点通视，但定向点间可不通视。对于曲线隧道，还应将曲线的主要控制点，如曲线起、终点、切线上的主点纳入网中。图 17 - 3 所示为采用 GNSS 定位技术而布设的一种隧道地面平面控制网，图中两点间连线为独立基线，网中每个点均有三条独立基线相连，故有良好的可靠性。

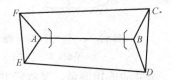

图 17 - 3 　GNSS 网示意图

值得注意的是：虽然 GNSS 测量具有定位精度高、观测时间短、布网与观测简便及可全天候作业等优点，但其也有缺点即 GNSS 点位要求有良好的观测环境：GNSS 点上空要开阔，不能选在隐蔽或其周围有高大障碍物的地方，否则会影响 GNSS 卫星信息的接收；要避开无线电发射台及高压输电线，防止磁场对卫星信号的干扰；要避开大面积的水域或对电磁波反射强烈的物体，以减弱多路径效应的影响等。

17.2.2 　地上高程控制测量

地上高程控制测量的目的是按照规定的精度测定洞口（包括隧道的进出口、竖井口、斜井口和坑道口）附近高程控制点的高程，建立统一的高程系统，并作为高程引测进洞的依据，保证在贯通面上高程的正确贯通。

地上高程控制测量，一般按要求可采用相应等级的水准测量。当精度要求低于三等水准时，也可采用 EDM 三角高程测量或 GNSS 高程测量；此时，可以考虑与平面控制测量一同布测成三维控制网。

　　布设水准点时，每个洞口附近埋设的水准点应不少于两个，两个水准点之间的高差以安置一次仪器即可测得为宜。水准点应尽可能选在能避开施工干扰、稳定坚实的地方。水准路线，应选在连接各洞口较平坦和最短的地段形成闭合环或敷设两条相互独立的路线，由已知的水准点从一端洞口测至另一端洞口。

　　隧道水准点的高程，应与线路水准点采用统一高程系统。为此，一般采用洞口附近一个线路水准点的高程作为起算高程。如遇特殊情况，也可暂时假定一个水准点的高程作为起算高程，待与线路水准点连测后，再将高程系统统一起来。

17.3　地上地下连接测量

　　前面已讲到，为了保证隧道相向开挖能按规定精度正确贯通、使各建（构）筑物以规定精度按照设计要求进行修建，必须在地上、地下分别建立测量控制网，并通过连接测量将它们统一起来。

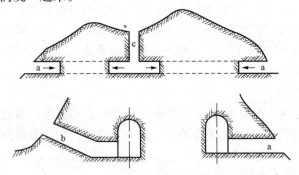

图 17-4　隧道及其开掘形式示意图
a—平峒；b—斜井；c—竖井

由于隧道及其开掘形式的不同，地上、地下连接测量所用的方法也有所不同，如图 17-4 所示。

平峒的连接测量，可由地面直接向地下连测导线和水准路线，将坐标、高程和方向引入地下，其作业方法与地面控制测量相同，故此不再赘述。

斜井的连接测量，其方法与平峒基本相同；但斜井的坡度较大，测量时要顾及坡度的影响。

　　竖井的连接测量，又称竖井联系测量，多用于矿山和城市地下工程的建设中；对于一些长大隧道，有时也采用开挖竖井的方法来增加工作面、缩短贯通长度，将整个隧道分成若干段同时施工。根据具体情况，竖井的联系测量可通过一个井筒或同时通过两个井筒进行，将地上近井控制点的坐标、方向和高程传入地下。其中，坐标和坐标方位角的传递，称为竖井平面联系测量，目的是获得地下导线必要的起算数据，使洞内的平面控制网与地面控制网具有统一的坐标系统；高程的传递，称为竖井高程联系测量或导入高程，目的是获得地下高程的起算数据，使洞内的高程控制网与地面高程控制网具有统一的高程系统。

　　地上、地下连接测量的次数，应根据测量设计规定进行。如果地下点位发生移动或向前掘进过程中对点位的稳定性产生怀疑时，均需要重新进行连接测量。

17.3.1　竖井平面联系测量

　　由于在竖井平面联系测量中，坐标方位角的传递误差对隧洞贯通的影响比坐标的传递误差的影响大，因此又将竖井平面联系测量称为竖井定向测量。

　　竖井定向测量的方法，根据使用的仪器和工具的不同，又分为几何定向和陀螺经纬仪定向两种。

　　1. 几何定向

　　所谓几何定向，就是在竖井中悬挂两根铅垂线，通过其与地上、地下控制点之间的几何关系，将地面控制点的坐标和方位角传递至井下平面控制点。其具体的定向工作，分投点和连接测量两步。

（1）投点。如图 17 - 5 所示，在井筒内悬挂两根钢丝，钢丝的上端在地面，下端投至井底。投点时，先在钢丝上挂以较轻的垂球，用绞车将钢丝缓慢导入竖井中；然后在井底换上作业重锤，并将其置于油桶或水桶内使其稳定，但要注意不能与桶壁接触。桶在放入重锤后，须加盖，以防滴水冲击。显然，当钢丝静止时，钢丝上各点的坐标相同。

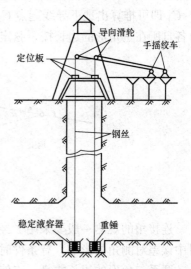

图 17 - 5　竖井投点示意图

作业重锤的选用，视井深而异。当井深小于 100m 时，可选用 30～50kg 的垂球；井深大于 100m 时，应选用 50～100kg 的垂球。钢丝的直径大小，则决定于垂球的重量；例如直径为 1.0mm 的钢丝，可悬挂 100kg 以下的垂球。

另外，为了调整和固定钢丝在投点时的位置，在井上设有定位板。通过移动定位板，可以改变垂线的位置。

（2）连接测量。所谓连接测量，就是当钢丝静止时，同时在地面和井下对垂球线进行观测，从而确定地下导线起始点的坐标和起始边的坐标方位角。

连接测量的方法，根据竖井的深度、直径大小和精度要求的高低，可采用瞄直法或联系三角形法。

1）瞄直法。其作业方法如图 17 - 6 所示，在竖井中挂两根垂线 A 和 B，在地面近井控制点 C 上安置经纬（全站）仪，调整两垂线使 C、A、B 三点为一直线，并基本与井下隧洞的中线方向一致；然后用仪器测出地上连接角 φ、用钢尺丈量出连接边 CA 的长度和两垂线

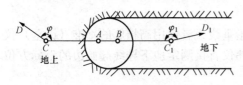

图 17 - 6　瞄直法示意图

A、B 的间距。在井下以 AB 方向目测定线，并在该方向线上做一标记点 C_1；然后在 C_1 点上安置仪器，并在架头上平移仪器，使仪器中心与两垂线 A、B 精确地位于同一竖直面内，再通过光学对点器投点，得到 C_1 点的精确位置。最后，测出地下连接角 φ_1、连接边 BC_1 和 AB 的长度。当地上、地下观测的两垂线间距之差符合要求（一般应小于 ±2mm）后，取其平均值作为最终的传递数据。这样，就可以按照支导线测量的计算方法，由地面已知点 C 和已知边 DC 及上述的观测数据，求得地下 C_1 点的坐标和 C_1D_1 边的坐标方位角。由此可见，该法主要是通过一条直线 C-A-B-C_1 来传递方向的，故称之为"瞄直法"（又称"冲线法"）。此法测量、计算均较简单，但精度较低，主要用于浅竖井、短隧洞的定向测量。

2）联系三角形法。当竖井较深、精度要求较高时，连接测量需采用联系三角形法。其具体做法如图 17 - 7 所示，C 为地面上的近井控制点，A 和 B 为两吊垂线，C_1 为地下近井点即地下导线的起点。这样，以 AB 为公共边，在地上、地下形成两个狭长的平面三角形 CAB 和 ABC_1，称为联系三角形。由图可以看出：当在地面上观测出连接角 α、φ 和三角形

CAB 的边长 a、b、c，在井下观测出连接角 α_1、φ_1 和三角形 ABC_1 的边长 a_1、b_1、c_1，则可采用支导线测量的计算方法，由地面 C 点的坐标和 DC 边的坐标方位角，按照路线 C-B-A-C_1 即可推算出地下导线起点 C_1 的坐标和 C_1D_1 边的坐标方位角（方位传递角 β 和 β_1，可由各自所在三角形的边长按余弦定理求得）。

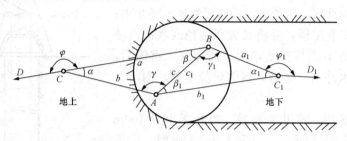

图 17-7　联系三角形法示意图

　　连接角的观测一般要采用 $2''$ 经纬（全站）仪，根据精度要求观测若干测回。为减小仪器对中误差对测角的影响，有条件时可采取强制对中措施。

　　联系三角形的边长丈量，应使用检定过的具有毫米分划的钢卷尺，每边根据精度要求观测若干次，并进行尺长、拉力和温度的改正。当同一边长各次观测值的互差小于 $\pm 2\,\mathrm{mm}$ 时，取其平均值作为最终的观测结果。当地上、地下观测的两垂线间距之差小于 $\pm 2\,\mathrm{mm}$ 时，取其平均值作为最终的传递数据。

　　为了提高传递方向的精度，联系三角形应布置成直伸形状，两垂线间的距离应尽可能大、α、α_1 和 β、β_1 角均应接近于零（在任何情况下，α、α_1 均应小于 $3°$），b/c 和 a_1/c_1 的数值应约等于 1.5。在进行导线计算时，应选择经过小角 β、β_1 的路线。

　　另外，为进一步提高传递方向的精度和防止出现差错，可利用定位板移动垂线的位置，使其在几个不同的位置上进行观测，这样就得到洞内导线的几组起算数据，符合要求后取其平均值作为最终结果。

　　2. 陀螺经纬仪定向

　　所谓陀螺经纬仪定向，就是在竖井中悬挂一根铅垂线或者使用高精度的垂准（铅垂）仪向井下投点以获得地下导线的起始坐标，用陀螺经纬仪直接测定地下导线起始边的坐标方位角，以达到联系测量的目的，如图 17-8 所示。

　　陀螺经纬仪是由光学经纬仪、陀螺仪及电源设备等组成的一种定向仪器（图 17-9），利用它可以独立测定出直线的方位角。随着科技的发展，近年来又出现了陀螺全站仪（由全站仪代替光学经纬仪组合而成），使定向时间缩短至几分钟，为实现快速定向创造了条件。目前，从定向精度上，可大体分为高、中、低三个等级，其一次定向的中误差分别为：$< \pm 5''$，$\pm 5'' \sim 30''$ 和 $\pm 30'' \sim 2'$。

　　陀螺经纬（全站）仪用于竖井定向的作业步骤为：首先，在地面井口附近已知坐标方位角的边上，安置陀螺经纬（全站）仪，测定其陀螺方位角；然后，将陀螺经纬（全站）仪安置在地下井口附近某待测边上，测定其陀螺方位角 $T_{未}$；最后，再将陀螺经纬（全站）仪安置在地面已知边上，测定其陀螺方位角，当前后两次测得的已知边的陀螺方位角之差符合要求后，取其平均值 $T_己$ 作为最终的观测结果，并按下式根据已知边的坐标方位角 $\alpha_己$ 求出待测边的坐标方位角 $\alpha_未$，即

$$\alpha_{未} = \alpha_{已} + (T_{未} - T_{已}) \tag{17-1}$$

最后须指出的是：实际工作中，在使用陀螺经纬（全站）仪之前，应认真仔细地阅读其说明书，搞清其详细构造、使用方法和注意事项。

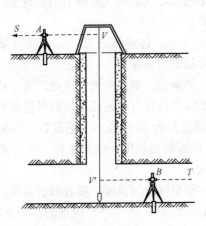

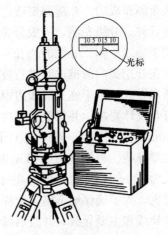

图 17-8 陀螺经纬仪定向示意图   图 17-9 陀螺经纬仪示意图

17.3.2 竖井高程联系测量

根据仪器、工具、井深及精度要求等情况，竖井高程联系测量可分别采用吊钢尺法、吊钢丝法或光电测距导高法（与本书第 14 章介绍的全站仪天顶测高法类似，只不过为了安全，此处一般将测距仪或全站仪安放在上面井口向下观测）。

当井筒较深时，常用钢丝代替钢尺导入高程即吊钢丝法。如图 17-10 所示，首先在井口近处建立一比尺台，在台上与钢丝并排固定一检验过的钢尺，施以标准拉力；比尺台的一端设置手摇绞车，钢丝绕在绞车上；经过两个小滑轮将钢丝下放井下，挂上重锤（参考前面投点），当验证钢丝是自由悬挂于井筒中时，即可进行测量。

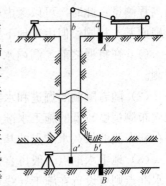

图 17-10 吊钢丝法示意图

如钢尺导入高程相似，在井上、井下分别安置水准仪，在视线与钢丝相交处各设一标志。测量时慢慢提升钢丝，利用比尺台上钢丝所移动的距离与井上、井下标志所上升的长度相等的原理，用钢尺量出井上、井下两标志间的长度，再加以必要的改正，算出高差，即可将高程导入地下。

17.4 地 下 控 制 测 量

地下控制测量的目的就是为了在地下建立与地面统一的坐标和高程系统，作为地下施工放样的依据，并保证相向开挖的隧道在规定的精度范围内正确贯通。

地下控制测量的起始点通常设在洞口处，其起算数据由地面控制测量通过地上、地下连接测量传递求得。

地下控制测量的方法与地面控制测量方法基本相同，但由于地下条件的限制又有所不同。下面，主要就地下控制测量的特点进行介绍。

17.4.1 地下平面控制测量

由于地下条件的限制，地下平面控制测量一般只能采用导线测量的方法，而且洞内导线并不是一次布测而成的，在隧洞贯通之前主要采用支导线的形式随隧洞的掘进及时地、逐步地不断向前延伸、分级布测，一般分为下列三种。

（1）施工导线。施工导线的边长一般为 25～50m，即每掘进 25～50m 须新增测一个导线点，用以在开挖面向前推进时进行放样以指导隧洞的开挖。

（2）基本导线。由于施工导线边短、点多，测量误差累计较大。因此，为了检查隧洞的方向是否符合设计要求，并保证后面的施工能继续沿设计方向正确地向前开挖延伸，每当掘进 100～300m 时，须选择一部分施工导线点敷设边长为 50～100m、精度较高的基本导线。

（3）主要导线。当掘进超过 1km 时，为了保证贯通精度，还须选择一部分基本导线点来敷设边长为 150～300m、精度更高的主要导线。

由此可见，为了确保地下施工放样的精度，根据隧道的长度，随着掘进要依次布测施工导线、基本导线和主要导线，并且后续低一级的导线要在高一级导线点的基础上向前延伸。同时，不管哪一级的导线，当隧洞掘进一段距离布设一个新点后，都要从起点开始一遍全面的复测，并测定新点的坐标。这样，不仅可以提高观测精度、发现可能存在的错误，而且还可以发现隧洞开挖后是否有变形、点位是否有变动。

值得注意的是：在易引爆的环境下，应使用具有防爆能力的测量仪器。

17.4.2 地下高程控制测量

地下高程控制测量，一般多采用水准测量的方法进行施测（当坡度较大时，也可采用三角高程测量；此时，可以考虑与平面控制测量一同布测成三维导线）。地下水准测量的方法，与地面基本相同；但由于地下条件的限制，又有许多不同之处。

（1）在贯通之前，洞内水准路线均为支水准路线，因此须进行往返观测，并经常进行复测。

（2）随着隧洞的掘进和水准路线的不断延长，为了满足施工放样和贯通精度的要求，一般先布测精度较低的施工水准点，然后再布测精度较高的永久水准点，并且后续施工水准点要在新布测的永久水准点的基础上向前延伸。

（3）地下水准点一般可直接利用地下导线点，将主要导线点同时作为永久水准点，而施工水准点则可设置在施工导线点上。这样，平高共用一个点既可以节省场地和埋设标石的工作，又可以通过对水准点的定期复测，与导线点的资料相互印证，以发现点位是否存在位移。

（4）由于洞内施工场地狭小、施工繁忙，还有水的浸害，会影响到水准标志的稳定性，故有时也可将水准点设置在顶板和侧墙上。

（5）为了满足洞内施工放样的需要，施工水准点的密度一般要达到安置仪器后，可直接后视水准点就能进行施工放样而不需要迁站的要求。

（6）由于洞内照明和通视条件差，为保证测量精度，每站前、后视距均应不大于 50m。

（7）当水准点设置在顶板上，观测时应倒立水准尺，将尺底零端顶住测点，如图 17-11 所示。此时，高差的计算公式仍与地面相同，只是倒立水准尺的读数应以负值代入。

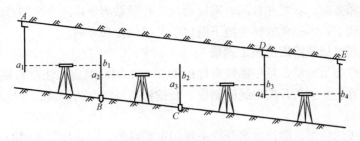

图 17-11 倒尺法水准测量示意图

17.5 地下施工测量

地下施工测量的内容，可概括为洞（井）口施工测量、隧洞开挖掘进施工测量和地下各建（构）筑物施工测量三大方面。由于后者与地面建筑施工测量相类似，故这里仅介绍洞（井）口施工测量和隧洞开挖掘进施工测量的有关内容。

17.5.1 洞（井）口施工测量

在洞（井）口开工之前，首先应根据测量控制点以及设计资料将洞（井）口的设计位置测设于实地。

（1）平（斜）峒洞口的施工测量。如图 17-12 所示，对于长度较短的直线隧道，一般采用中线法直接将隧道的平面中心线在地表放样出来。因此，洞口施工前，可将仪器分别安置在进口控制点 A 和出口控制点 B 上，由 AC、BE 方向即可放样出洞口的位置，指导隧道的掘进方向。

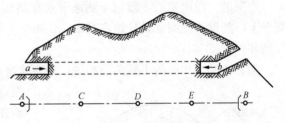

图 17-12 平（斜）洞口施工测量示意图

而对于长大隧道，可根据洞口控制点和设计资料，采用全站仪极坐标或直接利用 GNSS 技术进行洞口的施工放样（当设计为曲线进洞时，除放样出洞口中桩点外，还应放样出该中桩处的切线方向作为进洞方向）。

洞口的高程，则可根据洞口水准点和设计资料进行测设。

（2）竖井及其洞口的施工测量。竖井开工前，首先应根据地面控制点把竖井井口的平面位置在地面测设出来，然后再向下开挖。

在竖井向地下开挖的过程中，其平面位置和垂直度可用悬挂大垂球或用垂准仪测设铅垂线的方法加以控制，挖深则可直接采用钢尺垂直丈量或吊钢尺法控制。

待竖井施工完毕，若竖井较浅、直径较大时，可根据地面上标定的中线控制桩，用经纬（全站）仪将其引测到坑底，在坑内测设出中线方向，如图 17-13 所示；同时，根据地面水准点，采用悬挂钢尺法将高程导入坑底，结合中线即可放样出地下

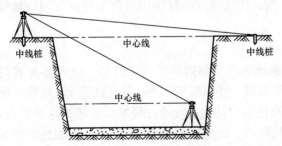

图 17-13 浅竖井洞口施工测量示意图

洞口的开挖位置和方向。若竖井较深，则应通过竖井联系测量将地面控制点的坐标、方位和高程精确传递至地下，再据此放样出地下洞口的开挖位置和方向。

17.5.2　隧洞常规开挖掘进施工测量

隧洞开挖掘进施工测量，是一项经常性的工作。采用常规施工法进行隧洞开挖掘进时，其测量工作的内容主要包括开挖中线的测设、开挖标高与坡度的测设、开挖断面的测设三个方面。

（1）开挖中线的测设。测设隧洞开挖中线的主要目的，一是控制隧洞的平面位置；二是给出开挖掘进的方向和横向开挖范围。

隧洞开挖初期，掘进的方向由洞外控制点或通过地上、地下联系测量引进竖井内的临时中桩点来控制。

当掘进一段距离后，就应布测地下导线；之后即可根据地下导线来放样中桩点。

随着开挖工作面的不断向前推进，地下导线也应随之向前敷设延伸；同时要经常根据地下导线点来测设和检查中桩点，随时给出和纠正掘进的方向。

（2）开挖标高与坡度的测设。在隧洞开挖掘进过程中，除给出中线外，还要给出掘进的标高和坡度，从而控制隧洞的高低位置。

隧洞开挖初期，施工标高由洞外水准点或通过地上、地下联系测量引进竖井内的临时水准点来控制。

当掘进一段距离后，就应布测地下水准路线（点）；之后，即可根据地下水准点在隧洞侧壁上，测设出比洞底设计地坪高出 1m 并与之平行的标高线——腰线，来指导洞内施工的标高和坡度。

随着开挖工作面的不断向前推进，地下水准路线也应随之向前敷设延伸；同时要经常根据地下水准点来测设和检查腰线，随时给出和纠正掘进的标高和坡度。

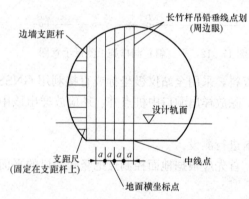

图 17-14　支距法轮廓线放样示意图

（3）开挖断面的测设。在隧洞开挖前，除给出掘进的方向、标高和坡度外，还应放样出开挖断面的轮廓线或周边爆破孔位。

如图 17-14 所示，开挖断面的测设一般采用支距法，即先用经纬（全站）仪定出隧道底面中线点、用水准仪定出设计轨面线；然后在隧道底面测出横坐标点，再用长竹杆挂铅垂线定出纵坐标点（即拱部轮廓线或周边孔位）；最后，用边墙支距杆定出两侧坐标点（即边墙轮廓线或周边孔位）。

17.5.3　隧洞盾构开挖掘进施工测量

所谓盾构施工法，就是指采用盾构隧道掘进机（简称盾构机，如图 17-15 所示）将隧道的定向掘进、运输、衬砌、安装等各工种组合成一体的施工方法，具有自动化程度高、施工速度快、一次成洞、不受气候影响、不影响地面建筑物和交通，可减少大量拆迁等特点，是一种先进的土层隧道施工方法（在隧洞洞线较长、埋深较大的情况下，用盾构机施工更为经济合理），已广泛用于城市地下铁道、越江隧道等的施工中。

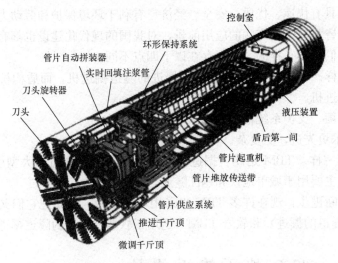

图 17-15 盾构机构造示意图

　　盾构机的标准外形是圆筒形，也有矩形、半圆形等与隧道断面相近的特殊形状。图 17-16 所示为一圆筒形盾构和隧道衬砌管片的纵剖面示意图，切口环是盾构掘进的前沿部分，利用沿盾构圆环四周均匀布置的推进千斤顶，顶住已拼装完成的衬砌管片（钢筋混凝土预制），使盾构向前推进。

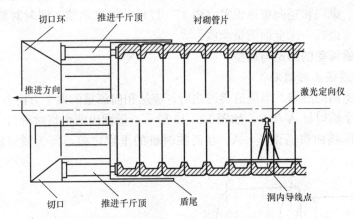

图 17-16 盾构掘进与隧道衬砌示意图

　　盾构施工测量的主要任务，就是根据竖井和洞内的导线点、水准点及时测定、调整控制好盾构机的位置和推进方向，具体地则是通过隧洞中线、标高的测设来完成。为了给掘进机提供自动控制的信息，每次掘进前可在适当的地方安置调整好激光经纬仪或激光指向（定）仪，并在掘进机上安置调整好配套的光电接收装置（图 17-16），这样在向前掘进过程中，如果掘进方向偏离了激光经纬仪或指向仪发出的激光束，则光电接收装置就会自动指出偏移方向及偏移量，从而实现快速纠偏，确保按设计方向、标高与坡度掘进。

　　此外，与盾构机相似的，还有一种被称作 TBM（Tunnel Boring Machine，隧道掘进机）的专用工程设备——适用于硬岩掘进的隧道掘进机（在相同的条件下，其掘进速度约为常规钻爆法的 4~10 倍，最佳日进尺可达 150m）。笼统的来说，盾构机与 TBM 都是一样的，都是全断面隧道掘进机，都具有快速、优质、安全、经济、有利于环境保护和劳动力保护等优点，在我国地下工程领域皆具有十分广阔的应用前景，对我国的现代化建设也都有很重要的意义；但在造词之初，它们是不一样的，主要存在以下四点不同。

（1）适用的工程不一样。TBM 是指适用于硬岩掘进的隧道掘进机，而盾构机则是指适于在软岩、土中的隧道掘进机。

（2）两者的掘进、平衡、支护系统都不一样。

（3）TBM 比盾构技术更先进，更复杂。

（4）工作的环境也不一样。TBM 是硬岩掘进机，一般用在山岭隧道或大型引水工程；盾构机是软土类掘进机，主要用于城市地铁和越江隧道。

然而，随着技术的不断进步，现在许多 TBM 也采用盾构技术，因此把它们又分别称为硬岩 TBM（适用于硬岩隧道的掘进）和软岩 TBM（适用于软弱性围岩的隧道掘进）。

17.6　地 下 竣 工 测 量

为了检查隧道的施工质量、施工进度的完成情况，同时也为运营中的工程维护和设备安装提供测量控制点和竣工资料，测量人员应及时地对已完工部分进行竣工验收测量、绘制竣工图。譬如，在隧洞的开挖掘进过程中，测量人员在每次测设新的中线、腰线和开挖断面之前，应首先对原有的中线、腰线及断面等进行检测；隧洞贯通后，应及时地进行贯通测量，测定实际的横向、纵向和竖向贯通误差（图 17 - 17）并加以调整，同时对整个隧洞的中线、纵断面、横断面等进行一次全面测量验收。

17.6.1　贯通误差的测定与调整

1. 纵横向贯通误差的测定

（1）中线法施测的隧洞。当隧道贯通之后，应从相向测量的两个方向各自向贯通面延伸中线，并各钉一个临时桩 A 和 B，如图 17 - 18 所示。量测出两个临时桩 A、B 之间的距离，即得出隧道的实际横向贯通误差；A、B 两临时桩的里程之差，即为隧道的实际纵向贯通误差。

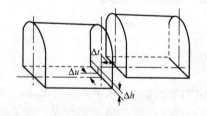

图 17 - 17　隧洞贯通误差示意图　　　　图17 - 18　中线法贯通误差测定示意图

（2）导线法施测的隧洞。首先，在贯通面附近设一临时桩 E；然后，分别由贯通面两侧的导线测出其坐标，如图 17 - 19 所示；最后，将所得的坐标差值投影到贯通面及其垂直方向上，即为隧洞的横向和纵向贯通误差。

2. 竖向贯通误差的测定

由相向测量的两个方向，分别测定贯通面附近所设置的临时桩的高程，其差值即为竖向贯通误差。

3. 贯通误差的调整

若贯通误差在限差（表 17-1）之内，就可认为施工质量已达到设计要求。不过，由于存在着贯通误差，它将影响隧道断面扩大及衬砌等后续工作的进行；因此，应该采用适当的方法将贯通误差加以调整，从而获得一个对行车没有不良影响的隧道中线，并作为扩大断面、修筑衬砌及铺设道路等的依据。

表 17-1   贯 通 误 差 的 限 差

两开挖洞口间长度（km）	4	4~8	8~10
横向贯通限差（cm）	±10	±15	±20
竖向贯通限差（cm）		±7	

注　当贯通误差的调整不会显著影响隧道中线几何形状和工程性能时，其横向贯通限差可适当放宽 1~1.5 倍。

为了避免因调整贯通误差而侵入已衬砌地段的隧洞净空，贯通误差应在未衬砌地段进行调整，该段的开挖及衬砌均应以调整后的中线和高程进行放样。

（1）中线法施测横向贯通误差的调整。如图 17-20 所示，如两端洞身已做永久性的衬砌，则横向贯通误差可在未衬砌地段 CD 间用折线进行调整（称为折线调整法）。显然，当横向贯通误差 AB 为定值时，则调整地段 CD 越长，转折角 θ 就越小。当因调线而产生的转折角 θ 在 5′ 以内时，可直接将两端点 C、D 用直线连接作为调整后的中线；在 5′~25′ 之间时，先将两端点 C、D 内移（端点内移量见表 17-2），然后再用直线连接作为调整后的中线；当 θ 角大于 25′ 时，则应加设半径为 4000m 的圆曲线，并以此曲线作为调整后的中线。

图 17-19　导线法贯通误差测定示意图

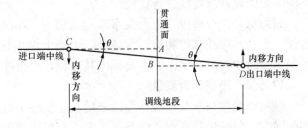

图 17-20　折线调整法示意图

表 17-2   端 点 内 移 量

转折角 θ（′）	5	10	15	20	25
内移量（mm）	1	4	10	17	26

（2）导线法施测横向贯通误差的调整。如图 17-21 所示，从进口控制点 J 至导线点 A 为进口一端已建立的地下导线，从出口控制点 C 至导线点 B 为出口一端已建立的地下导线，这些地段已由导线测设出中线，并据此衬砌完毕；A、B 之间，是尚未衬砌的调线地段。在隧道贯通后，以 A、B 两点作为已知点，以贯通面两端已衬砌地段的与 A、B 相连的导线边作为已知边，其间布测包含贯通点 E 在内的附合导线；然后以闭合差调整后的导线点（坐标）进行未衬砌地段的中线放样，此法称为导线调整法。

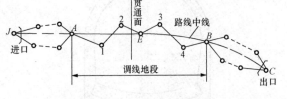

图 17-21　导线调整法示意图

（3）竖向贯通误差的调整。贯通面附近设置的临时桩的高程，取由贯通面两端分别引测高程的平均值，作为调整后的高程；洞内未衬砌地段的各水准点的高程，则根据水准路线的长度对竖向（高程）贯通误差的一半按比例分配，求得调整后的高程，并作为未衬砌地段高程放样的依据。

17.6.2　中线测量与中线基桩埋设

测定调整完贯通误差后，首先应从隧道一端测至另一端，进行隧洞的中线检测。在直线段每50m、曲线段每20m检测一点，检测内容包括里程和中线偏差两个方面。同时，对施工中埋设的中线点标志也应进行检测。

中线检测完毕，还需用混凝土包埋金属标志设置一定数量的永久中线点即中线基桩。直线地段，每200m左右埋设一个。曲线地段，应在其起、终点各埋设一个；如果曲线过长，应在其间适当加设中线基桩，使相邻各点能相互通视。

中线基桩埋设之后，应在其两侧边墙上绘出标志，以便识别。标志一般设在高出洞底设计地坪0.5m处，标志框内用白漆打底，红油漆书写，上面为点名、中间为里程、下面为该标志至基桩的距离。

另外，在中线检测时，还应标校避人（车）洞的位置；在洞身断面变换处、衬砌类型变换处以及其他需要测量净空断面的里程处，设置临时中桩，供测绘断面之用。

17.6.3　纵断面测量与永久水准点埋设

中线测量与中线基桩埋设之后，还要进行纵断面测量，并埋设一定数量的永久水准点。纵断面应沿中垂线方向测定底板和拱顶高程，每隔10～20m测一点，绘出竣工纵断面图，在图上套画设计坡度线进行比较。

洞内每公里应埋设一个永久水准点，短于1km的隧洞应至少埋设一个或两端洞门附近各设一个。与中线基桩相似，在隧洞的边墙上做出标志，注明水准点的编号和高程。同时，在洞内临时中桩的边墙上，也要标出其高程，以供净空测量之用。

17.6.4　净空断面测量

纵断面测量与永久水准点埋设之后，还要在中线检测时设置的中桩处，测绘每个断面的实际净空，包括拱顶高程，线路中线左、右起拱线的宽度，铺底或仰拱高程等。

净空断面测量，过去通常采用图17-22所示直角坐标法或图17-23所示极坐标法。测量时，前者是以横断面上的中垂线为纵轴，以起拱线为横轴，量出起拱线至拱顶的纵距 x_i、中垂线至各点的横距 y_i 以及起拱线至底板中心的高度 x' 等，并据此绘制竣工横断面图；后者则是先将一个刻有 $0°\sim360°$ 分划的圆盘，安放在横断面的中垂线位置上，并量出圆盘中心至底板中心的高度，然后用根长杆挑一皮尺，零端指着断面上某一点，量取其至圆盘中心的长度，同时在圆盘上读出角度，即可据此绘出竣工横断面图。

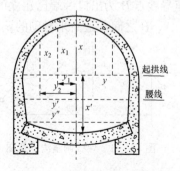

图 17-22　直角坐标法示意图

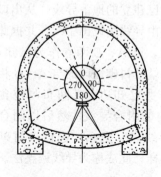

图 17-23　极坐标法示意图

　　显然，上述人工测量的方法不仅测量精度无法保证，而且作业繁重、危险，不易对开挖断面进行及时检测，并由此造成较大的超、欠挖经济损失。

　　因此，近年来已开始应用（防爆）激光断面检测仪进行隧洞的断面和净空测量，收到了良好的效果。图 17 - 24 所示为一款激光断面检测仪，它是建立在无合作目标激光测距技术和精密数字测角技术之上，采用极坐标法对隧洞断面直接进行扫描测量、自动记录；若现场再配以便携式计算机和专用的测量系统软件，便可迅速得到实测断面图，并与设计断面图进行对比自动完成隧洞超欠挖的现场监测、分析，快速给出检测报告。可见，若使用断面检测仪进行隧洞的断面和净空测量，不仅速度快、精度高，而且可实现无接触测量、大大减轻测量人员的劳动强度。

图 17 - 24　激光断面检测仪
示意图

17.6.5　成果整理与技术总结

1. 各阶段应提交的测量资料

　　（1）地上控制测量。主要包括：总体说明（隧洞名称、长度、平面形状、布网情况、施测方法、仪器型号、数据处理方法、施测日期及特殊情况与处理等），布点示意图，角度、边长和高程的实测数据，数据处理的方法、计算成果及其精度，曲线转角、各要素的计算及始终点的实测里程，洞口投点的进洞关系计算成果等。

　　（2）地下控制测量。主要包括：总体说明（布点情况、施测方法、仪器型号、数据处理方法、施测日期、实际贯通里程及特殊情况与处理等），布点示意图，连接测量的成果，角度、边长和高程的实测数据，数据处理的方法、计算成果及其精度等。

　　（3）竣工测量。主要包括：在三个方向的实际贯通误差及调整方法，洞内中线基桩和永久水准点表（须为与洞外控制点连测并经闭合差调整后的坐标和高程），纵断面测量图表，净空断面测量图表等。

2. 技术总结的编写

　　凡使用新技术、新仪器和新方法以及通过竖井进行联系测量的隧洞，都应编写测量技术总结。其主要内容包括：①基本情况；②洞内、洞外的施测方法及实测精度；③实测的贯通误差值及其调整方法；④施测过程中发生的重大问题及其处理情况；⑤引进和使用新技术的经验、教训和体会。

🧠 思考题与习题

1. 何谓隧道工程测量？并简述其主要任务和内容。
2. 地上平面控制测量的主要方法有哪些？
3. 地下控制测量有何特点？并简述其主要内容和方法。
4. 地上、地下连接测量的目的是什么？并简述其主要内容和方法。
5. 简述地下施工测量的主要内容和方法。
6. 地下竣工测量主要包括哪些内容？
7. 贯通误差是怎样测定和调整的？
8. 隧洞净空断面测量的主要方法有哪些？

第 18 章　其他工程测量

18.1　管道工程测量

在各类管道（如给水、排水、热力、输油、输气、输电等）工程的规划设计、施工敷设、竣工验收以及运营管理期间所进行的各种测量工作，统称为管道工程测量；其主要内容和任务，可概括为以下三个方面：①测图——测绘大比例尺地形图和断面图，为管道的规划、设计提供必要的地形信息。②施工测量——在施工过程中所进行的一系列测量工作，确保按图施工。③竣工测量——将施工后的管道位置测绘成图，以反映竣工后的现状，从而为工程的验收以及日后的管理、维修、改建、扩建、事故处理等提供必要的资料和依据。

大比例尺地形图和断面图的测绘，前面有关章节已进行了详细论述；因此，本节仅就管道施工测量和竣工测量的有关内容进行介绍。

18.1.1　明挖管道施工测量

1. 控制点复测与加密

从规划设计到施工敷设，往往要经过一段时间。在这期间内，初测控制点可能会发生移位、丢失或遭到破坏，因此需对其进行复测和补测。另外，有些控制点还可能在施工范围内，此时需将其移至施工范围以外，简称移测。同时，根据工程施工的需要，有时还需要在原有控制点的基础上增设一些施工控制点（例如，为了便于高程的测设，一般应根据原有水准点，沿管线在其附近施工范围以外每隔 150m 左右增设一个施工水准点），简称增测或加密。

2. 中线放样与校核

所谓中线放样，就是将管道中线的主点（起点、终点及转折点）、每隔一定距离的中桩点（里程桩）以及检修井的中心点等按设计要求测设于实地，从而将管道中线的平面位置在地面上标定出来（具体测设方法，参见前面第 15 章）。

如果设计阶段在地面上所标定的管道中线位置，与施工时所需要的中线位置一致且各桩点完好无损，则只需进行检核而不必重设。

3. 施工控制桩的设置

由于开挖管槽时，中线上的各桩点将被挖掉，为了在后续施工时能便捷地进行恢复，开挖之前应在引测方便、不受施工干扰、易于保存桩位的地方设置施工控制桩。

施工控制桩，又分为中线控制桩和位置控制桩。中线控制桩，是指在管道中线的延长线上设置的控制桩；而位置控制桩，则是指设置在与中线相垂直的方向上用以控制和恢复里程桩、井位等的控制桩，如图 18 - 1 所示。

4. 槽口放线

首先，根据管径大小、埋置深度、土质情况等，确定开槽宽度；然后再依据已放样出的管道中线在地面上定出槽边线位置，并撒以白灰作为开挖的依据，如图 18 - 1 的虚线所示。

5. 管槽开挖深度的控制

由于开挖管槽时，不得超挖基底，因此要随时注意检查和控制挖土的深度。通常的做法是：在即将挖到槽底设计标高时，利用水准仪根据场地上的施工水准点，在槽壁上测设一排与位置控制桩相对应的水平桩（又称腰桩，如图 18-2 所示，使其上表面离槽底的设计标高为一整分米数——下返数 c，如 0.300m 或 0.500m 等；这样，相邻腰桩上表面的连线即与管道设计坡度一致），作为控制挖槽深度、清理槽底和铺设垫层时掌控标高的依据。

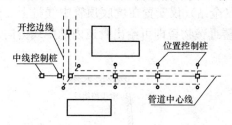

图 18-1 施工控制桩设置示意图

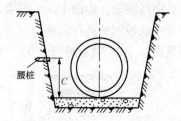

图 18-2 管道铺设示意图

6. 管道中线的投测

如图 18-2 所示，管槽垫层打好后，根据中线控制桩将管道中线投测到垫层上，并作出标志；然后，按此中线标志铺设管道即可。

对于排水管道，其接头一般为承插口，施工精度要求较高；为了保证施工质量，在管道接口前应复测管顶的高程（管底高程加管径和管壁厚度），误差不超过 ±1cm 时才能接口；接口之后，还需进行竣工测量；竣工测量结束后，方可回填土方。

7. 检修井的施工测量

检修井的施工测量与烟囱相类似，具体可参照前面第 14 章，故此不再赘述。

18.1.2 顶管工程施工测量

当地下管道穿越铁路、重要建筑物或其他不便明挖的管槽时，宜采用顶管施工法。

采用顶管施工法时，应事先挖好工作坑，在坑内安放导轨并将管材放在导轨上，然后用顶镐将管材沿所要求的方向顶进土中，再将管内的土方挖出。因此，顶管施工测量的主要任务是控制好管道中线的方向、高程和坡度。

1. 顶进前的测量工作

如图 18-3 所示，首先根据地面控制点和设计图纸，在工作坑的前后地面上标定两个管道中线控制桩，并确定出开挖边线；待开挖到设计高程后，再根据地面上标定的中线控制

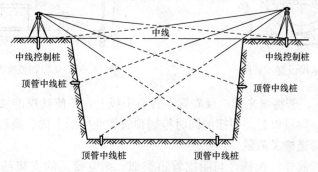

图 18-3 顶管中线桩设置示意图

桩，用经纬（全站）仪将其引测到坑壁和坑底，在坑内测设出中线方向，设置顶管中线桩，并将地面高程引入坑内设置临时水准点；最后，则根据顶管中线桩和临时水准点，在坑内安装导轨，以控制顶进的方向、高程和坡度。

导轨常用铁轨，其顶面的高程及纵坡应符合管道的设计值。经检查无误后，将管材放到导轨上。

2. 顶进中的测量工作

（1）中线测设。如图 18-4 所示，将经纬（全站）仪安置在坑底顶管中线桩上，先后视坑壁顶管中线控制桩进行定向，然后向下转动望远镜物镜即可给出管道内的中线方向。一般管子每顶进 0.5m，就应进行一次中线测设。

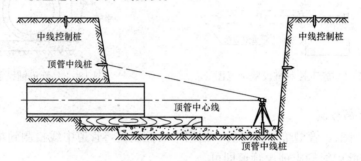

图 18-4　顶管中线测设示意图

如图 18-5 所示，为了便于在顶进过程中控制和校正管子的中线方向，可在管内前端水平放置一支带有刻划的木尺（尺上的分划注记，以尺子的中间点为零向两端增加），这样就可从经纬（全站）仪中读出管中心偏离中线方向的数值；一般偏差允许值为±1.5cm，如超限则应及时校正管子的顶进方向。

（2）高程和坡度测设。在中线测设的同时，还应进行高程和坡度的测设。如图 18-6 所示，在工作坑内安置水准仪，以临时水准点为后视，在管子内竖立一小水准尺作为前视，即可测得管内某点的高程。这样，测得管底前、后两点的高程后，与设计值进行比较即可求得管底高程的偏差；一般偏差允许值为±1cm，如超限则应及时校正管底的标高和坡度。

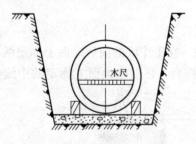
图 18-5　木尺设置示意图

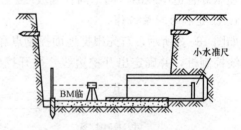
图 18-6　高程和坡度测设示意图

如图 18-7 所示，若将激光指向仪安置在管道中线上，并使其视准轴的指向、倾斜坡度与管道设计的一致，则可以更加便捷的同时控制顶管作业中的方向、高程和坡度。

18.1.3　架空管道施工测量

架空管道的中线放样与校核，与明挖管道类似；架空管道的支架基础开挖中的测量工作，与厂房柱子的相同；架空管道的安装测量，则与厂房构件的安装测量基本相同，故此不再赘述。

18.1.4 管道竣工测量

管道竣工测量，包括管道竣工平面图和管道竣工断面图的测绘。

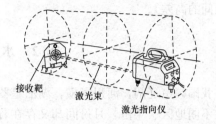

在绘制管道竣工平面图时，应实测管道各主点（起点、转折点和终点）、检查井、附属构筑物的坐标和高程以及它们与附近重要地物

图 18 - 7 激光指向仪工作示意图

的位置关系。如图 18 - 8 所示，在管道竣工（带状）平面图上，应标明检查井编号、检查井顶面高程与管底高程（分子为检查井顶面高程，分母为管底高程）以及井间距和管径等；对于管道阀门、消火栓、排气装置和预留口等，也需用统一符号标明。平面图的测绘宽度依需要而定，一般应至道路两侧第一排建筑物外 20m，比例尺一般为 1∶500～1∶2000。

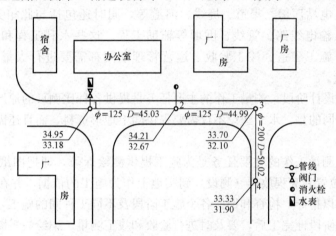

图 18 - 8 管道竣工平面图示意图

对于明挖地下管道，其竣工纵断面图的测绘应在回填土之前进行，用水准测量测定检查井口顶和管顶的高程，并根据管顶高程和管径、管壁厚度计算求得的管底高程（对于自流管道，应直接测定管底的高程）绘制断面图，如图 18 - 9 所示（图中最上面的数字为管底与井

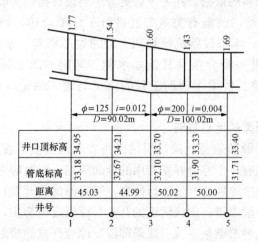

井口顶标高	34.95	34.21	33.70	33.33	33.40
管底标高	33.18	32.67	32.10	31.90	31.71
距离	45.03	44.99	50.02	50.00	
井号	1	2	3	4	5

图 18 - 9 管道竣工断面图示意图

口顶间的高差）。

18.2 水 利 工 程 测 量

我国幅员辽阔，河川纵横，湖泊星罗棋布，蕴藏着极为丰富的水力资源；但其分布与分配在不同地区、年份、月份间却又存在着不均匀性，使得自然来水和希望用水不相适应：形成枯水季节出现干旱，洪水季节发生洪涝灾害。解决这种矛盾的根本措施就是科学、合理地修建各种水利工程，以除水害、兴水利、充分利用水资源。

按照修建目的和作用的不同，水利工程一般可分为治河防洪工程、水力发电工程、农田水利工程、水运工程和城市供水工程等。这些水利工程，都必须修建各种相应的水工建筑物以控制和支配水流，如水坝、水闸、船闸、升船机、溢洪道、泄水隧洞和管道、引水隧洞和管道、电站厂房、渠道、堤线、河道等，同时还包括与此相关的铁路、公路、桥梁等运输系统及输电线路、管线、围堰等辅助工程。这些水利工程和水工建筑物在其规划、勘测设计、施工建造、竣工验收、运营管理期间都需要进行大量的测量工作，统称为水利工程测量。

在规划、勘测设计阶段，测量工作的主要任务是提供各种比例尺的地形图和其他测量数据。与陆地工程不同的是，水工建设不仅需要提供陆上地形资料，而且还需要提供水下地形资料。

在施工期间，测量工作的主要任务是为施工提供测绘保障，即把图纸上规划设计的建（构）筑物的平面位置和高程放样（测设）到实地上作为施工的依据，并在施工过程中进行一系列的测量工作以指导、检查和衔接各个施工阶段及不同工种间的施工，确保按图施工。

在工程竣工或阶段性完工后，要及时进行验收和竣工测量、编绘竣工图，以反映竣工后的现状，从而为工程的验收以及日后的管理、维修、改建、扩建、事故处理等提供必要的资料和依据。

此外，在运营管理阶段甚至在施工过程中，有时还要对地基及水工建筑物本身或基础的变形进行观测，以确保它们在施工和运营使用期间的安全，同时也可作为鉴定工程质量和验证工程设计、施工是否合理的依据，并为今后更合理的设计提供必要的资料。

（水下）地形图的测绘，前面有关章节已进行了详细论述；而变形观测的有关内容，可见本书第 19 章。因此，本节仅就流域规划所需的地形资料、水库边界线的测设及大坝施工测量的有关内容做进一步介绍（其他如水闸、船闸、泄水隧洞和管道、电站厂房、渠道等水工建筑物及道路、桥梁等辅助工程的施工与竣工测量，可参照前面相应章节进行）。

18.2.1 流域规划所需的地形资料

为了充分发挥水利资源的效益，满足国民经济发展的需要，在对某一河流（或某一水系）进行开发之前，应该有一个综合开发利用的全面规划，此时应考虑各用水部门的不同要求，结合河流的特点对整个流域的开发进行研究，确定河流的开发目标、开发次序，以最大限度地利用水利资源。一般来讲，山区河流的开发目标以发电为主，而平原河流的开发目标则以航运、灌溉为主。这种对整条河流（或局部段）综合开发的规划称为流域规划，它是国民经济发展计划的一个组成部分。

流域规划的主要内容之一，就是制订河流的梯级开发方案、合理地选择枢纽位置和分布。在进行梯级布置时，不仅需要在地形图上确定合适的位置，而且还应确定各水库的正常高水位。为此，测量人员应提供该流域内的地形图、河流纵断面图等。一般来讲，做流域规划时，要选用1∶5万～1∶10万比例尺的地形图，以计算流域面积，研究流域的综合开发利用；为初步确定各梯级水库的淹没情况及库容，需用1∶1万～1∶5万比例尺的地形图。

在收集上述资料时，除具体的测量成果外，还应注意收集诸如施测单位、时间、作业规范、标石耐久程度和保存情况、实测结果所达到的各项精度指标、所采用的坐标系统等资料。对于文字和计算资料，还应了解其资料目录和数量、保存地点、计算方法、有无技术报告或总结等。

资料收集齐全后，应对其进行仔细、认真地分析和整理，确定已有成果是否可用或是否需要进行修测或补测；根据需要，有时还要测定河流水面高程、测定局部地区河流的横断面及水下地形图等。

18.2.2 水库边界线的测设

当水库的设计水位和回水曲线的高程确定之后，即可根据设计资料在实地确定水库未来的边界线。水库边界线，一般是在水库设计批准以后、水坝开始施工前进行实地测设。

测设水库边界线的目的在于标定水库淹没、浸润和坍岸范围，由此确定居民地和建筑物的迁移、库底清理、调查与计算由于修建水库而引起的各种赔偿、规划新的居民地、确定防护界线等。

水库边界线的测设工作，通常由测量人员配合水工设计人员和地方政府机关共同进行。其中，测量人员的主要任务是用一系列的高程标志点（常称为界桩）将水库的设计边界线在实地标定下来，并委托当地有关部门或村民保管。根据界桩的使用性质和期限，可分为永久和临时两种界桩。永久界桩，以混凝土桩或经涂上防腐剂的大木桩或在明显易见的天然岩石上刻凿记号作为标志；临时界桩，可用木桩或明显地物点（如明显而突出的树干或建筑物的墙壁等）作为标志。所有界桩，都应编号。

水库边界线测设的实质，就是利用这些界桩在实地放样出一条设计高程线（界桩高程的测设，可参照前面第13章已知高程的测设进行；但须注意，这时是向坡上、坡下移动水准尺，使其读数为应有的前视读数 $b_{应}$）。因此，库区边界线测设的重点是要保证界桩高程测设的精度，它们的平面位置可用野外目测的方法展绘在库区地形图上。

水库边界线，按其用途可分为移民线、土地征用线、土地利用线和水库清理线等。不同用途的边界线，对测量工作的要求也不一样。因此，在库区边界线测设以前，应根据主管部门对各界线所需测设的高程范围、各类界桩的高程表及测设界线的种类等提出的要求，确定对其是否全部测设或部分测设，然后将回水高程以及界桩测设的高程范围分段绘在图上。在此基础上，进一步收集测区已有高程控制点的分布情况和精度，分析它们是否能够满足界桩测设的要求。在为边界线测设而建立高程控制时，应尽可能利用库区已有的高程控制点。对于库区内将被淹没的四等以上的水准点标石，在测设界桩之前或与此同时，应将其移测至淹没线以上。沿库边设立的高程控制，一般分为基本高程控制和加密高程控制，其布设方法和精度要求与测图高程控制相同。

18.2.3　直线大坝的施工测量

1. 坝轴线的测设

对于中、小型大坝的坝轴线，一般是由工程设计人员和勘测人员组成选线小组，深入现场进行实地踏勘，根据当地的地形、地质和建筑材料等条件，经过方案比较，直接在现场选定。

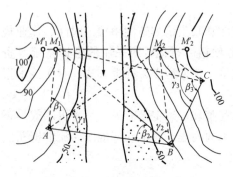

图 18-10　坝轴线测设示意图

对于大型大坝以及与混凝土坝衔接的土质副坝，一般则需要经过现场踏勘、图上规划等多次调查研究和方案比较来确定建坝位置，并在坝址地形图上结合枢纽的整体布置情况将坝轴线标注于地形图上，如图 18-10 中的 $M_1 M_2$ 所示；然后，再根据坝区已有的测量平面控制网点，在实地放样出 M_1、M_2 两个坝轴线端点，并设置永久性标志。此外，为了在端点遭到破坏时也能便捷地恢复坝轴线，通常还应将坝轴线延长到两侧山坡上，并设置永久性标志，如图 18-10 中的 M_1'、M_2' 所示。

2. 坝身控制网的测设

坝身控制网由与坝轴线平行和垂直的一些控制线组成，其测设工作需在修筑围堰并将水排尽后、清理基础前进行。

（1）平行控制线的测设。平行于坝轴线的坝身控制线，既可布设在上下游坡面变化处、坝顶上下游线以及下游马道中线上，也可按一定间隔（如 10、20、30m 等）布设，以便控制坝体的填（砌或浇）筑和进行收方。如图 18-11 所示，测设时首先分别在坝轴线的端点 M_1 和 M_2 安置经纬（全站）仪，后视坝轴线方向测设 90°水平角，建立两条垂直于坝轴线的横向基准线；然后沿此基准线按设计或选定的间距定出各平行控制线的位置，并用方向桩在实地标明（这些桩，称为平行控制线方向桩）。

（2）垂直控制线的测设。垂直于坝轴线的坝身控制线，一般按 50、30m 或 20m 的间距以里程来测设。如图 18-11 所示，

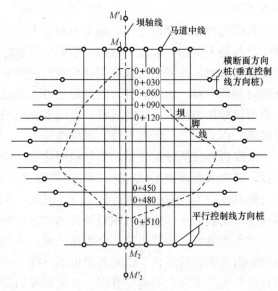

图 18-11　坝身控制网测设示意图

测设时首先由坝轴线的一端在轴线上定出坝顶与地面的交点作为零号桩（桩号为 0+000），接着再由零号桩起沿坝轴线方向按选定的间距（如 30m）依次标定出 0+030、0+060、0+090 等里程桩，直至另一端坝顶与地面的交点为止；最后，将经纬（全站）仪依次安置在各里程桩上，后视坝轴线方向测设 90°水平角，即可定出垂直于坝轴线的一系列平行线，并在上下游施工范围以外用方向桩标定在实地上（这些桩，称为垂直控制线方向桩，亦称横断面方向桩）。

3. 施工高程控制网的建立

为了放样大坝的高程，应首先在施工范围以外稳定的地方布设若干永久性的水准点，组成闭合或附合的基本网，并与国家水准点进行连测。对于土（石）坝，可按三等或四等水准测量的方法施测；而对于混凝土坝，则应按二等或三等水准测量的方法施测。在此基础上，再在施工范围以内不同高度的地方，根据施工进程及时布测一些临时性的施工水准点，直接用于坝体的高程放样。为了测设方便和减少误差，施工水准点应尽量靠近待放样点，尽可能做到安置一次仪器即可放样出待测设高程。施工水准点应附合到永久（基本）水准点上，一般按四等或等外（普通）水准测量的方法施测，并要根据永久水准点定期进行检测。

4. 清基开挖施工测量

为使坝体与基岩能很好的结合，在坝体填（砌或浇）筑前必须对大坝的地基进行清理。对于土（石）坝，清基时只需清除表面覆盖层；而对于混凝土坝，清基时不但要求清除表面覆盖层，而且对风化或半风化的岩层也要全部清除，直至新鲜基岩。为此，清基开挖前应先放出清基开挖线（覆盖层开挖线即坝体与原地面的交线，基岩开挖线即坝体与基岩表面的交线）。

清基开挖线的放样数据，通常采用图解法求得。为此，先沿坝轴线进行纵断面测量、绘制纵断面图，并结合大坝设计数据求出各里程桩的坝顶填（砌或浇）筑高度；再依次在每一里程桩处进行横断面测量，绘制横断面图；然后，根据里程桩的高程、坝顶填（砌或浇）筑高度和坝面坡度，在横断面图上套绘出大坝的设计断面，即可得到坝壳上下游清基开挖点，并可在图上量得它们与坝轴线的平距。如图 18-12 所示，点 R_1、R_2 即为一黏土心墙土坝某横断面上下游清基开挖点，点 n_1、n_2 则为其心墙上下游清基开挖点，它们与坝轴线的平距分别为 d_1、d_2、d_3、d_4（注意：若采用放坡开挖时，各清基开挖点与坝轴线的距离应根据深度适当加宽）。

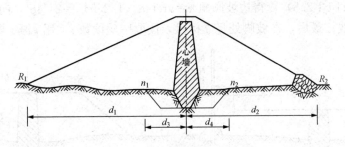

图 18-12　清基开挖线放样示意图

求得清基开挖线的放样数据后，从里程桩起沿其横断面方向测设清基开挖点至坝轴线的平距，即可在实地放样出各清基开挖点；用石灰连接各断面的清基开挖点，即得大坝的清基开挖线。

在基岩开挖过程中，测量人员还应注意控制开挖深度，在每次爆破后及时在基坑内选择较低的岩面测定高程（精确到厘米即可），并用红油漆标明，以便施工人员和地质人员掌握开挖情况。

在基坑开挖好后，还需及时进行竣工测量，以便计算施工的土（石）方量，故又称收方测量。

5. 土坝填筑施工测量

(1) 坝脚线放样。清基以后应放出坝脚线，以便填筑坝体。坝底与清基后地面的交线即为坝脚线，其放样的方法步骤为：首先，恢复轴线上所有的里程桩，进行纵横断面测量，绘出清基后的横断面图，并套绘出土坝设计断面，获得类似图 18-12 所示坝体与清基后地面的交点（上、下游坝脚点）；然后将其在实地标定出来，分别连接上（下）游坝脚点即得上（下）游坝脚线，如图 18-11 中的虚线所示。

(2) 边坡放样。坝脚线放出后，就可填土筑坝。为了标明上料填土的界线，每当坝体升高 lm 左右，就要用桩（称为上料桩）将边坡的位置标定出来。标定上料桩的工作，称为边坡放样。

放样前，首先要确定上料桩至坝轴线的水平距离（坝轴距）。由于坝面有一定坡度，随着坝体的升高坝轴距将逐渐减小，故应事先根据坝体的设计数据算出坝面上不同高程的坝轴距。为了使经过压实和修理后的坝坡面恰好是设计的坡面，一般应加宽 1~2m 填筑。上料桩就应标定在加宽的边坡线上，如图 18-13 所示。因此，各上料桩的坝轴距比按设计所算数值要大 1~2m，并将其编成放样数据表，供放样时使用。

放样时，一般在填土处以外，预先埋设轴距杆，如图 18-13 所示。轴距杆距坝轴线的距离，要考虑便于量距、放样，如图中为 55m。为了放出上料桩，应首先用水准仪测出坡顶边沿处的高程，并根据此高程从放样数据表中查得坝轴距，设为 53.5m；然后，从轴距杆向坝轴线方向量取 55.0−53.5=1.5m，即可标定出上料桩的位置。

当坝体逐渐升高，轴距杆的位置不便应用时，应将其向里移动，以方便放样。

(3) 坡面修整测量。大坝填筑并压实（包括坡面压实）至设计高度后，还要进行坡面的修整，使其符合设计要求。通常的做法如图 18-14 所示：首先，在顶面从坝轴线起沿横断面方向测设坝轴距定出削坡桩；然后，将经纬（全站）仪安置在削坡桩上，量取仪器高 i，并根据坝坡比（如 1:2.5）算得边坡倾角 $\alpha=\arctan(1/2.5)=21°48'$，向下倾斜得到平行于设计边坡的视线；最后，在坡脚处竖立标尺，读取中丝读数 s，用 i 减 s 即得其修坡量 g。

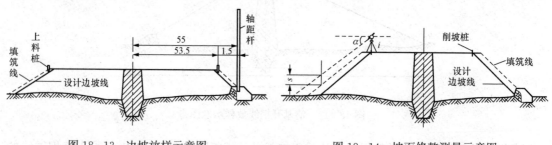

图 18-13 边坡放样示意图　　　图 18-14 坡面修整测量示意图

为便于施工人员对坡面进行修整，可沿斜坡观测多个点，求得其修坡量作为修坡的依据。

6. 混凝土坝的立模放样

混凝土坝的施工，一般采用分层、分段（坝段）、分块的施工方法，逐块、逐层按设计尺寸和形状进行立模、捆扎钢筋、浇筑混凝土；每一高度层浇筑完毕后，再重新进行立模、浇筑，如图 18-15 所示。这种施工方法有利于保证施工工作有条不紊地进行，并使大坝各部分之间满足设计要求。因此，立模放样的程序为：①根据坝身控制网测设出坝轴线；②根据坝轴线放样出各坝段的分段线；③根据坝轴线和分段线标定出每块的立模线；④立模后，在模板内侧测设出浇筑标高线（以控制浇筑高度）；⑤对模板位置、标高进行检核测量；⑥待下层混凝土凝固后，再进行上层坝块的立模放样。

18.2.4　拱坝的施工放样

拱坝的施工与直线混凝土坝的相类似，也多采用分层、分段（坝段）、分块的施工方法，如图 18-16 所示；但由于拱坝的轴线为圆曲线，因此其施工放线与直线坝的又有所不同，具体可参照前面第 15 章进行，故此不再赘述。

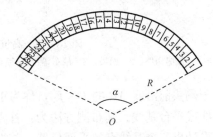

图 18-15　混凝土坝施工示意图　　　　　　图 18-16　拱坝施工示意图

18.3　海洋工程测量

早期的海洋工程，多指码头、堤坝等土石方工程。随着科学技术的进步和对海洋开发力度的加大，海洋工程的内容也随之不断增多，可分为海岸工程、近海工程、深海工程等，若按照用途又可分为港口工程、堤坝工程、跨海大桥、海底隧道、海洋资源开采工程、海底管线铺设工程等；另外，海洋军事工程也是海洋工程重要的组成部分，包括军港、岸炮台阵地、导弹靶场、水上机场以及助航标志（信号台、雷达站、无线电指向标）等。因此，现代的海洋工程是指与开发利用海洋直接有关的所有工程的总称。在这些海洋工程的规划、勘测设计、施工建造、竣工验收、运营管理期间都需要进行大量的测量工作，统称为海洋工程测量。

18.3.1　码头施工测量

码头是港口工程建设中最为主要的部分，是停靠船舶、上下旅客、装卸货物的场所，其前沿线为港口水域和陆域的交接线；根据其结构形式的不同，可分为高桩板梁式码头（图 18-17）和重力式码头（图 18-18）。

高桩板梁式码头施工测量的主要工作是水上桩基础的定位，其具体方法可参照前面第 16 章进行。下面，主要介绍重力式码头施工测量的有关内容。

重力式码头主要由墙身、基床、墙后抛石棱体和上部结构组成，按其形式可分为方块码头、沉箱码头和扶壁码头等。图 18-18 所示为一方块墙身结构形式的重力式码头，其施工测量的主要内容有：施工基线的布测、基槽开挖测量、基床抛填测量、预制物件的安装测量及墙后抛填测量等。

1. 施工基线的布测

为了便于后续的施工放样，施工基线通常布测成两条互相垂直的形式。如图 18-19 所

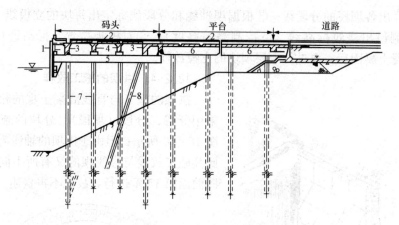

图 18-17　高桩板梁式码头示意图

1—靠船构件；2—面板；3—吊车梁；4—纵梁；5—横梁；6—平台横梁；7—直桩；8—斜桩

示，平行于码头前沿线 AB 的 J_1-J_2，称为正面基线；垂直于码头前沿线 AB 的 J_2-J_3，称为侧面基线或平台基线。其布测方法为：首先，根据码头前沿线两端点 A、B 的设计坐标和地形条件设计出三个基线点的平面位置，并推算出它们的坐标；然后，在现场根据港区已有的平面控制点 I_1、I_2、I_3，采用前方交会或极坐标等方法测设出三个基线点 J_1、J_2、J_3；最后，实测两基线的平距及其水平夹角，符合要求后即布测完成，否则需进行适当调整以符合精度要求（具体方法，可参见前面第 14.3.1）。

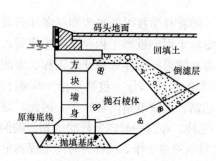

图 18-18　重力式码头示意图

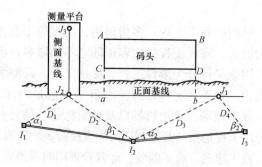

图 18-19　正、侧基线布测示意图

2. 基槽开挖测量

基槽开挖，一般由挖泥船进行。如图 18-20 所示，挖泥船沿纵向，由码头前沿自图的右方向左方，在一定宽度 l 范围内挖泥；挖完一条后，向岸边移动 l 长再挖第二条……。因此，为了控制基槽开挖的宽度和方向，应沿侧面基线 J_2-J_3 测设纵断面控制桩（基槽边线控制桩、基槽开挖边线控制桩及挖泥船方向控制桩）和设置活动导标；为了控制基槽纵向开挖区间和掌握开挖断面的情况（控制测深船测深方向），应沿正面基线 J_1-J_2 测设横断面控制桩（一般每 5～10m 设置一个，并用里程进行编号）和设置活动导标。

活动导标的设置，应考虑轴线偏差的灵敏度，即前、后标的距离与前标至施工地点的距离之比。挖泥时，灵敏度应小于 1：4；抛石时，灵敏度应小于 1：2。

当码头两端延伸均为水域时，则需架设水上的方向标志。如图 18-21（a）所示，可在混凝土墩块中插入标杆，设置独立导标；也可以采用混凝土墩和木架固连的形式，在木架框上插上各种不同形式的导标，如图 18-21（b）所示。导标架的位置，应先根据挖泥和抛填范围预先在总平面图上设计好，并计算出导标放样的数据；然后，由起重船吊放导标架，稳固后再在架上测定导标的正确位置，并设置标志。在施工过程中，导标位置应经常进行检查。

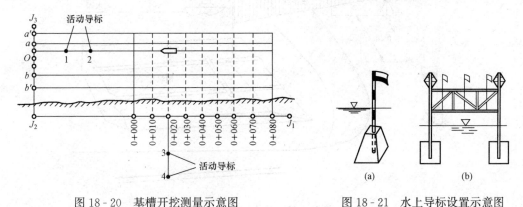

图 18-20　基槽开挖测量示意图　　　　图 18-21　水上导标设置示意图

　　基槽开挖完毕，要利用测深船沿横断面方向进行测深，以检查开挖深度。为了通过测深船测得的水深计算水下地形点的高程，测深的同时还应进行水位观测测定水面高程。

　　3. 基床抛填测量

　　基床施工的顺序，一般是先铺砂、再抛石、最后对基床表面进行平整。因此，其测量工作的主要内容和任务，可概括为：抛填前，为基床抛填设置方向标，控制铺砂、抛石、平整的边线；抛填后，进行相应的高程测量，指导基床的平整工作。

　　基床抛填方向标的设置，可参照上述基槽开挖中导标的设置进行。下面，主要介绍基床平整中的测量工作。

　　基床的平整，包括粗平、细平、极细平三项工作。

　　(1) 粗平测量。在比较平静的水域施工时，可在船舷处伸出两块跳板，用钢丝绳吊入一根（钢轨）刮尺，其深度按基床设计标高及当时的水位来决定，使刮尺底部保持在粗平标高上。操作时，船只沿基槽纵向缓缓前进，潜水员在水下水平地推动刮尺，将基床中过高的石块扒向凹处进行粗略平整。粗平的允许误差，一般为 ±20cm。

　　如遇施工水域风浪较大时，船只每前行 1m，就要用金属管尺测定一次刮尺的标高，并调整钢丝绳使刮尺底部始终保持在粗平标高上。

　　(2) 细平测量。如图 18-22 所示，分别在细平的边界点 P_1 和 P_2 上安置经纬（全站）仪，先瞄准侧面基线点 J_3 进行定向，向其右侧测设 90°水平角得到细平边界方向，并调整水中竖立的金属管尺使其位于该方向上；然后，再根据就位的金属管尺，由潜水员调整水底粗平基床上放置的混凝土小方块，并在混凝土小方块上标出点位；同时，测定出混凝土小方块顶面的标高并加以调整，使混凝土小方块顶面的高程与设计标高一致。同法，逐点投影，将各点连接起来即为细平边界线。最后，沿细平边界线铺设平整钢轨，并检查调整轨顶标高使其与设计标高一致。

　　值得注意的是，为了防止地基发生横向不均匀沉降，基床顶面一般预留 1.0%～1.5%

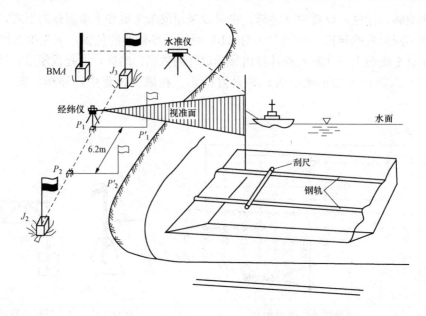

图 18-22 基床细平示意图

的倒坡，如图 18-23 所示。因此，测定混凝土小方块顶面标高和钢轨顶标高时，要注意倒坡值；如钢轨间距为 6.2m，设计倒坡为 1.0％时，则离岸远的钢轨比离岸近的钢轨应高出 6.2cm。

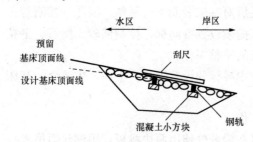

图 18-23 预留倒坡示意图

钢轨的平面位置和标高放样以后，先抛填砂石或瓜子石，再由两名潜水员在水下沿钢轨顶面推动刮尺，使基床平整。当基床较宽，一次无法平整，应分条（带）进行。细平的允许误差，一般为±5cm。

（3）极细平测量。极细平是基床施工的最后一道工序，其测量、平整的方法步骤与细平一样，但精度要求稍高，允许误差一般为±3cm。

当基床较宽，一次无法平整，应分条（带）进行。另外，为了不破坏已平整的基床表面，潜水员应拉动刮尺向后退行。

4. 方块吊安装测量

方块吊安装测量的主要任务，是确保码头前沿线和码头横端线安装在设计位置上。为此，一般在距离水下底层方块外缘 5～10cm 处布测安装基准线，作为潜水员进行水下安装的依据。

（1）安装基准线的布测。如图 18-24 所示，先在侧面基线 J_2-J_3 上，距离水下底层方块外缘5～10cm处设置一点 F；然后，在其上安置经纬（全站）仪，测出其垂直基线方向 FF'，并指挥船上人员使所挂垂线与望远镜十字丝竖丝重合；同时，潜水员在水下沿垂球尖端安装中间嵌有木桩的小混凝土方块，并在垂

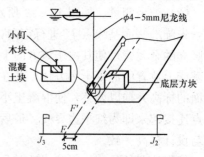

图 18-24 安装基准线布测示意图

尖处钉以小钉标定（为了不受波浪、水流的影响，水中部分的垂线应设置隔流套管，如图 18-25 所示）。待起、终点标定，并检查合格后，用一拉紧的尼龙线连接起来即告完成。

当码头较长或前沿线成折线形状时，应分段布测安装基准线。

（2）方块安装测量。如图 18-26 所示，起重船将底层方块吊入水中，由潜水员根据安装基准线利用直角靠尺将其正确地安装在设计的位置上。底层方块安装后，即可像砌墙一样逐层向上安装。

图 18-25　隔流套管示意图

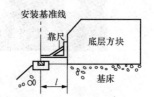

图 18-26　方块安装示意图

5. 墙后抛填测量

在方块吊装 2～3 层后，就可开始墙后抛填，其测量放样工作和基床抛填一样，需在岸上或水区布置抛填标志、控制各层标高，必要时还应进行断面测量，检查坡度和分层标高是否满足要求。

6. 码头上部结构的施工放样

重力式码头的上部结构一般为现浇，因此测量人员的主要任务是按设计的位置、形状、尺寸和标高等测设出必要的点和线，为立模浇筑提供依据，具体做法可参照前面第 14 章。

最后指出，上述码头施工测量皆为传统的做法，有条件的可采用 RTK 技术进行，特别是在基槽开挖和抛填工作中。

18.3.2　防波堤施工测量

防波堤为港口的防护构筑物，其作用是抵挡外水域的波浪、保持港内水面的平稳、确保港内停靠船舶和作业的安全。

按结构形式及对波浪的影响，防波堤可分为斜坡式、直立式、混合式、透空式、浮标式等多种类型。其中，斜坡式在我国使用最为广泛，如图 18-27 所示。

防波堤的修建，首先也需要进行基槽开挖测量，其方法与重力式码头相同。基槽开挖完毕，可先在某些选定的点位处抛石，并使其露出水面；再在露出水面的抛石上精确地放样出防波堤的轴线（点）；最后，根据已放样出的轴线（点），再进行防波堤的后续施工（测量）。

图 18-27　防波堤示意图

18.3.3　海上钻井平台定位测量

海上钻井平台是海底石油、天然气等开采的工作场所，其形式主要有两种：一是如图 18-28 所示，建立固定式的钻井平台；二是如图 18-29 所示，直接利用钻井船作为钻井平台。它们的定位与陆地测量不同，皆需依靠在海底建立的专用声学测量控制网进行。

图 18-28　固定式钻井平台示意图

1. 海底测量控制网的建立

建立海底测量控制网的基本流程为：首先，利用 GNSS 等技术进行导航，使测量船到达预定海域；然后由潜水员将水下声标（应答器或信号标）以桩式或锚式固定于海底作为水下控制点（通常，按三角形或正方形进行布设，控制点间距约等于海水深度）；最后再测定出海底各控制点的位置。

海底各控制点位置的测定，可采用直接法。直接测定海底某控制点位置的基本原理为：测量船在待测海底控制点上方 3 个或以上的地方，接收水下控制点发射的声波信号测量出其间距，然后利用空间距离交会的原理即可测定出海底控制点的位置（测量船的位置，可采用 GNSS 等技术测定）。

2. 海上钻井平台的定位

如图 18-30 所示，海上钻井平台的定位与海底控制点位置的测定正好相反，但其测量原理却是一样的，即利用安置在平台底部的听声器，接收来自海底 3 个或以上控制点发射的声波信号测量出其间距，从而通过空间距离交会即可完成平台的定位。

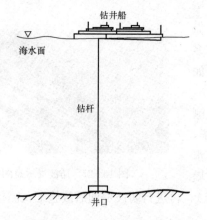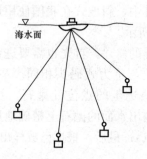

图 18-29　钻井船平台示意图　　　　　　　图 18-30　平台定位示意图

18.4 园 林 工 程 测 量

园林是指运用工程技术和艺术手段通过改造地形（堆山、叠石、理水等）、种植树木花草、营造建筑和布置园路等途径创作而成的美的自然环境与游憩境域，其工程包括园林建筑小品工程（亭、台、廊、阁、榭、广场……）、园林道路工程、园林桥涵工程、园林管道（给水、排水、供热、通信、电力）工程、园林照明工程、园林假山与雕塑工程、园林堆（筑）山工程、园林水景（湖、河、泉、瀑……）工程、园林绿化（种树、栽花）工程等。在这些园林工程的规划设计、施工建造、竣工验收等各阶段都需要进行大量的测量工作，统称为园林工程测量；其主要内容和任务，可概括为三个方面：①测图——测绘大比例尺地形图和断面图，为园林（工程）的规划、设计提供必要的地形信息。②施工测量——在施工过程中进行一系列的测量工作，将设计的内容测设于实地，确保按图施工。③竣工测量——将竣工后的现状测绘成图，从而为验收以及日后的管理、维修、改建、扩建、事故处理等提供必要的资料和依据。

上述绝大多数的测量工作，都可参照前面有关章节进行。下面，仅简要介绍一下挖湖、堆山、绿化种植中的测量工作。

1. 挖湖测量

（1）湖边线的放样。如图 18-31 所示，首先采用经纬（全站）仪极坐标或 GPS 等方法，将湖泊外围轮廓线上的一些特征点 1、2、…、21 的平面位置测设到实地，并打上木桩；然后将这些点用绳索依照设计形状连接起来，撒上白灰即得湖池的边线（若湖面较大，可分段连线标定）。

（2）挖湖深度的控制。挖土机开挖深度的控制，初期可采用目测，后期则要用水准仪随时检查挖深，直至达到设计深度。

（3）边坡坡度的控制。同前面第 15 章路基施工一样，可在边桩外侧按设计边坡坡度设立固定样板或按设计坡度制成活动边坡尺（样板）置于边坡处，以控制和检查边坡的施工。

2. 堆山测量

（1）山脚线的放样。如图 18-32 所示，与上述湖边线的测设一样，首先采用经纬（全站）仪极坐标或 GNSS 等方法，将山脚等高线上的一些特征点 1、2、…、9 测设到实地，并打上木桩；然后把这些点用绳索依照设计形状连接起来，撒上白灰即得山脚线（若山体较大，也可分段连线标定）。

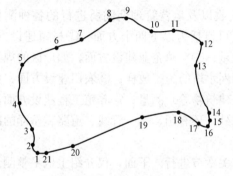

图 18-31　湖泊平面示意图

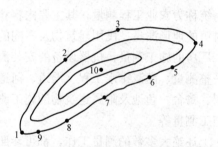

图 18-32　山体等高线示意图

（2）山体标高和坡度的控制。若山体较小采用人工堆筑，多采用分层施工；此时，山体标高和坡度的控制，可参照前面第 15 章采用分层挂线的方法。若采用推土机等进行机械化施工时，只需标定出山脚线，就可由司机参考设计模型堆土筑山；等堆到一定高度后，再用水准仪等进行检查，对不符合设计的地方加以人工修整，使之达到设计要求即可。

3. 种植点定位放线

绿化是园林建设的主要组成部分，没有绿的环境就不可能称其为园林。

（1）单株植物种植之前，应在地面上测设出其中心点，用白灰打点或打桩，并标明植物的种类和坑径。

（2）行树种植之前，应在地面上先测设出其主点（起点、转折点及终点等），再根据主点和设计间距放样出其他点，并用白灰或打桩加以标明。

道路两侧的行道树，可按道路设计断面进行定点。有路牙的，以路牙为依据进行定点；无路牙的，则应找出道路中线，并以此为定点的依据。一般先每 10 株钉一木桩，作为控制标记；然后，再用白灰标定出每个单株的位置。

（3）成片植物种植之前，应首先在地面上测设出其种植范围的边线，并撒上白灰加以标明。

对于只在图上标明种植范围而无固定单株位置的，可用目估法进行定点；定点时，应注意植株间的相互位置，注意自然美观。

对于防护林、风景林、纪念林、果园、苗圃等，其种植点多都按一定的规则进行排列。此时，可按网格法进行定点，其具体做法为：首先，根据植物配置的疏密度，在设计图及现场分别画出距离相等或不等的方格，并从图上量出各种植点到相应方格边的距离；然后，在现场按相应的方格及间距依次定出各种植点的位置，并用白灰打点或打桩，标明植物的种类和坑径。

当种植点的定位放线工作完成后，应对现场标定的位置进行目视检查（必要时，可用皮尺进行距离丈量加以较核），以确保实地定位与设计的一致性。

18.5　农　业　工　程　测　量

随着我国农业现代化的进程，为繁荣农村、开放搞活农村经济，除科学种田和管理外，还应积极发展村镇建设和兴办乡镇企业，这都需要进行一系列的测量工作为之服务，从而农业工程测量应运而生，并得到迅速发展。

在农业工程的规划设计、施工建造、竣工验收以及运营管理期间所进行的各种测量工作，统称为农业工程测量；其主要内容和任务，可概括为以下四个方面：①村镇建设方面，如村镇的地形测量、民用建筑物及亭阁的施工测量；②乡镇企业建设方面，如厂区的规划测量、厂房的施工测量、机器设备的安装测量、烟囱水塔的施工放样；③农田建设方面，如土地平整测量、灌溉排水工程（渠道、河道及水工建筑物等）测量；④养殖工程建设方面，如牲圈、禽舍、鱼池及附属建筑物的施工测量；此外，还有园、场、管线、道路、桥涵的勘测与施工测量等。

上述绝大多数的测量工作，都可参照前面有关章节进行。下面，仅介绍土地平整测量的有关内容。

如图 18-33 所示，因机耕、灌溉等的需要，欲将四块高程不同、面积不等的田块合并成一个大田块，其测量工作的方法步骤为：

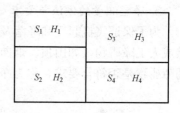

(1) 高程测量。测定出每个田块的高程，设分别为 H_1、H_2、H_3、H_4（可采用假定高程）。

(2) 面积测量。测定并计算出每个田块的面积，设分别为 S_1、S_2、S_3、S_4。

图 18-33 田块合并示意图

(3) 计算合并后大田块的高程。根据挖填平衡（总挖填土方量相等）原则，即按下式计算合并后大田块的高程 H_m 为

$$H_m = \frac{S_1 H_1 + S_2 H_2 + S_3 H_3 + S_4 H_4}{S_1 + S_2 + S_3 + S_4} = \frac{\sum SH}{\sum S} \tag{18-1}$$

(4) 计算填挖高度。将每个田块的高程减去合并后大田块的高程，即得每个田块的填或挖高度，并在实地标明，以指导、控制平整施工。

(5) 计算平整土方量。首先，将每个田块的填或挖高度乘以其面积，求得每个田块的填方量或挖方量；然后，将每个田块的填方量与挖方量求和，即得总的平整土方量。

(6) 验收测量。待田块平整后，抽测若干点的高程，检查是否符合要求。

对零星小块、形状各异、高低起伏区域的平整，可采用方格网法；其测量工作的方法步骤与上述田块合并类似，主要区别在于高程测量之前需要将待平整地面划分为若干正方形小方格再测定出各方格顶点处的高程（平整高程及土方量的计算，可参见前面第 10.4.6。）而山坡的土地平整，一般以修筑水平梯田为最理想的形式。

18.6 机场工程测量

机场工程（主要包括飞机跑道、滑行道、停机坪、航站楼、油库、通信导航台及其配套工程等）的建设与前述其他工程类似，也要经过勘测设计、施工建造、竣工验收及运营管理几个阶段，在每个阶段同样都需要进行大量的测量工作（统称为机场工程测量）；主要区别在于：机场的勘测，不仅要收集、测绘相应比例尺的地形图，而且为了保证飞机起飞和降落以及各种航线飞行的安全还要进行净空测量、绘制净空图。因此，下面仅就机场净空区、净空测量和净空图的有关内容进行简要介绍。

1. 净空区的概念与分类

净空区是机场的一个重要组成部分，如图 18-34 所示，又分为端净空（或称净空带）和侧净空两部分。每端净空带的长度 L，从跑道端开始，一、二级机场一般为 20km；三级机场一般为 14km；宽度一般由跑道端的中点两侧各 100m 处以 15°角向外扩展至 2km，然后以 2km 宽度延伸至末端。而整个净空区的宽度 B，一、二级机场一般为 30km，三级机场一般为 20km。

离跑道端约 5km 之内的净空带，称为近净空区。

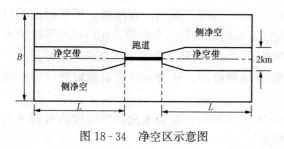

图 18-34 净空区示意图

2. 净空测量的方法与要求

为了保证飞机起飞和降落及各种航线飞行的安全，测定净空区范围内显著超过地面的天然或人工障碍物（如山顶、烟囱、高塔等）相对于跑道的平面位置和高程，以判定净空区内的障碍物是否符合要求，称为净空测量。

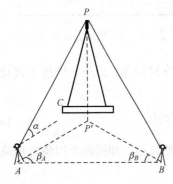

图 18-35 前方交会法示意图

净空测量，最常采用的方法是前方交会法，其具体方法步骤为（图 18-35）：

（1）在地面 A、B 两机场控制点上，分别安置经纬（全站）仪，测定 AB 与 AP 两方向间的水平夹角 β_A 以及 BA 与 BP 两方向间的水平夹角 β_B。

（2）利用正弦定理间接求得 A、P 两点间的平距 D_{AP}，即

$$D_{AP} = \frac{D_{AB}}{\sin(\beta_A + \beta_B)}\sin\beta_B \qquad (18-2)$$

式中　D_{AB}——A、B 两点间的平距。

（3）利用坐标正算公式，求得 P 点的坐标（x_P，y_P），即

$$\left.\begin{array}{l} x_P = x_A + \Delta x_{AP} = x_A + D_{AP}\cos(\alpha_{AB} - \beta_A) \\ y_P = y_A + \Delta y_{AP} = y_A + D_{AP}\sin(\alpha_{AB} - \beta_A) \end{array}\right\} \qquad (18-3)$$

式中　α_{AB}——A、B 两点连线的方位角；

x_A，y_A——A 点的纵、横坐标。

注意：当未知边 AP 位于已知边 AB 的右侧时，上式取"$+\beta$"。

（4）测定 A 点经纬（全站）仪至塔顶 P 点的竖直角 α，并利用下式计算求得 P 点的高程 H_P

$$H_P = H_A + D_{AP}\tan\alpha + i \qquad (18-4)$$

式中　H_A——A 点的高程；

i——仪器高。

可见，前方交会法测定坐标的实质为角度交会法，测定高程的实质为三角高程测量，其关键环节则是间接地测定未知边的边长。

通常，机场定勘阶段的净空测量，要比初勘阶段（草测）的精确些；净空带内的测量，要比侧净空区的严格一些；近净空区的测量，要比远净空区、侧净空区的高一些。

3. 净空图的分类与绘制

净空图，又分为净空平面图和净空纵断面图。在净空平面图上，除了要绘出净空区的山形地势（并注明各山顶的高程）、城镇、铁路、公路、河流、湖泊、高压线、场区附近的村庄以及可能影响飞行的人工建筑物外，应准确标定出跑道位置、净空带及相应机场等级的大小、起落航线等。纵断面图是整个净空带的侧视图，除了要充分显示出净空带内地势及人工障碍物的高低情况外，还应绘出飞机飞行的航迹线和地形、地物的高度限制坡线（净空坡线）。

净空图，通常利用已有的 1：5 万或 1：10 万的地形图，结合实测的净空区内有碍飞行的天然或人工障碍物的平面位置和高程绘制而成。

18.7 电 力 工 程 测 量

所谓电力工程，一般是指与电能的生产、输送、分配有关的工程；在其规划设计、施工建造、竣工验收及运营管理期间所进行的各种测量工作，统称为电力工程测量。

输电线路作为发电厂或变电站向用户输送电能的桥梁，在电力系统中起着非常重要的作用；而输电线路的弧垂和对地距离（线高）又是线路设计、架线施工和安全运行的主要指标。因此，下面仅就弧垂测量和线高测量进行简要介绍（电力工程的其他测量工作，可参照前面有关章节进行）。

1. 弧垂测量

如图 18-36 所示，将反射棱镜竖立在悬挂点 A 的天底点 A'（过 A 点的铅垂线与地面的交点）上，全站仪安置在某一适当位置 O 点处，先照准反射棱镜进行测量获得全站仪至棱镜的斜距 S_A 和竖直角 $\alpha_{A'}$，再转动望远镜照准悬挂点 A 获得全站仪至悬挂点 A 的竖直角 α_A，最后按下式即可求得 A 点相对于全站仪横轴的高度 H_A

$$H_A = S_A \cos\alpha_{A'} \tan\alpha_A \tag{18-5}$$

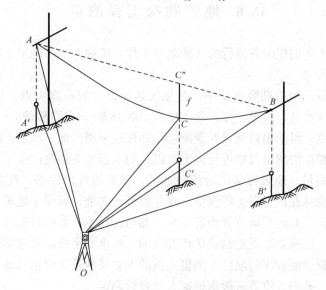

图 18-36 弧垂与线高测量示意图

同法，可求得悬挂点 B 以及欲测弧垂处导线上点 C 相对于全站仪横轴的高度 H_B 和 H_C。

$$H_B = S_B \cos\alpha_{B'} \tan\alpha_B \tag{18-6}$$

$$H_C = S_C \cos\alpha_{C'} \tan\alpha_C \tag{18-7}$$

式中 S_B、S_C——全站仪至 B' 点和 C' 反射棱镜的斜距；

$\alpha_{B'}$、α_B——全站仪至 B' 点反射棱镜和悬挂点 B 的竖直角；

$\alpha_{C'}$、α_C——全站仪至 C' 点反射棱镜和导线上点 C 的竖直角。

接着，再进入对边测量模式，依次测定出 A' 点与 B' 点、C' 点的平距即 A 点与 B 点、C 点的平距 D_{AB} 和 D_{AC}，并按下式求得 C'' 点（过 C 点的铅垂线与 A、B 两点连线的交点）相对

于全站仪横轴的高度 $H_{C'}$

$$H_{C'} = H_A + \frac{D_{AC}}{D_{AB}}(H_B - H_A) \qquad (18 - 8)$$

最后，根据 C' 点和 C 点的高程即可求得 C 点处的弧垂值 f_C

$$f_C = H_{C'} - H_C \qquad (18 - 9)$$

若想将弧垂值 f_C 控制在某一限值之内，则可依据该限值利用式（18 - 9）和式（18 - 7）进而反求 α_C，并根据反算求得的 α_C 使全站仪竖盘读数安置在某一位置固定望远镜，就可以视线为准实时指导张拉线施工。

2. 线高测量

输电线路的对地距离即线高的测量，可直接利用全站仪提供的悬高测量进行。具体做法为：如图 18 - 36 所示，进入"悬高测量"模式后，输入反射棱镜高 v；再把反射棱镜竖立在 C' 点，并照准反射棱镜进行测量；再转动望远镜照准 C 点，仪器即可按下式实时计算显示出 C 点至地面的高度 H

$$H = S_C \cos\alpha_C \tan\alpha_C - S_C \sin\alpha_C + v \qquad (18 - 10)$$

18.8　地矿勘探工程测量

在地质勘察、矿产勘探中所进行的各种测量工作，统称为地矿勘探工程测量。主要包括以下几项测量工作。

（1）地质点测量。地质勘察测量中，常见的地质点有岩石露头点、构造点、岩层分界点、地貌点、水点（水井、泉眼，江、湖水位点，溶洞等），它们都是填绘地质图的观察点。对于一般性的地质点，可采用目测或罗盘测定，并标绘于测区地形图上；而对于一些重要的地质点，则应采用相应的测量仪器进行测定，以免对工程地质结论产生不良影响。

（2）探槽浅井测量。地表覆盖层较浅的地区，常采用开挖探槽、浅井的勘探方法。因此，测量人员需将设计在地形图上的探槽、浅井测设于实地，以便于地矿人员作业；当勘探工作完成后，还要将它们的实地位置测定下来，如与设计不一致应将实际位置标注在图上。

（3）钻孔测量。钻探是地质勘察、矿产勘探的一种重要手段，通过钻孔可以得到岩芯实物，多适用于地表覆盖层较深的地区。测量人员的主要任务是确定钻孔地表的平面位置和高程，而孔深、孔斜、孔内方位等一般由地矿人员自行测定。

钻孔测量一般分初测、复测和定测三个阶段。初测，又称为布孔，即按设计位置初步放样出孔位。随着钻机的安装，初测的桩位将被破坏，为保证钻孔孔位的正确性，应进行孔位的恢复工作，即孔位的复测。在钻孔封孔后，还要将它们的实地位置测定下来，即钻孔的定测；如与设计不一致，应将实际位置标注在图上。

（4）井硐测量。在地质勘察、矿产勘探过程中，为了准确地了解地下构造特点，有时需要在地下开挖各种井硐，包括平硐、斜井、竖井等。与此相应的测量工作包括井口、硐口的放样，测定已开挖井硐的平面位置和高程，进行地面、地下平面位置和高程的联系测量以及在地下井硐内定点、定向（包括水平方向和坡度）等。

（5）剖面图的测绘。为了获得地表某特定线段内的地貌形态及其在垂直剖面上的构造情况，需沿该线段测定钻孔、浅井等勘探点以及地质点、地物点、地貌点的位置，以各测点的高程为纵坐标、测点至端点的平距为横坐标展绘出该线段的垂直剖面，并在剖面图上标出各种地层结构。

（6）地矿图的测绘。地质图、矿产图的测绘，通常以地形图作为底图，根据地质勘察、矿产勘探的结果编绘而成，因此又称为填图。

思考题与习题

1. 何谓管道工程测量？其主要内容和任务有哪些？
2. 何谓水利工程测量？其主要内容和任务有哪些？
3. 流域规划所需的地形资料有哪些？
4. 水库边界线测设的实质是什么？
5. 简述直线型土坝施工测量的主要内容和方法。
6. 何谓海洋工程测量？其主要内容和任务有哪些？
7. 简述重力式码头施工测量的主要内容和方法。
8. 简述海底测量控制网建立的基本流程和测量原理。
9. 何谓园林工程测量？其主要内容和任务有哪些？
10. 何谓农业工程测量？其主要内容和任务有哪些？
11. 何谓机场工程测量？简述净空测量的常用方法与要求。
12. 何谓电力工程测量？简述输电线路弧垂和线高测量的现代方法与步骤。
13. 何谓地矿勘探工程测量？其主要内容有哪些？

第19章 变 形 观 测

19.1 概　　述

所谓变形观测，就是指对监视对象或物体（变形体）的变形进行测量，从中了解变形的大小、空间分布及随时间发展的情况，并做出正确的分析与预报，又称变形测量。

监视对象和变形体可大可小，可以是整个地球，也可以是一个区域或某一工程建（构）筑物，因此变形观测可分为全球性变形观测、区域性变形观测和工程变形观测。另外，对于工程变形观测而言，变形体和监视对象既可以是各种建（构）筑物，也可以是机器设备及其他与工程建设有关的自然或人工对象，所以工程变形观测又可分为工业与民用建筑变形观测、水工建筑变形观测（如大坝变形观测）、地下建筑变形观测（如隧道变形观测）、桥梁变形观测、建筑场地变形观测、滑坡（变形）观测等；进一步，还可以分为基坑及支护变形观测、地基基础变形观测、上部结构变形观测、相邻建筑及设施变形观测等。

变形，包括外部变形和内部变形两个方面：外部变形是指变形体外部形状及其空间位置的变化，如倾斜、裂缝、垂直和水平位移等，因此变形观测又可分为垂直位移观测（常称为沉降观测）、水平位移观测（常简称为位移观测）、倾斜观测、裂缝观测、挠度（建筑的基础、上部结构或构件等在弯矩作用下因挠曲引起的垂直于轴线的线位移即弯曲值）观测、风振观测（对受强风作用而产生的变形进行观测）、日照观测（对受阳光照射受热不均而产生的变形进行观测）以及基坑回弹观测（对基坑开挖时由于卸除土的自重而引起坑底土隆起的现象进行观测）等；内部变形则是指变形体内部应力、温度、水位、渗流、渗压等的变化。通常，测量人员主要负责外部变形的观测，而内部变形的观测一般由其他相关人员进行。

通过变形观测，一方面可以监视建（构）筑物的变形情况，以便一旦发现异常变形可以及时进行分析、研究、采取措施、加以处理，防止事故的发生，确保施工和建（构）筑物的安全（因此，变形观测又常常称为变形监测）；另一方面，通过对建（构）筑物的变形情况进行分析研究，还可以检验设计和施工是否合理、反馈施工的质量，并为今后的修改和制订设计方法、规范以及施工方案等提供依据，从而减少工程灾害、提高抗灾能力。可见，变形观测的意义非常重大，必须予以高度重视。因此，不仅在1992年修订《工程测量规范》时就增加了变形观测的内容，而且在1997年还单独制定颁布了中华人民共和国行业标准JGJ/T 8—1997《建筑变形测量规程》（2007年进行了修订，更名为JGJ 8—2007《建筑变形测量规范》），并明确指出：大型或重要的建（构）筑物，在工程设计时就应对变形观测的内容和范围做出统筹安排，施工开始时即应进行变形观测，施测之前应制订详细的监测方案。

与常规测量相比，变形观测的一个显著特点就是测量精度要求较高，一般性的也要达到毫米级，重要的、变形比较敏感的则要达到0.1mm甚至0.01mm。因此，变形观测多属于精密测量。

综上所述，变形观测的意义重大、内容繁多、精度较高，与地形测量、施工测量等有诸多不同之处，而且具有相对独立的技术体系，已发展成为测绘学中一门专业性很强的分支学科。但顾及本课程的性质和目的，下面仅就工程建（构）筑物外部变形观测的部分内容再做进一步的简要介绍。

19.2　沉　降　观　测

沉降观测是变形观测的重要内容，也是目前各地开展最多的变形观测项目。所谓沉降观测，就是对地面或建（构）筑物等在垂直方向上的位移进行观测，即利用基准点对待监测对象上设置的变形点的高程进行周期性的观测，相邻两期的高程差即为本周期内的沉降量，本期测得的高程与首期测得的高程差即为累积沉降量。因此，沉降观测可根据实际情况采用（几何）水准测量、液体静力水准测量、三角高程测量及 GNSS 高程测量（有时可直接采用大地高）等方法进行施测；其中，水准测量是最主要、最常用的方法。故本节将以水准测量为例，简要介绍一些沉降观测的有关内容。

19.2.1　基准点和变形点的布设

沉降观测是根据基准点重复进行的，所以必须确保基准点在整个沉降观测期间稳定不变。为此，一般要求基准点应布设在变形影响区域之外稳定可靠的地方，如变形区以外稳固的原状土层、基岩或建（构）筑物上；否则，当受条件限制时则应在变形区内设置深埋钢管标或双金属标。同时，为便于相互检核、保证高程基准的正确性，每个工程至少应布设 3 个基准点，并组成沉降监测基准网（高程控制网）。

变形点即沉降观测点是指设置在待监测对象上的观测点，应布设在能够反映待监测对象变形特征和变形明显的部位，既要便于观测又要易于保存，既要稳固又要美观，既要明显又不影响建（构）筑物的使用。具体地，应结合待监测对象的结构、形状以及场地工程地质条件等进行确定，以全面反映待监测对象的沉降情况。譬如，对于工业与民用建（构）筑物的沉降观测，应在其以下部位设置变形点：建筑的四角、核心筒四角、大转角处、纵横墙交接处以及沿外墙每 10～15m 处或每隔 2～3 根柱基上，裂缝、沉降缝、伸缩缝、新旧建（构）筑物或高低建（构）筑物接壤处的两侧，人工地基和天然地基接壤处、基础深度改变处、建筑物荷载变化处、平面形状改变处、建（构）筑物不同结构分界处的两侧，……，烟囱、水塔和大型储藏罐等高耸构筑物沿周边与基础轴线相交的对称位置上且每一构筑物不得少于 4 个点，并用角钢、圆钢、大铆钉、不锈钢膨胀螺栓等预埋在基础侧面或顶面上，如图 19-1 所示（图中长度单位为 mm）。

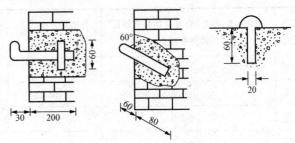

图 19-1　沉降观测点埋设示意图

另外，值得注意的是：①在施工期间，经常会遇到沉降观测点被毁的情况，为此一方面可以适当地加密沉降观测点或对重要的位置如建筑物的四角可布置双点；另一方面观测人员应经常注意变形点的变动情况，如有损坏应及时补设新的观测点。②当基准点距离变形点较远时，将会给日后的沉降观测带来不便，因此通常在靠近变形体且便于观测的相对稳定的地方设置过渡点——工作基点，基准点与工作基点构成首级网，工作基点与变形点构成次级网，这样就可利用工作基点来测定变形点，而工作基点的高程则由基准点测定，从而间接地求得变形点相对于基准点的高程。工作基点的标石可按不同要求，选用浅埋钢管水准标石、混凝土普通水准标石或墙上水准标志等。自然，对于通视条件较好的小型工程，可不设立工作基点，直接利用基准点测定变形点。

19.2.2 沉降观测的方法和要求

在 GB 50026—2007《工程测量规范》中，将沉降观测划分为 4 个等级，其精度要求和适用范围见表 19-1，对应的监测基准网和水准测量的主要技术要求见表 19-2 和表 19-3（以二倍中误差作为限差）。

表 19-1 沉降观测的等级划分及精度要求

监测等级	变形点（相对于邻近基准点）的高程中误差（mm）	相邻变形点的高差中误差（mm）	适 用 范 围
一等	≤±0.3	≤±0.1	变形特别敏感的高层建筑物、高耸构筑物、工业建筑、重要古建筑、大型坝体、精密工程设施、特大型桥梁，以及大型直立岩体、大型坝区地壳变形等的沉降监测
二等	≤±0.5	≤±0.3	变形比较敏感的高层建筑物、高耸构筑物、工业建筑、古建筑、特大型和大型桥梁、大中型坝体、地下建筑工程、重要工程设施，以及危害性较大的滑坡、直立岩体、高边坡等的沉降监测
三等	≤±1.0	≤±0.5	一般性的高层建筑、多层建筑、工业建筑、高耸构筑物、地下工程、大型桥梁，以及深基坑、危害性一般的滑坡、直立岩体、高边坡等的沉降监测
四等	≤±2.0	≤±1.0	观测精度要求较低的建（构）筑物、普通滑坡、中小型桥梁等的沉降监测

表 19-2 沉降监测基准网的主要技术要求

监测等级	相邻基准点及工作基点相对于邻近基准点的高差中误差（mm）	每站高差中误差（mm）	往返较差或环线闭合差（mm）	检测已测高差较差（mm）
一等	≤±0.3	≤±0.07	≤±0.15$\sqrt{n}$	≤±0.2$\sqrt{n}$
二等	≤±0.5	≤±0.15	≤±0.30$\sqrt{n}$	≤±0.4$\sqrt{n}$
三等	≤±1.0	≤±0.30	≤±0.60$\sqrt{n}$	≤±0.8$\sqrt{n}$
四等	≤±2.0	≤±0.70	≤±1.40$\sqrt{n}$	≤±2.0$\sqrt{n}$

注 n 为测站数。

因此，在实际工作中，应首先根据工程需要参照表 19-1 确定沉降观测的等级，然后再按相应监测等级的精度要求、拟定的观测时间和周期以及总次数进行施测。

沉降观测的时间和周期，应以能系统地反映所测变形的变化过程且不遗漏其变化时刻为原则，并结合具体情况按以下要求确定。

表 19 - 3　　　　　　　　　　　水准测量的主要技术要求

监测等级	水准仪型号	水准尺	视线长度(m)	前后视距差(m)	前后视距累计差(m)	视线离地面最低高度(m)	基辅分划读数较差(mm)	基辅分划所测高差较差(mm)
一等	S_{05}	因瓦	≤15	≤0.3	≤1.0	≥0.5	≤0.3	≤0.4
二等	S_{05}	因瓦	≤30	≤0.5	≤1.5	≥0.5	≤0.3	≤0.4
三等	S_{05}/S_1	因瓦	≤50	≤2.0	≤3.0	≥0.3	≤0.5	≤0.7
四等	S_1	因瓦	≤75	≤5.0	≤8.0	≥0.2	≤1.0	≤1.5

注　利用数字水准仪进行观测时，可不受基、辅分划读数较差指标的限制，但测站两次观测的高差较差应满足表中相应等级基、辅分划所测高差较差的要求。

（1）施工阶段，应随施工进度及时进行。对于工业与民用建（构）筑物的沉降观测而言，通常在基础或地下室完工后进行首次（期）观测，之后可视地基及加荷等情况而定：民用建筑一般每增加 1～2 层观测一次（若遇停工，应在停工时和重新开工时各观测一次；停工期间，可每隔 2～3 个月观测一次）；工业建筑，则可按回填基坑、安装柱子和屋架、砌筑墙体、设备安装等不同施工阶段分别进行观测。封顶后，通常每 3 个月观测一次，观测 1 年；如果最后两个观测周期的平均沉降速率小于 0.01～0.04mm/d 可认为整体趋于稳定，当各点沉降速率均小于 0.01～0.04mm/d（具体取值，宜根据各地区地基土的压缩性能确定）即可终止观测，否则应继续每 3 个月观测一次直至稳定为止。

（2）使用阶段，可视建（构）筑物的稳定情况而定。除有特殊要求外，可在第一年观测 3～4 次，第二年观测 2～3 次，第三年后每年观测 1 次，直至稳定为止。

（3）当变形观测过程中发生下列情况之一时，必须立即报告委托方，并适当增加观测次数或调整变形测量方案：①变形量或变形速率出现异常变化；②变形量达到或超出预警值（允许值）；③附近地面荷载突然增减；④建筑本身、周边建筑及地表出现异常（如出现裂缝、塌陷、滑坡等现象或快速扩大时）；⑤发生地震、暴雨、冻融等自然灾害。

施测前，应根据观测的技术要求准备好相应等级的仪器、工具和设备，并进行严格的检验与校正，使其各项指标能够在施测过程中达到相应的精度要求，以确保变形观测工作的顺利进行。

每期施测时，应尽量在较短的时间内完成，并尽量做到采用相同的观测路线、观测方法、观测人员、观测仪器和工具（"四固定"）以减少系统误差的影响、提高观测精度，同时记录下观测时的日期和时间、施工进度、荷重和气象情况以及相关的环境因素如降水、水位等。

首期观测，应适当增加观测量或连续进行两次独立观测取其中数，以提高初始值的可靠性。

在沉降观测过程中，还应对监测基准网进行定期复测，以检查基准点的稳定性。通常，每半年复测一次；但当对变形监测成果产生怀疑或测区受到诸如地震、洪水、爆破等外界因素影响时，则应及时进行复测。起始点的高程，一般应尽量采用测区原有的高程系统（对于规模较小的监测工程，也可采用假定高程系统；而较大的，则应与国家水准点连测）。当有工作基点时，每期变形观测时均应将其与基准点进行连测，然后再对变形点进行观测。

19.2.3　观测成果的整理与分析

每期沉降观测结束后，首先应认真、仔细地检查外业记录的数据和计算是否正确，精度是否合格；然后再进行内业计算，推算出各沉降观测点的高程 H，并依此计算求得各变形点本周期内的沉降量 S（本期所测高程与上期所测高程之差）、累积沉降量 ΣS（本期所测高程与首期所测高程之差，即本周期内的沉降量与上期累积沉降量之和）以及本周期内的平均沉降量 $S_{平}$（即本周期内所有变形点沉降量的平均值）和平均沉降速率 $V_{平}$（本周期内的平均沉降量除以本期与上期观测的时间间隔，它是发现和分析异常沉降的重要指标），连同观测日期、施工进度、荷载情况等一并填入沉降观测成果表 19 - 4 中。

表 19 - 4　　　　　　　　　　　　**沉 降 观 测 成 果 表**

工程名称：×××楼　　　　　　　　　仪器：N3

点号	首次成果 2012 - 06 - 25	第二次成果 2012 - 07 - 10			第三次成果 2012 - 07 - 25			…
	H_0 (m)	H (m)	S (mm)	ΣS (mm)	H (m)	S (mm)	ΣS (mm)	…
1	17.595	17.590	5	5	17.588	2	7	
2	17.555	17.549	6	6	17.546	3	9	
⋮	⋮	⋮	⋮	⋮	⋮	⋮	⋮	
施工进度	浇灌底层楼板	浇灌二层楼板			浇灌三层楼板			…
静荷载 p	35kPa	55kPa			76kPa			…
平均沉降量 $S_{平}$		5.0mm			2.4mm			
平均沉降速率 $V_{平}$		0.33mm/d			0.16mm/d			

随着沉降观测的进行，应及时对其成果加以分析，研究其变形规律和特征，对变形趋势作出预报，并提交相应的阶段性成果；一旦发现变形异常，则应及时通报有关单位，以便采取必要措施加以处理，防止事故的发生，确保施工和建（构）筑物的安全。待整个沉降观测结束后，则须提交最终的综合成果，一般应包括以下有关资料。

（1）观测点位分布图。

（2）沉降观测成果表。

（3）荷载、时间与沉降量关系曲线图。为了更好地直观反映每个变形点随时间和荷载的增加其沉降变形的情况、预报沉降发展的趋势以及判定待监测对象是否渐趋稳定或已经稳定，通常还要绘制时间 T 与沉降量 S 的关系曲线和时间 T 与荷载 P 的关系曲线。如图 19 - 2 所示，图中横坐标表示时间 T；上半部分为时间与荷载的关系曲线，其纵坐标表示荷载 P；下半部分为时间与沉降量的关系曲线，其纵坐标表示（累积）沉降量 S，曲线右端标注的数字为沉降观测点的编号。因此，通过荷载、时间与沉降量关系曲线图，既可直观地看出沉降变形随时间发展的情况，又可直观地看出沉降变形与荷载之间的内在联系。

（4）技术总结报告。沉降观测结束后，应对全部资料进行整理、加工，撰写技术总结报告。沉降观测技术总结报告，通常应包括封面、目录、正文和附录几部分；正文部分，一般应包括任务来源、观测的起止时间及总次数、人员组织、仪器设备、施测过程及精度要求、观测成果与沉降变形分析、结论和建议、技术负责人签名、监测单位及公章、撰写日期等；上述的图、表，可作为附录装订在后面。

除提供以上有关资料外，有时还需提交沉降等值线图（如图 19 - 3 所示，它是以建筑平

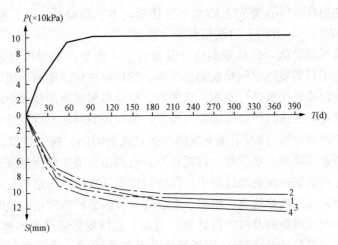

图 19-2　荷载、时间与沉降量关系曲线示意图

面图为基础，根据各点的沉降量依照内插勾绘等高线的方法绘制而成）和沉降曲线展开图
（如图 19-4 所示，它是以建筑平面图为基础，沿周边的轮廓线各画一段沉降线而成），以反
映沉降变形在空间分布的情况（图中小三角形表示变形点位，数字表示各变形点的沉降量，
以毫米为单位）。

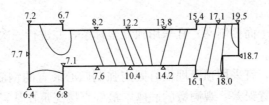

图 19-3　沉降等值线示意图

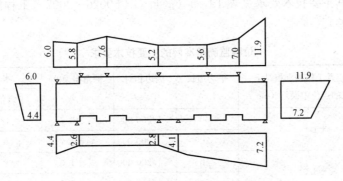

图 19-4　沉降曲线展开示意图

19.3　位 移 观 测

　　所谓位移观测，就是对地面或建（构）筑物等在水平方向上的位移进行观测，即利用基
准点对待监测对象上设置的变形点的坐标（x，y）进行周期性的观测，相邻两期的 x（y）

坐标差即为本周期内在 $x(y)$ 方向上的水平位移量,本期测得的 $x(y)$ 坐标与首期测得的 $x(y)$ 坐标差即为在 $x(y)$ 方向上的累积水平位移量。

因此,与沉降观测类似,位移观测也有基准点、工作基点和变形点之分;在实际工作中,也应首先根据工程需要确定位移观测的等级,然后再按相应监测等级的精度要求、拟定的观测时间和周期以及总次数进行施测;施测前,也应根据观测的技术要求准备好相应等级的仪器、工具和设备,并进行严格的检验与校正;每期施测时,也应尽量在较短的时间内完成,并尽量做到"四固定",同时记录下观测时的日期和时间、施工进度、荷重和气象情况以及相关的环境因素如降水、水位等;首期观测,也需适当增加观测量或连续进行两次独立观测取其中数作为初始值;在观测过程中,也应对监测基准网进行定期复测,当对变形监测成果产生怀疑或测区受到诸如地震、洪水、爆破等外界因素影响时也应及时进行复测;每期观测结束后,也应对观测数据及时进行处理;当发生诸如变形量或变形速率出现异常变化、变形量达到或超出预警值(允许值)、附近地面荷载突然增减、建筑本身或周边建筑及地表出现异常、地震、暴雨、冻融等情况时,也必须立即报告委托方,并适当增加观测次数或调整变形测量方案;随着位移观测的进行,也应对其成果及时加以分析、研究其变形规律和特征、对变形趋势作出预报,并提交相应的阶段性成果;一旦发现变形异常,也应及时通报有关单位,以便采取必要措施、加以处理,防止事故的发生,确保施工和建(构)筑物的安全;位移观测结束后,一般也应提交观测点位分布图、观测成果表、位移曲线图及技术总结报告等资料。

位移监测基准网(平面控制网)宜采用独立坐标系,并进行一次布网;必要时,也可与国家或地方坐标系联测。

基准点和工作基点,宜采用顶面埋设有固定强制归心装置的钢筋混凝土结构的观测墩,以减少仪器与觇牌的安置误差。观测墩的底座,最好直接浇筑在基岩上以确保其稳定性。

基准点和工作基点的观测,可根据实际情况采用三角形网测量、导线测量、卫星定位测量等方法进行,其主要技术要求见表 19-5(摘自 GB 50026—2007《工程测量规范》,以二倍中误差作为限差)。

表 19-5 位移监测基准网的主要技术要求

监测等级	相邻基准点及工作基点相对于邻近基准点的点位中误差(mm)	平均边长(m)	测边相对中误差	测角中误差(")	水平角观测测回数	
					1"级仪器	2"级仪器
一等	≤±1.5	≤300	≤1/300 000	≤±0.7	12	
		≤200	≤1/200 000	≤±1.0	9	
二等	≤±3.0	≤400	≤1/200 000	≤±1.0	9	
		≤200	≤1/100 000	≤±1.8	6	9
三等	≤±6.0	≤450	≤1/100 000	≤±1.8	6	9
		≤350	≤1/80 000	≤±2.5	4	6
四等	≤±12.0	≤600	≤1/80 000	≤±2.5	4	6

注 水平角观测,宜采用方向观测法;边长,宜采用电磁波测距;卫星定位监测基准网,则不受测角中误差和水平角测回数指标的限值;对三等以上卫星定位监测基准网,应采用双频接收机,并采用精密星历进行数据处理。

变形点的观测,可根据实际情况采用角度交会、极坐标、导线测量、卫星定位测量等方法进行，其相对于邻近基准点的点位中误差：一等不应超过±1.5mm、二等不应超过±3.0mm、三等不应超过±6.0mm、四等不应超过±12.0mm（摘自 GB 50026—2007《工程测量规范》，以二倍中误差作为限差）。

对有明显位移方向的监测或只需测定在某一特定方向上的位移量时，可采用基准线法，即在靠近变形点且垂直于待测位移的方向上建立一条基准线，定期测定变形点到基准线的水平垂距，相邻两期的水平垂距之差即为本周期内的水平位移量，本期测得的水平垂距与首期测得的水平垂距之差即为累积水平位移量。基准线法的观测中误差，不应大于上述相应等级变形点观测点位中误差的 $1/\sqrt{2}$（以二倍中误差作为限差）。

利用基准线法进行位移观测，根据基准线和测量方法的不同一般又分为以下几种。

19.3.1　视准线法

如图 19-5 所示，将精密经纬（全站）仪安置在基准点 A 上，瞄准另一基准点 B 进行定向，从而利用经纬（全站）仪的视准面即可提供一条基准线。

根据所使用仪器、工具和作业方法的不同，视准线法又可分为测小角法和活动觇牌法。

（1）测小角法。如图 19-5 所示，将经纬（全站）仪安置在基准点 A 上，精确测定出基准线方向与测站点至变形点 P_i 的视线方向之间所夹的小角（水平角）β_i，则可按下式求得变形点 P_i 偏离基准线 AB 的水平距离 δ_i

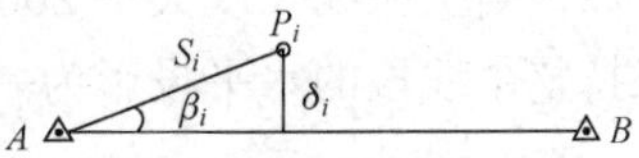

图 19-5　视准线法示意图

$$\delta_i = S_i \sin\beta_i \approx \frac{\beta_i}{\rho''} S_i \qquad (19-1)$$

式中　　S_i——基准点 A 至变形点 P_i 的平距。

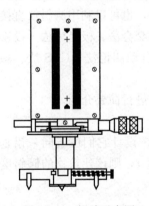

图 19-6　觇牌示意图

（2）活动觇牌法。如图 19-5 所示，在变形点 P_i 上安置特制的活动觇牌（图 19-6），将经纬（全站）仪安置在基准点 A 上，瞄准另一基准点 B 进行定向，即可利用经纬（全站）仪提供的视准面直接在活动觇牌的标尺上测定出变形点 P_i 偏离基准线 AB 的水平距离 δ_i。活动觇牌读数尺上的最小分划一般为 1mm，用游标则可读到 0.1mm。当精度要求较低时，也可采用小钢卷尺代替特制的活动觇牌量取。

采用视准线法测定位移时，应符合下列规定：①在视准线两端各自向外的延长线上，宜埋设检核基准点。②视准线应离开障碍物 1m 以上。③当采用活动觇牌法进行观测时，各变形点偏离视准线的距离不应超过活动觇牌读数尺的读数范围，观测前应测定觇牌的零位差，观测时应使觇牌与基准线相垂直。④当采用测小角法进行观测时，小角角度不应超过 30″。

19.3.2　激光准直法

激光准直法的观测与活动觇牌法相类似，只是利用激光经纬仪、激光全站仪、激光指向仪或激光准直仪等提供的可见激光束代替经纬（全站）仪的视线作为测定位移的基准线，并将活动觇牌法的觇牌改为光电探测器。当左右移动变形点上的光电探测器使其检流表指针指零时，即可在读数尺上读得该变形点偏离基准线的水平距离。

当采用激光准直法测定位移时，应符合下列规定：

（1）观测前，应对激光仪器进行检校，使仪器射出的激光束轴线与望远镜视准轴重合，并测定觇牌的零位差。

（2）整个光路上应无障碍物，光路附近应设立安全警示标志。

（3）各变形点偏离基准线的距离，不应超过读数尺的读数范围。

（4）观测时，应使光电探测器与基准线相垂直，并将接收到的激光束光斑调至最小、最清晰。

19.3.3　引张线法

引张线法的观测也与活动觇牌法相类似，只是利用在两基准点之间拉直的一根钢丝代替经纬（全站）仪的视线作为测定位移的基准线。在一些特殊的环境下（如在大坝廊道内测定坝体的偏离值），采用引张线法将会具有一定的优越性，同时可以不受旁折光的影响。

当采用引张线法测定位移时，应符合下列规定：

（1）引张线，宜采用直径为 0.8～1.2mm 的不锈钢丝。

（2）当引张线长度大于 200m 时，在其中间应加设浮托装置，以减小引张线的垂曲度，并保持整个线段的水平投影为一直线。

19.4　倾　斜　观　测

根据监测对象和所使用仪器、工具及作业方法等的不同，倾斜观测的方法也不一样。如对于大坝的倾斜，常采用正、倒锤线法进行观测；对于深基坑边坡的倾斜，既可以通过观测其顶部的（水平）位移量间接求得，也可以利用测斜仪直接测定；对于工业与民用建（构）筑物基础的倾斜，既可以通过沉降观测获得的差异沉降来间接确定，也可以利用测斜仪直接测定；而对工业与民用建（构）筑物主体的倾斜观测，则可以采用交会法、极坐标法、投影法、纵横距法、测水平角法、吊垂球法、铅垂仪法、激光位移计自动测记法、GPS 法、激光扫描仪法或近景摄影测量法等。

下面，仅就工业与民用建（构）筑物主体倾斜观测的常用方法进行简要介绍。

19.4.1　一般建筑物的倾斜观测

如图 19-7（a）所示，A、B 为某一建筑物的上、下房角点，按设计它们位于同一铅垂线上；当建筑物发生倾斜时，A 点相对于 B 点水平移动了某一数值 a，则该建筑物的倾斜度 i 为

$$i = \tan\alpha = \frac{a}{H} \tag{19-2}$$

式中　H——建筑物的高度；

　　　α——建筑物的倾斜角。

可见，当建筑物的高度已知时，建筑物倾斜观测即可转化为水平位移的观测。

如图 19-7（b）所示，将经纬（全站）仪安置在外墙纵轴线上（离建筑物的距离，应大于其高度的 1.5 倍以上），首先瞄准上部的房角点 A，用盘左和盘右分中法将其投测到 B 点所在水平线上定出下面的观测点 A'，然后用小钢卷尺量取 A'、B 两点的平距，即得该建筑物沿横墙方向上的水平位移量，记作 a_1。同法，再将经纬（全站）仪安置在外墙横轴线上，

测得该建筑物沿纵墙方向上的水平位移量，记作 a_2。最后，用矢量相加的方法，按下式即可求得该建筑物总的倾斜位移量（偏歪值）a

$$a = \sqrt{a_1^2 + a_2^2} \qquad (19-3)$$

同时，还可以算得该建筑物的倾斜方向角 θ

$$\theta = \arctan(a_2/a_1) \qquad (19-4)$$

该方法，通常称为经纬（全站）仪投影法或投点法。

19.4.2　圆形构筑物的倾斜观测

对于宝塔、烟囱、水塔、冷却塔等构筑物，由于其外墙往往不竖直，因此无法采用上述的经纬（全站）仪投影法，只能通过测定其顶部中心相对于底部中心的偏心距来完成。下面，介绍两种较为常用的观测方法。

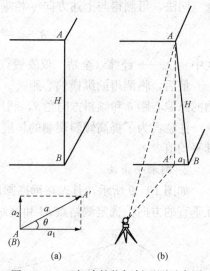

图 19-7　一般建筑物倾斜观测示意图

1. 纵横距法

如图 19-8 所示，在紧靠圆形（或塔式）构筑物底部水平地横放一根水准尺或钢尺，在过其底部中心且垂直于水准尺或钢尺的方向线上（距构筑物的距离，应大于其高度的 1.5 倍以上）安置经纬（全站）仪。首先，用望远镜将圆形构筑物顶部边缘的两点 C、D 分别投影到水准尺或钢尺上，读取读数并记为 y_1、y_1'；接着，再用望远镜将圆形构筑物底部边缘的两点 C'、D' 分别投影到水准尺或钢尺上，读取读数并记为 y_2、y_2'；然后，利用上述读数按下式即可算得该圆形构筑物顶部中心 O 相对于底部中心 O' 在 y 方向上的横向偏心距 δ_y

$$\delta_y = \frac{L_n + R}{L_n} \left(\frac{y_2 + y_2'}{2} - \frac{y_1 + y_1'}{2} \right) \qquad (19-5)$$

式中　L_n——经纬（全站）仪安置点 N 到相应水准尺或钢尺的平距；

　　　　R——构筑物底部断面的半径，可根据设计图纸或竣工资料查知，也可实地丈量其底部周长算得。

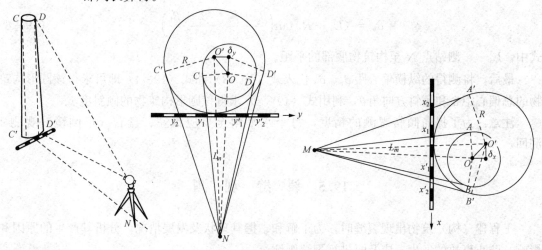

图 19-8　纵横距法示意图

同法，可测得与上述方向 y 相垂直的 x 方向上的纵向偏心距 δ_x 为

$$\delta_x = \frac{L_m + R}{L_m}\left(\frac{x_2 + x_2'}{2} - \frac{x_1 + x_1'}{2}\right) \tag{19-6}$$

式中　L_m——经纬（全站）仪安置点 M 到相应水准尺或钢尺的平距。

最后，将测得的纵横偏心距 δ_x、δ_y 代入式（19-3）和式（19-4）即可求得该圆形构筑物的总偏心距 δ 和倾斜方向角 θ，利用式（19-2）求得该圆形构筑物的倾斜度 i。

注意：为了提高倾斜观测的精度，每个尺读数至少应盘左、盘右（正倒镜）投测两次取其平均值。

2. 测水平角法

如图 19-9 所示，首先在远离圆形（或塔式）构筑物（大于其高度的 1.5 倍以上）且相互垂直的方向上选定测站点 M 和测站点 N，并分别选择一个与之通视良好的远方不动点 M'

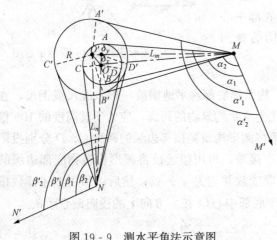

图 19-9　测水平角法示意图

和 N' 作为后视点；然后将经纬（全站）仪安置在测站点 M 上，依次测定出至后视点 M' 和构筑物顶部、底部断面相切的 4 个目标点的水平角 α_1、α_1'、α_2、α_2'，按下式即可算得该圆形构筑物顶部中心 O 相对于底部中心 O' 的纵向偏心距 δ_x

$$\delta_x = (L_m + R)\tan\left(\frac{\alpha_2 + \alpha_2'}{2} - \frac{\alpha_1 + \alpha_1'}{2}\right) \tag{19-7}$$

式中　R——构筑物底部断面的半径；
　　　L_m——测站点 M 至构筑物底部的平距。

同法，再将经纬（全站）仪安置在测站点 N 上，依次测定出至后视点 N' 和构筑物顶部、底部断面相切的 4 个目标点的水平角 β_1、β_1'、β_2、β_2'，按下式即可算得该圆形构筑物顶部中心 O 相对于底部中心 O' 的横向偏心距 δ_y

$$\delta_y = (L_n + R)\tan\left(\frac{\beta_2 + \beta_2'}{2} - \frac{\beta_1 + \beta_1'}{2}\right) \tag{19-8}$$

式中　L_n——测站点 N 至构筑物底部的平距。

最后，将测得的纵横偏心距 δ_x、δ_y 代入式（19-3）和式（19-4）即可求得该圆形构筑物的总偏心距 δ 和倾斜方向角 θ，利用式（19-2）求得该圆形构筑物的倾斜度 i。

注意：为了提高倾斜观测的精度，每个水平角至少应盘左、盘右（正倒镜）观测 1 测回。

19.5　裂　缝　观　测

工程建（构）筑物出现裂缝时，为了解和掌握其现状及发展情况，分析其产生的原因和影响，防止事故的发生，应及时进行裂缝观测。

当同一建（构）筑物发生多处裂缝时，应先对裂缝进行统一编号，然后再依次观测每一

裂缝的位置、走向、长度、宽度及其变化情况，并绘制裂缝位置分布图。

对于数量少且量测方便的裂缝，可根据实际情况采用比例尺、小钢尺、游标卡尺、读数显微镜、方格网板等工具或裂缝观测仪、测缝计等专用设备直接量出裂缝的长度和宽度；裂缝宽度数据，应量至 0.1mm。每次观测，都应绘出裂缝的位置、形态，并注明尺寸和日期；必要时，可附以照片等资料。

需进行周期性观测的裂缝，为了便于量测，每条裂缝至少应布设两组观测标志，一组设在裂缝最宽处，另一组设在裂缝末端。每组应使用两个对应的标志，分别设在裂缝的两侧。当需要长期观测时，可采用镶嵌或埋入墙面的金属标志、金属杆标志或楔形板标志；如只做短期观测时，可采用油漆平行线标志或用建筑胶粘贴的金属片标志；当需要测出裂缝纵横向变化值时，则可采用坐标方格网板标志。不管哪种观测标志，均应具有可供量测的明晰端面或中心。图 19-10 所示为一观测砌块表面裂缝时较常采用的观测标志，其布设方法为：先将一块 150mm×150mm 的正方形白铁皮固定在裂缝的一侧，并使其一边和裂缝的边缘对齐；再将另一块 50mm×200mm 的矩形白铁皮部分紧贴在 150mm×150mm 的白铁片上固定在裂缝的另一侧，并使两块白铁皮的边缘相互平行；最后，在两片白铁片露在外面的表面上涂红色油漆，并在矩形铁片上写明编号和标志设置日期。标志设置好后，

图 19-10　白铁皮标志示意图

如果裂缝继续发展，红铁片将被逐渐拉开，露出正方形铁片上没有涂油漆的白色部分，它的宽度就是裂缝加大的宽度，可用比例尺、小钢尺、游标卡尺或读数显微镜等工具定期量出标志间的距离，即可求得裂缝的变化值。

裂缝的观测周期，应根据裂缝的变化速度而定。通常，在裂缝初期可每半月观测一次，以后宜每月观测一次，直至判明裂缝不再发展为止；当发现裂缝明显变大或加快时，应及时增加观测次数，必要时应持续观测。

对于大面积且不便于人工量测的众多裂缝，宜采用激光扫描仪法或近景摄影测量方法等进行量测。

裂缝观测结束后，一般需提交裂缝位置分布图、裂缝观测成果表、裂缝变化曲线图及技术总结报告等资料。

🧠 思考题与习题

1. 何谓变形观测？有哪些别称？通常又可细分为哪些类型？
2. 简述工程建（构）筑物变形观测的主要作用与意义。
3. 工程建（构）筑物变形观测的主要内容包括哪些？
4. 根据实际情况，沉降观测可采用哪些方法进行施测？最常采用的方法是哪种？
5. 以沉降观测为例，简述其基准点布测的基本要求。
6. 以工业与民用建（构）筑物沉降观测为例，简述其变形点布测的基本要求。
7. 以工业与民用建（构）筑物为例，简述确定沉降观测时间和周期的原则与具体要求。
8. 在变形观测过程中，当发生怎样的情况时，必须立即报告委托方，并适当增加观测

次数或调整变形测量方案？

9. 在变形观测前、观测过程中及结束后，应注意哪些技术事项？

10. 根据实际情况，位移观测可采用哪些方法进行施测？

11. 只需测定在某一特定方向上的位移量时，可采用什么方法？具体地又分为哪几种？

12. 一般建筑物倾斜观测的常用方法是什么？并简述其方法步骤。

13. 圆形（或塔式）构筑物与一般建筑物的倾斜观测，有何不同？其常用方法有哪些？并简述其方法步骤。

14. 简述裂缝观测的常用工具、设备、方法及技术要求。

附 录 篇

附录 A 中华人民共和国测绘法

（1992 年 12 月 28 日第七届全国人民代表大会常务委员会第二十九次会议通过，2002 年 8 月 29 日第九届全国人民代表大会常务委员会第二十九次会议第一次修订，2017 年 4 月 27 日第十二届全国人民代表大会常务委员会第二十七次会议第二次修订）

第一章 总 则

第一条 为了加强测绘管理，促进测绘事业发展，保障测绘事业为经济建设、国防建设、社会发展和生态保护服务，维护国家地理信息安全，制定本法。

第二条 在中华人民共和国领域和中华人民共和国管辖的其他海域从事测绘活动，应当遵守本法。

本法所称测绘，是指对自然地理要素或者地表人工设施的形状、大小、空间位置及其属性等进行测定、采集、表述以及对获取的数据、信息、成果进行处理和提供的活动。

第三条 测绘事业是经济建设、国防建设、社会发展的基础性事业。各级人民政府应当加强对测绘工作的领导。

第四条 国务院测绘地理信息主管部门负责全国测绘工作的统一监督管理。国务院其他有关部门按照国务院规定的职责分工，负责本部门有关的测绘工作。

县级以上地方人民政府测绘地理信息主管部门负责本行政区域测绘工作的统一监督管理。县级以上地方人民政府其他有关部门按照本级人民政府规定的职责分工，负责本部门有关的测绘工作。

军队测绘部门负责管理军事部门的测绘工作，并按照国务院、中央军事委员会规定的职责分工负责管理海洋基础测绘工作。

第五条 从事测绘活动，应当使用国家规定的测绘基准和测绘系统，执行国家规定的测绘技术规范和标准。

第六条 国家鼓励测绘科学技术的创新和进步，采用先进的技术和设备，提高测绘水平，推动军民融合，促进测绘成果的应用。国家加强测绘科学技术的国际交流与合作。

对在测绘科学技术的创新和进步中做出重要贡献的单位和个人，按照国家有关规定给予奖励。

第七条 各级人民政府和有关部门应当加强对国家版图意识的宣传教育，增强公民的国家版图意识。新闻媒体应当开展国家版图意识的宣传。教育行政部门、学校应当将国家版图意识教育纳入中小学教学内容，加强爱国主义教育。

第八条 外国的组织或者个人在中华人民共和国领域和中华人民共和国管辖的其他海域从事测绘活动，应当经国务院测绘地理信息主管部门会同军队测绘部门批准，并遵守中华人民共和国有关法律、行政法规的规定。

外国的组织或者个人在中华人民共和国领域从事测绘活动，应当与中华人民共和国有关部门或者单位合作进行，并不得涉及国家秘密和危害国家安全。

第二章　测绘基准和测绘系统

第九条　国家设立和采用全国统一的大地基准、高程基准、深度基准和重力基准，其数据由国务院测绘地理信息主管部门审核，并与国务院其他有关部门、军队测绘部门会商后，报国务院批准。

第十条　国家建立全国统一的大地坐标系统、平面坐标系统、高程系统、地心坐标系统和重力测量系统，确定国家大地测量等级和精度以及国家基本比例尺地图的系列和基本精度。具体规范和要求由国务院测绘地理信息主管部门会同国务院其他有关部门、军队测绘部门制定。

第十一条　因建设、城市规划和科学研究的需要，国家重大工程项目和国务院确定的大城市确需建立相对独立的平面坐标系统的，由国务院测绘地理信息主管部门批准；其他确需建立相对独立的平面坐标系统的，由省、自治区、直辖市人民政府测绘地理信息主管部门批准。

建立相对独立的平面坐标系统，应当与国家坐标系统相联系。

第十二条　国务院测绘地理信息主管部门和省、自治区、直辖市人民政府测绘地理信息主管部门应当会同本级人民政府其他有关部门，按照统筹建设、资源共享的原则，建立统一的卫星导航定位基准服务系统，提供导航定位基准信息公共服务。

第十三条　建设卫星导航定位基准站的，建设单位应当按照国家有关规定报国务院测绘地理信息主管部门或者省、自治区、直辖市人民政府测绘地理信息主管部门备案。国务院测绘地理信息主管部门应当汇总全国卫星导航定位基准站建设备案情况，并定期向军队测绘部门通报。

本法所称卫星导航定位基准站，是指对卫星导航信号进行长期连续观测，并通过通信设施将观测数据实时或者定时传送至数据中心的地面固定观测站。

第十四条　卫星导航定位基准站的建设和运行维护应当符合国家标准和要求，不得危害国家安全。

卫星导航定位基准站的建设和运行维护单位应当建立数据安全保障制度，并遵守保密法律、行政法规的规定。

县级以上人民政府测绘地理信息主管部门应当会同本级人民政府其他有关部门，加强对卫星导航定位基准站建设和运行维护的规范和指导。

第三章　基　础　测　绘

第十五条　基础测绘是公益性事业。国家对基础测绘实行分级管理。

本法所称基础测绘，是指建立全国统一的测绘基准和测绘系统，进行基础航空摄影，获取基础地理信息的遥感资料，测制和更新国家基本比例尺地图、影像图和数字化产品，建立、更新基础地理信息系统。

第十六条　国务院测绘地理信息主管部门会同国务院其他有关部门、军队测绘部门组织编制全国基础测绘规划，报国务院批准后组织实施。

县级以上地方人民政府测绘地理信息主管部门会同本级人民政府其他有关部门，根据国家和上一级人民政府的基础测绘规划及本行政区域的实际情况，组织编制本行政区域的基础测绘规划，报本级人民政府批准后组织实施。

第十七条　军队测绘部门负责编制军事测绘规划，按照国务院、中央军事委员会规定的职责分工负责编制海洋基础测绘规划，并组织实施。

第十八条　县级以上人民政府应当将基础测绘纳入本级国民经济和社会发展年度计划，将基础测绘工作所需经费列入本级政府预算。

国务院发展改革部门会同国务院测绘地理信息主管部门，根据全国基础测绘规划，编制全国基础测绘年度计划。

县级以上地方人民政府发展改革部门会同本级人民政府测绘地理信息主管部门，根据本行政区域的基础测绘规划编制本行政区域的基础测绘年度计划，并分别报上一级部门备案。

第十九条　基础测绘成果应当定期进行更新，经济建设、国防建设、社会发展和生态保护急需的基础测绘成果应当及时更新。

基础测绘成果的更新周期根据不同地区国民经济和社会发展的需要确定。

第四章　界线测绘和其他测绘

第二十条　中华人民共和国国界线的测绘，按照中华人民共和国与相邻国家缔结的边界条约或者协定执行，由外交部组织实施。中华人民共和国地图的国界线标准样图，由外交部和国务院测绘地理信息主管部门拟订，报国务院批准后公布。

第二十一条　行政区域界线的测绘，按照国务院有关规定执行。省、自治区、直辖市和自治州、县、自治县、市行政区域界线的标准画法图，由国务院民政部门和国务院测绘地理信息主管部门拟订，报国务院批准后公布。

第二十二条　县级以上人民政府测绘地理信息主管部门应当会同本级人民政府不动产登记主管部门，加强对不动产测绘的管理。

测量土地、建筑物、构筑物和地面其他附着物的权属界址线，应当按照县级以上人民政府确定的权属界线的界址点、界址线或者提供的有关登记资料和附图进行。权属界址线发生变化的，有关当事人应当及时进行变更测绘。

第二十三条　城乡建设领域的工程测量活动，与房屋产权、产籍相关的房屋面积的测量，应当执行由国务院住房城乡建设主管部门、国务院测绘地理信息主管部门组织编制的测量技术规范。

水利、能源、交通、通信、资源开发和其他领域的工程测量活动，应当执行国家有关的工程测量技术规范。

第二十四条　建立地理信息系统，应当必须采用符合国家标准的基础地理信息数据。

第二十五条　县级以上人民政府测绘地理信息主管部门应当根据突发事件应对工作需要，及时提供地图、基础地理信息数据等测绘成果，做好遥感监测、导航定位等应急测绘保障工作。

第二十六条　县级以上人民政府测绘地理信息主管部门应当会同本级人民政府其他有关部门依法开展地理国情监测，并按照国家有关规定严格管理、规范使用地理国情监测成果。

各级人民政府应当采取有效措施，发挥地理国情监测成果在政府决策、经济社会发展和社会公众服务中的作用。

第五章　测绘资质资格

第二十七条　国家对从事测绘活动的单位实行测绘资质管理制度。

从事测绘活动的单位应当具备下列条件，并依法取得相应等级的测绘资质证书后，方可从事测绘活动：

（一）有法人资格；

（二）有与从事的测绘活动相适应的专业技术人员；

（三）有与从事的测绘活动相适应的技术装备和设施；

（四）有健全的技术和质量保证体系、安全保障措施、信息安全保密管理制度以及测绘成果和资料档案管理制度。

第二十八条　国务院测绘地理信息主管部门和省、自治区、直辖市人民政府测绘地理信息主管部门按照各自的职责负责测绘资质审查、发放测绘资质证书。具体办法由国务院测绘地理信息主管部门会同国务院其他有关部门规定。

军队测绘部门负责军事测绘单位的测绘资质审查。

第二十九条　测绘单位不得超越资质等级许可的范围从事测绘活动，不得以其他测绘单位的名义从事测绘活动，不得允许其他单位以本单位的名义从事测绘活动。

测绘项目实行招投标的，测绘项目的招标单位应当依法在招标公告或者投标邀请书中对测绘单位资质等级作出要求，不得让不具有相应测绘资质等级的单位中标，不得让测绘单位低于测绘成本中标。

中标的测绘单位不得向他人转让测绘项目。

第三十条　从事测绘活动的专业技术人员应当具备相应的执业资格条件。具体办法由国务院测绘地理信息主管部门会同国务院人力资源社会保障主管部门规定。

第三十一条　测绘人员进行测绘活动时，应当持有测绘作业证件。

任何单位和个人不得妨碍测绘人员依法进行测绘活动。

第三十二条　测绘单位的测绘资质证书、测绘专业技术人员的执业证书和测绘人员的测绘作业证件的式样，由国务院测绘地理信息主管部门统一规定。

第六章　测　绘　成　果

第三十三条　国家实行测绘成果汇交制度。国家依法保护测绘成果的知识产权。

测绘项目完成后，测绘项目出资人或者承担国家投资的测绘项目的单位，应当向国务院测绘地理信息主管部门或者省、自治区、直辖市人民政府测绘地理信息主管部门汇交测绘成果资料。属于基础测绘项目的，应当汇交测绘成果副本；属于非基础测绘项目的，应当汇交测绘成果目录。负责接收测绘成果副本和目录的测绘地理信息主管部门应当出具测绘成果汇交凭证，并及时将测绘成果副本和目录移交给保管单位。测绘成果汇交的具体办法由国务院规定。

国务院测绘地理信息主管部门和省、自治区、直辖市人民政府测绘地理信息主管部门应当及时编制测绘成果目录，并向社会公布。

第三十四条　县级以上人民政府测绘地理信息主管部门应当积极推进公众版测绘成果的加工和编制工作，通过提供公众版测绘成果、保密技术处理等方式，促进测绘成果的社会化应用。

测绘成果保管单位应当采取措施保障测绘成果的完整和安全，并按照国家有关规定向社会公开和提供利用。

测绘成果属于国家秘密的，适用保密法律、行政法规的规定；需要对外提供的，按照国务院和中央军事委员会规定的审批程序执行。

测绘成果的秘密范围和秘密等级，应当依照保密法律、行政法规的规定，按照保障国家秘密安全、促进地理信息共享和应用的原则确定并及时调整、公布。

第三十五条 使用财政资金的测绘项目和涉及测绘的其他使用财政资金的项目，有关部门在批准立项前应当征求本级人民政府测绘地理信息主管部门的意见；有适宜测绘成果的，应当充分利用已有的测绘成果，避免重复测绘。

第三十六条 基础测绘成果和国家投资完成的其他测绘成果，用于政府决策、国防建设和公共服务的，应当无偿提供。

除前款规定情形外，测绘成果依法实行有偿使用制度。但是，各级人民政府及有关部门和军队因防灾减灾、应对突发事件、维护国家安全等公共利益的需要，可以无偿使用。

测绘成果使用的具体办法由国务院规定。

第三十七条 中华人民共和国领域和中华人民共和国管辖的其他海域的位置、高程、深度、面积、长度等重要地理信息数据，由国务院测绘地理信息主管部门审核，并与国务院其他有关部门、军队测绘部门会商后，报国务院批准，由国务院或者国务院授权的部门公布。

第三十八条 地图的编制、出版、展示、登载及更新应当遵守国家有关地图编制标准、地图内容表示、地图审核的规定。

互联网地图服务提供者应当使用经依法审核批准的地图，建立地图数据安全管理制度，采取安全保障措施，加强对互联网地图新增内容的核校，提高服务质量。

县级以上人民政府和测绘地理信息主管部门、网信部门等有关部门应当加强对地图编制、出版、展示、登载和互联网地图服务的监督管理，保证地图质量，维护国家主权、安全和利益。

地图管理的具体办法由国务院规定。

第三十九条 测绘单位应当对其完成的测绘成果质量负责。县级以上人民政府测绘地理信息主管部门应当加强对测绘成果质量的监督管理。

第四十条 国家鼓励发展地理信息产业，推动地理信息产业结构调整和优化升级，支持开发各类地理信息产品，提高产品质量，推广使用安全可信的地理信息技术和设备。

县级以上人民政府应当建立健全政府部门间地理信息资源共建共享机制，引导和支持企业提供地理信息社会化服务，促进地理信息广泛应用。

县级以上人民政府测绘地理信息主管部门应当及时获取、处理、更新基础地理信息数据，通过地理信息公共服务平台向社会提供地理信息公共服务，实现地理信息数据开放共享。

第七章 测量标志保护

第四十一条 任何单位和个人不得损毁或者擅自移动永久性测量标志和正在使用中的临时性测量标志，不得侵占永久性测量标志用地，不得在永久性测量标志安全控制范围内从事危害测量标志安全和使用效能的活动。

本法所称永久性测量标志，是指各等级的三角点、基线点、导线点、军用控制点、重力点、天文点、水准点和卫星定位点的觇标和标石标志，以及用于地形测图、工程测量和形变测量的固定标志和海底大地点设施。

第四十二条 永久性测量标志的建设单位应当对永久性测量标志设立明显标记，并委托当地有关单位指派专人负责保管。

第四十三条 进行工程建设，应当避开永久性测量标志；确实无法避开，需要拆迁永久性测量标志或者使永久性测量标志失去使用效能的，应当经省、自治区、直辖市人民政府测绘地理信息主管部门批准；涉及军用控制点的，应当征得军队测绘部门的同意。所需迁建费用由工程建设单位承担。

第四十四条 测绘人员使用永久性测量标志，应当持有测绘作业证件，并保证测量标志的完好。

保管测量标志的人员应当查验测量标志使用后的完好状况。

第四十五条 县级以上人民政府应当采取有效措施加强测量标志的保护工作。

县级以上人民政府测绘地理信息主管部门应当按照规定检查、维护永久性测量标志。

乡级人民政府应当做好本行政区域内的测量标志保护工作。

第八章 监 督 管 理

第四十六条 县级以上人民政府测绘地理信息主管部门应当会同本级人民政府其他有关部门建立地理信息安全管理制度和技术防控体系，并加强对地理信息安全的监督管理。

第四十七条 地理信息生产、保管、利用单位应当对属于国家秘密的地理信息的获取、持有、提供、利用情况进行登记并长期保存，实行可追溯管理。

从事测绘活动涉及获取、持有、提供、利用属于国家秘密的地理信息，应当遵守保密法律、行政法规和国家有关规定。

地理信息生产、利用单位和互联网地图服务提供者收集、使用用户个人信息的，应当遵守法律、行政法规关于个人信息保护的规定。

第四十八条 县级以上人民政府测绘地理信息主管部门应当对测绘单位实行信用管理，并依法将其信用信息予以公示。

第四十九条 县级以上人民政府测绘地理信息主管部门应当建立健全随机抽查机制，依法履行监督检查职责，发现涉嫌违反本法规定行为的，可以依法采取下列措施：

（一）查阅、复制有关合同、票据、账簿、登记台账以及其他有关文件、资料；

（二）查封、扣押与涉嫌违法测绘行为直接相关的设备、工具、原材料、测绘成果资料等。

被检查的单位和个人应当配合，如实提供有关文件、资料，不得隐瞒、拒绝和阻碍。

任何单位和个人对违反本法规定的行为，有权向县级以上人民政府测绘地理信息主管部门举报。接到举报的测绘地理信息主管部门应当及时依法处理。

第九章 法 律 责 任

第五十条 违反本法规定，县级以上人民政府测绘地理信息主管部门或者其他有关部门工作人员利用职务上的便利收受他人财物、其他好处或者玩忽职守，对不符合法定条件的单位核发测绘资质证书，不依法履行监督管理职责，或者发现违法行为不予查处的，对负有责任的领导人员和直接责任人员，依法给予处分；构成犯罪的，依法追究刑事责任。

　　第五十一条　违反本法规定，外国的组织或者个人未经批准，或者未与中华人民共和国有关部门、单位合作，擅自从事测绘活动的，责令停止违法行为，没收违法所得、测绘成果和测绘工具，并处十万元以上五十万元以下的罚款；情节严重的，并处五十万元以上一百万元以下的罚款，限期出境或者驱逐出境；构成犯罪的，依法追究刑事责任。

　　第五十二条　违反本法规定，未经批准擅自建立相对独立的平面坐标系统，或者采用不符合国家标准的基础地理信息数据建立地理信息系统的，给予警告，责令改正，可以并处五十万元以下的罚款；对直接负责的主管人员和其他直接责任人员，依法给予处分。

　　第五十三条　违反本法规定，卫星导航定位基准站建设单位未报备案的，给予警告，责令限期改正；逾期不改正的，处十万元以上三十万元以下的罚款；对直接负责的主管人员和其他直接责任人员，依法给予处分。

　　第五十四条　违反本法规定，卫星导航定位基准站的建设和运行维护不符合国家标准、要求的，给予警告，责令限期改正，没收违法所得和测绘成果，并处三十万元以上五十万元以下的罚款；逾期不改正的，没收相关设备；对直接负责的主管人员和其他直接责任人员，依法给予处分；构成犯罪的，依法追究刑事责任。

　　第五十五条　违反本法规定，未取得测绘资质证书，擅自从事测绘活动的，责令停止违法行为，没收违法所得和测绘成果，并处测绘约定报酬一倍以上二倍以下的罚款；情节严重的，没收测绘工具。

　　以欺骗手段取得测绘资质证书从事测绘活动的，吊销测绘资质证书，没收违法所得和测绘成果，并处测绘约定报酬一倍以上二倍以下的罚款；情节严重的，没收测绘工具。

　　第五十六条　违反本法规定，测绘单位有下列行为之一的，责令停止违法行为，没收违法所得和测绘成果，处测绘约定报酬一倍以上二倍以下的罚款，并可以责令停业整顿或者降低测绘资质等级；情节严重的，吊销测绘资质证书：

　　（一）超越资质等级许可的范围从事测绘活动；

　　（二）以其他测绘单位的名义从事测绘活动；

　　（三）允许其他单位以本单位的名义从事测绘活动。

　　第五十七条　违反本法规定，测绘项目的招标单位让不具有相应资质等级的测绘单位中标，或者让测绘单位低于测绘成本中标的，责令改正，可以处测绘约定报酬二倍以下的罚款。招标单位的工作人员利用职务上的便利，索取他人财物，或者非法收受他人财物为他人谋取利益的，依法给予处分；构成犯罪的，依法追究刑事责任。

　　第五十八条　违反本法规定，中标的测绘单位向他人转让测绘项目的，责令改正，没收违法所得，处测绘约定报酬一倍以上二倍以下的罚款，并可以责令停业整顿或者降低测绘资质等级；情节严重的，吊销测绘资质证书。

　　第五十九条　违反本法规定，未取得测绘执业资格，擅自从事测绘活动的，责令停止违法行为，没收违法所得和测绘成果，对其所在单位可以处违法所得二倍以下的罚款；情节严重的，没收测绘工具；造成损失的，依法承担赔偿责任。

　　第六十条　违反本法规定，不汇交测绘成果资料的，责令限期汇交；测绘项目出资人逾期不汇交的,处重测所需费用一倍以上二倍以下的罚款;承担国家投资的测绘项目的单位逾期不汇交的,处五万元以上二十万元以下的罚款,并处暂扣测绘资质证书,自暂扣测绘资质证书之日起六个月内仍不汇交的,吊销测绘资质证书;对直接负责的主管人员和其他直接责任人员,依法给予处分。

第六十一条 违反本法规定,擅自发布中华人民共和国领域和中华人民共和国管辖的其他海域的重要地理信息数据的,给予警告,责令改正,可以并处五十万元以下的罚款;对直接负责的主管人员和其他直接责任人员,依法给予处分;构成犯罪的,依法追究刑事责任。

第六十二条 违反本法规定,编制、出版、展示、登载、更新的地图或者互联网地图服务不符合国家有关地图管理规定的,依法给予行政处罚、处分;构成犯罪的,依法追究刑事责任。

第六十三条 违反本法规定,测绘成果质量不合格的,责令测绘单位补测或者重测;情节严重的,责令停业整顿,并处降低测绘资质等级或者吊销测绘资质证书;造成损失的,依法承担赔偿责任。

第六十四条 违反本法规定,有下列行为之一的,给予警告,责令改正,可以并处二十万元以下的罚款;对直接负责的主管人员和其他直接责任人员,依法给予处分;造成损失的,依法承担赔偿责任;构成犯罪的,依法追究刑事责任:

(一)损毁、擅自移动永久性测量标志或者正在使用中的临时性测量标志;

(二)侵占永久性测量标志用地;

(三)在永久性测量标志安全控制范围内从事危害测量标志安全和使用效能的活动;

(四)擅自拆迁永久性测量标志或者使永久性测量标志失去使用效能,或者拒绝支付迁建费用;

(五)违反操作规程使用永久性测量标志,造成永久性测量标志毁损。

第六十五条 违反本法规定,地理信息生产、保管、利用单位未对属于国家秘密的地理信息的获取、持有、提供、利用情况进行登记、长期保存的,给予警告,责令改正,可以并处二十万元以下的罚款;泄露国家秘密的,责令停业整顿,并处降低测绘资质等级或者吊销测绘资质证书;构成犯罪的,依法追究刑事责任。

违反本法规定,获取、持有、提供、利用属于国家秘密的地理信息的,给予警告,责令停止违法行为,没收违法所得,可以并处违法所得二倍以下的罚款;对直接负责的主管人员和其他直接责任人员,依法给予处分;造成损失的,依法承担赔偿责任;构成犯罪的,依法追究刑事责任。

第六十六条 本法规定的降低测绘资质等级、暂扣测绘资质证书、吊销测绘资质证书的行政处罚,由颁发测绘资质证书的部门决定;其他行政处罚,由县级以上人民政府测绘地理信息主管部门决定。

本法第五十一条规定的限期出境和驱逐出境由公安机关依法决定并执行。

第十章 附 则

第六十七条 军事测绘管理办法由中央军事委员会根据本法规定。

第六十八条 本法自 2017 年 7 月 1 日起施行。

附录 B　中误差与误差传播定律

实践证明，测量误差（测量值 L 与其真值 X 之差）是不可避免的，用公式一般表示为

$$\Delta = L - X \tag{B-1}$$

式中　Δ——测量误差。

可见，要测得一个量的真值，往往是不可能的。为此，除要求测量人员精心操作，并采取一定的措施，以求尽可能减小测量误差外，国家有关部门根据误差理论并结合实践经验为各种测量工作制定了相应的规范，对各种测量成果也都规定了其误差的容许值（限差），以便进行成果检核。若施测结果的误差小于限差（在容许范围内），则认为该测量成果符合精度要求，即合格通过；否则，若施测结果的误差大于限差（超限），则认为该测量成果不符合精度要求，即为不合格。

规范规定，一般取观测值中误差的两倍（要求较严）或三倍（要求较宽）作为容许误差。中误差是最常采用的用来表明（衡量）一组观测值精度的绝对指标，测量上常用 m 表示。中误差越小，误差的分布就越密集，观测值的质量即精度就越高；反之亦反。

等精度直接观测值中误差的计算，一般分以下两种情况。

（1）当真值已知时，等精度直接观测值的中误差按下式计算

$$m = \pm\sqrt{\frac{[\Delta\Delta]}{n}} \tag{B-2}$$

式中　n——观测次数；

$[\Delta\Delta]$——测量误差的平方和，即 $\Delta_1^2 + \Delta_2^2 + \cdots + \Delta_n^2$。

（2）当真值未知时，等精度直接观测值的中误差按下式计算

$$m = \pm\sqrt{\frac{[vv]}{n-1}} \tag{B-3}$$

式中　v——观测值的改正数，其值等于观测值的算术平均值与观测值之差，即

$$v_i = L_平 - L_i = [L_i]/n - L_i \qquad (i = 1, 2, \cdots, n)$$

在实际测量工作中，有许多未知量的大小（如坐标、面积等）并不是直接测定的，而是由另外一些直接观测值通过一定的函数关系计算出来的。由于直接观测值含有测量误差，因而它（们）的函数值（间接观测值）亦必然存在误差，即测量误差具有传递性。

间接观测值中误差的计算步骤如下：

（1）根据具体测量问题，写出函数表达式

$$Z = f(x_1, x_2, \cdots, x_k) \tag{B-4}$$

式中　　　　Z——不便直接观测即间接观测的未知量；

x_1，x_2，$\cdots$，x_k——可直接观测的 k 个独立未知量。

（2）对函数式取全微分，得到间接观测值与直接观测值的误差关系式

$$\Delta_z = \frac{\partial f}{\partial x_1}\Delta x_1 + \frac{\partial f}{\partial x_2}\Delta x_2 + \cdots + \frac{\partial f}{\partial x_k}\Delta x_k \tag{B-5}$$

式中　$\dfrac{\partial f}{\partial x_1}$，$\dfrac{\partial f}{\partial x_2}$，$\cdots$，$\dfrac{\partial f}{\partial x_k}$——函数 $f(x_1$，x_2，$\cdots$，$x_k)$ 对自变量 x_1，x_2，$\cdots$，x_k 的偏

导数，将其观测值代入后即可算出具体的数值。

（3）将误差关系式转换为中误差关系式

$$m_Z = \pm \sqrt{\left(\frac{\partial f}{\partial x_1}\right)^2 m_1^2 + \left(\frac{\partial f}{\partial x_2}\right)^2 m_2^2 + \cdots + \left(\frac{\partial f}{\partial x_k}\right)^2 m_k^2} \qquad \text{（B-6）}$$

式中　　　　　　m_Z——间接观测值 Z 的中误差；

m_1，m_2，$\cdots$，m_k——k 个直接独立观测值的中误差。

（4）将有关数字代入，计算出函数值的中误差。

式（B-6）即为计算观测值函数中误差的一般公式，它阐明了误差传播的规律，故称之为误差传播定律。

误差传播定律在测量中的应用十分广泛。利用它不仅可以求得观测值函数的中误差，以分析观测可能达到的精度；而且还可以用来研究确定容许误差，进行测量方案的设计等。

（1）等精度观测算术平均值的中误差。假如，对某未知量进行了 n 次等精度直接观测，首先利用式（B-2）或式（B-3）计算得该组观测值的中误差 m，然后再利用误差传播定律，即可推得其算术平均值（最佳估值或最或然值）的中误差 M

$$M = \pm \sqrt{\left(\frac{1}{n}\right)^2 m^2 + \left(\frac{1}{n}\right)^2 m^2 + \cdots + \left(\frac{1}{n}\right)^2 m^2} = \frac{m}{\sqrt{n}} \qquad \text{（B-7）}$$

式（B-7）表明，n 次等精度直接观测算术平均值的中误差 M 为其观测值中误差 m 的 $1/\sqrt{n}$，而且随着观测次数 n 的增多，算术平均值的中误差不断减小，即增加观测次数可以提高算术平均值的精度。但值得注意的是：当 n 增大到一定数值后（例如 $n=10$），再增加观测次数，精度却提高得很少，即工作量增加的很大而精度提高的效果并不太明显（图 B-1）；这时，要想进一步提高算术平均值的精度，单纯靠增加观测次数是不经济的，甚至是不可能的。因此，在实际工作中，当单纯通过增加观测次数还不能满足精度要求时，就要考虑采取诸如使用更为精密的仪器、改进观测方法或改善观测环境等措施。

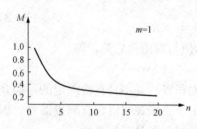

图 B-1　算术平均值中误差与观测次数的关系示意图

（2）测回法水平角测量限差的确定。对 J_6 级经纬仪而言，野外一测回水平方向中误差小于 $\pm 6''$，而一测回水平角值为两个方向值之差，故根据误差传播定律可得一测回水平角值的中误差为

$$m_\beta \leqslant \pm \sqrt{2} \times 6'' \approx \pm 8.5''$$

由于一测回的水平角值为盘左、盘右两个半测回水平角的平均值，故根据误差传播定律可得半测回水平角值的中误差为

$$m_半 = \sqrt{2} m_\beta \leqslant \pm 2 \times 6'' = \pm 12.0''$$

盘左、盘右两个半测回水平角之差的中误差则为

$$m_{\Delta半} = \sqrt{2} m_半 \leqslant \pm \sqrt{2} \times 12.0'' \approx \pm 17.0''$$

若以 2 倍的中误差为容许误差（限差），则有

$$\Delta_容 = 2 m_{\Delta半} \leqslant \pm 2 \times 17.0'' = \pm 34.0''$$

若以 3 倍的中误差为容许误差（限差），则有

$$\Delta_容 = 3 m_{\Delta半} \leqslant \pm 3 \times 17.0'' = \pm 51.0''$$

因此，再顾及其他因素的影响，用 J_6 级经纬仪进行测回法水平角测量时，盘左、盘右两个半测回角值之差的限差（允许值），一般规定为 $\pm 60''$，要求较高时则为 $\pm 40''$。

再者，根据误差传播定律还可以算得各测回水平角值之差的中误差为

$$m_{\Delta回} = \sqrt{2}m_\beta \leqslant \pm 2 \times 6'' = \pm 12.0''$$

若以 2 倍的中误差为容许误差，则有

$$\Delta_容 = 2m_{\Delta回} \leqslant \pm 2 \times 12.0'' = \pm 24.0''$$

若以 3 倍的中误差为容许误差，则有

$$\Delta_容 = 3m_{\Delta回} \leqslant \pm 3 \times 12.0'' = \pm 36.0''$$

因此，再顾及其他因素的影响，用 J_6 级经纬仪进行测回法水平角测量时，各测回角值之差的限差（允许值）一般为 $\pm 40''$，要求较严时则为 $\pm 30''$。

（3）测量方案的设计。测量方案的设计涉及的内容很多，其中一项重要的工作就是确定每个观测量的观测次数。例如，已知观测值的中误差 m，当要求其算术平均值的中误差不大于 M 时，利用式（B-8）即可算得其观测次数 n 为

$$n \geqslant \left(\frac{m}{M}\right)^2 \tag{B-8}$$

由于观测次数 n 为不小于 1 的自然数，因此利用式（B-8）时应注意将计算结果凑整，并只进不舍。譬如，已知观测值的中误差 $m = \pm 9''$，当要求其算术平均值的中误差不大于 $M = \pm 5''$ 时，利用式（B-8）可算得 $n \geqslant 3.24$，此时观测次数 n 应取 4。

附录 C　测量平差的基础知识

1. 测量平差的内涵

测量平差是测绘学中的一个专有名词，英文为 survey adjustment，直译成中文为测量（数据）的调整，即测量数据的处理。而作为一门课程，测量平差则是测绘工程专业一门重要的理论基础课。

2. 测量平差的必要性和任务

实践证明，在测量工作中会不可避免地产生一些测量误差；为了能及时发现粗差（错误）和提高测量成果的精度，我们常常多观测一些数据即进行多余观测。

例如，观测一个角度（1 个未知量，必要观测数为 1），盘左测量一次即可得出其大小（1 个观测值）；但实际上往往还要盘右再测量一次，此时就产生了 1 个多余观测。

图 C-1　附合水准路线示意图

再如，如图 C-1 所示，欲由已知水准点 A 测定 1、2 两点的高程（两个未知量，必要观测数为 2），只需测量出 A 到 1、1 到 2 之间的高差（两个观测值），即可由 A 点依次计算出 1、2 两点的高程；但实际上一般还要测量出 2 到 B 之间的高差，构成一条附合水准路线，此时也产生了 1 个多余观测。

有了多余观测，加之观测值中必然包含有测量误差，这就在观测值之间产生了矛盾。

如何处理带有测量误差的观测值，消除其间的矛盾，求得未知量（待求量）的最佳估值，并对观测成果的质量做出评定，这正是测量平差要解决的问题（即任务）。

3. 测量平差的发展历程

测量平差与其他学科一样，也是由于需要而产生的，并随着科学技术和社会的进步而发展。

早在十八世纪末，在天文学、大地测量学以及与观测自然现象有关的其他科学领域中，常常提出这样的问题：如何消除由于测量误差引起的观测值之间的矛盾，即如何从带有误差的多于未知量的观测值中求得其最佳估值。1794 年，年仅 17 岁的高斯（德国，C. F. Gauss）首先提出了解决这个问题的方法——最小二乘法。在此后的一个半多世纪里，许多测量学者对测量平差的理论和方法进行了大量的研究；但他们都是基于观测值中仅包含偶然误差；加之当时计算条件的限制，因此研究的重点主要在于计算方法的改进。这一时期，一般称之为"经典测量平差"。

自二十世纪五六十年代开始，随着测量工程的逐渐精密和现代化，特别是电子计算机、矩阵代数、泛函分析、最优化理论和概率统计等在测量中的广泛应用，测量平差得到了很大的发展，使其从"经典平差"进入"近代平差"的新时期，主要表现在以下几个方面：

（1）从仅研究独立观测值发展到相关观测值，提出了"相关平差"。

（2）从单纯研究观测值的偶然误差理论扩展到包含系统误差和粗差，提出了"附有系统参数的平差方法"和"稳健（robust 抗差）估计"以及三种误差的可区分性问题。

（3）从求定非随机未知量发展到求定随机未知量，提出了"最小二乘滤波、推估和配置"。

（4）从满秩平差问题发展到非满秩平差问题，提出了"秩亏自由网平差"。

（5）由于存在病态方程（复共线性），从无偏估计发展到有偏估计，提出了"主成分估计"和"岭估计"等。

由此可见，测量平差的内容是极其丰富的。但顾及非测绘专业开设工程测量（或测量学）的目的和本课程的特点，下面仅就经典测量平差的有关内容做些简要介绍。

4. 经典测量平差的基本原则

（1）经典测量平差是基于经典误差理论的，即经典测量平差处理的对象是仅包含偶然误差的独立观测值。

（2）用一组改正数 $V = [\begin{matrix} v_1 & v_2 & \cdots & v_n \end{matrix}]^{\mathrm{T}}$ 来消除不符值。

（3）该组改正数 V 必须满足最小二乘准则，即

$$V^{\mathrm{T}} P V = \min \tag{C-1}$$

式中　P——观测值的权阵。

5. 经典测量平差的基本方法

根据各种不同的实际需要和情况，人们提出了多种平差方法，这里仅介绍一种最为基本、使用最为普遍的经典平差方法——间接平差法。

（1）间接平差的基本思想。针对具体的平差问题，选定 t 个独立未知量（未知参数），根据观测量与未知量之间的函数关系，建立平差值方程，进而转化为误差方程，最后按最小二乘准则求得未知参数的平差值及其中误差。因此，间接平差又称"参数平差"。

（2）间接平差的方法步骤。间接平差，一般可分解为六个基本步骤：

1）确定未知参数。根据平差问题的性质，确定必要观测个数 t，选定 t 个独立未知量 X_1，X_2，$\cdots$，X_t 作为未知参数 X；若采用向量，则可表示为

$$X = [\begin{matrix} X_1 & X_2 & \cdots & X_t \end{matrix}]^{\mathrm{T}} \tag{C-2}$$

2）列出误差方程。首先，将每一个观测量的平差值分别表达成所选未知参数平差值的函数，即列立平差值方程

$$\hat{L} = L + V = B\hat{X} + d \tag{C-3}$$

式中　L——n 维观测值（列）向量；

　　　V——n 维观测值的改正数（列）向量；

　　　$\hat{L}$——n 维观测值的平差值（列）向量；

　　　$\hat{X}$——t 维未知参数的平差值（列）向量；

　　　B——$n \times t$ 阶系数矩阵；

　　　d——n 维常数（列）向量。

然后，将平差值方程中的观测值向量移至等式的右端，并令

$$l = L - d \tag{C-4}$$

即得到误差方程

$$V = B\hat{X} - l \tag{C-5}$$

3）根据一些先验信息，确定每个观测值的权 p_i，并组成权阵 P。

由于观测值间互相独立，所以其权阵为一对角阵，即

$$P_{n\times n} = \begin{bmatrix} p_1 & 0 & \cdots & 0 \\ 0 & p_2 & \cdots & 0 \\ \vdots & \vdots & \vdots & \vdots \\ 0 & 0 & \cdots & p_n \end{bmatrix} \tag{C-6}$$

上述的对角阵，一般又可写为

$$P = \mathrm{diag}\begin{bmatrix} p_1 & p_2 & \cdots & p_n \end{bmatrix} \tag{C-7}$$

4）按最小二乘准则，组成法方程

$$B^{\mathrm{T}}PB\hat{X} = B^{\mathrm{T}}Pl \tag{C-8}$$

5）解算法方程，求得未知参数的平差值

$$\hat{X} = (B^{\mathrm{T}}PB)^{-1}B^{\mathrm{T}}Pl \tag{C-9}$$

6）计算单位权中误差和未知参数（平差值）的中误差，进行精度评定。

单位权中误差 m_0 的计算公式为

$$m_0 = \pm\sqrt{\frac{V^{\mathrm{T}}PV}{n-t}} \tag{C-10}$$

未知参数（平差值）的中误差 m_{x_i}，则按下式计算

$$m_{x_i} = m_0\sqrt{Q_{x_i x_i}} \tag{C-11}$$

式中　$Q_{x_i x_i}$——未知参数（平差值）的协因数（权倒数 $1/p_i$），即未知参数（平差值）向量的协因数阵 Q_{xx} 主对角线上第 i 元素。

而未知参数（平差值）向量协因数阵 Q_{xx} 的计算公式为

$$Q_{xx} = (B^{\mathrm{T}}PB)^{-1} \tag{C-12}$$

（3）间接平差的几个关键问题。随着计算机技术的发展和应用，间接平差中的具体运算已变得十分简便、快捷，而且实现了自动化，甚至可视化；但未知参数的选取、误差方程的列立以及观测值权阵的确定，往往还需要人工完成或人机交互完成。

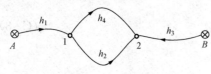

图 C-2　水准网示意图

为此，下面以水准网间接平差为例，对未知参数的选取、误差方程的列立以及观测值权阵的确定略加介绍。

图 C-2 所示为一水准网。其中，A、B 为两已知点（$H_A = 12.013\mathrm{m}$，$H_B = 10.013\mathrm{m}$），1、2 为两未知点，各测段观测高差及其测站数分别为

$$h_1 = -1.004\mathrm{m} \quad n_1 = 4$$
$$h_2 = +1.516\mathrm{m} \quad n_2 = 2$$
$$h_3 = +2.512\mathrm{m} \quad n_3 = 4$$
$$h_4 = +1.520\mathrm{m} \quad n_4 = 3$$

1）未知参数的选取。本水准网有两个未知点，必要观测数 t 为 2，因此需选定两个独立未知量作为未知参数。通常，选取 1、2 两未知点的高程 H_1、H_2 为未知参数，即

$$X = \begin{bmatrix} X_1 & X_2 \end{bmatrix}^{\mathrm{T}} = \begin{bmatrix} H_1 & H_2 \end{bmatrix}^{\mathrm{T}}$$

为了便于后续计算，实际上往往引入未知参数 X 的近似值 X° 及其改正数 δX，即有

$$X = X^\circ + \delta X \tag{C-13}$$

本算例，可分别取为

$$X_1^{\circ} = H_A + h_1 = 12.013 - 1.004 = 11.009 \text{m}$$

$$X_2^{\circ} = H_B + h_3 = 10.013 + 2.512 = 12.525 \text{m}$$

2）误差方程的列立。首先，将每一段观测高差的平差值分别表达成所选未知参数平差值的函数，即

$$\hat{h}_1 = h_1 + v_1 = \hat{X}_1 - H_A = \delta\hat{X}_1 + X_1^{\circ} - H_A$$

$$\hat{h}_2 = h_2 + v_2 = \hat{X}_2 - \hat{X}_1 = \delta\hat{X}_2 - \delta\hat{X}_1 + X_2^{\circ} - X_1^{\circ}$$

$$\hat{h}_3 = h_3 + v_3 = \hat{X}_2 - H_B = \delta\hat{X}_2 + X_2^{\circ} - H_B$$

$$\hat{h}_4 = h_4 + v_4 = \hat{X}_2 - \hat{X}_1 = \delta\hat{X}_2 - \delta\hat{X}_1 + X_2^{\circ} - X_1^{\circ}$$

然后，将平差值方程中的观测值移至等式的右端，得

$$v_1 = \delta\hat{X}_1 - (H_A + h_1 - X_1^{\circ}) = \delta\hat{X}_1 - 0$$

$$v_2 = \delta\hat{X}_2 - \delta\hat{X}_1 - (h_2 + X_1^{\circ} - X_2^{\circ}) = \delta\hat{X}_2 - \delta\hat{X}_1 - 0$$

$$v_3 = \delta\hat{X}_2 - (H_B + h_3 - X_2^{\circ}) = \delta\hat{X}_2 - 0$$

$$v_4 = \delta\hat{X}_2 - \delta\hat{X}_1 - (h_4 + X_1^{\circ} - X_2^{\circ}) = \delta\hat{X}_2 - \delta\hat{X}_1 - 4$$

若令

$$V = \begin{bmatrix} v_1 & v_2 & v_3 & v_4 \end{bmatrix}^{\text{T}}$$

$$B = \begin{bmatrix} 1 & -1 & 0 & -1 \\ 0 & 1 & 1 & 1 \end{bmatrix}^{\text{T}}$$

$$\delta\hat{X} = \begin{bmatrix} \delta\hat{X}_1 & \delta\hat{X}_2 \end{bmatrix}^{\text{T}}$$

$$l = \begin{bmatrix} 0 & 0 & 0 & 4 \end{bmatrix}^{\text{T}}$$

则可将上述的误差方程用矩阵和向量表示为

$$V = B\delta\hat{X} - l \tag{C-14}$$

其中，观测值改正数、未知量改正数以及误差方程的自由项都以毫米为单位。

3）观测值权 p_i 的确定。观测值的权 p_i 是表明（衡量）一组观测值精度的相对指标，它与观测值的方差 m_i^2 成反比，其定义式为

$$p_i = \frac{m_0^2}{m_i^2} \tag{C-15}$$

式中 m_0^2——单位权方差，即权为 1 的观测值方差；在确定一组观测值权时，m_0^2 一旦选定，就不能再随意改变其大小。

水准测量中定权的常用方法如下：设水准测量中，每一测站观测高差的精度相同，且其中误差为 $m_{\text{站}}$。若第 i 段水准路线共有 n_i 站，根据误差传播定律可得该段水准路线观测高差的中误差 m_i 为

$$m_i = \sqrt{n} m_{\text{站}} \tag{C-16}$$

令 C 个测站测得的高差中误差为单位权中误差，即

$$m_0 = \sqrt{C} m_{\text{站}} \tag{C-17}$$

根据式（C-15）可知，水准测量中高差观测值的权为

$$p_i = \frac{m_0^2}{m_i^2} = \frac{C}{n_i} \tag{C-18}$$

上式说明，当各测站的观测高差精度相同时，各段水准路线观测高差的权与其测站数成

反比。

　　于是，针对图 C-2 所示的水准网，当取 12 个测站测得的高差中误差为单位权中误差时，4 段水准路线观测高差的权分别为 3、6、3、4，故该算例的观测值权阵则为

$$P = \text{diag}[3 \quad 6 \quad 3 \quad 4] \tag{C-19}$$

　　4）未知参数平差值的解算。根据误差方程式（C-14）和权阵［式（C-19）］，按最小二乘准则，不难求得未知参数的平差值为

$$\delta \hat{X} = [-0.696 \quad 0.696]^{\text{T}}$$

$$\hat{X} = X^{\circ} + \delta \hat{X} = [11.008 \quad 12.526]^{\text{T}}$$

　　其中，未知参数改正数的平差值以毫米为单位，而未知参数的平差值以米为单位。

　　（4）间接平差的特例——直接平差。只有一个未知参数的间接平差，称为直接平差，它在实际测量中具有广泛的应用。

　　1）不等精度观测值的直接平差。设对某未知量独立进行了 n 次不等精度观测，观测值为 L_1、L_2、…、L_n，相应的权为 p_1、p_2、…、p_n。显然，该问题的必要观测数为 1，选该未知量 X 为未知参数，则有如下的平差值方程

$$\hat{L}_1 = L_1 + v_1 = \hat{X}$$
$$\hat{L}_2 = L_2 + v_2 = \hat{X}$$
$$\cdots$$
$$\hat{L}_n = L_n + v_n = \hat{X}$$

和误差方程

$$v_1 = \hat{X} - L_1$$
$$v_2 = \hat{X} - L_2$$
$$\cdots$$
$$v_n = \hat{X} - L_n$$

　　若令

$$V = [v_1 \quad v_2 \quad \cdots \quad v_n]^{\text{T}}$$
$$B = [1 \quad 1 \quad \cdots \quad 1]^{\text{T}}$$
$$l = [L_1 \quad L_2 \quad \cdots \quad L_n]^{\text{T}}$$

则可将上述的误差方程用矩阵和向量表示为

$$V = B\hat{X} - l$$

　　按最小二乘准则，不难求得未知参数的平差值和单位权中误差为

$$\hat{X} = (B^{\text{T}}PB)^{-1}B^{\text{T}}Pl = \frac{\sum\limits_{i=1}^{n}[pL]}{\sum\limits_{i=1}^{n}[p]} = \frac{[pL]}{[p]} \tag{C-20}$$

$$m_{\text{o}} = \pm\sqrt{\frac{V^{\text{T}}PV}{n-t}} = \pm\sqrt{\frac{[pvv]}{n-1}} \tag{C-21}$$

　　2）等精度观测值的直接平差。设对某未知量独立进行了 n 次等精度观测，观测值为 L_1、L_2、…、L_n，相应的权为 $p_1 = p_2 = \cdots = p_n = 1$，代入式（C-20）和式（C-21）则可得

$$\hat{X} = \frac{[L]}{n} \tag{C-22}$$

$$m_0 = \pm\sqrt{\frac{[vv]}{n-1}} \qquad (C\text{-}23)$$

由于等精度观测值的权为 1，因此式（C-23）的单位权中误差即为观测值中误差，与附录 B 中的式（B-3）相同。

由式（C-22）可知，等精度直接观测值的平差值即为其算术平均值。而不等精度直接观测值的平差值，则需按式（C-20）计算，称为广义算术平均值或加（带）权平均值。

（5）间接平差值的统计性质。上述间接平差值是在最小二乘准则求得，又称最小二乘估值。在经典测量平差中，最小二乘估值都是最佳估值，即都是最优无偏估值。

附录 D　大地基准与坐标转换

1. 大地基准

大地（测量）基准是指用以描述地球椭球的参数，包括描述地球椭球几何特征的长短半轴和物理特征的有关参数、地球椭球在空间的定位及定向等。可见，大地基准是建立国家大地坐标系的基本依据。

经典大地基准通常采用的是与区域（似）大地水准面最佳拟（吻）合的参考椭球，其中心往往与地心不重合，由此建立起来的坐标系称为参心坐标系，如 54 北京坐标系、80 西安坐标系等。由于地球表面的不规则性，适合于不同国家（地区）的参考椭球的大小、定位、定向以及大地原点都不一样，每个参考椭球都有各自的参数和参考系。但参考椭球对于天文大地测量、大地点坐标的推算以及国家测图和区域绘图来说，是十分适宜的。

随着空间科技的发展以及为了研究全球性问题，需要一个和全球大地水准面最佳拟合的总地球椭球作为大地基准，总地球椭球的中心与地心重合，由此建立起来的坐标系称为地心坐标系，如 2000 国家大地坐标系、WGS-84 大地坐标系等。

2. 坐标转换

（1）大地坐标与天文坐标的转换。

1）将大地坐标 (L, B) 转换为天文坐标 (λ, φ)，按下式计算

$$\left.\begin{array}{l} \varphi = B + \xi \\ \lambda = L + \eta \sec\varphi \end{array}\right\} \tag{D-1}$$

式中　ξ, η——垂线偏差 u（地面某点的铅垂线与相应地球椭球面法线之间的夹角）在子午圈和卯酉圈上的分量，其值可在垂线偏差分量图中内插求得。

2）将天文坐标 (λ, φ) 转换为大地坐标 (L, B)，按下式计算

$$\left.\begin{array}{l} B = \varphi - \xi \\ L = \lambda - \eta \sec\varphi \end{array}\right\} \tag{D-2}$$

（2）大地坐标与空间直角坐标的转换。

1）在相同基准下，将大地坐标 (L, B) 转换为空间直角坐标 (X, Y, Z)，按下式计算

$$\left.\begin{array}{l} X = (N + H)\cos B\cos L \\ Y = (N + H)\cos B\sin L \\ Z = [N(1 - e^2) + H]\sin B \\ e = \sqrt{(a^2 - b^2)/a^2} \end{array}\right\} \tag{D-3}$$

式中　H——该点的大地高，m；

　　　N——卯酉圈曲率半径，其值为 $a/\sqrt{1 - e^2\sin^2 B}$，m；

e、a、b——该大地坐标系对应地球椭球的第一偏心率、长半轴和短半轴，前者为无量纲，后两者单位为"米"。

2）在相同基准下，将空间直角坐标 (X, Y, Z) 转换为大地坐标 (L, B)，按下式计算

$$
\left.
\begin{aligned}
L &= \arctan\left(\frac{Y}{X}\right) \\
B &= \arctan\left(\frac{Z + be'^2 \sin^3\theta}{\sqrt{X^2 + Y^2} - ae^2\cos^3\theta}\right) \\
H &= \frac{\sqrt{X^2 + Y^2}}{\cos B} - N \\
e' &= \sqrt{(a^2 - b^2)/b^2} \\
\theta &= \arctan\frac{aZ}{b\sqrt{X^2 + Y^2}}
\end{aligned}
\right\}
\tag{D-4}
$$

式中　e'——该大地坐标系对应地球椭球的第二偏心率。

（3）大地坐标与高斯平面直角坐标的转换。

1）在相同基准下，将大地坐标（L，B）转换为高斯平面直角坐标（x，y），按下式计算

$$
\left.
\begin{aligned}
x &= S + Nt\left[\frac{1}{2}n^2 + \frac{1}{24}(5 - t^2 + 9k^2 + 4k^4)n^4 + \frac{1}{720}(61 - 58t^2 + t^4)n^6\right] \\
y &= N\left[n + \frac{1}{6}(1 - t^2 + k^2)n^3 + \frac{1}{120}(5 - 18t^2 + t^4 + 14k^2 - 58t^2k^2)n^5\right] \\
n &= \frac{\pi}{180°}l\cos B = \frac{l}{\rho}\cos B \\
l &= L - L_0 \\
t &= \tan B \\
k &= e'\cos B
\end{aligned}
\right\}
\tag{D-5}
$$

式中　S——轴（中央）子午线上纬度等于 B 的点至赤道的子午线弧长；

　　　L_0——轴（中央）子午线的经度。

子午线弧长 S，按下式计算

$$
S = a_0\frac{B}{\rho} - \frac{a_2}{2}\sin 2B + \frac{a_4}{4}\sin 4B - \frac{a_6}{6}\sin 6B
\tag{D-6}
$$

其中，$a_0 = m_0 + \dfrac{m_2}{2} + \dfrac{3}{8}m_4 + \dfrac{5}{16}m_6 + \dfrac{35}{128}m_8$，$a_2 = \dfrac{m_2}{2} + \dfrac{m_4}{2} + \dfrac{15}{32}m_6 + \dfrac{7}{16}m_8$

$a_4 = \dfrac{m_4}{8} + \dfrac{3}{16}m_6 + \dfrac{7}{32}m_8$，$a_6 = \dfrac{m_6}{32} + \dfrac{m_8}{16}$

$m_0 = a(1 - e^2)$，$m_2 = \dfrac{3}{2}e^2m_0$，$m_4 = \dfrac{5}{4}e^2m_2$，$m_6 = \dfrac{7}{6}e^2m_4$，$m_8 = \dfrac{9}{8}e^2m_6$

2）在相同基准下，将高斯平面直角坐标（x，y）转换为大地坐标（L，B），按下式计算

$$
\left.
\begin{aligned}
B &= B_f - \frac{1}{2}(1 + k_f^2)t_f\left[\left(\frac{y}{N_f}\right)^2 - \frac{1}{12}(5 + 3t_f^2 + k_f^2 - 9t_f^2k_f^2)\left(\frac{y}{N_f}\right)^4\right. \\
&\quad + \left.\frac{1}{360}(61 + 90t_f^2 + 45t_f^4)\left(\frac{y}{N_f}\right)^6\right]\rho \\
L &= L_0 + \frac{1}{\cos B_f}\left[\frac{y}{N_f} - \frac{1}{6}(1 + 2t_f^2 + k_f^2)\left(\frac{y}{N_f}\right)^3\right. \\
&\quad + \left.\frac{1}{120}(5 + 28t_f^2 + 24t_f^4 + 6k_f^2 + 8t_f^2k_f^2)\left(\frac{y}{N_f}\right)^5\right]\rho
\end{aligned}
\right\}
\tag{D-7}
$$

式中　　B_f——底点纬度，系以 $S_f=S=x$（自赤道起算的子午线弧长）所对应的大地纬度，可根据式（D-6）迭代反算求得；

t_f、k_f、N_f——相应于 B_f 之值。

由某点的大地坐标（L，B）求该点的高斯平面直角坐标（x，y），称为高斯投影坐标的正算，其公式为（D-5）；由某点的高斯平面直角坐标（x，y）求该点的大地坐标（L，B），称为高斯投影坐标的反算，其公式为（D-7）。

值得注意的是：在利用上述诸公式进行高斯投影坐标正、反算时，高斯平面直角坐标均要采用其自然值且以米为单位，大地坐标均应以度为单位。

（4）不同基准下的坐标转换。

1）不同基准下空间直角坐标的转换。空间直角坐标系 1 的三维坐标（X_1，Y_1，Z_1）与空间直角坐标系 2 的三维坐标（X_2，Y_2，Z_2）间的变换，最常采用的是以下的布尔莎（Bursa）七参数变换公式（先旋转，再缩放，最后平移）

$$\begin{bmatrix} X_2 \\ Y_2 \\ Z_2 \end{bmatrix} = \begin{bmatrix} \Delta X_0 \\ \Delta Y_0 \\ \Delta Z_0 \end{bmatrix} + (1+m) \begin{bmatrix} 1 & \varepsilon_Z & -\varepsilon_Y \\ -\varepsilon_Z & 1 & \varepsilon_X \\ \varepsilon_Y & -\varepsilon_X & 1 \end{bmatrix} \begin{bmatrix} X_1 \\ Y_1 \\ Z_1 \end{bmatrix} \tag{D-8}$$

式中　　ΔX_0，ΔY_0，ΔZ_0——空间直角坐标系 1 转换到空间直角坐标系 2 的 3 个平移参数，m；

　　　　ε_X，ε_Y，ε_Z——空间直角坐标系 1 转换到空间直角坐标系 2 的 3 个旋转参数，单位为弧度；

　　　　m——空间直角坐标系 1 转换到空间直角坐标系 2 的 1 个尺度变化参数，无量纲。

式（D-8）稍加整理，并舍去 m 与 ε_X、ε_Y、ε_Z 乘积的微小量，也可写成如下形式

$$\begin{bmatrix} X_2 \\ Y_2 \\ Z_2 \end{bmatrix} = \begin{bmatrix} X_1 \\ Y_1 \\ Z_1 \end{bmatrix} + \begin{bmatrix} \Delta X_0 \\ \Delta Y_0 \\ \Delta Z_0 \end{bmatrix} + \begin{bmatrix} m & \varepsilon_Z & -\varepsilon_Y \\ -\varepsilon_Z & m & \varepsilon_X \\ \varepsilon_Y & -\varepsilon_X & m \end{bmatrix} \begin{bmatrix} X_1 \\ Y_1 \\ Z_1 \end{bmatrix}$$

2）不同基准下大地坐标的转换。大地坐标系 1 的坐标（L_1，B_1）与大地坐标系 2 的坐标（L_2，B_2）间的变换，最常采用的是以下的二维七参数变换公式

$$\begin{bmatrix} L_2 \\ B_2 \end{bmatrix} = \begin{bmatrix} L_1 \\ B_1 \end{bmatrix} + \begin{bmatrix} \Delta L \\ \Delta B \end{bmatrix} = \begin{bmatrix} L_1 \\ B_1 \end{bmatrix} + \begin{bmatrix} -\dfrac{\sin L_1}{N\cos B_1} & \dfrac{\cos L_1}{N\cos B_1} & 0 \\ -\dfrac{\sin B_1 \cos L_1}{M} & -\dfrac{\sin B_1 \sin L_1}{M} & \dfrac{\cos B_1}{M} \end{bmatrix} \begin{bmatrix} \Delta X_0 \\ \Delta Y_0 \\ \Delta Z_0 \end{bmatrix}$$

$$+ \begin{bmatrix} \tan B_1 \cos L_1 & \tan B_1 \sin L_1 & -1 \\ -\sin L_1 & \cos L_1 & 0 \end{bmatrix} \begin{bmatrix} \varepsilon_X \\ \varepsilon_Y \\ \varepsilon_Z \end{bmatrix} + \begin{bmatrix} 0 \\ -\dfrac{N}{M}e^2 \sin B_1 \cos B_1 \end{bmatrix} m$$

$$+ \begin{bmatrix} 0 & 0 \\ \dfrac{N}{Ma}e^2 \sin B_1 \cos B_1 & \dfrac{(2-e^2 \sin^2 B_1)}{1-f} \sin B_1 \cos B_1 \end{bmatrix} \begin{bmatrix} \Delta a \\ \Delta f \end{bmatrix} \tag{D-9}$$

式中　　M——变换前的地球椭球子午圈曲率半径，其值为 $a(1-e^2)/(1-e^2 \sin^2 B_1)^{\frac{3}{2}}$，m；

f——变换前的地球椭球的扁率，其值为$(a-b)/a$，无量纲；

Δa，Δf——变换前后两地球椭球长半径、扁率的差值，前者单位为"米"，后者无量纲。

3）不同基准下平面直角坐标的转换。平面直角坐标系 1 的坐标（x_1，y_1）与平面直角坐标系 2 的坐标（x_2，y_2）间的变换，最常采用的是以下的平面四参数变换公式

$$\begin{bmatrix} x_2 \\ y_2 \end{bmatrix} = \begin{bmatrix} x_0 \\ y_0 \end{bmatrix} + (1+m)\begin{bmatrix} \cos\alpha & -\sin\alpha \\ \sin\alpha & \cos\alpha \end{bmatrix}\begin{bmatrix} x_1 \\ y_1 \end{bmatrix} \tag{D-10}$$

式中　x_0，y_0——平面直角坐标系 1 转换到平面直角坐标系 2 的两个平移参数；

　　　α——平面直角坐标系 1 转换到平面直角坐标系 2 的 1 个旋转参数。

4）不同基准下点位坐标转换的几点说明。

根据《中华人民共和国测绘法》，经国务院批准，我国自 2008 年 7 月 1 日起，启用 2000 国家大地坐标系。

2000 国家大地坐标系与现行国家大地坐标系转换、衔接的过渡期为 8～10 年。

现有各类测绘成果，在过渡期内可沿用现行国家大地坐标系，2008 年 7 月 1 日后新生产的各类测绘成果应采用 2000 国家大地坐标系。

国家测绘局负责启用 2000 国家大地坐标系工作的统一领导，制订 2000 国家大地坐标系转换实施方案，为各地方、各部门现有测绘成果坐标系转换提供技术支持和服务；负责完成国家级基础测绘成果向 2000 国家大地坐标系转换，并向社会提供使用。

国务院有关部门按照国务院规定的职责分工，负责本部门启用 2000 国家大地坐标系工作的组织实施和本部门测绘成果的转换。

县级以上地方人民政府测绘行政主管部门，负责本地区启用 2000 国家大地坐标系工作的组织实施和监督管理，提供坐标系转换技术支持和服务，完成本级基础测绘成果向 2000 国家大地坐标系的转换，并向社会提供使用。

全国及省级范围的坐标转换，选择二维七参数转换模型；省级以下的坐标转换，可选择平面四参数模型。

可见，高等级点位新坐标信息以及坐标转换参数，可向测绘主管部门申请抄录，并做好相应的保密工作；但常用的、普通的控制点则需要自行转换，这时需先选择一定数量的坐标重合点（在两个坐标系下均有坐标成果的点）、根据坐标转换模型利用最小二乘法计算出坐标转换参数。

附录 E　三维激光扫描仪及其应用

　　继测量机器人之后，近年来人们又研制出了一种新型测绘仪器——三维激光扫描仪。它采用高速激光主动扫描测量的方式，可连续自动、大面积、完全非接触、高效精确地获取被测对象表面的点云数据（图 E-1 所示为清华大学二校门的点云数据），从而为快速建立被测对象的三维立体模型（如图 E-2 所示）提供了一种全新的技术手段，并使外业测量作业变得十分安全和轻松，即将带来测绘方法及手段的又一次飞跃。

图 E-1　点云示意图

图 E-2　三维立体模型示意图

　　目前，能生产三维激光扫描仪的单位已有多家（如瑞士的 Leica、日本的 TOPTON、美国的 Faro、加拿大的 Optech、德国的 Z&F 和 Callidus 以及奥地利的 Riegl 以及中国的中海达等），其产品不论是外观还是内部结构等都有所不同。但皆采用非接触、高速、激光测距方式对被测对象进行快速扫描测量，直接获得至激光点所接触的物体表面的水平方向、天顶距（或竖直角）、斜距以及扫描点的反射强度（前三种数据，用来计算扫描点的三维坐标；反射强度，则用来给反射点匹配颜色），自动存储并计算，获得点云数据；点云数据经厂家提供的专用软件（一般都具有三维点云数据编辑、扫描数据拼接与合并、三维空间量测、点云影像可视化、三维建模、纹理分析处理等功能）处理后，可快速重构出被测对象的三维模型以及线、面、体、空间等各种制图数据。因此，三维激光扫描仪的出现，立刻引起人们的极大兴趣，在地形图测绘、变形监测、地面景观形体测量与建模、建筑与文物保护、复杂工业设备测量与建模、灾害及事故现场测量与分析、城市三维可视化模型建立、数字矿山、数字工厂等诸多领域的应用研究也随即展开，并取得了一系列的成果。

　　面对市场上如此多款的三维激光扫描仪，用户在选购时一般须考虑以下几个方面的因素：

　　（1）选择安全的激光等级，应尽一切努力保护人员的安全。三维激光扫描仪工作时，不仅对扫描区域内的人员而且也会对操作人员产生较大的影响（因为激光束发射出去后，很大一部分被反射回仪器所在地附近，如"打"到操作人员的头上，时间长了，眼和脑会受损伤）。

　　（2）结合工作需要，选择合适的扫描精度。扫描精度决定了三维激光扫描仪的应用范围：低精度的扫描仪，只能用来测算"体积"以及中小比例尺测图等精度要求较低的工作；

高精度的扫描仪，则可用于变形监测等工程项目。因此，仪器设备要能满足大多数工作需要。购置后，要避免闲置时间过长而造成浪费、损耗、出现故障。

（3）结合工作需要，选择合适的扫描距离。扫描距离，决定工作场所：短距离的扫描仪，只能用于小区域扫描；长距离才能满足大范围工程项目，如矿山测量。

此外，还需考虑是否带有数码相机（在扫描点云数据的同时拍下对应的数码图片，以方便后续数据处理和获取彩色纹理信息）、是否防水防尘、外业测量方式是否多样、操作是否简便灵活等。

附录 F　地面移动测绘系统及其应用

　　地面移动测绘系统是以地面移动平台（多为汽车，也可以是三轮车、摩托车等，甚至人为背负）为载体，综合利用卫星导航定位、惯性测量、遥感测量（摄影与激光扫描）、地理信息处理与现代通信等技术与设备，实现在移动过程中实时、快速、精确地获取地理空间及属性信息的综合测绘系统，其基本组成如图 F-1 所示。

图 F-1　地面移动测绘系统示意图

　　基于地面移动测绘系统的地面移动测绘技术，是当前测绘领域最为前沿和备受关注的技术之一。与传统的地面测绘技术相比，地面移动测绘技术具有动态、连续、快速、可直接获取目标点坐标并一次性完成目标属性数据综合采集的特点，其发展预示着野外测量已由传统的静态、单点、单要素、逐点测量时代向动态、综合、全要素覆盖测量时代的转变。与航天、航空测量技术相比，地面移动测绘技术具有成本低、机动性好、速度快、实时性强、精度高等显著特点。地面移动测绘系统获取的立体影像数据、视频数据、点云数据，不仅可以用来提取传统测绘生产作业所需的坐标和属性等信息，而且与空间遥感图像或视频影像相比，地面遥感图像或视频影像更符合人们的日常观察视角与思维习惯，因此可以作为实景影像数据以各种方便的查询形式直接提供使用或满足不同的应用需要，从而提供了一种全新的技术手段，并使外业测量作业变得十分安全和轻松，即将带来测绘方法及手段的又一次飞跃。

　　目前，地面移动测绘系统已在大比例尺地形图测绘与更新、数字城市建设、市政设施可视化管理、应急服务、电力巡检、道路勘测及标志提取、考古调查与测绘等方面得到了成功应用，而且一种全新的空间地理信息服务与应用模式——基于互联网与地面移动测绘技术的空间地理信息服务与应用模式也已悄然付诸实施。该模式将地面移动测绘系统获取的道路及周边视频信息——实景地图（全景地图或街景地图），通过互联网有偿或无偿提供给个人或集团用户使用。借助这一模式，今后人们可以足不出户仅借助网络即可便捷地到达你希望了解的任何地方，并直接进入所关注地区的真实环境中，就如同亲自驾车在实地行驶，而且通过简单的操作可以随心浏览、查看、欣赏周围的环境、景色，甚至可以对所关心的地物实现测量，这将是一种可以彻底改变和影响人们生活和观念的应用与服务。

附录 G 数字地球及其应用

数字地球是美国前副总统戈尔于 1998 年 1 月 31 日在"数字地球——认识 21 世纪我们这颗星球"的报告中提出的一个通俗易懂的概念，它勾绘出了信息时代人类在地球上生存、工作、学习和生活的时代特征。

从本质上讲，数字地球是一个超巨大的地理信息系统，它以计算机技术、多媒体技术和大规模存储技术为基础，利用数字化的手段把地球、地球上的活动以及整个地球环境的时空变化装入计算机，并以宽带网络为纽带、运用海量数据处理技术实现对真实地球多分辨率、多尺度、多时空和多种类的三维描述和可视化重现。因此，利用数字地球可以把整个地球上关于自然与人类浩如烟海的数据和信息组织起来，实现在网络上的流通，从而最大限度地为人类的生存、可持续发展和日常的工作、学习、生活和娱乐服务。

数字地球的服务对象，可覆盖整个社会层面，无论政府机关还是私人公司，无论是科教部门还是生产单位，无论专业技术人员还是普通老百姓，都可以通过一定的方式便捷地获得所想了解的信息。下面，就简要介绍几点数字地球的应用情况。

(1) 在解决全球变化和社会可持续发展问题中的应用。全球变化和社会可持续发展已成为当今世界人们关注的重要问题，而数字化表示的地球为我们研究和解决这一问题提供了非常有利的条件。譬如，在计算机中，利用数字地球可以对全球（气候、海平面、生态与环境等）变化的过程、规律、影响以及对策进行各种模拟和仿真，从而提高人类应对全球变化的能力；与此同时，利用数字地球还可以对社会可持续的许多问题（资源开发、人口增长、各种灾害等）进行综合分析与预测。

(2) 在现代化战争和国防建设中的应用。在美国眼里，数字地球的另一种提法是星球大战，是美国全球战略的继续和发展。因此，数字地球是一个典型的平战结合、军民结合的系统工程，在现代化战争和国防建设中将起到十分重要的作用。譬如，基于数字地球建立的数字化战场，可用作平时的军事训练；战时利用"3S"技术等及时进行信息更新，即可用于军事指挥和调度以及飞行器和武器的精确制导等；战后，则可用于军事打击效果的快速评估。

(3) 在社会经济和生活中的应用。由于数字地球容纳了各行各业及个人的各种信息，因此可用于国家基础设施建设、城市发展等的规划，酒店、景点、医院、学校等的查询，网上租房、买房、购物等。在不久的将来，待数字地球真正建成时，人们就可以在自己的家中通过网络连接到每个城市、每个地区、每个国家，查询或获取所需要的各种信息或数据，从而为人们的工作、学习、生活和娱乐服务，并将对社会经济和生活的各个方面产生巨大的影响，其中有些影响也许是人们今天还无法想象的。

总之，数字地球正悄悄地走进千家万户、各行各业，正悄悄地向智慧地球（智能地球）迈进。

附录 H 城市定线与拨地测量

定线与拨地，分别是城市（镇）规划道路定线与建筑用地界址拨定的简称，其测量工作归属于城市（镇）规划测量。

所谓定线测量，就是按照城市（镇）规划管理部门下达的定线条件，将图上设计的规划道路的平面位置测设于实地（根据通视条件等具体情况，可选择测设道路的中线或红线——道路用地边界线），从而为城市详细规划、拨地测量和各种市政工程的定线等提供必要的依据，起着控制把关和保障的作用。

规划道路定线测量与一般道路工程的定线测量有所不同，其主要区别可概括为以下两个方面。

（1）实施阶段不同。规划道路定线属于城市（镇）规划阶段的测量工作；而一般道路工程的定线则属于工程设计、施工阶段的测量工作。

（2）所起作用不同。规划道路的定线将严格控制着道路红线内及临路新建各种建（构）筑物的平面位置，必须符合城市（镇）的规划要求；规划道路定线后，并不意味着近期就要修路。而一般道路工程的定线则仅仅是控制道路工程本身的平面位置，只需满足道路建设的工程要求即可；道路工程定线后，一般随即就要转入施工阶段。

规划道路定线和一般道路工程的定线虽有以上区别，但在测量的方法和技术手段上却是一样的。

所谓拨地测量，则是指根据城市规划管理部门下达的任务和要求，在实地测（埋）设拨地界桩以确定建筑用地边界线（建筑红线），使其与规划道路或原有建（构）筑物保持正确的相对关系，使规划意图具体化。因此，拨地界桩既用于标定用地的范围，又可作为建（构）筑物定位、放线和验线的控制桩。

不管是定线测量，还是拨地测量，都应按照城市（镇）规划行政主管部门下达的设计条件进行；测设点位中误差，均不应大于±5cm（相对于邻近高级控制点而言）。

外业实测前，应熟悉定线、拨地条件，制定科学、合理的施测方案，准备好测设数据、仪器设备、人员组织等。

外业实测过程中，应尽量采用先进的测量仪器和技术，并加强检核，确保正确无误。

定线、拨地工作完成后，需对有关资料加以整理、装订成册、归档，并报送城市规划行政主管部门备案。

附录 I 建设监理与测量监理

所谓建设监理，简单地讲就是指对建设领域有关建设活动所进行的监督与管理。实践已证明，在工程建设领域推行监理制度是强化质量管理、控制工程造价、提高投资效益及建设管理水平的有效措施和途径。

任何工程建设都离不开测量工作，而且测量工作的好坏将直接影响到工程建设的质量、进度和费用。因此，对工程建设中有关的测量活动进行监理（简称测量监理）是工程建设监理的重要内容，也是建设监理常用的控制方法和重要手段。

测量监理的实施，由测量监理工程师及其助手（测量监理员）来完成。其基本任务是确保工程建设的各项几何指标（如平面位置、标高及外形尺寸等）完全符合合同图纸和规范精度的要求，这也是测量监理的目标和衡量测量监理工作合格与否的标准。其工作内容，应视工程建设的具体情况而定；就目前开展的情况而言，一般由以下几方面构成：

（1）施工准备阶段，主要包括：①审批承包人配备的测量人员和测量仪器设备，看是否能胜任该项工程建设的测量工作；②在合同签订后规定的时间内，向承包人书面提供原始基准点、基准线；③审查承包人的施工放样方案和放样数据；④检查施工现场的测量标桩，对建筑物的定位、放线及高程水准点进行复核。

（2）施工阶段，主要包括：①对承包人配备的测量人员和仪器设备进行跟踪审查和评价，如发现不合格者责令承包人及时更换；②对施工过程中的测量工作进行控制和抽查；③对已完工的工程各部位的几何尺寸、高程、坡度等进行验收检查；④对已完成的工程量，利用测量手段进行复核确认。

（3）缺陷责任期，主要包括：①对竣工图提出统一的标准要求；②督促承包人及早开始竣工图的编绘工作；③竣工验收时，审核承包人提交的竣工图。

根据多年的经验，要想顺利完成上述测量监理工作，在实施过程中必须做到以下几点：

（1）做好准备，有的放矢。接到任务后，必须认真阅读监理合同，精心编制测量监理工作细则，明确测量监理的内容、深度及其重点。这是搞好监理工作的前提，否则将会使接下来的监理工作总是处于忙乱的困境之中。

（2）主动监理，热情服务。测量监理人员要主动给承包方的技术人员讲解技术规范，进行技术交底；结合工程实际，帮助解决技术难点。这是搞好监理工作的重要手段。

（3）严格监理，防患于未然。对检查不合格的测量工作，要让承包人及时进行修正，无法修正的要坚决予以返工，严禁将质量问题遗留到缺陷责任期。这是监理工作应遵循的根本原则。

（4）以"理"服人，以"数据"说话。为此，测量监理人员要不断学习，以提高自身的业务水平；同时，要拥有先进的测量仪器和设备。这是搞好监理工作的重要保障。

另外，还要坚持做好监理记录，并妥善保管。

附录 J　房产测量与地籍测量

　　房屋是指四周有墙或围护结构、顶上有盖，供人们从事生产、工作、学习、生活、居住、文化娱乐等与人类各种活动有关的建筑物。所谓建筑物，主要是指房屋；当然也包括与房屋有关的配套设施，如水塔、烟囱、大坝、挡土墙、囤仓、码头、车棚等（建筑学上，把它们称为构筑物）。

　　土地，狭义上仅指地球表面的陆地部分，广义上则还包括地球表面上的水域；有些国家（包括我国），把地表下一定深度的部分也划入土地的范畴，最新的认识甚至把地表上的空间部分也列入土地的范围。

　　房屋是特定土地上的定着物，土地是房屋的载体。土地的价值与房屋的价值互为关联，有时土地的价值隐没于房屋的价值之中，有时黄金地段上的土地却标志着房屋的价值，两者休戚与共，密不可分。

　　房产和地产，分别是房屋财产与土地财产的简称。房地产则是房产、地产、房地合一产的统称，它具有实物性、经济性、不动性等特点，故又称为不动产。

　　所谓房地产测量，是指为房地产产权产籍管理及其开发利用等所进行的一系列测量工作的总称。它是常规测绘技术与房地产管理业务相结合的专业测量工作，是测绘学的一个重要组成部分（由于历史的原因，我国目前把房地产测量又分为房产测量和地籍测量；前者主要为房产管理部门服务，后者则主要为土地管理部门服务）。另外，它还是一种公正性质的官方测量，其成果一经审批即具法律效力，是房地产登记、发证和收取房地产税费的重要依据。因此，为加强地籍测量的管理，国家测绘局于 1987 年制定颁布了测绘行业标准《地籍测量规范》，并于 1994 年进行了修订（修订后的规范分为两册：CH 5002—1994《地籍测绘规范》和 CH 5003—1994《地籍图图式》，由中国林业出版社出版）；为加强房产测量的管理，国家测绘局于 1991 年制定颁布了测绘行业标准《房产测量规范》，2000 年国家质量技术监督局对其进行了修订，并由行业标准上升为国家标准（修订后的规范，也分为两册：GB/T 17986.1—2000《房产测量规范　第 1 单元：房产测量规定》和 GB/T 17986.2—2000《房产测量规范　第 2 单元：房产图图式》，由中国标准出版社出版）。

　　房地产测量的主要任务，是调查和测定房屋和土地的自然状况及权属状况（如位置、权属、界线、质量、数量及利用状况等），并用文字、数字和图件表示出来，从而为房地产产权产籍管理、房地产开发利用、征收税费以及城镇规划建设等提供及时、准确、可靠的测量数据和资料（房产测量，侧重于调查和测定房屋的有关信息；地籍测量，则侧重于调查和测定土地的有关信息。因此，把房产测量等同于房地产测量是不恰当的）。

　　房地产测量的基本内容，通常包括以下几个方面：

　　1. 平面控制测量

　　房地产测量也应遵循"从整体到局部，先控制后碎部，高精度控制低精度"的原则和程序。

　　由于房地产测量一般不测高程（如需进行高程测量时，由设计书另行规定），因此通常只布测平面控制网（点）。

　　房地产平面控制点，包括一、二、三、四等平面控制点和一、二、三级平面控制点。其中，一、二、三、四等平面控制点为国家基本控制点，由国家或地方统一布测；一、二、三级平面控制点为加密控制点，利用已有成果或房地产测量时自行布测。房地产平面控制点，均应埋设固定标志。

　　房地产平面控制测量，可选用三角形网测量、导线测量或卫星定位测量等方法。

　　2. 房地产要素调查

　　房地产要素调查，又简称为房地产调查。它是房地产测量中一项工作量很大的基础性的专业工作，其内容包括对每个权属单元的位置、权属界线、产权性质、数量、利用状况以及行政境界和地理名称等的调查。由于调查的内容很多，一般可将其分为地产要素调查、房产要素调查和必要的地形要素调查三个方面。同时，房地产调查又是一项政策性很强的工作，要在当地人民政府的领导下进行。调查前，应做好充分的准备工作；外业调查时，调查内容应逐一填记在调查表中或测量草图上，做到不遗漏、不追记、不补记；调查工作结束后，要以街道或街坊装订成册，作为测量成果资料上交。

　　3. 房地产要素测量

　　（1）地籍要素测量。地籍要素测量的对象，主要包括：地籍界址点、线以及其他重要的界标设施，行政区域和地籍区、地籍子区的界线，建筑物和永久性的构筑物，地类界和保护区的界线等。

　　按现行规范，地籍界址点按精度高低分为三级。各级地籍界址点相对于邻近控制点的点位中误差，一等应不超过 ±0.05m、二等应不超过 ±0.10m、三等应不超过 ±0.15m（取两倍中误差作为限差）；间距超过 50m 的相邻地籍界址点间的间距误差，一等应不超过 ±0.10m、二等应不超过 ±0.20m、三等应不超过 ±0.30m；间距未超过 50m 的，相邻地籍界址点间的间距误差 ΔD（界址点坐标计算的边长与实量边长较差的限差）不应超过下式计算的结果

$$\Delta D = \pm(m_j + 0.02m_j D) \qquad (J-1)$$

式中　m_j——相应等级地籍界址点的点位中误差，m；

　　　　D——相邻地籍界址点间的距离，m。

　　地籍界址点等级的选用，应根据土地价值、开发利用程度和规划的长远需要而定。当需要测定建筑物角点的坐标时，建筑物角点坐标的精度等级和限差执行与地籍界址点相同的标准；当不需要测定建筑物角点的坐标时，则应将建筑物按后面介绍的地籍图的精度要求表示于地籍图上。

　　（2）房产要素测量。房产要素的测量，主要包括：房产界址点、线以及界标（地物）测量、境界测量、房屋及其附属设施测量，陆地交通和水域测量以及其他相关地物测量等。

　　按现行规范，房产界址点按精度高低也分为三级。各级房产界址点相对于邻近控制点的点位中误差，一等应不超过 ±0.02m、二等应不超过 ±0.05m、三等应不超过 ±0.10m（取两倍中误差作为限差）；间距超过 50m 的相邻房产界址点间的间距误差，一等应不超过 ±0.04m、二等应不超过 ±0.10m、三等应不超过 ±0.20m；间距未超过 50m 的相邻房产界址点间的间距误差 ΔD（界址点坐标计算的边长与实量边长较差的限差），亦不应超过式（J-1）计算的结果（此时，应代入相应等级房产界址点的点位中误差）。

　　当需要测定房角点（建筑物角点）的坐标时，房角点坐标的精度等级和限差执行与房产

界址点相同的标准；当不要求测定房角点坐标时，则应将房屋按后面介绍的房产分幅图的精度要求表示于房产图上。

由此可见，房产测量的精度比地籍测量要高。

4. **房地产图绘制**

房地产图是房地产测量的主要成果，也是进行房地产管理的基本资料。根据房地产管理的需要，房地产图分为房产图和地籍图两大类。地籍图侧重于对地籍要素的表示，主要用于土地管理；房产图则侧重于对房产要素的表示，主要用于房产管理。另外，房产图又可分为房产分幅平面图（简称分幅图）、房产分丘平面图（简称分丘图）和房屋分户平面图（简称分户图）三种。

(1) 地籍图。地籍图是地籍测量的主要成果之一，是以表示土地及其附着物的权属、位置、质量、数量和利用现状等基本情况为主要内容的地图，是进行土地登记和统计的主要依据。其主要内容，一般应包括：平面控制点、界址点、界址线、地籍区与地籍子区界、境界、土地利用类别、永久性的建筑物和构筑物、道路、水域、地块编号、地籍区和地籍子区编号、地籍区名称，以及有关的地理名称和重要单位的名称等。

地籍图的比例尺，城区一般采用 1：1000，郊区一般采用 1：2000；复杂地区或特殊需要地区，也可采用 1：500。

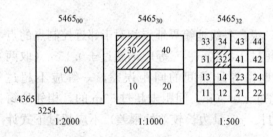

图 J-1　地籍图的分幅与编号示意图

地籍图的分幅，应以高斯—克吕格坐标格网线为界，采用 50cm×50cm 的正方形分幅。1：2000 的地籍图，其图幅以整公里格网线为图廓线；1：1000 和 1：500 的地籍图，需在 1：2000 地籍图中划分，划分方法如图 J-1 所示。

地籍图的图幅编号，均以六位数字表示。前四位数代表图幅西南角纵横坐标的公里数（其中省掉了千位数和百位数），横坐标在前、纵坐标在后用大号字书写；第五、六位数是区分比例尺的编号，用小号字书写（1：2000 比例尺为 00，1：1000 比例尺为 10、20、30、40，1：500 比例尺为 11、12、13、…、44）。如图 J-1 所示，1：2000 比例尺图幅号为 5465_{00}，1：1000 比例尺图幅号为 5465_{30}，1：500 比例尺图幅号为 5465_{32}。

地籍图的精度，应优于相同比例尺地形图的精度。按现行规范，地籍图上坐标点的最大展点误差不应超过图上 ±0.1mm，其他地物点相对于邻近控制点的点位中误差不应超过图上 ±0.5mm，相邻地物点之间的间距中误差不应超过图上 ±0.4mm（取两倍中误差作为限差）。

(2) 房产分幅。分幅图是全面反映房屋及其用地的位置和权属等基本状况的图件，是测绘分丘图和分户图的基础资料。其测绘范围，包括城市、县城、建制镇的建成区和建成区以外的工矿企事业等单位及其相毗连的居民点。其测绘内容，一般应包括控制点、行政境界、丘界、房屋、房屋附属设施和房屋围护物以及与房产要素有关的地籍地形要素和注记等。分幅图上应表示的房产要素和房产编号，包括丘号、房产区号、房产子区号、丘支号、幢号、房产权号、门牌号以及房屋产别、结构、层数、用途和用地分类等，根据调查资料以相应的数字、文字和符号表示。当注记过密、容纳不下时，除丘号、丘支号、幢号和房产权号必须注记外，其他注记按上述顺序从后往前省略（门牌号，可采用首末两端注记、中间跳号注记）。与房产管理有关的地形要素，包括铁路、道路、桥梁、水系和城墙等地物均应表示。铁路以两轨外缘为准，道路以路缘为准；桥梁以外围为准，城墙以基部为准，沟渠、水塘、游泳池等以坡顶为准，且水塘、游泳池等应在其范围内加简注。亭、塔、烟囱、罐以及水井、停车场、球场、花圃、草地等，根据需要表示。亭以柱的外围为准，塔、烟囱、罐以底部外围轮廓为准，水井以井的中心为准。停车场、球场、花圃、草地等以地类界线表示其范围，并加绘相应符号或加简注。

分幅图的比例尺，建筑物密集区一般采用 1∶500，其他区域可采用 1∶1000；其分幅和编号，与地籍图的一致。

分幅图的精度，应优于相同比例尺地形图的精度。现行规范规定：采用模拟法测图时，图上地物点相对于邻近控制点的点位中误差不应超过图上 ±0.5mm；利用已有地籍图、地形图编绘成图时，地物点相对于邻近控制点的点位中误差不应超过图上 ±0.6mm；对全野外采集数据或野外解析测量等方法所测的房地产要素点和地物点，相对于邻近控制点的点位中误差不应超过 ±0.05m；采用已有坐标或图件展绘成图时，展绘中误差不应超过图上 ±0.1mm。

（3）房产分丘图。分丘图是房产分幅图的局部图，是绘制房产权证附图的基本图。在分丘图上，除表示分幅图的已有内容外，还需表示房屋权界线、界址点点号、窑洞使用范围、挑廊、阳台、建成年份、用地面积、建筑面积、丘界线长度、房屋边长、墙体归属和四至关系等各项房地产要素。

分丘图的比例尺，根据丘面积的大小和需要，可在 1∶100～1∶1000 之间选用；图幅幅面大小，可在 787mm×1092mm 的 1/32～1/4 之间选用；图幅的编号，采用其所在分幅图的编号。

（4）房屋分户图。分户图是在分丘图基础上以一户产权人为单位绘制的表示房屋权属范围的细部图，以明确异产毗连房屋的权利界线供核发房屋所有权证的附图使用。从产权、产籍管理的角度来讲，分户图纯属是为了解决一幢房屋产权为多户所有而分丘图又无法反映其权属范围所测的，以补充分丘图的不足。因此，它不须每户都要测制，而是在特定的情况下才测制的，以适应核发房屋所有权证附图的需要。

分户图上表示的主要内容，包括房屋权界线、四面墙体的归属和楼梯、走道等部位以及门牌号、所在层次、户号、室号、房屋建筑面积和房屋边长等。房屋边长应实际丈量（量至0.01m），并标注在图上相应位置。

分户图的比例尺，一般采用 1∶200；当房屋图形过小或过大时，比例尺也可适当放大或缩小；图幅幅面大小，可选用 787mm×1092mm 的 1/32 或 1/16 等尺寸。分户图没有编号。

5. **房地产面积测算**

房地产面积测算系指水平面积的测算，包括地块面积、土地利用面积、丘面积、房屋建筑面积、房屋占地面积等的测算。具体的，可详见现行的规范。

6. **房地产变更测量**

由于房地产的买卖、转让、分割、合并及继承等所引起的权属变更以及城市建设所引起的现状变化十分频繁，因此为了保持房地产产权、产籍的现实性，需对上述情况所引起的变化进行及时的修测和补测。

改革开放以后，我国的房地产业有了飞跃发展，并发展成为社会主义市场经济中一个支柱性的产业。房地产作为不可移动的、长久耐用、价值巨大而又人人必需的特殊商品进入市场，正在越来越受到社会和人民的普遍关注，因而对房地产测绘的准确性与现实性也提出了更高的要求。今后，各地房地产测量工作必须严格按照新的《地籍测绘规范》和《房产测量规范》进行，同时要注意做好与原有规范的衔接工作，对原有的房地产测绘成果资料要及时进行调整和更新。

附录 K　部分测绘名词汉英对照表

1980 年国家大地坐标系　Chinese geodetic coordinate system 1980

1985 年国家高程基准　Chinese height datum 1985

闭合差　closing error

闭合导线　closed traverse

闭合水准路线　closed leveling line

变形观测　deformation observation

标杆　measuring bar

测点　observation points

测定　determination

测回法　method of observation set

测绘学　surveying and mapping

测量标志　measuring mark

测量精度　measuring precision

测量误差　observation error

测量学　surveying

测量员　surveyor

测钎　measuring rod

测设/放样　setting‑out

测微器　micrometer

测斜仪　clinometer

测站　observation station

觇牌　target

沉降观测　settlement observation

尺垫　staff plate

初测　preliminary survey

垂球　plumb bob

磁方位角　magnetic azimuth

大比例尺　large scale

大地测量学　geodesy

大地水准面　geoid

大地原点　geodetic origin

倒镜　telescope in reversed position

道路工程测量　road engineering survey

导线测量　traverse survey

等高距　contour interval

等高线　contour

等高线平距　horizontal distance of the contour

地理信息系统　geographical information system（GIS）

地貌符号　geomorphy symbols

地图（制图）学　cartography

地物符号　feature symbols

地形　landform

地形测量　topometry

地形测量学　topography

地形图　topomap

电磁波测距　electro‑magnetic distance measuring（EDM）

电子经纬仪　electronic theodolite

电子求积仪　electronic planimeter

电子水准仪　electronic level

定位　location

独立坐标系　independent coordinate system

对中　centering

反光镜　reflector

反射棱镜　reflector prism

附合导线　annexed traverse

附合水准路线　annexed leveling line

符合水准器　coincidence bubble

钢尺　steel tape

高差　elevation difference

高程测量　height measurement
高斯平面直角坐标　Gauss rectangular plane coordinates
高斯投影　Gauss projection
工程测量学　engineering surveying
观测值　observed value
管道工程测量　pipe engineering survey
贯通测量　holing through survey
光电测距仪　electro - optical distancemeter
光学经纬仪　optical theodolite
过河水准测量　over - river leveling

海洋工程测量　oceaneering survey
航空摄影测量学　aerophotogrammetry
横断面测量　cross - section survey
红外测距仪　infra - red distancer
后视　backsight
花杆　flagpole
缓和曲线　easement

激光测距仪　laser distancemeter
激光铅垂仪　laser plummet apparatus
基平测量　principal leveling
极限误差　limit error
基准面　datum surface
基准线　datum line
基座　tribrach
极坐标法　polar coordinate method
假定坐标系　assumed coordinate system
建筑工程测量　architecture engineering survey
角度测量　angular observation
角度交会法　angle intersection method
经度　longitude
经纬仪测绘法　mapping method with transit
距离测量　distance measurement
距离交会法　linear intersection method
绝对高程　absolute elevation/height

竣工测量　final survey

控制测量　control survey
控制点　control point
控制网　control network
矿山测量　mining survey

裂缝观测　gap observation
罗盘（仪）　compass

内业　office work

偶然误差　accident error

皮尺　cloth tape
偏角法　method of deflection angle
平均海水面　mean sea - level surface
普通测量学　elementary surveying

铅垂线　plumb line
前视　foresight
桥梁工程测量　bridge engineering survey
切线支距法　tangent offset method
倾斜观测　declivity observation
全球卫星导航定位系统　global navigation and positioning satellite system (GNPSS)
全球卫星导航系统　global navigation satellite system (GNSS)
全球定位系统　global positioning system (GPS)
全站仪　total station

三角测量　triangulation survey
三角高程测量　trigonometric leveling
三脚架　tripod
视差　parallax
施工测量　construction survey
视距　sight distance

视距测量　stadia survey

示坡线　slope line

视准轴　collimation axis

十字丝/分划板　reticule

水平度盘　horizontal circle

水平面　horizontal surface

水平角　horizontal angle

水平距离　horizontal distance

水平视线　horizontal sight

水平位移　horizontal displacement

双面尺　double - sided staff

水准测量　leveling

水准尺　leveling staff

水准点　bench mark（BM）

水准管轴　axis of level tube

水准面　level surface

水准器角值　scale value of level

水准原点　leveling origin

竖井联系测量　shaft connection survey

竖盘指标差　index error of vertical circle

竖曲线　vertical curve

竖直角　vertical angle

数字地面模型　digital terrain model（DTM）

数字高程模型　digital elevation model（DEM）

数字水准仪　digital level

碎部测量　detail survey

碎部点　detail point

隧道工程测量　tunnel engineering survey

塔尺　sliding staff

图根控制　mapping control

图根点　mapping control point

土木工程测量　civil engineering survey

陀螺经纬仪　gyro theodolite

外业　field work

往返观测　direct and reversed observation

纬度　latitude

微倾式水准仪　tilting level

位移观测　displacement observation

系统误差　systematic error

限差/容许误差　tolerance

线路工程测量　route engineering survey

相对高程　relative elevation

相对误差　relative error

斜距　inclined distance

遥感　remote sensing（RS）

圆曲线　circular curve

圆水准器　box level

照准部　alidade

真方位角　true azimuth

正镜　telescope in normal position

整平　leveling - up

支导线　unclosed traverse

直角坐标法　rectangular coordinate method

纸上定线　paper location

支水准路线　unclosed leveling line

直线定线　line alignment

直线定向　line orientation

中误差　mean square error

中线测量　center line survey

转点　turning point（TP）

自动安平水准仪　compensator level

纵断面测量　profile survey

坐标变换　coordinate transformation

坐标反算　inverse calculation of coordinate

坐标方位角　coordinate azimuth

坐标格网　coordinate grid

坐标增量　increment of coordinate

参 考 文 献

[1] 郭宗河等. 测量学实用教程. 北京：中国电力出版社，2006.

[2] 郭宗河. 测量学. 北京：科学出版社，2010.

[3] 郭宗河. 土木工程测量. 北京：中国计量出版社，2011.

[4] 宁津生等. 测绘学概论. 武汉：武汉大学出版社，2004.

[5] 华锡生等. 测绘学概论. 北京：国防工业出版社，2006.

[6] 宁津生等. 现代大地测量理论与技术. 武汉：武汉大学出版社，2006.

[7] 孔祥元等. 大地测量学基础. 武汉：武汉大学出版社，2005.

[8] 周慎杰，薄志鹏译. 大地测量学. 北京：测绘出版社，1984.

[9] 武汉测绘学院控制测量教研组，同济大学大地测量教研室. 控制测量学（上册）. 北京：测绘出版社，1986.

[10] 靳祥升. 测量平差. 郑州：黄河水利出版社，2005.

[11] 徐绍铨等. GPS测量原理及应用（修订版）. 武汉：武汉大学出版社，2006.

[12] 王智勇. GPS测量技术. 北京：中国电力出版社，2007.

[13] 合肥工业大学等. 测量学. 北京：中国建筑工业出版社，1995.

[14] 顾孝烈等. 测量学. 上海：同济大学出版社，1999.

[15] 王侬等. 现代普通测量学. 北京：清华大学出版社，2001.

[16] 陈学平. 实用工程测量. 北京：中国建材工业出版社，2007.

[17] 陈龙飞等. 工程测量. 上海：同济大学出版社，1990.

[18] 李青岳等. 工程测量学（修订版）. 北京：测绘出版社，1995.

[19] 姜远文等. 道路工程测量. 北京：机械工业出版社，2002.

[20] 宋文. 公路施工测量. 北京：人民交通出版社，2002.

[21] 张项铎等. 隧道工程测量. 北京：测绘出版社，1998.

[22] 吴栋材等. 大型斜拉桥施工测量. 北京：测绘出版社，1996.

[23] 梁开龙. 水下地形测量. 北京：测绘出版社，1995.

[24] 张慕良，叶泽荣. 水利工程测量（第三版）. 北京：水利电力出版社，1994.

[25] 刘普海等. 水利水电工程测量. 北京：中国水利水电出版社，2005.

[26] 黄张裕等. 海洋测绘. 北京：国防工业出版社，2007.

[27] 陈燕然. 港口及航道工程测量. 北京：人民交通出版社，1999.

[28] 郭宗河. 房地产测量学. 东营：石油大学出版社，1997.

[29] 吕永江. 房产测量规范与房地产测绘技术. 北京：中国标准出版社，2001.

[30] 李和气. 房屋建筑面积测量. 北京：中国计量出版社，2001.

[31] 杨晓明等. 数字测图. 北京：测绘出版社，2009.

[32] 卢满堂. 数字测图. 北京：中国电力出版社，2007.

[33] 于来发，杨志藻. 军事工程测量. 北京：八一出版社，1994.

[34] 国家测绘地理信息局测绘标准化研究所等. GB/T 20257.1—2017 国家基本比例尺地图图式 第1部分：1∶500 1∶1000 1∶2000 地形图图式. 北京：中国标准出版社，2017.

[35] 中国有色金属工业协会. GB 50026—2007 工程测量规范. 北京：中国计划出版社，2008.

[36] 北京市测绘设计研究院. CJJ/T 73—2010 卫星定位城市测量技术规范. 北京：中国建筑工业出版社，2010.

[37] 浙江省测绘局等起草. CH/T 2009—2010 全球定位系统实时动态测量（RTK）技术规范. 北京：测绘出版社，2010.

[38] 国家测绘局测绘标准化研究所起草. GB/T 12898—2009 国家三、四等水准测量规范. 北京：中国标准出版社，2009.

[39] 建设综合勘察研究设计院. JGJ 8—2016 建筑变形测量规范. 北京：中国建筑工业出版社，2016.

[40] 郭宗河. 点平面位置测设的准直角坐标法. 测绘科技通讯，1995（2）：58-59.

[41] 郭宗河. 建筑类专业测量学的教学改革. 测绘科技通讯，1995（4）：41-42.

[42] 郭宗河. 浅谈建设监理中的测量工作. 测绘科技通讯，1996（4）：33-35.

[43] 郭宗河等. 水滴形立交环圈匝道的测设. 测绘科技通讯，1997（4）：33-36.

[44] 郭宗河. 对边测量及其精度分析. 测绘工程，1998（3）：66-69.

[45] 郭宗河. 红线与曲线交点的坐标计算与定位. 测绘通报，1998（6）：19，25.

[46] 郭宗河. 利用对边测量功能进行直线测设的新方法. 测绘通报，1998（7）：26.

[47] 郭宗河. 特殊情况下弯道涵位的测设. 测绘通报，1998（8）：30-31.

[48] 郭宗河. 悬高测量及其改进. 测绘工程，1999（2）：62-64.

[49] 郭宗河. 圆曲线测设的任意弦长支距法. 测绘通报，1999（9）：35.

[50] 郭宗河. 圆形构筑物的倾斜观测. 测绘通报，1999（11）：22-23.

[51] 郭宗河. 边角后方交会若干问题的探讨. 测绘工程，2000（2）：68-69.

[52] 郭宗河，郑进凤. 点平面位置的高精度快速放样. 测绘通报，2000（12）：19-20.

[53] 郭宗河. 测量学教学的改革与实践. 中国测绘，2000（3）：45-47.

[54] 郭宗河等. 圆曲线放样和验线的两种新方法. 地矿测绘，2000（4）：32-33.

[55] 郭宗河，郑进凤. 对《测量学》教材编写的几点意见. 测绘通报，2001（3）：46-47.

[56] 郑进凤，郭宗河. 全站仪在建筑挡光测量中的应用. 测绘通报，2001（11）：40-41.

[57] 郭宗河. 用全站仪测量和测设高程的几个问题. 测绘通报，2001（12）：39-40.

[58] 郑进凤，郭宗河. 视准轴与测距轴不平行对测量结果的影响. 测绘工程，2001（4）：48，59.

[59] 郭宗河，郑进凤. 隧道全断面掘进轮廓线放样的一种方法. 测绘通报，2002（2）：53-54.

[60] 郑进凤，郭宗河. 儿童过山车的桩基定位. 测绘通报，2002（1）：60.

[61] 郭宗河，郑进凤. 全站仪面积测量及其精度分析. 测绘通报，2002（3）：30-31.

[62] 郑进凤，郭宗河. 遇障碍物时直线测设新方法. 测绘通报，2002（12）：61.

[63] 郑进凤，郭宗河. 全站仪悬高测量. 测绘通报，2003（5）：42-43.

[64] 郭宗河等. 特殊情况下缓和曲线的测设. 测绘通报，2003（6）：65-66.

[65] 郑进凤，郭宗河. 利用尼康DTM352全站仪进行建筑物倾斜观测. 测绘通报，2003（7）：63-64.

[66] 郑进凤，郭宗河. 关于"复测支导线"的计算. 测绘通报，2003（11）：60.

[67] 郑进凤，郭宗河. 变形极坐标法及其应用. 测绘通报，2003（12）：60-61.

[68] 郑进凤，郭宗河. 椭圆型建筑物的快速精确放样. 测绘通报，2004（3）：65，67.

[69] 郭宗河，郑进凤. 电磁波测距三角高程测量公式误差的研究. 测绘通报，2004（7）：12-13.

[70] 郭宗河，郑进凤. 全站仪两点参考线测量与放样及其在工程中的应用. 测绘通报，2004（8）：62-63.

[71] 郭宗河，郑进凤. 新形势下测量学课程的设置. 改革与创新. 青岛：中国海洋大学出版社，2004：172-174.

[72] 郑进凤，吴叶美，郭宗河. 与时俱进 话"测量学"之教改. 改革与创新. 青岛：中国海洋大学出版社，2004：279-282.

[73] 吴叶美，郭宗河. 利用全站仪进行高大建筑物高程基准传递. 现代测绘，2004（6）：32，39.

[74] 郑进凤，郭宗河. 全站仪偏心测量及其精度分析. 测绘通报，2005（1）：50-52.

[75] 郑进凤，郭宗河等. 全站仪辅助点放样及其应用. 测绘通报，2007（4）：25-26.

[76] 郭宗河等. 突显教学中心地位 提高教育教学质量. 青岛理工大学学报，2007（增）：227，292.

[77] 郭宗河等. 再论"变形极坐标法及其应用". 土木工程科学技术研究与工程应用（二）. 北京：中国建材工业出版社，2007：265-267.

[78] 郭宗河，郑进凤等. 当代测量学的教学改革与教材建设. 2009 全国测绘科技信息交流会暨首届测绘博客征文颁奖论文集（网络版），2009：538-542.

[79] 郭宗河等. 全站仪导线测量若干问题的探讨. 合肥工业大学学报（自然科学版），2010（2）：266-268.

[80] 郭宗河等. 全站仪线高测量及其应用. 测绘科学，2010（3）：171-172.

[81] 郭宗河等. 塔式建（构）筑物高度测量新方法. 矿山测量，2011（2）：5-6.

[82] 郭宗河等. 线路转点测设新方法. 测绘通报，2012（S1）：112-113，193.

[83] 郭宗河等. 问题研讨式教学法在测量学教学中的应用. 测绘科学，2013（1）：187-188.